常微分方程

焦宝聪　王在洪　时红廷　编著

清华大学出版社
北京

内容简介

本书分为7章：基本概念，一阶方程的初等积分法，一阶方程的一般理论，高阶微分方程，微分方程组，定性理论与稳定性理论初步，差分方程．内容取材精练，注重概念实质的揭示、定理思路的阐述、应用方法的介绍和实际例子的分析，并配合内容引入了数学软件．每章配有习题，全部计算题都有答案，个别证明题有提示．

本书可用作师范院校、理工科大学的数学类各专业的教科书和部分理工科其他专业的参考书．

图书在版编目(CIP)数据

常微分方程/焦宝聪，王在洪，时红廷编著．—北京：清华大学出版社，2008.8（2025.3重印）
ISBN 978-7-302-17761-6

Ⅰ. 常…　Ⅱ. ①焦…②王…③时…　Ⅲ. 常微分方程—高等学校—教材　Ⅳ. O175.1

中国版本图书馆CIP数据核字(2008)第104954号

责任编辑：佟丽霞
责任校对：王淑云
责任印制：曹婉颖

出版发行：清华大学出版社
网　　址：https://www.tup.com.cn，https://www.wqxuetang.com
地　　址：北京清华大学学研大厦A座　　**邮　　编**：100084
社 总 机：010-83470000　　**邮　　购**：010-62786544
投稿与读者服务：010-62776969，c-service@tup.tsinghua.edu.cn
质量反馈：010-62772015，zhiliang@tup.tsinghua.edu.cn
印 装 者：天津鑫丰华印务有限公司
经　　销：全国新华书店
开　　本：170mm×230mm　　**印张**：18.25　　**字　　数**：343千字
版　　次：2008年8月第1版　　**印　　次**：2025年3月第11次印刷
定　　价：52.00元

产品编号：024655-05

前言

常微分方程理论研究已经有300多年的历史，它是近代数学中的重要分支；同时，由于它与实际问题有着密切的联系，因此，它又是近代数学中富有生命力的分支之一. 对于数学，特别是数学的应用，常微分方程所具有的重大意义主要在于：很多物理与技术问题可以化归为常微分方程的求解问题，如自动控制、各种电子学装置的设计、弹道的计算、飞机和导弹飞行的稳定性的研究、化学反应过程稳定性的研究等. 此外，常微分方程在生态学、人口学、经济学等许多其他领域中也有重要的应用. 这些问题都可以化为求常微分方程的解，或者化为研究解的性质的问题.

本书是在作者多年教学实践和教学研究的基础上，吸取国内外同类教材的精华编写而成. 全书分为7章，前5章作为基本内容，后2章可根据实际情况灵活选用. 根据常微分方程课程的特点及高等师范院校的培养目标，我们在编写本教材时有以下几点考虑：

1. 力图实现“少而精”的原则，注重数学思想的培养、基本方法的训练，尽量从几何直观入手，注意概念实质的揭示以及近代数学观点的渗透.

本课程中方程类型多、解法各异. 我们在内容取材上力图精练，注意分析不同类型方程及其解法的特点. 例如，在一阶方程的初等积分法中，以变量可分离方程、线性方程、全微分方程为主线；在高阶微分方程(组)中，以线性齐次微分方程(组)为主线，强调数学变换的思路、技巧及各种方法之间的内在联系.

对一阶常微分方程的一般理论，我们重点介绍毕卡存在唯一性定理，对定理的条件、结论与证明方法进行较为细致的分析，注意概念实质的揭示、定理证明思路的阐述，以及其中所包含的数学思想分析. 对常系数线性齐次微分方程组的求解方法，我们选用矩阵指数法，基解矩阵的计算采用了较新的普兹方法，既可避免读者接受这部分知识的困难，又使读者熟悉向量、矩阵及矩阵指数函数的应用.

微分方程及其解的几何解释、平面定常系统的奇点一直是教学的难点. 我们从几何直观入手,采用数学软件介绍相关例题的方向场、相图.教学实践表明,采用数学软件处理这部分内容,可避免读者接受这部分知识的困难,读者可以应用数学软件进行数学实验,有助于对相关概念实质的理解.

为使读者了解近代常微分方程的重要分支——定性理论的基本思想和方法,为进一步的学习打下基础,我们在第6章中对定性、稳定性理论作了简要介绍.

2. 力图体现"师范教育特色",重视对有关基础知识的联系、巩固与深化.

本书从某些内容的选取、某些重要问题的提出与解决、例题与习题的配备等方面,都注意加强与有关的初等数学及高等数学的结合.例如,通过应用微分方程来求解某些函数方程;结合一阶方程图像解法与数学分析中的函数作图;重视高阶线性微分方程(组)理论与高等代数中线性方程组、线性空间理论的联系;考虑到实际应用及高中新课程标准中有差分方程模块,在本书中特别加入了差分方程内容.为了使学生了解微分方程的历史文化,本书简要介绍了微分方程的产生背景、发展过程及关键性的代表人物.

3. 力图体现"以人为本",尽量做到符合学生的认知规律,注意启发性.

我们将微分方程的初等积分法分散在第2,4,5各章,在例题与习题的配备上注意搭好台阶,反复巩固,这将有助于学生牢固掌握基本理论以及基本解法;对微分方程的典型应用实例,如微分方程在物理学、生态学、人口学、经济学中的应用,我们把重点放在建立数学模型和说明解的实际意义上,这将有助于培养学生分析解决实际问题的能力,启迪学生的创新思维.

为配合教师进行多媒体教学,还将出版与本书配套的电子教案.

本书的编写得到了首都师范大学教务处教材建设经费的支持;首都师范大学数学科学学院也给予了大力支持;在使用原讲义的过程中,吴雅萍教授、酒全森教授提出过许多宝贵意见,清华大学出版社的佟丽霞编辑为本书的出版付出了许多心血.在此,我们谨向他们表示衷心的感谢.我们也殷切希望读者对本书中的缺点和错误提出批评指正.

编　者

2008年6月于首都师范大学数学科学学院

目　录

第1章 基本概念

微分方程是含有自变量、未知函数及其导数(或微分)的方程. 微分方程源于实践,在实践中有广泛而深入的应用. 在自然科学和技术中的许多领域,例如物理学、化学、生物学、自动控制和电子技术等,大量的问题都可以用微分方程加以描述. 同样,在社会科学方面,例如人口学、生态学等,微分方程也可用来描述人口变化的过程和物种的变化规律. 微分方程也与数学的其他分支存在密切的联系. 几何学是常微分方程理论的丰富源泉,常微分方程也是研究几何学的有力工具.

本章将通过几个具体的例子,简单介绍微分方程的建立过程,并给出一些基本概念.

1.1 微分方程的例子

在应用数学方法研究物体的变化规律时,反映运动规律的量与量之间的关系(函数)往往不能直接写出来,却比较容易建立这些变量和它们的导数之间的关系式,即微分方程.

例 1.1.1 自由落体运动

设质量为 m 的物体,只受重力的作用,在距离地面 s_0 处,以初速度 v_0 下落,试求其运动规律.

解 如图 1.1 建立坐标系. 取物体下落时所沿垂直于地面的直线为 s 轴,s 轴与地面的交点 O 为坐标原点,垂直地面向上的方向为正方向. 设物体在 t 时刻的位置坐标为 $s(t)$. 这样,物体在 t 时刻的速度 $v(t)=\dfrac{\mathrm{d}s(t)}{\mathrm{d}t}$,加速度 $a(t)=\dfrac{\mathrm{d}^2s(t)}{\mathrm{d}t^2}$. 物体在下落过程中只受重力作用且方向与规定的正方向相反,根据牛顿第二定律可以得出

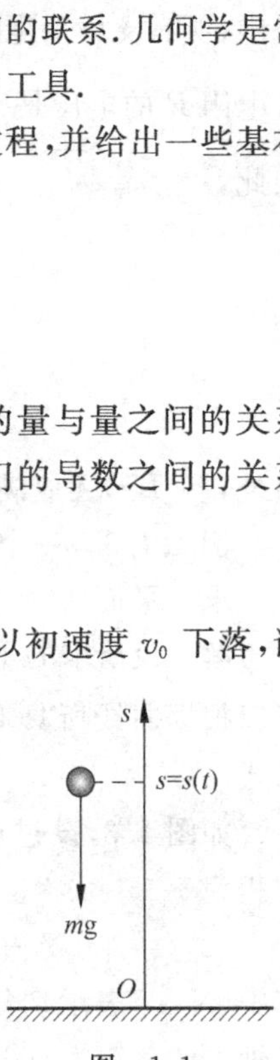

图 1.1

$$m\frac{d^2s}{dt^2}=-mg,$$

其中 g 表示重力加速度,即

$$\frac{d^2s}{dt^2}=-g. \tag{1.1.1}$$

这是一个含有未知函数 $s(t)$ 的二阶导数的微分方程.显然,物体的运动状态还与物体的初始状态,即 $t=0$ 时的位置和速度有关,故 $s(t)$ 还要满足条件

$$s(0)=s_0,\quad s'(0)=v_0. \tag{1.1.2}$$

于是,求落体运动规律的问题就归结为求方程(1.1.1)满足初始条件(1.1.2)的未知函数的问题. □

例 1.1.2 R-L 电路

如图 1.2 所示的 R-L 电路,电感 L,电阻 R 及电源电压 E 均为正的常数.试建立当电键闭合后电路中的电流 I 所满足的微分方程.

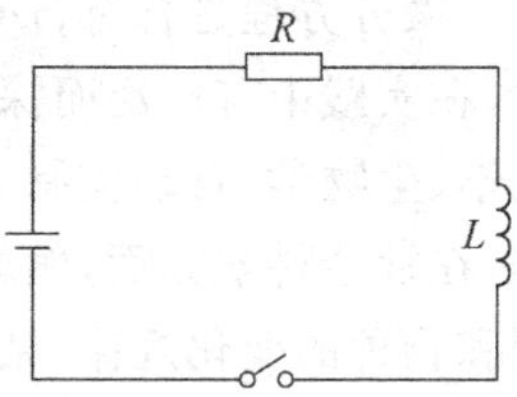

图 1.2

解 根据基尔霍夫(Kirchhoff)第二定律,在闭合回路中,所有支路上电压的代数和等于零.注意到电流经过电阻 R 的电压是 RI,而经过电感 L 的电压是 $L\frac{dI}{dt}$.因此,

$$E-L\frac{dI}{dt}-RI=0,$$

即

$$\frac{dI}{dt}+\frac{R}{L}I=\frac{E}{L}.$$

另外,$I=I(t)$ 还应满足条件 $I(0)=0$. □

例 1.1.3 一个几何问题

求一平面曲线,使其上任一点的切线在纵坐标轴上的截距等于切点的横坐标.

解 设所求的平面曲线为 $y=y(x)$.显然,不易直接求出 $y(x)$ 的表达式,但是可以根据曲线所具有的性质,建立 $y(x)$ 所满足的关系式.

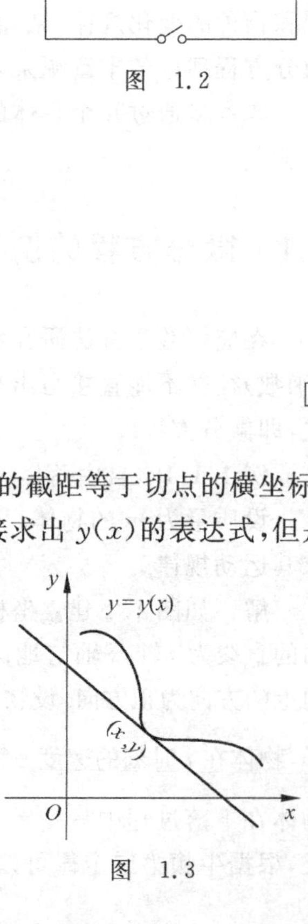

图 1.3

如图 1.3,设过所求曲线上任一点 (x,y) 的切线方程为

$$Y-y=y'(X-x),$$

其中 (X,Y) 表示切线上的任一点.因此,切线在纵坐标轴上的截距为 $y-xy'$.由题意可以得到

$$y - xy' = x. \tag{1.1.3}$$

这是一个含有未知函数 $y(x)$ 的一阶导数的微分方程. 于是,所求问题就转化为求满足微分方程(1.1.3)的函数的问题. □

例 1.1.4　解函数方程

设函数 $\phi(t)$ 在 $t=0$ 处可导,且具有性质

$$\phi(t+s) = \frac{\phi(t)+\phi(s)}{1-\phi(t)\phi(s)}, \tag{1.1.4}$$

试求此函数.

解　等式(1.1.4)是一个函数方程,为了便于求出函数 $\phi(t)$,可以先把它转化为微分方程. 首先在式(1.1.4)中令 $t=s=0$,则

$$\phi(0) = \frac{2\phi(0)}{1-\phi^2(0)}.$$

因此

$$\phi(0) = 0. \tag{1.1.5}$$

又因为

$$\begin{aligned}\phi'(t) &= \lim_{s\to 0}\frac{\phi(t+s)-\phi(t)}{s} = \lim_{s\to 0}\frac{1}{s}\left[\frac{\phi(t)+\phi(s)}{1-\phi(t)\phi(s)} - \phi(t)\right] \\ &= (1+\phi^2(t))\lim_{s\to 0}\left[\left(\frac{\phi(s)-\phi(0)}{s}\right)\left(\frac{1}{1-\phi(t)\phi(s)}\right)\right],\end{aligned}$$

所以

$$\phi'(t) = \phi'(0)(1+\phi^2(t)). \tag{1.1.6}$$

这是一个含有未知函数 $\phi(t)$ 一阶导数的微分方程. 于是,求解函数方程(1.1.4)就转化为求满足条件(1.1.5)和微分方程(1.1.6)的函数问题. □

在初等数学中,我们知道正切函数 $\phi(t)=\tan t$ 满足等式(1.1.4). 反过来要问:具备性质(1.1.4)的函数是否一定为正切函数?对于指数函数、对数函数及幂函数等基本初等函数,同样可以提出类似的反问题. 在下一章,可以很容易回答这些问题.

从上面的例子可以看出,微分方程与许多问题之间有密切的联系,我们常常可以把所研究的问题转化为求微分方程满足特定条件解的问题. 当然,在运用微分方程解决实际问题的过程中,首先要建立微分方程. 一般来说,这是一个比较困难的步骤. 因为这不仅需要一定的数学知识,还需要掌握与问题相关的专业知识. 在以后各章节中,我们还将介绍若干实际问题,以进一步提高解决实际问题的能力.

习题 1.1

1. 一质量为 m 的物体，从高度 s_0 处以初速度 v_0 铅直向上抛出，设空气阻力的大小与速度的大小成正比，但方向相反. 试求物体运动所满足的微分方程，并写出初始条件.

2. 一高温物体在 20℃的恒温介质中冷却，根据牛顿冷却定理，在冷却过程中物体降温速度与其所在介质的温差成正比. 已知物体的初始温度为 u_0，试求物体的温度 $u(t)$所满足的微分方程，并写出初始条件.

3. 已知曲线上任一点的切线的纵截距是切点的横坐标和纵坐标的等差中项，试求曲线所满足的微分方程.

4. 设函数 $\varphi(t)$在$(-\infty,+\infty)$上有定义且不恒为零，$\varphi'(0)$存在，并且具有性质

$$\varphi(t+s)=\varphi(t)\varphi(s),$$

试求 $\varphi(t)$所满足的微分方程，并写出初始条件.

1.2 基本概念

1.2.1 常微分方程和偏微分方程

在微分方程中，如果未知函数是一元函数，则称该方程为**常微分方程**；如果未知函数是多元函数，则称该方程为**偏微分方程**.

例如，微分方程

$$\frac{\mathrm{d}^2 s}{\mathrm{d}t^2}=-g, \tag{1.2.1}$$

$$y-xy'=x, \tag{1.2.2}$$

$$y'=1+y^2 \tag{1.2.3}$$

都是常微分方程. 微分方程

$$x\frac{\partial u}{\partial x}+y\frac{\partial u}{\partial y}=u, \tag{1.2.4}$$

$$\frac{\partial^2 u}{\partial x^2}+\frac{\partial^2 u}{\partial y^2}+\frac{\partial^2 u}{\partial z^2}=0 \tag{1.2.5}$$

都是偏微分方程.

一个微分方程中所出现的未知函数导数的最高阶数 n 称为该微分方程的**阶**. 当 $n=1$ 时，称为一阶微分方程；当 $n\geqslant 2$ 时，称为高阶微分方程. 例如，方程(1.2.1)

是二阶常微分方程，方程(1.2.2)和方程(1.2.3)都是一阶常微分方程，方程(1.2.4)是一阶偏微分方程，方程(1.2.5)是二阶偏微分方程.

本书主要讨论常微分方程.为方便起见，今后有时把常微分方程简称为微分方程或方程.

一阶常微分方程的一般形式可表示为

$$F(x,y,y')=0. \tag{1.2.6}$$

如果由式(1.2.6)可以解出 y'，则得到方程

$$y'=f(x,y). \tag{1.2.7}$$

称式(1.2.6)为一阶隐方程，式(1.2.7)为一阶显方程.类似地，n 阶隐方程的一般形式可表示为

$$F(x,y,y',\cdots,y^{(n)})=0; \tag{1.2.8}$$

n 阶显方程的一般形式为

$$y^{(n)}=f(x,y,y',\cdots,y^{(n-1)}),$$

其中 F 及 f 分别是它们所依赖变元的已知函数.

如果方程(1.2.8)的左端为未知函数及其各阶导数的一次有理整式，则称它为**线性微分方程**，否则，称它为**非线性微分方程**.例如，方程(1.2.1)、(1.2.2)是线性微分方程，方程(1.2.3)是非线性微分方程.n 阶线性微分方程的一般形式为

$$a_0(x)y^{(n)}+a_1(x)y^{(n-1)}+\cdots+a_n(x)y=q(x),$$

其中 $a_0(x),a_1(x),\cdots,a_n(x)$ 及 $q(x)$ 为 x 的已知函数，且 $a_0(x)\neq0$.

1.2.2　解和通解

微分方程的主要问题之一是要求出其中的未知函数，此函数就称为微分方程的解.确切地说，有以下定义.

定义 1.2.1　设函数 $y=\phi(x)$ 在区间 I 上有直到 n 阶的导数，如果把 $y=\phi(x)$ 及其各阶导数代入方程(1.2.8)后，能使等式

$$F(x,\phi(x),\phi'(x),\cdots,\phi^{(n)}(x))=0$$

在 I 上恒成立，则称函数 $y=\phi(x)$ 为方程(1.2.8)的一个**解**.

由定义 1.2.1 可以直接验证：

(1) 函数 $s=-\frac{1}{2}gt^2+c_1t+c_2,t\in(-\infty,+\infty)$ 是方程(1.2.1)的解，其中 c_1，c_2 为任意常数.

(2) 函数 $y=\tan x,x\in(-\pi/2,\pi/2)$ 是方程(1.2.3)的一个解；并且 $y=\tan(x-c),x\in(c-\pi/2,c+\pi/2)$ 也是该方程的解，其中 c 为任意常数.

从上面两个例子可以看出，一个微分方程可能有无穷多个解，而且各个解的定

义区间是可以互不相同的.

由于微分方程的解是函数,而函数的表达式有显式 $y=\phi(x)$、隐式 $\Phi(x,y)=0$ 及参数形式 $x=\phi_1(t)$, $y=\phi_2(t)$ 等,故其解就有相应的多种表示形式.

例如,考虑方程

$$\frac{\mathrm{d}y}{\mathrm{d}x}=-\frac{x}{y}. \tag{1.2.9}$$

容易验证由等式

$$x^2+y^2=1 \tag{1.2.10}$$

所确定的隐函数 $y=y(x)$ 满足方程(1.2.9). 事实上,将该等式两边对 x 求导,可推得 $\frac{\mathrm{d}y}{\mathrm{d}x}=-\frac{x}{y}$. 这时,称式(1.2.10)为方程(1.2.9)的**隐式解**或**隐式积分**. 同样容易验证由参数方程

$$x=\cos t,\quad y=\sin t,\quad t\in\mathbb{R} \tag{1.2.11}$$

所确定的函数 $y=y(x)$ 也满足方程(1.2.9). 这时,称式(1.2.11)为方程(1.2.9)的**参数式解**.

从上面的例子我们已经看到: 在微分方程解的表示式中,可能包含一个或几个任意常数,而且所包含的任意常数的个数恰好与相应的微分方程的阶数相同. 我们称这样的解为微分方程的通解.

定义 1.2.2 若 n 阶方程(1.2.8)的解 $y=\phi(x,c_1,c_2,\cdots,c_n)$ 含有 n 个独立的任意常数 $c_1,c_2,\cdots,c_n$,则称它为方程(1.2.8)的**通解**.

所谓 n 个任意常数 $c_1,c_2,\cdots,c_n$ 是独立的,是指 $\phi,\phi',\cdots,\phi^{(n-1)}$ 关于 $c_1,c_2,\cdots,c_n$ 的雅可比(Jacobi)行列式

$$\frac{D(\phi,\phi',\cdots,\phi^{(n-1)})}{D(c_1,c_2,\cdots,c_n)}=\begin{vmatrix}\frac{\partial\phi}{\partial c_1} & \frac{\partial\phi}{\partial c_2} & \cdots & \frac{\partial\phi}{\partial c_n}\\ \frac{\partial\phi'}{\partial c_1} & \frac{\partial\phi'}{\partial c_2} & \cdots & \frac{\partial\phi'}{\partial c_n}\\ \vdots & \vdots & \vdots & \vdots\\ \frac{\partial\phi^{(n-1)}}{\partial c_1} & \frac{\partial\phi^{(n-1)}}{\partial c_2} & \cdots & \frac{\partial\phi^{(n-1)}}{\partial c_n}\end{vmatrix}\neq 0,$$

其中 $\phi^{(k)}(k=1,2,\cdots,n-1)$ 表示 ϕ 对 x 的 k 阶导数.

类似地,可以定义 n 阶方程(1.2.8)的**隐式通解**(亦称**通积分**)和**参数式通解**. 为方便起见,有时我们把方程(1.2.8)不含有任意常数的解 $y=\phi(x)$ 称为该方程的**特解**.

由定义容易知道 $s=-\frac{1}{2}gt^2+c_1t+c_2$ 是方程(1.2.1)的通解, $y=\tan(x-c)$ 是

方程(1.2.3)的通解.

在求出了通解之后,我们可以由通解求出方程满足某种特定条件的解. 例如,从例 1.1.1 中我们知道求自由落体运动规律的问题,就是求二阶方程(1.1.1)满足初始条件(1.1.2)的解的问题. 把条件 $s(0)=s_0, s'(0)=v_0$ 分别代入

$$s=-\frac{1}{2}gt^2+c_1t+c_2, \quad s'(t)=-gt+c_1,$$

可得

$$c_1=v_0, \quad c_2=s_0.$$

这样,方程(1.1.1)满足条件(1.1.2)的解为

$$s=-\frac{1}{2}gt^2+v_0t+s_0.$$

对 n 阶方程(1.2.8),其初始条件是指如下的 n 个条件:

$$y(x_0)=y_0, y'(x_0)=y_0{}', \cdots, y^{(n-1)}(x_0)=y_0{}^{(n-1)}, \tag{1.2.12}$$

其中 x_0 是自变量 x 的某个给定的初值, $y_0, y_0{}', \cdots, y_0{}^{(n-1)}$ 是未知函数及其相关导数的给定的初值.

求微分方程(1.2.8)满足初始条件(1.2.12)的解的问题称为**初值问题**,或**柯西问题**,常记为

$$\begin{cases} F(x,y,y',\cdots,y^{(n)})=0, \\ y(x_0)=y_0, y'(x_0)=y'_0, \cdots, y^{(n-1)}(x_0)=y_0{}^{(n-1)}. \end{cases}$$

初值问题解的存在唯一性问题是常微分方程理论的一个基本问题,是进一步研究解的其他性质的前提. 我们将在第 3 章和第 5 章证明在一定条件下初值问题的解不仅存在而且唯一存在.

1.2.3 积分曲线和积分曲线族

为了便于研究方程解的性质,我们常常可以借助于解的图像. 一阶微分方程(1.2.7)的解 $y=\phi(x)$,在 xOy 平面上的图形为一条平面曲线,我们称它为方程(1.2.7)的一条**积分曲线**. 方程(1.2.7)的通解 $y=\phi(x,c)$ 对应于 xOy 平面上的一族曲线,我们称它为方程(1.2.7)的**积分曲线族**.

例如,方程(1.2.9)的通积分为 $x^2+y^2=c^2$,其对应的积分曲线为 xOy 平面上的一族以原点为圆心的同心圆周.

这里提出一个反问题,若已知一个平面曲线族

$$\Phi(x,y,c)=0, \tag{1.2.13}$$

其中 c 为参数,是否存在一个一阶方程,使得曲线族(1.2.13)恰是此微分方程的积分曲线族? 为此,在式(1.2.13)中,把 y 看成 x 的函数,对 x 求导得

$$\Phi'_x(x,y,c)+\Phi'_y(x,y,c)y'=0.$$

将此式与式(1.2.13)联立，得

$$\begin{cases}\Phi(x,y,c)=0,\\ \Phi'_x(x,y,c)+\Phi'_y(x,y,c)y'=0.\end{cases}$$

从上式消去 c，就得到曲线族(1.2.13)所满足的一阶微分方程

$$F(x,y,y')=0.$$

例 1.2.1 求圆族

$$(x-c)^2+y^2=4 \tag{1.2.14}$$

所满足的微分方程，其中 c 为任意常数.

解 在式(1.2.14)中，把 y 视为 x 的函数，对 x 求导，可得

$$(x-c)+yy'=0.$$

将此式与式(1.2.14)联立，得

$$\begin{cases}(x-c)^2+y^2=4,\\ (x-c)+yy'=0.\end{cases}$$

从上式消去 c，可得所求的微分方程为 $(yy')^2+y^2=4$. □

习题 1.2

1. 指出下列方程的阶数，并回答方程是否是线性的：

(1) $\dfrac{dy}{dx}=\dfrac{2y}{x}-x$；

(2) $\dfrac{dy}{dx}=x^2+y^2$；

(3) $\dfrac{d^2y}{dx^2}=xy+\sin x$；

(4) $y=(y')^2-xy'+\dfrac{x^2}{2}$；

(5) $\dfrac{d^2\theta}{dt^2}+\dfrac{g}{l}\sin\theta=0$，其中 l,g 为常数；

(6) $(x+y)dx+(x-y)dy=0$.

2. 验证下列各函数是相应微分方程的解或通解：

(1) $y=\cos\omega x$，$y''+\omega^2y=0$，这里 ω 是常数；

(2) $y=\dfrac{\sin x}{x}$，$xy'+y=\cos x$；

(3) $y=\mathrm{e}^{x}\left(\int_{0}^{x}\mathrm{e}^{t^{2}}\mathrm{d}t+c\right)$，$y'-y=\mathrm{e}^{x+x^{2}}$；

(4) $y=c_1\mathrm{e}^{x}+c_2\mathrm{e}^{-4x}$，$y''+3y'-4y=0$.

3. 证明：对任意常数 $c\geqslant 0$，函数

$$y=\begin{cases}0, & -\infty<x\leqslant c,\\ (x-c)^{2}, & c<x<+\infty\end{cases}$$

都是初值问题

$$\frac{\mathrm{d}y}{\mathrm{d}x}=2\sqrt{y},\quad y(0)=0$$

的解.

4. 设一阶方程 $y'=2x$.

(1) 求出它的通解；

(2) 求出过点(1,4)的积分曲线，并画出其图形；

(3) 求出与直线 $y=2x+3$ 相切的积分曲线，并画出其图形.

5. 求出下列曲线族所满足的微分方程：

(1) $y=cx+x^{2}$；　　(2) $y=c_1\mathrm{e}^{x}+c_2x\mathrm{e}^{x}$.

第2章 一阶方程的初等积分法

对于形式上很简单的微分方程

$$\frac{\mathrm{d}y}{\mathrm{d}x}=f(x),$$

我们可以直接利用求积分的方法求出方程的通解

$$y=\int f(x)\mathrm{d}x+c,$$

这里我们把积分常数 c 明确写出来，而把 $\int f(x)\mathrm{d}x$ 理解为函数 $f(x)$ 的某一个原函数. 若无特别说明，以后也这样理解. 这种把微分方程的求解问题转化为求积分问题的方法，称为**初等积分法**. 应用初等积分法可以求解一些特殊类型的微分方程. 虽然这些方程类型是很有限的，却可以用来刻画实际应用中的许多问题. 因此，掌握求解这些方程的方法和技巧具有重要的理论和实际意义.

2.1 变量可分离方程

形如

$$\frac{\mathrm{d}y}{\mathrm{d}x}=h(x)g(y) \tag{2.1.1}$$

的方程，称为**变量可分离方程**，其特点是右端为仅含有 x 的函数和仅含有 y 的函数的乘积.

设 $h(x)$，$g(y)$ 分别是 x，y 的连续函数. 怎样求解方程(2.1.1)？我们分两种情况进行讨论.

(1) 若 $g(y)\neq 0$，先分离变量，方程两边同除以 $g(y)$，乘以 $\mathrm{d}x$，把方程(2.1.1)化为

$$\frac{\mathrm{d}y}{g(y)} = h(x)\mathrm{d}x. \tag{2.1.2}$$

然后，两边分别对 y 和 x 积分，得

$$\int \frac{\mathrm{d}y}{g(y)} = \int h(x)\mathrm{d}x + c. \tag{2.1.3}$$

令

$$G(y) = \int \frac{\mathrm{d}y}{g(y)},\quad H(x) = \int h(x)\mathrm{d}x,$$

则式(2.1.3)可写成

$$G(y) = H(x) + c, \tag{2.1.4}$$

这里 c 是任意常数. 等式(2.1.4)是方程(2.1.1)的隐式通解(通积分).

(2) 若有实数 α，使 $g(\alpha)=0$，则把函数 $y=\alpha$(常值函数)代入方程(2.1.1)直接验证，可知 $y=\alpha$ 也是方程(2.1.1)的解.

上述讨论说明，为了求解方程(2.1.1)，关键在于使变量 x 与 y 分离开来，使 $\mathrm{d}x$ 的系数仅是 x 的函数，$\mathrm{d}y$ 的系数仅是 y 的函数，从而就可通过各自积分求得其通积分，称这种方法为**分离变量法**.

这里需要指出的是：当 $g(y)\neq 0$ 时，方程(2.1.1)与隐函数方程(2.1.4)是等价的，即方程(2.1.1)和(2.1.4)的解集相同.

事实上，设 $y=\phi(x)$ 是方程(2.1.1)的解，则有

$$\frac{\mathrm{d}\phi(x)}{\mathrm{d}x} \equiv h(x)g[\phi(x)].$$

因为 $g(y)\neq 0$，于是有

$$\frac{\mathrm{d}\phi(x)}{g[\phi(x)]} \equiv h(x)\mathrm{d}x.$$

等式两边对 x 积分，得

$$\int \frac{\mathrm{d}\phi(x)}{g[\phi(x)]} \equiv \int h(x)\mathrm{d}x + c.$$

即

$$G[\phi(x)] \equiv H(x) + c,$$

这里 c 是常数. 因此，$y=\phi(x)$ 满足函数方程(2.1.4).

反之，设 $y=\phi(x)$ 是隐函数方程(2.1.4)的解，即 $y=\phi(x)$ 是由方程(2.1.4)所确定的隐函数(由于 $G'(y)=1/g(y)\neq 0$，故对于任一固定的常数 c，根据微分学中的隐函数定理，由方程(2.1.4)可确定隐函数 $y=\phi(x)$)，则有

$$G[\phi(x)] \equiv H(x) + c.$$

两边对 x 微分可得

$$\frac{d\phi(x)}{g[\phi(x)]} \equiv h(x)dx.$$

即

$$\frac{d\phi(x)}{dx} \equiv h(x)g[\phi(x)].$$

这表明 $y=\phi(x)$是方程(2.1.1)的解.

因此,含有一个任意常数 c 的隐式方程(2.1.4),就是方程(2.1.1)的通积分.

例 2.1.1 求解方程

$$\frac{dy}{dx} = -\frac{y}{x}. \tag{2.1.5}$$

解 当 $y\neq 0$ 时,分离变量可得

$$\frac{dy}{y} = -\frac{dx}{x}.$$

两边积分,得到

$$\ln|y| = -\ln|x| + c_1.$$

即

$$\ln|y| = \ln\left|\frac{c}{x}\right| \quad (c_1 = \ln|c|).$$

因此

$$y = \frac{c}{x}, \tag{2.1.6}$$

这里 $c\neq 0$. 另外,显然 $y=0$ 是方程(2.1.5)的解. 若在式(2.1.6)中允许 $c=0$,那么解 $y=0$ 包含在(2.1.6)之中. 因此,方程(2.1.5)的通解为

$$y = \frac{c}{x},$$

这里 c 为任意常数. □

例 2.1.2 求解方程

$$\frac{dy}{dx} = 1 + x + y^2 + xy^2.$$

解 将方程变形为

$$\frac{dy}{dx} = (1+x)(1+y^2).$$

分离变量,可得

$$\frac{dy}{1+y^2} = (1+x)dx.$$

两边积分,得到

$$\arctan y = \frac{1}{2}(1+x)^2 + c_1.$$

即

$$y = \tan\left(x + \frac{1}{2}x^2 + c\right),$$

这里 $c=c_1+\frac{1}{2}$是任意常数. □

变量可分离方程常写成关于 x 和 y 的对称形式：

$$M_1(x)M_2(y)\mathrm{d}x + N_1(x)N_2(y)\mathrm{d}y = 0. \tag{2.1.7}$$

这时,在式(2.1.7)中 x 和 y 的地位是平等的,即 x 或 y 均可视为自变量或函数.因此,当函数 $y=\phi(x)$或 $x=\psi(y)$满足方程(2.1.7)时,应当认为它们都是方程(2.1.7)的解.

与求解方程(2.1.1)类似,对方程(2.1.7)也分两种情况讨论.

(1) 若 $M_2(y)N_1(x)\neq 0$,方程(2.1.7)两边同时除以 $M_2(y)N_1(x)$,得

$$\frac{M_1(x)}{N_1(x)}\mathrm{d}x + \frac{N_2(y)}{M_2(y)}\mathrm{d}y = 0.$$

等式两边积分,便得方程(2.1.7)的通积分

$$\int\frac{M_1(x)}{N_1(x)}\mathrm{d}x + \int\frac{N_2(y)}{M_2(y)}\mathrm{d}y = c.$$

(2) 若有实数 α,β 使 $N_1(\alpha)=0$ 或 $M_2(\beta)=0$,则易知函数 $x=\alpha$ 或 $y=\beta$ 也是方程(2.1.7)的解.

例 2.1.3　求解方程

$$x\sqrt{1-y^2}\,\mathrm{d}x + y\sqrt{1-x^2}\,\mathrm{d}y = 0.$$

解　若$\sqrt{1-y^2}\sqrt{1-x^2}\neq 0$,分离变量,得

$$\frac{x\mathrm{d}x}{\sqrt{1-x^2}} + \frac{y\mathrm{d}y}{\sqrt{1-y^2}} = 0.$$

两边积分,便得通积分

$$\sqrt{1-x^2} + \sqrt{1-y^2} = c,$$

其中 c 只能在区间(0,2)内取任意数.

另外,由$\sqrt{1-y^2}\sqrt{1-x^2}=0$,可得方程的下列四个解：

$$y = 1,\quad x\in(-1,1);$$
$$y = -1,\quad x\in(-1,1);$$
$$x = 1,\quad y\in(-1,1);$$
$$x = -1,\quad y\in(-1,1).$$

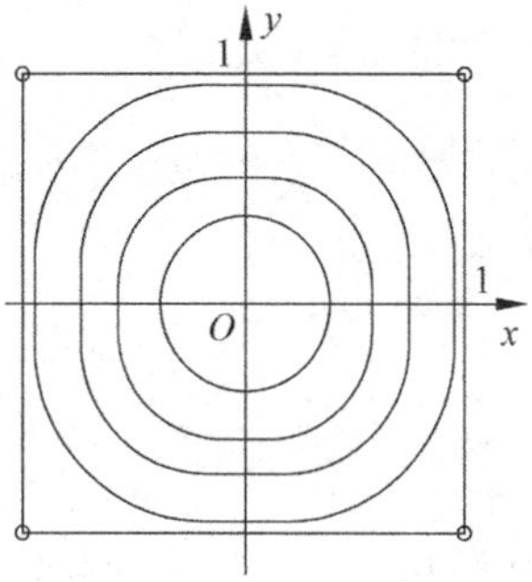

图 2.1

这些解均不包含在通积分之中，它们刚好围成一个正方形(不包括正方形的四个顶点)，如图 2.1 所示. □

下面介绍变量可分离方程在经济学中的一个应用.

例 2.1.4 根据经验可知，商品的销售量与对其所做的广告宣传有密切的联系. 设某产品的纯利润 I 与广告支出 x 有如下的关系：

$$\frac{\mathrm{d}I}{\mathrm{d}x} = k(A-I) \quad (\text{其中 } k>0, A>0).$$

若不做广告，即 $x=0$ 时，纯利润为 I_0，且 $0<I_0<A$. 试求纯利润 I 与广告费 x 之间的函数关系.

解 问题归结为求解下面的初值问题

$$\begin{cases} \dfrac{\mathrm{d}I}{\mathrm{d}x} = k(A-I), \\ I(0) = I_0. \end{cases}$$

分离变量可求得所给方程的通解为

$$I(x) = A + c\mathrm{e}^{-kx}.$$

由初始条件可得 $c=I_0-A$. 因此，$I(x)=A+(I_0-A)\mathrm{e}^{-kx}$. 显然，$I(x)$是 x 的单调增函数，且

$$\lim_{x\to+\infty} I(x) = A.$$

这表明，不管初始纯利润 I_0 是多少，随着广告费的增加，纯利润相应不断增加，并趋向于 A. 如图 2.2 所示. 由于 A 的经济意义是纯利润的极限值，这说明并不是广告费越大纯利润会无限增加. □

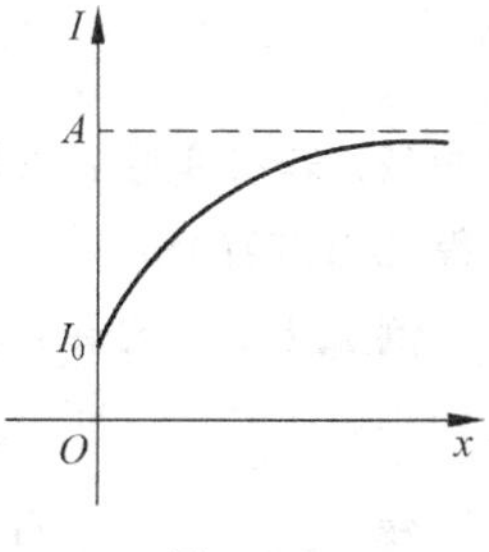

图 2.2

习题 2.1

1. 求解下列变量可分离方程：

(1) $\dfrac{\mathrm{d}y}{\mathrm{d}x}=\dfrac{1+y^2}{xy+x^3y}$；　(2) $\dfrac{\mathrm{d}y}{\mathrm{d}x}=\mathrm{e}^{x-y}$；

(3) $x^2\dfrac{\mathrm{d}y}{\mathrm{d}x}=(x-1)y$；　(4) $(1+x)y\mathrm{d}x+(1-y)x\mathrm{d}y=0$；

(5) $(1-y^2)\tan x\mathrm{d}x+\mathrm{d}y=0$；　(6) $\dfrac{\mathrm{d}y}{\mathrm{d}x}+\dfrac{\mathrm{e}^{3x+y^2}}{y}=0$.

2. 求解下列微分方程初值问题：

(1) $y'=y(y-1), y(0)=1$;

(2) $y^2\mathrm{d}x+(x+1)\mathrm{d}y=0, y(0)=1$;

(3) $\sin 2x\mathrm{d}x+\cos 3y\mathrm{d}y=0, y\left(\frac{\pi}{2}\right)=\frac{\pi}{3}$;

(4) $(y^2+xy^2)\mathrm{d}x-(x^2+x^2y)\mathrm{d}y=0, y(1)=-1$.

3. 设函数 f 在 $(0,+\infty)$ 上可导,不恒为零,且具有性质

$$f(xy)=f(x)f(y),$$

试求此函数.

4. 求过点(1,2)的一条曲线,使它的切线介于两坐标轴之间的部分被切点平分.

5. 解微分积分方程

$$\int_0^x \sqrt{1+y'^2(s)}\,\mathrm{d}s=2\sqrt{x}+y(x).$$

6. 放射性元素由于原子中不断释放出微观粒子,它的含量会不断减少,这种现象称为衰变.由实验知道,放射性元素镭的衰变率与此时镭的存量成正比(比例系数为 k).设在开始时镭的存量为 m_0g,求任意时刻 t 时镭的含量 $m(t)$.经检测可断定,镭经过 1600 年后,只剩余原质量的一半,试由此决定比例常数 k,并画出 $m(t)$ 的图形.

7. 设质量为 m 的物体在空气中由静止开始下落,空气阻力与物体下降的速度平方成正比,比例系数 $k>0$.求物体下降的速度与时间的关系.

2.2 齐次方程

形如

$$\frac{\mathrm{d}y}{\mathrm{d}x}=g\left(\frac{y}{x}\right) \tag{2.2.1}$$

的方程称为**齐次方程**,这里函数 g 是连续函数.

如何求解方程(2.2.1)?根据它的特点,可作变换

$$u=\frac{y}{x} \quad 或 \quad y=xu,$$

这里 u 是新的未知函数.由于

$$\frac{\mathrm{d}y}{\mathrm{d}x}=x\frac{\mathrm{d}u}{\mathrm{d}x}+u,$$

故方程(2.2.1)变为

$$x\frac{\mathrm{d}u}{\mathrm{d}x}+u=g(u),$$

或

$$x\frac{\mathrm{d}u}{\mathrm{d}x}=g(u)-u,$$

即

$$\frac{\mathrm{d}u}{\mathrm{d}x}=\frac{g(u)-u}{x}. \tag{2.2.2}$$

这是一个变量可分离方程.用分离变量法求出(2.2.2)的解后,再用 $u=\frac{y}{x}$ 换回原变量,就得到原方程(2.2.1)的解.

例 2.2.1 求解方程

$$\frac{\mathrm{d}y}{\mathrm{d}x}=\frac{y}{x}+\tan\frac{y}{x}.$$

解 此方程是齐次方程.令 $y=xu$,代入原方程,得

$$x\frac{\mathrm{d}u}{\mathrm{d}x}+u=u+\tan u.$$

即

$$\frac{\mathrm{d}u}{\mathrm{d}x}=\frac{\tan u}{x}. \tag{2.2.3}$$

当 $\tan u\neq 0$ 时,分离变量得

$$\frac{\mathrm{d}u}{\tan u}=\frac{\mathrm{d}x}{x}.$$

两边积分,得到

$$\ln|\sin u|=\ln|x|+\ln|c|.$$

化简可得

$$\sin u=cx\quad(c\neq 0). \tag{2.2.4}$$

另外,由 $\tan u=0$,即 $\sin u=0$,知方程(2.2.3)还有解 $u=k\pi,k\in\mathbb{Z}$.若在式(2.2.4)中允许 $c=0$,则这些解包含在式(2.2.4)之中.

再用 $u=\frac{y}{x}$ 换回原变量,就得到原方程的通积分为

$$\sin\frac{y}{x}=cx,\quad c\text{ 是任意常数}.$$ □

例 2.2.2 求解方程

$$2xy\,\mathrm{d}x-(x^2+y^2)\mathrm{d}y=0.$$

解 方程可以改写为

$$\frac{\mathrm{d}y}{\mathrm{d}x}=\frac{2\left(\frac{y}{x}\right)}{1+\left(\frac{y}{x}\right)^2},$$

故它是齐次方程. 令 $y=xu$,则 $\mathrm{d}y=x\mathrm{d}u+u\mathrm{d}x$,代入原方程,得

$$2x^2u\mathrm{d}x-(x^2+x^2u^2)(x\mathrm{d}u+u\mathrm{d}x)=0.$$

化简,得到

$$u(1-u^2)\mathrm{d}x-x(1+u^2)\mathrm{d}u=0. \tag{2.2.5}$$

若 $u(1-u^2)\neq 0$,分离变量,得

$$\frac{1+u^2}{u(1-u^2)}\mathrm{d}u=\frac{\mathrm{d}x}{x}.$$

两边积分,得

$$\ln|u|-\ln|1-u|-\ln|1+u|=\ln|x|+\ln|c| \quad (c\neq 0).$$

化简,可得

$$\frac{u}{1-u^2}=cx. \tag{2.2.6}$$

由 $u(1-u^2)=0$,知方程(2.2.5)还有解 $u=0$,$u=\pm 1$. 但是,若在式(2.2.6)中允许 $c=0$,则解 $u=0$ 包含在式(2.2.6)之中.

再用 $u=\dfrac{y}{x}$代入式(2.2.6),得到原方程的通积分为

$$y=c(x^2-y^2),\quad c\text{ 为任意常数}.$$

另外,由 $u=\pm 1$ 可得解 $y=\pm x$. □

方程

$$\frac{\mathrm{d}y}{\mathrm{d}x}=\frac{a_1x+b_1y+c_1}{a_2x+b_2y+c_2} \tag{2.2.7}$$

也可经变量替换化为变量可分离方程,这里 $a_i,b_i,c_i(i=1,2)$均为常数. 下面分三种情况讨论.

(1) 若 $c_1=c_2=0$,显然式(2.2.7)是齐次方程.

(2) 若 c_1,c_2 不全为零,且 $\Delta=\begin{vmatrix} a_1 & b_1 \\ a_2 & b_2 \end{vmatrix}=0$,则可令 $a_1=ka_2,b_1=kb_2$. 于是方程(2.2.7)可写成

$$\frac{\mathrm{d}y}{\mathrm{d}x}=\frac{k(a_2x+b_2y)+c_1}{a_2x+b_2y+c_2}.$$

令 $u=a_2x+b_2y$,则

$$\frac{\mathrm{d}u}{\mathrm{d}x}=a_2+\frac{b_2(ku+c_1)}{u+c_2},$$

这是一个变量可分离方程.

(3) 若 c_1,c_2 不全为零,且 $\Delta=\begin{vmatrix} a_1 & b_1 \\ a_2 & b_2 \end{vmatrix}\neq 0$,则可设法引进合适的变换消去常

数 c_1, c_2，从而把方程(2.2.7)化为情形(1).

因 $\Delta \neq 0$，且 c_1, c_2 不全为零，故方程组

$$\begin{cases} a_1 x + b_1 y + c_1 = 0, \\ a_2 x + b_2 y + c_2 = 0 \end{cases} \tag{2.2.8}$$

有唯一的非零解 $x=\alpha, y=\beta$. 从几何上看，就是式(2.2.8)中两个方程所表示的两直线相交，且交点 $(\alpha,\beta)\neq(0,0)$. 为了消去常数 c_1, c_2，作坐标平移变换

$$X = x - \alpha, \quad Y = y - \beta.$$

则

$$a_1 x + b_1 y + c_1 = a_1 X + b_1 Y + (a_1 \alpha + b_1 \beta + c_1) = a_1 X + b_1 Y,$$
$$a_2 x + b_2 y + c_2 = a_2 X + b_2 Y + (a_2 \alpha + b_2 \beta + c_2) = a_2 X + b_2 Y.$$

因此

$$\frac{\mathrm{d}Y}{\mathrm{d}X} = \frac{a_1 X + b_1 Y}{a_2 X + b_2 Y},$$

这是一个齐次方程.

例 2.2.3 求解方程

$$\frac{\mathrm{d}y}{\mathrm{d}x} = \frac{x - y - 1}{x + y + 3}. \tag{2.2.9}$$

解 解方程组

$$\begin{cases} x - y - 1 = 0, \\ x + y + 3 = 0. \end{cases}$$

得 $x=-1, y=-2$. 作变换

$$X = x + 1, \quad Y = y + 2.$$

则方程(2.2.9)化为

$$\frac{\mathrm{d}Y}{\mathrm{d}X} = \frac{X - Y}{X + Y}. \tag{2.2.10}$$

再令 $Y = XU$，则方程(2.2.10)化为变量可分离方程

$$\frac{\mathrm{d}X}{X} = \frac{1 + U}{1 - 2U - U^2}\mathrm{d}U.$$

两边积分并化简，可得

$$X^2 (U^2 + 2U - 1) = c_1,$$

其中 $c_1 \neq 0$ 是常数. 由此可推得

$$Y^2 + 2XY - X^2 = c_1.$$

另外，由

$$U^2 + 2U - 1 = 0$$

可得

$$Y^2 + 2XY - X^2 = 0. \tag{2.2.11}$$

容易验证由式(2.2.11)确定的函数是方程(2.2.10)的解. 因此,方程(2.2.10)的通积分为

$$Y^2 + 2XY - X^2 = c_1,\quad c_1\text{ 为任意常数}.$$

故方程(2.2.9)的通积分为

$$y^2 + 2xy - x^2 + 6y + 2x = c,$$

其中 $c(c=c_1-7)$是任意常数. □

【注】 形如

$$\frac{\mathrm{d}y}{\mathrm{d}x} = f\left(\frac{a_1x+b_1y+c_1}{a_2x+b_2y+c_2}\right)$$

的方程也可以用同样的方法求解,这里 f 是一个已知的连续函数.

例 2.2.4 求解方程

$$\frac{\mathrm{d}y}{\mathrm{d}x} = 2\left(\frac{y+2}{x+y-1}\right)^2. \tag{2.2.12}$$

解 解方程组

$$\begin{cases} y+2=0, \\ x+y-1=0. \end{cases}$$

得 $x=3, y=-2$. 作变换

$$X = x-3,\quad Y = y+2.$$

则方程(2.2.12)化为

$$\frac{\mathrm{d}Y}{\mathrm{d}X} = 2\left(\frac{Y}{X+Y}\right)^2. \tag{2.2.13}$$

再令 $Y=XU$,则方程(2.2.13)化为变量可分离方程

$$\frac{\mathrm{d}U}{\mathrm{d}X} = -\frac{U(1+U^2)}{X(1+U)^2}.$$

解此方程,可得

$$XU = c\mathrm{e}^{-2\arctan U}.$$

将 U 换成$\frac{Y}{X}$,得到

$$Y = c\mathrm{e}^{-2\arctan\frac{Y}{X}}.$$

故原方程的通积分为

$$y+2 = c\mathrm{e}^{-2\arctan\frac{y+2}{x-3}},\quad c\text{ 为任意常数}.$$ □

【注】 对于如下的方程

$$\frac{dy}{dx}=f(ax+by+c),$$

$$\frac{dy}{dx}=\frac{f(xy)}{x^2},$$

$$\frac{dy}{dx}=xf\left(\frac{y}{x^2}\right),$$

均可以通过适当的变量替换化为变量可分离方程.读者不妨尝试找出相应的变量替换.

习题 2.2

1. 解下列方程：

(1) $\frac{dy}{dx}=\frac{x+2y}{x}$；

(2) $x(\ln x-\ln y)dy-ydx=0$；

(3) $(x^2+y^2)dx-2xydy=0$；

(4) $x\frac{dy}{dx}=y+\sqrt{x^2-y^2}$；

(5) $x\frac{dy}{dx}-y=x\tan\frac{y}{x}$.

2. 解下列方程：

(1) $\frac{dy}{dx}=\frac{x-y+5}{x-y-2}$；

(2) $\frac{dy}{dx}=\frac{2y-x+5}{2x-y-4}$；

(3) $(2x-4y+6)dx+(x+y-3)dy=0$；

(4) $\frac{dy}{dx}=4\left(\frac{y-1}{2x+y-5}\right)^2$.

3. 作适当的变量替换,求解下列方程：

(1) $(2x^2+3y^2-7)xdx-(3x^2+2y^2-8)ydy=0$；

(2) $\frac{dy}{dx}=\frac{y^6-2x^2}{2xy^5+x^2y^2}$.

4. 求过点(2,1)的一条曲线,使其上任意一点法线的纵截距等于该点的横坐标的平方与纵坐标之商.

5. 探照灯的反射镜面(旋转曲面)应具有何种形状,才能把由一个点光源发射的光线平行地反射出去?

2.3 一阶线性方程

本节先讨论如下形式的一阶线性方程的解法

$$\frac{dy}{dx}+p(x)y=q(x),\tag{2.3.1}$$

其中函数 $p(x)$，$q(x)$是区间$[a,b]$上的连续函数.

若 $q(x)\equiv 0, x\in[a,b]$，方程(2.3.1)成为

$$\frac{\mathrm{d}y}{\mathrm{d}x}+p(x)y=0, \tag{2.3.2}$$

称方程(2.3.2)为**一阶线性齐次方程**.

若 $q(x)\not\equiv 0, x\in[a,b]$，称方程(2.3.1)为**一阶线性非齐次方程**.

显然，方程(2.3.2)是变量可分离方程，容易求出其通解

$$y=c\mathrm{e}^{-\int p(x)\mathrm{d}x},\quad c\text{ 是任意常数}. \tag{2.3.3}$$

下面考虑一阶线性非齐次方程的解法. 当 $q(x)\not\equiv 0$ 时，容易看出式(2.3.3)不是方程(2.3.1)的解. 但是，由于方程(2.3.2)是方程(2.3.1)的特殊情形，可以想象它们的解之间有一定联系.

设

$$y=c(x)\mathrm{e}^{-\int p(x)\mathrm{d}x} \tag{2.3.4}$$

是方程(2.3.1)的解，其中 $c(x)$是待定函数. 把式(2.3.4)代入方程(2.3.1)可得

$$(c(x)\mathrm{e}^{-\int p(x)\mathrm{d}x})'+p(x)c(x)\mathrm{e}^{-\int p(x)\mathrm{d}x}=q(x).$$

化简，得到

$$c'(x)\mathrm{e}^{-\int p(x)\mathrm{d}x}=q(x).$$

即

$$c'(x)=q(x)\mathrm{e}^{\int p(x)\mathrm{d}x}.$$

积分可得

$$c(x)=\int q(x)\ \mathrm{e}^{\int p(x)\mathrm{d}x}\mathrm{d}x+c, \tag{2.3.5}$$

其中 c 是任意常数. 把式(2.3.5)代入式(2.3.4)可得一阶线性非齐次方程(2.3.1)的通解

$$y=c\mathrm{e}^{-\int p(x)\mathrm{d}x}+\mathrm{e}^{-\int p(x)\mathrm{d}x}\int q(x)\ \mathrm{e}^{\int p(x)\mathrm{d}x}\mathrm{d}x. \tag{2.3.6}$$

上述求解线性非齐次方程的解法，实质上是先作了一个变量替换，将式(2.3.3)中的常数 c 变易为 x 的未知函数 $c(x)$. 因此，我们称上述求解方程(2.3.1)的方法为**常数变易法**. 这种方法源于拉格朗日(Lagrange①). 以后，我们还要将这种方法推广到高阶线性方程和一阶线性微分方程组中去.

---

① Lagrange(1736—1813)是法国数学家、力学家、天文学家. Lagrange 在数学和力学方面发表了大量的论文，其内容涉及变分法、概率论、微分方程、弦振动问题、最小作用原理等方面，为这些学科的发展作出了开创性的工作.

从式(2.3.6)可以看出,线性非齐次方程(2.3.1)的通解由两项迭加而成.第一项是相应线性齐次方程(2.3.2)的通解,第二项是线性非齐次方程(2.3.1)的一个特解.由此可知：一阶线性非齐次方程的通解,等于它的相应线性齐次方程的通解与它的一个特解之和.

这个结论与线性代数方程组的通解结构是一致的.不仅如此,以后还会看到,这还是所有线性微分方程和线性微分方程组的一个共同特征.

例 2.3.1 求解方程

$$y - xy' = x.$$

解 此方程为线性方程,将它变形为

$$\frac{\mathrm{d}y}{\mathrm{d}x} - \frac{y}{x} = -1. \tag{2.3.7}$$

先求相应线性齐次方程

$$\frac{\mathrm{d}y}{\mathrm{d}x} - \frac{y}{x} = 0$$

的通解.分离变量并积分之,得

$$y = cx.$$

令

$$y = c(x)x$$

是方程(2.3.7)的解,将它代入方程(2.3.7),得到

$$c'(x)x + c(x) - c(x) = -1.$$

即

$$c'(x) = -\frac{1}{x}.$$

积分之,可得

$$c(x) = -\ln|x| + c.$$

因此,原方程的通解为

$$y = cx - x\ln|x|, \quad c \text{ 是任意常数}.$$ □

有时为了确定起见,可以把通解式(2.3.6)中的不定积分写成定积分的形式,即

$$y = \mathrm{e}^{-\int_{x_0}^{x} p(s)\mathrm{d}s}\left[c + \int_{x_0}^{x} q(s)\mathrm{e}^{\int_{x_0}^{s} p(t)\mathrm{d}t}\mathrm{d}s\right],$$

或

$$y = c\mathrm{e}^{-\int_{x_0}^{x} p(s)\mathrm{d}s} + \int_{x_0}^{x} q(s)\mathrm{e}^{\int_{x}^{s} p(t)\mathrm{d}t}\mathrm{d}s,$$

其中 $x_0 \in [a, b]$.

例 2.3.2　求解方程

$$\frac{\mathrm{d}y}{\mathrm{d}x}=\frac{2y}{4x+y^2}.$$

解　此方程关于未知函数 y 和 y' 不是线性的. 若将它变形为(设 $y\neq 0$)

$$\frac{\mathrm{d}x}{\mathrm{d}y}=\frac{4x+y^2}{2y},$$

即

$$\frac{\mathrm{d}x}{\mathrm{d}y}=\frac{2}{y}x+\frac{y}{2},$$

而把 y 看作自变量, x 看作未知函数, 则此方程关于 x 及 $\frac{\mathrm{d}x}{\mathrm{d}y}$ 是线性的. 用常数变易法可求得它的通解为

$$x=y^2\left(\frac{1}{2}\ln|y|+c\right),\quad c\text{ 是任意常数}.$$

另外, 直接检验可知 $y=0$ 也是原方程的解, 它不包含在上述通解之中. □

【注】　求解方程时, 从积分角度看, 自变量 x 与未知函数 y 的地位是一样的. 故在有些情况下, 可以改变自变量与未知函数的地位, 以达到求解的目的.

有些方程形式上不是线性方程, 可以通过适当的变换把它变成线性方程.

定义 2.3.1　形如

$$\frac{\mathrm{d}y}{\mathrm{d}x}+p(x)y=q(x)y^{\alpha}$$

的方程, 称为**伯努利(Bernoulli)方程**, 这里 α 为常数, 且 $\alpha\neq 0,1$.

当 $y\neq 0$ 时, 方程两边同时除以 y^{α}, 得

$$y^{-\alpha}\frac{\mathrm{d}y}{\mathrm{d}x}+p(x)y^{1-\alpha}=q(x).$$

进一步写成

$$\frac{1}{1-\alpha}\frac{\mathrm{d}y^{1-\alpha}}{\mathrm{d}x}+p(x)y^{1-\alpha}=q(x).$$

由此可以看出, 采用变换

$$z=y^{1-\alpha}$$

就可以把方程化为线性方程

$$\frac{\mathrm{d}z}{\mathrm{d}x}+(1-\alpha)p(x)z=(1-\alpha)q(x).$$

因此, 求出它的通解后, 再代回原变量, 就得到了原方程的通解. 此外, 当 $\alpha>0$ 时, $y=0$ 也是方程的解.

例 2.3.3　求解方程

$$\frac{\mathrm{d}y}{\mathrm{d}x}=\frac{4y}{x}+x\sqrt{y}.$$

解 这是伯努利方程.此处 $\alpha=\frac{1}{2}$.当 $y\neq 0$ 时,把此方程改写为

$$\frac{1}{\sqrt{y}}\frac{\mathrm{d}y}{\mathrm{d}x}=\frac{4}{x}\sqrt{y}+x. \tag{2.3.8}$$

令 $z=\sqrt{y}$,则 $\frac{\mathrm{d}z}{\mathrm{d}x}=\frac{1}{2\sqrt{y}}\frac{\mathrm{d}y}{\mathrm{d}x}$,代入式(2.3.8),得到

$$\frac{\mathrm{d}z}{\mathrm{d}x}=\frac{2}{x}z+\frac{1}{2}x.$$

这是一阶线性方程,可求得它的通解为

$$z=x^2\left(\frac{1}{2}\ln|x|+c\right).$$

把 $z=\sqrt{y}$ 代入上式,并平方之,便得到原方程的通解为

$$y=x^4\left(\frac{1}{2}\ln|x|+c\right)^2,\quad c\text{ 是任意常数}.$$

另外,$y=0$ 也是原方程的解. □

例 2.3.4 求过点 $M(1,2)$ 的一条曲线,使其上任一点的法线在横坐标轴上的截距等于该点纵坐标的平方与横坐标的商.

解 设所求曲线为 $y=y(x)$,过所求曲线上任一点 (x,y) 的法线方程为

$$Y-y=-\frac{1}{y'}(X-x),$$

其中 (X,Y) 为法线上的动点.法线在横坐标轴上的截距为 $x+yy'$.由题意可得方程

$$x+yy'=\frac{y^2}{x}.$$

将此方程改写为

$$\frac{\mathrm{d}y}{\mathrm{d}x}-\frac{y}{x}=-\frac{x}{y},$$

这是伯努利方程,也是齐次方程.可求得其通积分为

$$y^2=cx^2-2x^2\ln|x|,$$

其中 c 是任意常数.由于所求曲线过点(1,2),即所求解满足初始条件 $y(1)=2$,把 $x=1,y=2$ 代入通积分中,可确定 $c=4$.故所求曲线为

$$y^2=4x^2-2x^2\ln x.$$

如图 2.3 所示,∞形曲线的右半支就是所要求的曲线. □

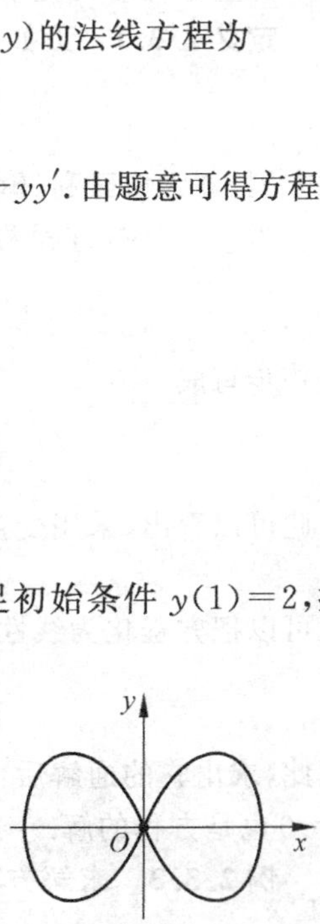

图 2.3

定义 2.3.2 形如

$$\frac{\mathrm{d}y}{\mathrm{d}x}=p(x)y^2+q(x)y+r(x) \tag{2.3.9}$$

的方程,称为**黎卡提(Riccati)方程**,其中函数 $p(x),q(x)$

和 $r(x)$ 在区间 $[a,b]$ 上连续，且 $p(x)\neq 0$. 一般而言，黎卡提方程不能用初等积分法求解，但在一些特殊情形下，可以通过变换把它转化成可用初等积分法求解的方程.

若已知方程(2.3.9)的一个特解 $y=\phi(x)$，则经过变换

$$y=z+\phi(x)$$

可将它化成伯努利方程. 事实上，将此变换代入方程(2.3.9)，可得

$$\frac{\mathrm{d}z}{\mathrm{d}x}+\frac{\mathrm{d}\phi(x)}{\mathrm{d}x}=p(x)[z^2+2\phi(x)z+\phi^2(x)]+q(x)[z+\phi(x)]+r(x).$$

由于 $y=\phi(x)$ 是方程(2.3.9)的解，消去相关的项以后，得到

$$\frac{\mathrm{d}z}{\mathrm{d}x}=[2\phi(x)p(x)+q(x)]z+p(x)z^2,$$

这是一个伯努利方程.

对黎卡提方程

$$\frac{\mathrm{d}y}{\mathrm{d}x}+ay^2=bx^m, \tag{2.3.10}$$

其中 a,b,m 都是常数，且 $a\neq 0$. 当

$$m=0,-2,\frac{-4k}{2k+1},\frac{-4k}{2k-1}\quad(k=1,2,\cdots) \tag{2.3.11}$$

时，方程(2.3.10)可经适当的变换化为变量可分离方程.

这个结论的证明从略，读者可以查阅文献[1].

【注】 上述结果是由丹尼尔·伯努利(Danniel Bernoulli, 1700—1782)于1725年得到的. 此结论表明：条件(2.3.11)是黎卡提方程(2.3.10)能用初等积分法求解的充分条件. 后来，法国数学家刘维尔(Liou Ville)在1841年进一步证明了条件(2.3.11)还是一个必要条件. 有兴趣的读者可查阅文献[2]. 根据刘维尔的结论，即便对形式上很简单的方程

$$\frac{\mathrm{d}y}{\mathrm{d}x}=x^2+y^2,$$

也不能用初等积分法求解. 刘维尔的这一结果在微分方程的发展史上具有重要意义，它改变了人们研究微分方程的途径. 在此之前，人们主要研究求解微分方程的方法和技巧. 此后，主要从理论上研究微分方程解的性质，譬如，初值问题解的存在性、唯一性，近似解的求法以及定性理论与稳定性理论等.

习题 2.3

1. 求解下列微分方程：

(1) $y'=x+y$；　　(2) $\dfrac{\mathrm{d}y}{\mathrm{d}x}+\dfrac{1-2x}{x^2}y-1=0$；

(3) $xy'-2y=2x^4$；　　(4) $x\left(\frac{dy}{dx}-y\right)=e^x$；

(5) $y'\sin x\cos x-y-\sin^3 x=0$；　　(6) $\frac{dy}{dx}=\frac{y}{x+y^3}$；

(7) $\cos y\frac{dy}{dx}-\frac{1}{1+x}\sin y=(1+x)e^x$；　　(8) $\frac{dy}{dx}=e^{x-y}-e^x$.

2. 求解下列微分方程：

(1) $\frac{dy}{dx}-y=xy^5$；　　(2) $\frac{dy}{dx}=\frac{1}{xy+x^3y^3}$；

(3) $y'+y^2-2y\sin x=\cos x-\sin^2 x$；　　(4) $x^2y'=x^2y^2+xy+1$.

3. 若曲线的切线在纵轴上的截距等于切点的横坐标，求此曲线.

4. 解积分方程：

$$\int_0^x (x-s)y(s)ds=\sin x+\int_0^x y(s)ds.$$

5. 设 $y_1(x)$是方程

$$y'+p(x)y=f_1(x)$$

的解，$y_2(x)$是方程

$$y'+p(x)y=f_2(x)$$

的解，证明 $y=y_1(x)+y_2(x)$是方程

$$y'+p(x)y=f_1(x)+f_2(x)$$

的解.

6. 设函数 $f(x)$在$[0,+\infty)$上连续，且 $\lim\limits_{x\to+\infty}f(x)=a$($a$ 是某常数). 证明：方程

$$y'+y=f(x)$$

的一切解 $y(x)$均满足 $\lim\limits_{x\to+\infty}y(x)=a$.

7. 设 $f(x)$是以 ω 为周期的连续函数，k 是非零常数. 证明：方程

$$y'+ky=f(x)$$

有一个以 ω 为周期的周期解，并求出这个解.

8. 一质点沿 x 轴运动，且只受到一个与速度成正比的阻力. 设它从原点出发时，初速度为 10m/s，而当它到达坐标为 2.5m 的点时，其速度为 5m/s. 试求质点到达坐标为 4m 的点时的速度.

2.4 全微分方程

2.4.1 全微分方程

考虑具有对称形式的一阶微分方程

$$M(x,y)dx+N(x,y)dy=0, \qquad (2.4.1)$$

这里 $M(x,y)$，$N(x,y)$ 在某矩形区域 G 内是 x，y 的连续函数，且具有连续的一阶偏导数.

如果存在一个二元函数 $u(x,y)$，使得方程(2.4.1)的左端是它的全微分，即有

$$\mathrm{d}u(x,y) = M(x,y)\mathrm{d}x + N(x,y)\mathrm{d}y,$$

则称方程(2.4.1)是**全微分方程**(或**恰当方程**).

当方程(2.4.1)是全微分方程时，它可以写成

$$\mathrm{d}u(x,y) = 0.$$

于是，方程(2.4.1)的通积分是

$$u(x,y) = c,\quad c\text{ 是任意常数}. \tag{2.4.2}$$

事实上，设 $y=\phi(x)$ 是方程(2.4.1)的解，则有

$$M[x,\phi(x)]\mathrm{d}x + N[x,\phi(x)]\mathrm{d}\phi(x) \equiv 0,$$

即有

$$\mathrm{d}u[x,\phi(x)] \equiv 0.$$

因此

$$u[x,\phi(x)] \equiv c,\quad c\text{ 是任意常数}.$$

这表明 $y=\phi(x)$ 满足函数方程(2.4.2). 反过来，容易验证由函数方程(2.4.2)所确定的隐函数 $y=\phi(x)$ 就是方程(2.4.1)的解.

例 2.4.1　求解方程

$$y\mathrm{d}x + (x-2y)\mathrm{d}y = 0. \tag{2.4.3}$$

解　由观察易知此方程的左端恰好是函数 $u(x,y)=xy-y^2$ 的全微分，即有

$$\mathrm{d}u(x,y) = y\mathrm{d}x + (x-2y)\mathrm{d}y.$$

所以，方程(2.4.3)是全微分方程，且它的通积分为

$$xy - y^2 = c,\quad c\text{ 是任意常数}.$$ □

上面这个例子是直接通过观察求解的. 在一般情况下，往往不能直接看出方程(2.4.1)是否为全微分方程. 这就需要考虑如下问题：

(1) 如何判断方程(2.4.1)为全微分方程？

(2) 当方程(2.4.1)是全微分方程时，如何求出原函数 $u(x,y)$？

我们先来研究第一个问题. 设方程(2.4.1)是一个全微分方程，则根据定义知存在函数 $u(x,y)$ 使得

$$\mathrm{d}u(x,y) = M(x,y)\mathrm{d}x + N(x,y)\mathrm{d}y.$$

因此

$$\frac{\partial u}{\partial x} = M,\quad \frac{\partial u}{\partial y} = N. \tag{2.4.4}$$

进而

$$\frac{\partial^2 u}{\partial x\partial y}=\frac{\partial M}{\partial y},\quad \frac{\partial^2 u}{\partial y\partial x}=\frac{\partial N}{\partial x}.$$

由于$\frac{\partial M}{\partial y}$,$\frac{\partial N}{\partial x}$连续,故$\frac{\partial^2 u}{\partial x\partial y}$,$\frac{\partial^2 u}{\partial y\partial x}$连续,从而$\frac{\partial^2 u}{\partial x\partial y}=\frac{\partial^2 u}{\partial y\partial x}$. 由此可得

$$\frac{\partial M}{\partial y}=\frac{\partial N}{\partial x}. \tag{2.4.5}$$

这说明式(2.4.5)是方程(2.4.1)为全微分方程的必要条件.

下面证明该条件还是充分条件. 我们将构造一个函数 $u(x,y)$使得式(2.4.4)成立. 由式(2.4.4)的第一个式子可知

$$u(x,y)=\int_{x_0}^{x}M(x,y)\mathrm{d}x+\phi(y), \tag{2.4.6}$$

其中 $\phi(y)$是待定函数. 由式(2.4.6)可得

$$\frac{\partial u}{\partial y}=\int_{x_0}^{x}\frac{\partial M(x,y)}{\partial y}\mathrm{d}x+\phi'(y).$$

根据条件(2.4.5),得到

$$\frac{\partial u}{\partial y}=\int_{x_0}^{x}\frac{\partial N(x,y)}{\partial x}\mathrm{d}x+\phi'(y)=N(x,y)-N(x_0,y)+\phi'(y).$$

为了使式(2.4.4)的第二个式子成立,令

$$\phi'(y)=N(x_0,y).$$

于是

$$\phi(y)=\int_{y_0}^{y}N(x_0,y)\mathrm{d}y.$$

这样,我们找到了一个满足式(2.4.4)的函数

$$u(x,y)=\int_{x_0}^{x}M(x,y)\mathrm{d}x+\int_{y_0}^{y}N(x_0,y)\mathrm{d}y.$$

因此,方程(2.4.1)为全微分方程. 此时,方程(2.4.1)的通积分为

$$\int_{x_0}^{x}M(x,y)\mathrm{d}x+\int_{y_0}^{y}N(x_0,y)\mathrm{d}y=c, \tag{2.4.7}$$

其中(x_0,y_0)为区域 G 中的任意一点.

上述过程不仅给出了方程(2.4.1)为全微分方程的充分必要条件,而且也给出了求原函数 $u(x,y)$的一种方法. 当然,在构造函数 $u(x,y)$时,也可先考虑使式(2.4.4)的第二个式子成立,用同样的方法可以得到满足式(2.4.4)的另一个函数$\tilde{u}(x,y)$. 易知函数 $u(x,y)$与$\tilde{u}(x,y)$之间相差一个常数.

例 2.4.2 求解方程

$$(3x^2+6xy^2)\mathrm{d}x+(6x^2y+4y^3)\mathrm{d}y=0.$$

解 因为

$$\frac{\partial M}{\partial y} = 12xy, \quad \frac{\partial N}{\partial x} = 12xy,$$

故此方程为全微分方程. 我们可以直接利用式(2.4.7)求出方程的通积分. 但是为了加深对式(2.4.7)的理解，我们仍采用导出式(2.4.7)的方法. 现求函数 $u(x,y)$，使它满足

$$\frac{\partial u}{\partial x} = 3x^2 + 6xy^2, \quad \frac{\partial u}{\partial y} = 6x^2y + 4y^3. \tag{2.4.8}$$

由式(2.4.8)的第一式可得

$$u(x,y) = x^3 + 3x^2y^2 + \phi(y).$$

把它代入式(2.4.8)的第二式，得到

$$6x^2y + \phi'(y) = 6x^2y + 4y^3.$$

即

$$\phi'(y) = 4y^3.$$

积分，取

$$\phi(y) = y^4.$$

因此，原方程的通积分为

$$x^3 + 3x^2y^2 + y^4 = c,$$

其中 c 为任意常数. □

【注】 对一些全微分方程，为了求出相应全微分的原函数 $u(x,y)$，可以采用分组凑微分的方法，即把方程左端的各项重新进行适当的组合，使得每组的原函数容易由观察求得，从而求得 $u(x,y)$. 例如，对例 2.4.2 中的全微分方程，把它左端的各项重新组合，得

$$\begin{aligned}&(3x^2 + 6xy^2)\mathrm{d}x + (6x^2y + 4y^3)\mathrm{d}y\\ =\,&3x^2\mathrm{d}x + 4y^3\mathrm{d}y + (6xy^2\mathrm{d}x + 6x^2y\mathrm{d}y)\\ =\,&\mathrm{d}x^3 + \mathrm{d}y^4 + \mathrm{d}(3x^2y^2)\\ =\,&\mathrm{d}(x^3 + y^4 + 3x^2y^2).\end{aligned}$$

于是便得原方程的通积分为

$$x^3 + y^4 + 3x^2y^2 = c.$$

请熟记一些简单函数的全微分，这对于使用这种方法求解方程是有益的. 例如，

$$\mathrm{d}(xy) = y\mathrm{d}x + x\mathrm{d}y,$$

$$\mathrm{d}\left(\frac{y}{x}\right) = \frac{x\mathrm{d}y - y\mathrm{d}x}{x^2},$$

$$\mathrm{d}\left(\frac{x}{y}\right) = \frac{y\mathrm{d}x - x\mathrm{d}y}{y^2},$$

$$d\left(\arctan\frac{y}{x}\right)=\frac{xdy-ydx}{x^2+y^2}.$$

例 2.4.3 求解方程

$$\left(\cos x+\frac{1}{y}\right)dx+\left(\frac{1}{y}-\frac{x}{y^2}\right)dy=0.$$

解 因为

$$\frac{\partial M}{\partial y}=-\frac{1}{y^2}=\frac{\partial N}{\partial x},$$

所以此方程是全微分方程.将它的左端各项重新组合,得

$$\left(\cos x+\frac{1}{y}\right)dx+\left(\frac{1}{y}-\frac{x}{y^2}\right)dy=d\sin x+d\ln|y|+\frac{ydx-xdy}{y^2}$$

$$=d\left(\sin x+\ln|y|+\frac{x}{y}\right).$$

故方程的通积分为

$$\sin x+\ln|y|+\frac{x}{y}=c,$$

其中 c 为任意常数. □

2.4.2 积分因子

我们已经知道了全微分方程的解法,某些形如(2.4.1)的方程虽然不是全微分方程,但是可以设法将它化为全微分方程.例如,方程 $ydx-xdy=0$ 不是全微分方程,但用函数 $1/x^2$ 乘该方程后,它变成了全微分方程

$$(ydx-xdy)/x^2=0,$$

其左端的原函数为 $u(x,y)=-y/x$.

一般来说,若方程(2.4.1)不是全微分方程,但是存在连续可微函数 $\mu(x,y)\neq 0$,用它乘方程(2.4.1)后,能使方程

$$\mu(x,y)M(x,y)dx+\mu(x,y)N(x,y)dy=0 \tag{2.4.9}$$

成为全微分方程,则称 $\mu(x,y)$ 为方程(2.4.1)的一个**积分因子**.

容易证明,当 $\mu(x,y)\neq 0$ 时,若已求得方程(2.4.9)的通积分为 $u(x,y)=c$,则它也是方程(2.4.1)的通积分.因此,若能求出一个方程的积分因子,则可用前面介绍的方法求解方程.那么,在一般情况下,如何求方程(2.4.1)的积分因子?由积分因子的定义可知,函数 $\mu(x,y)$ 为方程(2.4.1)的积分因子的充要条件是

$$\frac{\partial(\mu M)}{\partial y}=\frac{\partial(\mu N)}{\partial x},$$

或

$$N\frac{\partial \mu}{\partial x}-M\frac{\partial \mu}{\partial y}=\left(\frac{\partial M}{\partial y}-\frac{\partial N}{\partial x}\right)\mu, \tag{2.4.10}$$

这是一个以 $\mu(x,y)$ 为未知函数的一阶偏微分方程. 于是,求 $\mu(x,y)$ 的问题就转化为求解方程(2.4.10). 但是,我们以后会知道,在一般情况下,这又归结到求方程(2.4.1)的解. 这就是说,想通过求解(2.4.10)来求 $\mu(x,y)$ 的方法是行不通的. 但是,在一些特殊情况下,还是可以求出(2.4.10)的解,从而可以得到方程(2.4.1)具有某些特殊形式的积分因子.

例如,设方程(2.4.1)有一个仅依赖于 x 的积分因子 $\mu(x)$. 由于 $\frac{\partial \mu}{\partial y}=0$, $\frac{\partial \mu}{\partial x}=\frac{\mathrm{d}\mu}{\mathrm{d}x}$,故方程(2.4.10)就变为

$$N\frac{\mathrm{d}\mu}{\mathrm{d}x}=\left(\frac{\partial M}{\partial y}-\frac{\partial N}{\partial x}\right)\mu,$$

即

$$\frac{1}{\mu}\frac{\mathrm{d}\mu}{\mathrm{d}x}=\frac{1}{N}\left(\frac{\partial M}{\partial y}-\frac{\partial N}{\partial x}\right). \tag{2.4.11}$$

因式(2.4.11)的左端只依赖于 x,故式(2.4.11)的右端也应只依赖于 x. 因此,方程(2.4.1)有一个仅依赖于 x 的积分因子的必要条件是:表达式

$$\frac{1}{N}\left(\frac{\partial M}{\partial y}-\frac{\partial N}{\partial x}\right) \tag{2.4.12}$$

仅是 x 的函数.

反之,若式(2.4.12)仅为 x 的函数,并记为 $\psi(x)$,则方程(2.4.11)可写为

$$\frac{1}{\mu}\frac{\mathrm{d}\mu}{\mathrm{d}x}=\psi(x).$$

容易验证,此方程的一个解

$$\mu(x)=\mathrm{e}^{\int \psi(x)\mathrm{d}x} \tag{2.4.13}$$

就是方程(2.4.1)的一个积分因子.

至此,我们得到下面结论:

(1) 方程(2.4.1)具有一个仅依赖于 x 的积分因子 $\mu(x)$ 的充要条件是式(2.4.12)仅为 x 的函数. 此时,由式(2.4.13)确定的函数 $\mu(x)$ 就是方程(2.4.1)的一个积分因子.

应用与上面类似的方法,可得结论(2).

(2) 方程(2.4.1)具有一个仅依赖于 y 的积分因子 $\mu(y)$ 的充要条件是表达式

$$\frac{1}{M}\left(\frac{\partial N}{\partial x}-\frac{\partial M}{\partial y}\right)$$

仅为 y 的函数,记为 $\varphi(y)$,且函数

$$\mu(y)=\mathrm{e}^{\int\varphi(y)\mathrm{d}y}$$

就是方程(2.4.1)的一个积分因子.

例 2.4.4 求解方程

$$\left(3y+\frac{y^2}{x}\right)\mathrm{d}x+(x+y)\mathrm{d}y=0.$$

解 因为

$$\frac{1}{N}\left(\frac{\partial M}{\partial y}-\frac{\partial N}{\partial x}\right)=\frac{1}{x+y}\left(3+\frac{2y}{x}-1\right)=\frac{2}{x}$$

仅为 x 的函数,所以原方程有积分因子

$$\mu(x)=\mathrm{e}^{\int\frac{2}{x}\mathrm{d}x}=x^2.$$

用 x^2 乘原方程,得全微分方程

$$(3x^2y+xy^2)\mathrm{d}x+(x^3+x^2y)\mathrm{d}y=0,\tag{2.4.14}$$

把此方程改写为

$$(3x^2y\mathrm{d}x+x^3\mathrm{d}y)+(xy^2\mathrm{d}x+x^2y\mathrm{d}y)=0,$$

即

$$\mathrm{d}(x^3y)+\mathrm{d}\left[\frac{1}{2}(xy)^2\right]=0.$$

故原方程的通积分为

$$x^3y+\frac{1}{2}(xy)^2=c.$$

因由 $x^2=0$ 得 $x=0$,易知它是方程(2.4.14)的解,但不是原方程的解,故应从通积分中舍去函数 $x=0$. □

【注】 我们知道对于一阶线性非齐次方程 $y'+p(x)y=q(x)$ 可用常数变易法求解,实际上,也可用积分因子法求解.先将该方程改写成对称形式 $(p(x)y-q(x))\mathrm{d}x+\mathrm{d}y=0$.容易知道它有积分因子

$$\mu(x)=\mathrm{e}^{\int p(x)\mathrm{d}x}.$$

在方程 $y'+p(x)y=q(x)$ 两边同乘以该积分因子,得

$$y'\mathrm{e}^{\int p(x)\mathrm{d}x}+p(x)y\mathrm{e}^{\int p(x)\mathrm{d}x}=q(x)\mathrm{e}^{\int p(x)\mathrm{d}x},$$

即

$$\left(y\mathrm{e}^{\int p(x)\mathrm{d}x}\right)'=q(x)\mathrm{e}^{\int p(x)\mathrm{d}x}.$$

积分可得

$$y\mathrm{e}^{\int p(x)\mathrm{d}x}=\int q(x)\mathrm{e}^{\int p(x)\mathrm{d}x}\mathrm{d}x+c.$$

因此

$$y = e^{-\int p(x)dx}\left[c + \int q(x)e^{\int p(x)dx}dx\right].$$

【注】 在前面 4 节中，我们主要讨论了一阶显方程的各种求解方法. 归纳起来，求解的基本途径主要是两条：一条是以分离变量为基础，设法选取适当的变换，把方程化为变量可分离方程；另一条是以全微分方程为基础，设法寻找积分因子，把方程化为全微分方程. 实践表明，单纯采用哪一种方法均有不便和困难. 因此，在求解时，应根据方程的具体特点，选取相应的方法.

习题 2.4

1. 判断下列方程是否为全微分方程，并对全微分方程求解：

(1) $(x^2+y)dx+(x-2y)dy=0$；

(2) $e^{-y}dx-(2y+xe^{-y})dy=0$；

(3) $2x(1+\sqrt{x^2-y})dx-\sqrt{x^2-y}dy=0$；

(4) $\frac{y}{x}dx-(y^3+\ln x)dy=0$；

(5) $\left[\frac{y^2}{(x-y)^2}\right]dx+\left[\frac{1}{y}-\frac{x^2}{(x-y)^2}\right]dy=0$；

(6) $(1+y^2\sin 2x)dx-y\cos 2x dy=0$.

2. 求解下列方程：

(1) $ydx-(x+y^3)dy=0$；

(2) $\frac{x^2+y^2+x}{x}dx+ydy=0$；

(3) $(x^4+y^4)dx-xy^3dy=0$；

(4) $(e^x+3y^2)dx+2xydy=0$；

(5) $(y-1-xy)dx+xdy=0$；

(6) $e^x dx+(e^x\cot y+2y\cos y)dy=0$.

3. 试研究方程(2.4.1)分别具有形如 $\mu(x+y)$，$\mu(xy)$ 和 $\mu(x^2+y^2)$ 的积分因子的条件.

4. 设 $f(x)$ 在区间 $[a,b]$ 上连续，c,k 为常数，$k\geqslant 0$，且

$$f(x)\leqslant c+k\int_a^x f(s)ds.$$

证明：

$$f(x)\leqslant ce^{k(x-a)},\quad a\leqslant x\leqslant b.$$

5. 设 $f(x,y)$ 及 $\frac{\partial f}{\partial y}$ 连续，试证明方程

$$dy-f(x,y)dx=0$$

为线性方程的充要条件是它有仅依赖于 x 的积分因子.

6. 设函数 $f(t)$, $g(t)$ 连续可微且 $f(t)\neq g(t)$，试证明方程

$$yf(xy)\mathrm{d}x+xg(xy)\mathrm{d}y=0$$

有积分因子 $\mu=\dfrac{1}{xy[f(xy)-g(xy)]}$.

7. 设函数 $M(x,y)$, $N(x,y)$ 满足等式

$$\frac{\partial M}{\partial y}-\frac{\partial N}{\partial x}=Nf(x)-Mg(y),$$

其中 $f(x)$, $g(y)$ 分别为 x 和 y 的连续函数. 试证明方程 $M(x,y)\mathrm{d}x+N(x,y)\mathrm{d}y=0$ 有积分因子 $\mu=\exp\left(\int f(x)\mathrm{d}x+\int g(y)\mathrm{d}y\right)$. 这里 $\exp(t)$ 表示 e^t.

2.5 一阶隐方程

一阶隐方程的一般形式为

$$F(x,y,y')=0. \tag{2.5.1}$$

如何求解方程(2.5.1)? 如果能从方程(2.5.1)直接解出导数 y'，则可应用前面介绍的适当方法求解. 如果从方程(2.5.1)难以解出 y'，或者即使能解出 y'，但是其表达式比较复杂，这时可采用引进参数的办法，把原方程化为一阶显方程的类型. 下面就方程(2.5.1)的某些特殊类型，介绍这种方法.

2.5.1 可解出 y 的方程

设

$$y=f(x,y') \tag{2.5.2}$$

是由方程(2.5.1)解出 y 得到的，这里函数 $f(x,y')$ 关于变元 x, y' 有连续偏导数.

引进参数 $p=y'$，则方程(2.5.2)变为

$$y=f(x,p). \tag{2.5.3}$$

将式(2.5.3)两边对 x 求导，并以 p 代替 y'，得到

$$p=\frac{\partial f(x,p)}{\partial x}+\frac{\partial f(x,p)}{\partial p}\frac{\mathrm{d}p}{\mathrm{d}x}. \tag{2.5.4}$$

这是关于变量 x, p 的一阶显方程.

若求得方程(2.5.4)的通解为 $p=\phi(x,c)$，将它代入式(2.5.3)，便得到原方程(2.5.2)的通解

$$y=f(x,\phi(x,c)).$$

另外，若方程(2.5.4)还有解 $p=u(x)$，将它代入式(2.5.3)，就得到式(2.5.2)的解

$$y=f(x,u(x)).$$

若能求得方程(2.5.4)的通积分 $\Phi(x,p,c)=0$,将它与式(2.5.3)联立,就得到方程(2.5.2)的参数形式的通积分

$$\begin{cases}\Phi(x,p,c)=0,\\ y=f(x,p),\end{cases}$$

其中 p 是参数,c 是任意常数.另外,若方程(2.5.4)还有解 $U(x,p)=0$,将此解与式(2.5.3)联立,就得到方程(2.5.2)的参数形式的解

$$\begin{cases}U(x,p)=0,\\ y=f(x,p),\end{cases}$$

其中 p 是参数.

例 2.5.1　求解方程

$$y=(y')^2-xy'+\frac{x^2}{2}.$$

解　令 $y'=p$,则方程可写为

$$y=p^2-xp+\frac{x^2}{2}. \tag{2.5.5}$$

等式两边对 x 求导可得

$$p=2p\frac{\mathrm{d}p}{\mathrm{d}x}-\left(p+x\frac{\mathrm{d}p}{\mathrm{d}x}\right)+x,$$

即

$$\left(\frac{\mathrm{d}p}{\mathrm{d}x}-1\right)(2p-x)=0. \tag{2.5.6}$$

由 $\frac{\mathrm{d}p}{\mathrm{d}x}-1=0$,得方程(2.5.6)的通解

$$p=x+c,\quad c\text{ 是任意常数}.$$

将它代入式(2.5.5),便得原方程的通解

$$y=\frac{x^2}{2}+cx+c^2. \tag{2.5.7}$$

由 $2p-x=0$,得方程(2.5.6)的一个解 $p=\frac{x}{2}$.将此解代入式(2.5.5),又得到原方程的一个解

$$y=\frac{x^2}{4}.\quad\square \tag{2.5.8}$$

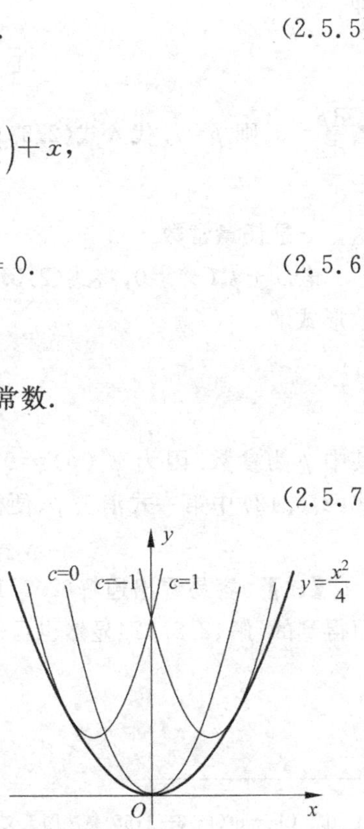

图 2.4

注意,这里通解(2.5.7)不包含解(2.5.8),如图 2.4 所示.由图可以看出,在积分曲线(2.5.8)上的每一点处,都有积分曲线族(2.5.7)中的某

一条积分曲线在该点与之相切.在几何中称曲线(2.5.8)为曲线族(2.5.7)的**包络**;在微分方程中称积分曲线(2.5.8)对应的解为原微分方程的**奇解**.

【注】 在例 2.5.1 中,若在求得 $p=x+c$ 之后将 p 换成 y',再对 x 积分可得

$$y=\frac{1}{2}x^2+cx+c_1, \tag{2.5.9}$$

其中 c,c_1 是任意常数.容易验证式(2.5.9)中的函数并不都是原方程的解.因此,在用上述方法解微分方程(2.5.2)时,在求得 p 的表达式后,应直接将 p 代入式(2.5.3).

例 2.5.2 求解克莱洛(Clairaut①)方程

$$y=xp+\phi(p)\quad\left(p=\frac{\mathrm{d}y}{\mathrm{d}x}\right), \tag{2.5.10}$$

其中 $\phi''(p)\neq 0$.

解 两边对 x 求导可得

$$p=p+x\frac{\mathrm{d}p}{\mathrm{d}x}+\phi'(p)\frac{\mathrm{d}p}{\mathrm{d}x},$$

即

$$[x+\phi'(p)]\frac{\mathrm{d}p}{\mathrm{d}x}=0.$$

若$\frac{\mathrm{d}p}{\mathrm{d}x}=0$,则 $p=c$.代入式(2.5.10)得原方程的通解

$$y=cx+\phi(c), \tag{2.5.11}$$

这里 c 是任意常数.

若 $x+\phi'(p)=0$,将式(2.5.10)与 $x+\phi'(p)=0$ 联立,则得到原方程的一个参数形式解

$$\begin{cases}y=xp+\phi(p),\\ x+\phi'(p)=0,\end{cases} \tag{2.5.12}$$

其中 p 为参数.因为 $\phi''(p)\neq 0$,所以由 $x=-\phi'(p)$ 可得函数 $p=u(x)$,代入式(2.5.12)中第一式消去 p,便得到原方程(2.5.10)的解

$$y=xu(x)+\phi(u(x)).$$

□

【注】 容易看出通解(2.5.11)恰是在原方程(2.5.10)中以任意常数 c 代替 p 而得到的.解(2.5.12)显然也可表示为

$$\begin{cases}y=cx+\phi(c),\\ x+\phi'(c)=0,\end{cases} \tag{2.5.13}$$

① Clairaut(1713—1765)是法国天文学家、数学家.他在数学上的主要贡献是第一次引用了积分曲线的概念,给出了多元函数全微分的概念.他在 1734 年得到了克莱洛方程的解法.他还对奇解作了某些探讨.

其中 c 为参数. 因式(2.5.12)和式(2.5.13)仅是参数记号有所不同，式(2.5.13)中的第二式恰是第一式对参数 c 求导而得到的，这样，当遇到求解克莱洛方程(2.5.10)时，可以直接写出其通解(2.5.11)和解(2.5.13).

例 2.5.3　求在第一象限中的一条曲线，使其上每一点的切线与两坐标轴所围成的三角形的面积均等于 2.

解　设所求的曲线为 $y=y(x)$，过曲线上任一点 (x,y) 的切线方程为

$$Y-y=y'(X-x),$$

其中 (X,Y) 为切线上的动点. 切线在横坐标轴和纵坐标轴上的截距分别为 $x-\frac{y}{y'}$，$y-xy'$. 因所求曲线在第一象限，由题意得

$$\frac{1}{2}\left(x-\frac{y}{y'}\right)(y-xy')=2,$$

即

$$(y-xy')^2=-4y' \quad (y'<0).$$

解出 y，得

$$y=xy'\pm 2\sqrt{-y'},$$

这是克莱洛方程. 故其通解为

$$y=cx\pm 2\sqrt{-c} \quad (c<0),$$

这是一个直线族. 另外，还有解

$$\begin{cases} y=cx\pm 2\sqrt{-c}, \\ x\mp\dfrac{1}{\sqrt{-c}}=0. \end{cases}$$

消去 c，得到双曲线

$$xy=1.$$

显然，双曲线在第一象限中的一支就是所要求的一条曲线，如图 2.5 所示. 可以看出，此曲线为通解对应的直线族的包络. □

【注】　对于可解出 x 的方程

$$x=f(y,y'), \tag{2.5.14}$$

这里 $f(y,y')$ 关于变元 y,y' 有连续偏导数，我们也可以引进参数 $y'=p$，将方程(2.5.14)变形为

$$x=f(y,p).$$

方程两边对 y 求导可以得到

$$\frac{1}{p}=\frac{\partial f(y,p)}{\partial y}+\frac{\partial f(y,p)}{\partial p}\frac{\mathrm{d}p}{\mathrm{d}y}.$$

图　2.5

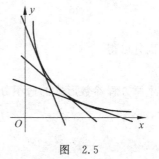

求解此方程，然后，应用与前面类似的方法可以得到方程(2.5.14)的解.

2.5.2 不显含 x 的方程

方程

$$F(y,y')=0 \tag{2.5.15}$$

不显含 x，它表示(y,y')平面上的曲线. 假设此曲线可表示为适当的参数形式

$$y=\phi(t),\quad y'=\psi(t)\quad (t\text{ 为参数}). \tag{2.5.16}$$

通常称式(2.5.16)为方程(2.5.15)的参数表示. 根据式(2.5.16)，当 $y'\neq 0$ 时，我们有

$$dx=\frac{dy}{y'}=\frac{\phi'(t)}{\psi(t)}dt.$$

积分可得

$$x=\int\frac{\phi'(t)}{\psi(t)}dt+c.$$

于是，方程(2.5.15)的参数形式的通积分为

$$\begin{cases}x=\displaystyle\int\frac{\phi'(t)}{\psi(t)}dt+c,\\ y=\phi(t),\end{cases}$$

其中 c 为任意常数.

当 $y'=0$ 时，有 $F(y,0)=0$. 若有实数 β，使得 $F(\beta,0)=0$，则易知 $y=\beta$ 也是方程(2.5.15)的解.

例 2.5.4 求解方程

$$y^2(1-y'^2)=1.$$

解 令 $y'=\cos t$，代入方程，得

$$y=\pm\frac{1}{\sin t}.$$

于是，由 $dx=\dfrac{dy}{y'}$(设 $y'\neq 0$)得

$$dx=\frac{1}{\cos t}\left(\mp\frac{\cos t}{\sin^2 t}\right)dt=\mp\frac{1}{\sin^2 t}dt.$$

积分可得

$$x=\pm\cot t+c.$$

故原方程参数形式的通积分为

$$\begin{cases}x=\pm\cot t+c,\\ y=\pm\dfrac{1}{\sin t},\end{cases}$$

其中 c 是任意常数.

当 $y'=0$ 时,代入原方程得 $y=\pm 1$. 易知 $y=\pm 1$ 也是原方程的解. □

例 2.5.5　求解方程

$$y^2(1-y')=(2-y')^2.$$

解　令 $2-y'=yt$,代入方程可得

$$y^2(1-y')=y^2t^2.$$

当 $y\neq 0$ 时,有

$$y'=1-t^2.$$

因此

$$y=\frac{2-y'}{t}=\frac{1+t^2}{t}.$$

于是

$$\mathrm{d}x=\frac{\mathrm{d}y}{y'}=\frac{1}{1-t^2}\left(\frac{t^2-1}{t^2}\right)\mathrm{d}t=-\frac{1}{t^2}\mathrm{d}t.$$

积分之,得到

$$x=\frac{1}{t}+c.$$

故得原方程的参数形式的通积分为

$$\begin{cases} x=\dfrac{1}{t}+c, \\ y=\dfrac{1}{t}+t, \end{cases}$$

或消去参数 t,得方程的通解

$$y=x+\frac{1}{x-c}-c.$$

另外,当 $y'=0$ 时,代入原方程得 $y=\pm 2$. 易知 $y=\pm 2$ 也是原方程的解,而 $y=0$ 不是原方程的解. □

【注】　对于不显含 y 的方程

$$F(x,y')=0, \tag{2.5.17}$$

可以用类似的方法求解.

上述求解方程(2.5.15)或(2.5.17)的方法,是通过引入参数 t,将方程表示为适当的参数形式,再通过 $\mathrm{d}y=y'\mathrm{d}x$,把问题转化成求解关于 t 的一阶显方程. 我们称这种解法为**参数法**.

例 2.5.6　求解方程

$$x\sqrt{1+y'^2}=y'.$$

解 令 $y'=\tan t\left(-\frac{\pi}{2}<t<\frac{\pi}{2}\right)$,代入方程,得 $x=\sin t$. 于是,有

$$\mathrm{d}y = y'\mathrm{d}x = \tan t \cdot \cos t\mathrm{d}t = \sin t\mathrm{d}t.$$

积分可得

$$y = -\cos t + c.$$

故原方程参数形式的通积分为

$$\begin{cases} x = \sin t, \\ y = -\cos t + c. \end{cases}$$

如果消去参数 t,可以得到通积分

$$x^2 + (y-c)^2 = 1,$$

其中 c 为任意常数. □

习题 2.5

1. 求解下列微分方程:

(1) $y=xy'+\sqrt{1+y'^2}$;　　(2) $y=2xy'+y'^2$;

(3) $xy'^2-2yy'+4x=0$;　　(4) $y'(2y-y')=y^2\sin^2 x$.

2. 用参数法解下列方程:

(1) $x(y')^3=1+y'$;　　(2) $y(1+y'^2)=2a$(a 是正常数);

(3) $y'(x-\ln y')=1$;　　(4) $4(1-y)=(3y-2)^2 y'^2$.

3. 求一曲线,使其上每一点的切线,在两坐标轴上的截距之和等于 1.

2.6 应用举例

在前面几节中,我们已经给出了微分方程的一些简单应用. 运用微分方程来解决实际问题,一般说来,其步骤是:(1)建立反映实际问题的微分方程;(2)求解微分方程;(3)研究所求得解的性质,解释所提出的问题. 为了帮助读者进一步掌握这些步骤和方法,下面再举几个例子.

1. 正交轨线问题

设在 xOy 平面上,给定一个单参数曲线族

$$\Phi(x,y,c) = 0, \tag{2.6.1}$$

要求另一曲线族,使其中任一条曲线与曲线族(2.6.1)中的每一条曲线均相交成直角. 称这样的曲线族为已知曲线族(2.6.1)的**正交轨线族**.

正交轨线在电磁学及流体力学中有所应用. 例如,静电场中的电力线族与等势线族是互相正交的.

由于两条正交的平面曲线在交点处的切线斜率互为负倒数,因此,为求曲线族(2.6.1)的正交轨线族,可先找出曲线族(2.6.1)中任一曲线的斜率所满足的关系式,即曲线族(2.6.1)所满足的微分方程. 为此,由联立方程

$$\begin{cases}\Phi(x,y,c)=0,\\ \Phi'_x(x,y,c)+\Phi'_y(x,y,c)y'=0,\end{cases}$$

消去 c,便得到曲线族(2.6.1)所满足的微分方程

$$F(x,y,y')=0. \tag{2.6.2}$$

然后,把式(2.6.2)中的 y' 换成 $-\frac{1}{y'}$,就得到所要求的正交轨线族所满足的微分方程

$$F\left(x,y,-\frac{1}{y'}\right)=0. \tag{2.6.3}$$

求解方程(2.6.3),就得到曲线族(2.6.1)的正交轨线族.

例 2.6.1　设曲线族(2.6.1)为抛物线族

$$x=cy^2. \tag{2.6.4}$$

求出曲线族(2.6.4)的正交轨线族.

解　首先求出曲线族(2.6.4)所满足的微分方程. 为此,将式(2.6.4)两边对 x 求导,得 $1=2cyy'$. 由

$$\begin{cases}x=cy^2,\\ 1=2cyy',\end{cases}$$

消去 c,得到曲线族(2.6.4)所满足的微分方程

$$y'=\frac{y}{2x}. \tag{2.6.5}$$

将式(2.6.5)中的 y' 换成 $-\frac{1}{y'}$,就得到正交轨线族的微分方程为

$$y'=-\frac{2x}{y}.$$

此方程为变量可分离方程,易求出它的通积分为

$$y^2+2x^2=k^2, \tag{2.6.6}$$

其中 $k(k\neq0)$ 为任意常数. 故抛物线族(2.6.4)的正交轨线族是同心椭圆族(2.6.6),如图 2.6 所示. □

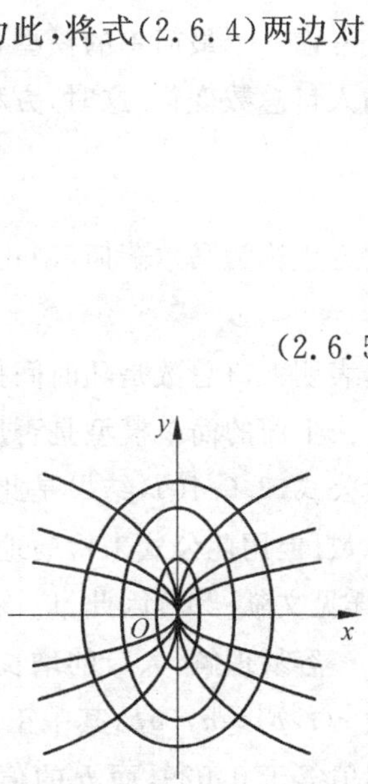

图　2.6

2. 人口模型

人口问题是一个复杂的生物学和社会学问题. 我们可以尝试用数学方法来研究它. 本来, 人口总数只取离散的整数值, 它是时间 t 的一个不连续函数. 但是, 当所考察的人口总数很大, 且在短时间内只有少量增减时, 则可以近似地认为这个总数是时间 t 的连续函数, 甚至是可微函数.

下面在略去或简化若干因素的情况下, 介绍一个简单的人口数学模型.

设 $p(t)$ 表示某一个国家在时刻 t 的人口总数, $r=r(t,p)$ 表示人口增长率(出生率与死亡率之差). 若从 t 到 $t+\Delta t$ 的微小时间内, 人口总数的增量为 Δp, 则在 Δt 时间内人口的平均增长率为 $\frac{\Delta p}{\Delta t\cdot p}$. 于是, 有

$$r=\lim_{\Delta t\to 0}\frac{\Delta p}{\Delta t\cdot p}=\frac{1}{p}\frac{\mathrm{d}p}{\mathrm{d}t},$$

即

$$\frac{\mathrm{d}p}{\mathrm{d}t}=rp. \tag{2.6.7}$$

这就是描述人口总数 p 变化的微分方程. 若 $t=t_0$ 时, 人口总数为 p_0, 即得初始条件

$$p(t_0)=p_0. \tag{2.6.8}$$

先考虑一个最简单的模型, 设 $r(t,p)$ 为常数 $a>0$, 即增长率既不随时间变化, 也不随人口总数变化. 这时, 方程(2.6.7)为线性方程

$$\frac{\mathrm{d}p}{\mathrm{d}t}=ap. \tag{2.6.9}$$

此方程称为马尔萨斯(Malthus)模型. 容易求得初值问题(2.6.8)、(2.6.9)的解为

$$p(t)=p_0\mathrm{e}^{a(t-t_0)}. \tag{2.6.10}$$

这表明人口总数是随时间按指数曲线增长的, 它是马尔萨斯人口论的基础.

上面的简单模型是否反映了实际情况, 人们曾就地球上过去的人口总数来检验公式(2.6.10), 结果是此公式相当准确地反映了 1700 年至 1961 年期间的人口总数. 但用此公式来检验地球上后来人口数的变化情况, 却与实际情况有很大偏差(详见文献[3]). 因此, 应该对此模型进行适当的修正.

容易理解, 人口的增长率将随人口基数的增加而下降, 现采用一个新的模型. 设 $r(t,p)=a-bp$, 其中正的常数 a 与 b 称为生命系数. 一些生态学家测得 a 的自然值等于 0.029, 而 b 的值依赖于各国的社会经济条件. 这时, 得到变量可分离方程

$$\frac{\mathrm{d}p}{\mathrm{d}t}=(a-bp)p. \tag{2.6.11}$$

此方程称为弗胡斯特(Verhust)模型.易求得初值问题(2.6.11)、(2.6.8)的解为

$$p(t)=\frac{ap_0\mathrm{e}^{a(t-t_0)}}{a-bp_0+bp_0\mathrm{e}^{a(t-t_0)}}. \tag{2.6.12}$$

这个修改后的模型是否反映了实际情况?1845 年,弗胡斯特曾用公式(2.6.12)预测过法国和比利时的人口总数,其结果与法国 1930 年的人口总数非常一致,而与比利时的实际情况则相差较大.这是因为当时比利时向刚果大量移民.这个公式是否适用于我国,还有待于实践的检验.

根据 1982 年我国第三次人口普查公布的数字,全国人口总数为 10.3188 亿.设当时的人口增长率为 1.45%,取 $t_0=1982$,$p_0=10.3188\times10^8$,$r_0=0.0145$.由 $r_0=a-bp_0$,得 $bp_0=a-r_0=0.0145$.把这些数值代入式(2.6.12),得

$$p(t)=\frac{0.029\times10.3188\times10^8\mathrm{e}^{0.029(t-1982)}}{0.0145+0.0145\mathrm{e}^{0.029(t-1982)}}. \tag{2.6.13}$$

现用此公式计算 2000 年我国的人口总数.在式(2.6.13)中取 $t=2000$,可得

$$p(2000)\approx12.9525\times10^8.$$

根据 2000 年第五次全国人口普查的结果,我国人口总数为 12.9533 亿.可见用公式(2.6.12)来估算我国人口数具有一定的可信度.按照这个估计,我国人口总数将在 2010 年接近 14 亿.

公式(2.6.12)还可以用来研究人口总数变化的最终趋势,易知

$$\lim_{t\to+\infty}p(t)=\frac{a}{b}.$$

用此式可求得我国人口总数的最终趋势接近 20.6 亿.事实上,由 $bp_0=0.0145$ 可得 $b=1.405\times10^{-11}$,故

$$\frac{a}{b}\approx20.6\text{ 亿}.$$

另外,由式(2.6.11)可知当 $0<p_0<\frac{a}{b}$ 时,$p(t)$是单调递增函数,并且

$$\frac{\mathrm{d}^2p}{\mathrm{d}t^2}=a\frac{\mathrm{d}p}{\mathrm{d}t}-2bp\frac{\mathrm{d}p}{\mathrm{d}t}=(a-2bp)(a-bp)p.$$

故当 $p(t)<\frac{a}{2b}$时,$\frac{\mathrm{d}p}{\mathrm{d}t}$是递增的;当 $p(t)>\frac{a}{2b}$时,$\frac{\mathrm{d}p}{\mathrm{d}t}$是递减的.因此,在人口总数达到极限值的一半之前,人口数是加速增长的,而之后是减速增长的,如图 2.7 所示. □

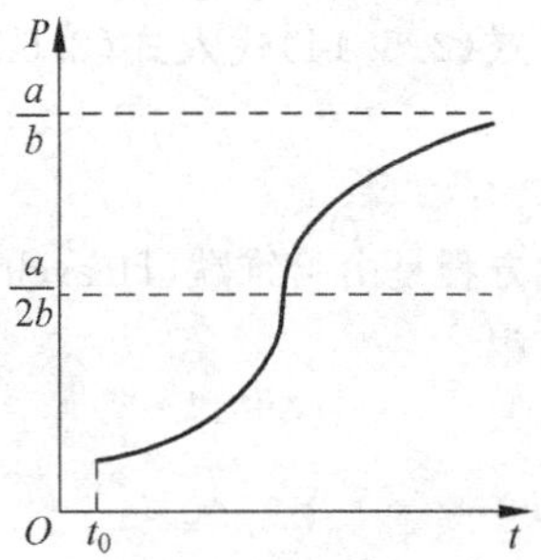

图 2.7

3. 宏观经济增长模型

根据宏观经济学知识我们知道，如果假定生产技术水平等因素保持不变，那么一个国家国民经济的产出水平主要取决于该经济中的资本存量和就业人数.再假定资本存量在短期内也是一个常数，那么产出由就业量所唯一确定.因此，短期内一个国家国民经济的产出水平是由这个国家的就业水平所决定的.

设 $N=N(t)$ 表示 t 时刻劳动力总数，$Y=Y(t,N)$ 表示 t 时刻总产出量.当劳动力总数和总产出量很大，而时间较短时，$N(t)$ 和 $Y(t,N)$ 可以看作连续函数，甚至是可微函数.在资本存量一定的条件下，Y 是 N 的函数.由于增加劳动力的投入会使总产出增加，故有

$$\frac{\partial Y}{\partial N}>0.$$

但是，增加的劳动力越多，人均生产资本占有率就会下降，这就使得产出增长的幅度减小.于是，有

$$\frac{\partial^2 Y}{\partial N^2}<0.$$

显然，函数

$$Y=AN^{a} \tag{2.6.14}$$

满足上述性质，其中 $A>0$，$0<a<1$ 是常数.在经济学中这种函数常称为柯布-道格拉斯(Cobb-Douglas)函数，它在经济学的各个领域有广泛的应用.

设 $r=r(t,N,Y)$ 表示 t 时刻劳动力的增长率.类似 2 中的分析可知

$$\frac{\mathrm{d}N}{\mathrm{d}t}=rN.$$

若 $r=\alpha$(α 为正常数)，则劳动力按指数增长.实际上，劳动力的增长与 t 时刻单个人的产出量 Y/N 有关.设 $r=\alpha-\beta/(Y/N)$，其中 $\beta>0$ 是常数.这时，可得方程

$$\frac{\mathrm{d}N}{\mathrm{d}t}=\left(\alpha-\frac{\beta N}{Y}\right)N. \tag{2.6.15}$$

将式(2.6.14)代入式(2.6.15)，得到变量可分离方程

$$\frac{\mathrm{d}N}{\mathrm{d}t}=\left(\alpha-\frac{\beta N^{1-a}}{A}\right)N. \tag{2.6.16}$$

此方程是由哈维默(Haavelmo)给出的，有兴趣的读者可查阅文献[4].由式(2.6.16)可得

$$\frac{\mathrm{d}N}{N}+\frac{\delta\mathrm{d}N}{\alpha N^{a}-\delta N}=\alpha\mathrm{d}t,$$

这里 $\delta=\dfrac{\beta}{A}$.解此方程可得式(2.6.16)的通解为

$$N = \left[\frac{\delta}{\alpha} + c\mathrm{e}^{\alpha(a-1)t}\right]^{\frac{1}{a-1}},$$

其中 c 是任意常数. 由此得到方程(2.6.16)满足初始条件 $N(0)=N_0$ 的解为

$$N = \left[\frac{\delta}{\alpha} + \left(N_0{}^{a-1} - \frac{\delta}{\alpha}\right)\mathrm{e}^{\alpha(a-1)t}\right]^{\frac{1}{a-1}}.$$

根据 N 的表达式可知, 当 $N_0 > (<) \left(\frac{\alpha}{\delta}\right)^{\frac{1}{1-a}}$ 时, N 单调递减(递增), 并且趋近于平衡位置 $N=\left(\frac{\alpha}{\delta}\right)^{\frac{1}{1-a}}$. 显然, 这时 Y 也单调递减(递增), 并且趋近于平衡位置 $Y=A\left(\frac{\alpha}{\delta}\right)^{\frac{a}{1-a}}$, 如图 2.8 所示. □

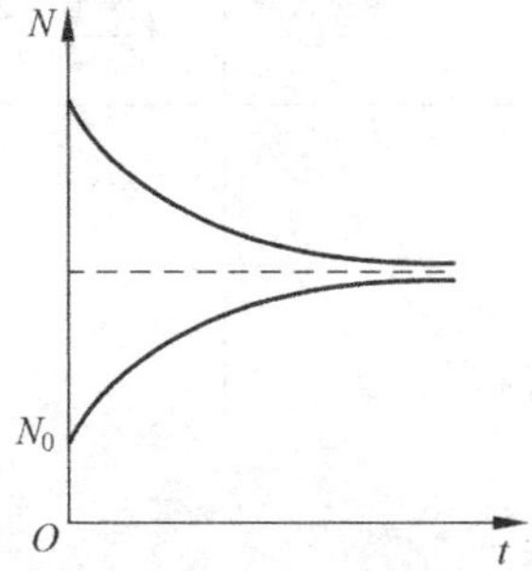

图　2.8

习题 2.6

1. 求下列曲线族的正交轨线族:

(1) $x^2+y^2=cx$;　　(2) $xy=c$;

(3) $y=cx^2$;　　(4) $y^2=cx^3$.

2. 质量为 100kg 的物体, 在水中由静止开始下沉. 在下沉过程中, 除受重力外, 还受两个力: 一个是 200N 的浮力; 另一个为水的阻力, 其大小为 $100v$N(其中 v 为下沉速度, 单位为 m/s), 试求物体下沉的极限速度.

3. 设人口总数 $p(t)$ 按公式(2.6.12)增长, $\bar{t}$ 是达到极限人口半数的时间, 试证明:

$$p(t) = \frac{a}{b\left[1+\mathrm{e}^{a(t-\bar{t})}\right]}.$$

4. 设某地区的总人数为 p, 当时流行一种传染病, 得病人数为 x. 设传染人数扩大的速率与得病人数和未得病人数的乘积成正比. 试讨论传染病人数的发展趋势, 并由此解释对传染病人进行隔离的必要性.

5. 已知某商品的需求量 Q 与供给量 S 都是价格 P 的函数: $Q=Q(P)=\frac{a}{P^2}$, $S=S(P)=bP$, 其中 $a>0, b>0$ 为常数. 价格 P 是时间 t 的函数, 且价格 $P(t)$ 的变化率总与这一时刻的超额需求 $Q-S$ 成正比(比例常数为 $k>0$). 假设 $P(0)=P_0$. 试求: (1)价格函数 $P(t)$; (2) $\lim\limits_{t\to+\infty} P(t)$.

第3章 一阶方程的一般理论

针对若干特殊类型,第2章讨论了一阶常微分方程的解的求法——初等积分法. 但是,许多微分方程,例如形式很简单的黎卡提方程$\frac{dy}{dx}=x^2+y^2$,不能通过初等积分法求解. 因此,人们自然要问:在无法或未用初等积分法求出解的前提下,一个微分方程在什么条件下有解?当有解时,它的初值问题有多少个解?回答这一问题具有重要的理论意义,它是进一步研究微分方程的解的性质的基础,同时又具有重要的实际意义.

柯西(Cauchy,1789—1857)于19世纪20年代首先在函数$f(x,y)$及$\frac{\partial f}{\partial y}$连续的条件下,建立了微分方程初值问题(也称为**柯西问题**)

$$\frac{dy}{dx}=f(x,y),\quad y(x_0)=y_0$$

解的存在与唯一性定理. 其后,李普希兹(Lipschitz,1832—1903),毕卡①(Picard,1856—1941)和皮亚诺②(Peano,1858—1932)等数学家在更广泛的条件下对此作了进一步的改进与推广.

本章将着重讨论一阶方程初值问题的解的存在性与唯一性,并讨论解的延拓、解对初值的连续性与可微性等有关问题.

---

① 毕卡(Picard,1856—1941)是法国杰出的科学家,毕业于巴黎师范学院并获得数学博士学位. 他于1893年用逐次逼近法在李普希兹条件下对微分方程初始条件解的存在与唯一性定理给出了新的证明.

② 皮亚诺(Peano,1858—1932)是意大利数学家和逻辑学家. 他在1890年以作出一个完全充满正方形$0\leqslant x\leqslant 1,0\leqslant y\leqslant 1$的平面曲线而震惊数学界. 他于1886年给出了上述解的存在定理的证明,但却是不完善的,而完善的证明在多年后才得出.

3.1　微分方程及其解的几何解释

本节将对一阶微分方程及其解给出几何解释，依据这些解释，我们可以从微分方程本身获得它的任一解所应具有的某些几何特征，并由此得到描绘方程的积分曲线的大致图形的方法.

3.1.1　方向场

考虑一阶微分方程

$$\frac{\mathrm{d}y}{\mathrm{d}x}=f(x,y), \tag{3.1.1}$$

其中 $f(x,y)$ 是 xOy 平面上某区域 D 内给定的连续函数. 从几何直观上看，方程(3.1.1)建立了 D 内任一点与方程(3.1.1)通过该点的积分曲线在此点处的切线斜率之间的关系，即在 D 内任意给定点 $M(x,y)$，由微分方程(3.1.1)知过点 M 的积分曲线在点 M 处的切线斜率为 $f(x,y)$. 于是，过 D 内每一点 $M(x,y)$，都可以作一个以 $f(x,y)$ 为斜率的短小直线段 $l(M)$，来标明积分曲线在该点的切线方向. 称 $l(M)$ 为微分方程(3.1.1)在 M 点的**线素**. 我们把平面区域 D 连同 D 内各点处的线素构成的整体称为微分方程(3.1.1)的**线素场**或**方向场**，如图 3.1 所示. 因此，从几何直观上看：给定微分方程(3.1.1)，就相当于确定了平面区域 D 上的一个方向场；求方程(3.1.1)的解，就相当于在 D 内描绘与方向场相吻合的光滑曲线.

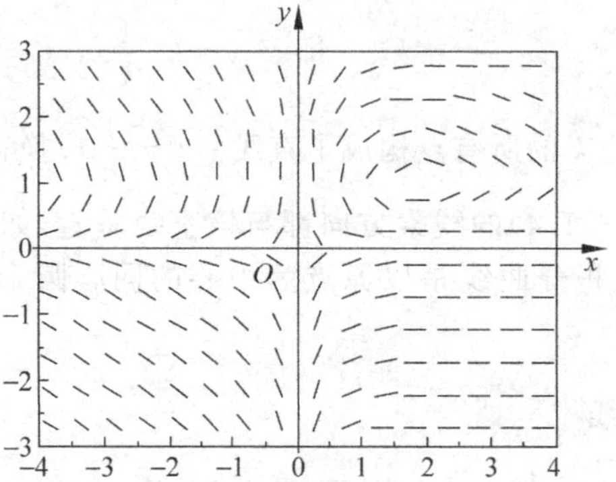

图　3.1

3.1.2　图像法

由方向场我们难以精确地描绘方程(3.1.1)的积分曲线，但只要 D 内各点处的线素画得足够精细，就可以在 D 内描绘出方程(3.1.1)的相当近似的积分曲线.

我们称这种方法为**图像法**.

在作方程(3.1.1)的方向场时，通常先找出方向场中具有相同方向的点的几何轨迹，即由方程

$$f(x,y)=k \quad (k\ 为参数) \tag{3.1.2}$$

所确定的曲线，然后在此曲线上的各点处标出斜率为 k 的线素. 我们称曲线(3.1.2)为方向场的**等斜线**. 适当给出参数 k 的一系列的值，就可以得到足够多的等斜线，再在这些等斜线上分别标出相应的线素，这样就可较方便地作出方向场的略图.

方程(3.1.1)中的两个变量 x 和 y，一个看作自变量时，另一个可看作因变量. 因此，在作方程(3.1.1)的方向场时，必要时可以考虑方程

$$\frac{\mathrm{d}x}{\mathrm{d}y}=\frac{1}{f(x,y)}. \tag{3.1.3}$$

如果在 D 内的某些点处，方程(3.1.1)和(3.1.3)中有一个无意义，则在这些点处要用另一个方程来代替.

例 3.1.1 试作出微分方程

$$\frac{\mathrm{d}y}{\mathrm{d}x}=-\frac{x}{y} \tag{3.1.4}$$

的方向场，并画出它的积分曲线族.

解 方程(3.1.4)的右端函数 $f(x,y)=-\frac{x}{y}$ 在 xOy 平面上除去 x 轴($y=0$)外均有定义，且当 $y=0,x\neq 0$ 时，$\frac{1}{f(x,y)}=-\frac{y}{x}$ 有意义. 故方程(3.1.4)在除原点以外的平面上确定了一个方向场. 等斜线的方程为

$$-\frac{x}{y}=k,\quad 即 \quad y=-\frac{1}{k}x.$$

因此，线素斜率为 k 的所有点构成了直线 $y=-\frac{1}{k}x$. 换言之，在过坐标原点的每一条直线上，方程(3.1.4)的线素方向都与该直线垂直，如图 3.2(a)所示. 容易看出，方程(3.1.4)的积分曲线是以原点为中心的同心圆 $x^2+y^2=c^2\ (c>0)$，如图 3.2(b)所示. □

3.1.3 欧拉折线

作为微分方程近似计算方法的启蒙，早在 18 世纪，欧拉(Euler)根据微分方程的几何解释，提出用简单的折线来近似地描绘微分方程的积分曲线的方法——欧拉折线法. 下面我们利用方向场的概念简略地介绍一下欧拉折线法.

考虑方程(3.1.1)相应的初值问题

$$\frac{\mathrm{d}y}{\mathrm{d}x}=f(x,y),\ y(x_0)=y_0, \tag{3.1.5}$$

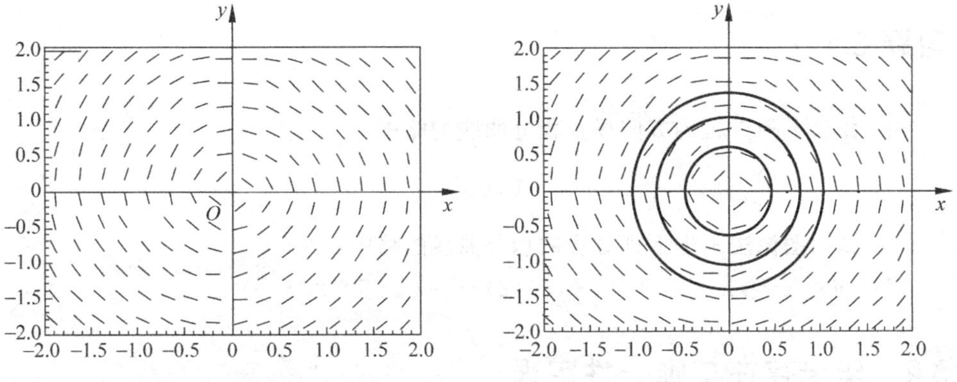

图　3.2

其中 $f(x,y)$ 在区域

$$D: |x-x_0| \leqslant a, |y| \leqslant +\infty$$

上连续且有界.下面我们在由 $f(x,y)$ 所确定的方向场中近似地描绘式(3.1.5)的积分曲线.

首先,把区间 $[x_0,x_0+a]$ n 等分,得到 $n+1$ 个分点

$$x_m = x_0 + mh (m = 0,1,2,\cdots,n),$$

其中 $h=\frac{a}{n}$.设

$$k_0 = f(x_0,y_0), \quad y_1 = y_0 + k_0(x_1 - x_0);$$
$$k_1 = f(x_1,y_1), \quad y_2 = y_1 + k_1(x_2 - x_1);$$
$$\vdots$$
$$k_m = f(x_m,y_m), \quad y_{m+1} = y_m + k_m(x_{m+1} - x_m);$$
$$\vdots$$

其中 $m=0,1,2,\cdots,n-1$.

于是得到以 (x_m,y_m) 为节点的折线,称为式(3.1.5)在区间 $[x_0,x_0+a]$ 上的欧拉折线.可以证明,当 n 无限增大(也即 $h\to 0$)时,欧拉折线趋于初值问题(3.1.5)在区间 $[x_0,x_0+a]$ 上的积分曲线(具体证明参见文献[1]).对于式(3.1.5)在区间 $[x_0-a,x_0]$ 上的欧拉折线,同上类似可得,如图 3.3 所示.

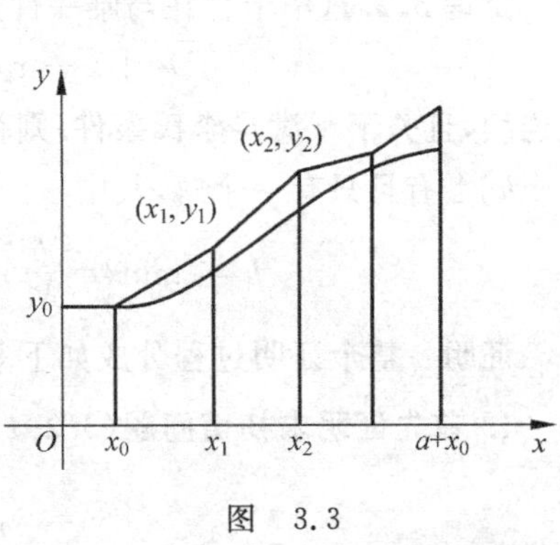

图　3.3

习题 3.1

1. 作出下列方程的方向场及积分曲线的略图：

(1) $y'=\dfrac{xy}{|xy|}$；　　　　(2) $y'=2x$.

2. 试用图像法画出下列方程的积分曲线的略图：

(1) $y'=x+y$；　　　　(2) $y'=(y-1)^2$.

3.2 毕卡存在与唯一性定理

给定一阶显方程

$$\frac{\mathrm{d}y}{\mathrm{d}x}=f(x,y) \tag{3.2.1}$$

和初始条件

$$y(x_0)=y_0. \tag{3.2.2}$$

初值问题(3.2.1)、(3.2.2)的解在什么条件下存在且唯一呢？这里我们将利用毕卡的逐次迭代法介绍毕卡存在与唯一性定理. 首先引入下列概念.

定义 3.2.1 设函数 $f(x,y)$ 在区域 D(闭区域 $\overline{D}$)上有定义，如果存在常数 $L>0$，使对任何 $(x,y_1),(x,y_2)\in D(\overline{D})$，均满足不等式

$$|f(x,y_1)-f(x,y_2)|\leqslant L|y_1-y_2|,$$

则称 $f(x,y)$ 在 $D(\overline{D})$ 上关于 y 满足**李普希兹条件**(或简称李氏条件). 称 L 为李普希兹常数(或简称李氏常数).

现在介绍毕卡存在与唯一性定理(又称毕卡定理).

定理 3.2.1(毕卡存在与唯一性定理)　设 $f(x,y)$ 在闭矩形域

$$\overline{D}: |x-x_0|\leqslant a,\ |y-y_0|\leqslant b$$

上连续，且关于 y 满足李氏条件. 则初值问题(3.2.1)、(3.2.2)在区间 $I=[x_0-h,x_0+h]$ 上有且只有一个解，其中

$$h=\min\left\{a,\frac{b}{M}\right\},M=\max_{(x,y)\in\overline{D}}|f(x,y)|.$$

证明　整个证明过程分成如下 5 个步骤：

1. 首先证明求初值问题(3.2.1)、(3.2.2)的解等价于求积分方程

$$y=y_0+\int_{x_0}^{x}f(x,y)\mathrm{d}x \tag{3.2.3}$$

的连续解.事实上,若 $y=\varphi(x)(x\in I)$是初值问题(3.2.1)、(3.2.2)的解,则有

$$\varphi'(x)\equiv f(x,\varphi(x)),\quad x\in I,\tag{3.2.4}$$

$$\varphi(x_0)=y_0.\tag{3.2.5}$$

由此,$f(x,\varphi(x))$在 I 上连续,从而可积.于是对恒等式(3.2.4)积分并利用初始条件(3.2.5),得到

$$\varphi(x)=y_0+\int_{x_0}^{x}f(x,\varphi(x))\mathrm{d}x,\quad x\in I.\tag{3.2.6}$$

即 $y=\varphi(x)$是积分方程(3.2.3)的解.

反之,设 $y=\varphi(x)$ $(x\in I)$是方程(3.2.3)的连续解,即有恒等式(3.2.6).因 $f(x,\varphi(x))$在 I 上连续,故式(3.2.6)右端是积分上限 $x\in I$ 的可微函数,从而 $\varphi(x)$ 在 I 上可微.于是将式(3.2.6)两端对 x 求导,得恒等式(3.2.4),并在式(3.2.6)中令 $x=x_0$ 得式(3.2.5).因此 $y=\varphi(x)$ $(x\in I)$是初值问题(3.2.1)、(3.2.2)的解.

因此,我们只需证明积分方程(3.2.3)存在唯一的定义在区间 $I=[x_0-h,x_0+h]$上的连续解.我们采用毕卡的逐次逼近法来证明,其基本思路就是在所设条件下,构造出一个一致收敛的连续函数序列,它的极限函数恰是积分方程(3.2.3)的唯一解.

2. 用逐次迭代法在区间 I 上构造逐次近似的连续函数序列

$$y_{n+1}(x)=y_0+\int_{x_0}^{x}f(x,y_n(x))\mathrm{d}x,\quad x\in I,\quad n=0,1,2,\cdots\tag{3.2.7}$$

其中 $y_0(x)=y_0$.

当 $n=0$ 时,注意到 $f(x,y_0(x))$是 I 上的连续函数,所以由式(3.2.7)知

$$y_1(x)=y_0+\int_{x_0}^{x}f(x,y_0(x))\mathrm{d}x\quad(x\in I)$$

在 I 上是连续可微的,而且满足不等式

$$|y_1(x)-y_0|\leqslant\left|\int_{x_0}^{x}|f(x,y_0(x))|\mathrm{d}x\right|\leqslant M|x-x_0|,\tag{3.2.8}$$

于是,在区间 I 上$|y_1(x)-y_0|\leqslant Mh\leqslant b$.

因此,$f(x,y_1(x))$在 I 上是连续的,所以由式(3.2.7)知

$$y_2(x)=y_0+\int_{x_0}^{x}f(x,y_1(x))\mathrm{d}x\quad(x\in I)$$

在区间 I 上是连续可微的,而且满足

$$|y_2(x)-y_0|\leqslant\left|\int_{x_0}^{x}|f(x,y_1(x))|\mathrm{d}x\right|\leqslant M|x-x_0|,$$

从而在区间 I 上$|y_2(x)-y_0|\leqslant Mh\leqslant b$.

依此类推,应用数学归纳法易证:由式(3.2.7)给出的所谓毕卡序列$\{y_n(x)\}$

是区间 I 上的连续函数序列,而且满足不等式

$$|y_n(x)-y_0|\leqslant M|x-x_0|\leqslant Mh\leqslant b,\quad n=0,1,2,\cdots.$$

3. 证明毕卡序列$\{y_n(x)\}$在区间 I 上一致收敛

考虑级数

$$y_0+[y_1(x)-y_0]+\cdots+[y_n(x)-y_{n-1}(x)]+\cdots,\tag{3.2.9}$$

它的部分和为

$$y_0+\sum_{k=1}^{n}[y_k(x)-y_{k-1}(x)]=y_n(x),$$

于是,要证明序列$\{y_n(x)\}$在区间 I 上一致收敛,只需证明级数(3.2.9)在 I 上一致收敛,为此,我们归纳证明不等式

$$|y_{n+1}(x)-y_n(x)|\leqslant ML^n\frac{|x-x_0|^{n+1}}{(n+1)!}\quad(n=0,1,2,3,\cdots)\tag{3.2.10}$$

在 I 上成立.

事实上,当 $n=0$ 时,由式(3.2.8)知式(3.2.10)成立. 假设当 $n=k$ 时,式(3.2.10)成立,即有

$$|y_{k+1}(x)-y_k(x)|\leqslant ML^k\frac{|x-x_0|^{k+1}}{(k+1)!}\tag{3.2.11}$$

在 I 上成立. 则由式(3.2.7)知

$$|y_{k+2}(x)-y_{k+1}(x)|=\left|\int_{x_0}^{x}[f(x,y_{k+1}(x))-f(x,y_k(x))]\mathrm{d}x\right|.$$

根据李氏条件和归纳假设,得

$$|y_{k+2}(x)-y_{k+1}(x)|\leqslant\left|\int_{x_0}^{x}L|y_{k+1}(x)-y_k(x)|\mathrm{d}x\right|$$

$$\leqslant ML^{k+1}\left|\int_{x_0}^{x}\frac{|x-x_0|^{k+1}}{(k+1)!}\mathrm{d}x\right|=ML^{k+1}\frac{|x-x_0|^{k+2}}{(k+2)!},$$

即当 $n=k+1$ 时式(3.2.10)也成立. 因此,由数学归纳法知,式(3.2.10)得证.

因当 $x\in I$ 时,$|x-x_0|\leqslant h$,故由式(3.2.10)知,

$$|y_{n+1}(x)-y_n(x)|\leqslant ML^n\frac{h^{n+1}}{(n+1)!}\quad(n=0,1,2,\cdots).$$

因正项级数 $\sum\limits_{n=0}^{+\infty}ML^n\dfrac{h^{n+1}}{(n+1)!}$收敛,故由函数项级数一致收敛的维尔斯特拉斯判别法知,级数(3.2.9)在区间 I 上一致收敛,从而毕卡序列$\{y_n(x)\}$在区间 I 上一致收敛. 设其极限函数为 $\varphi(x)$,即当 $x\in I$ 时,一致地有

$$\lim_{n\to\infty}y_n(x)=\varphi(x),$$

则 $y=\varphi(x)$在 I 上是连续的,且由$|y_n(x)-y_0|\leqslant b$ 推知

$$|\varphi(x)-y_0|\leqslant b, x\in I.$$

4. 证明 $y=\varphi(x)(x\in I)$ 是积分方程(3.2.3)的解

在式(3.2.7)两端,令 $n\to\infty$ 得到

$$\varphi(x)=y_0+\lim_{n\to\infty}\int_{x_0}^{x}f(s,y_n(s))\mathrm{d}s,$$

因此问题归结为证明

$$\lim_{n\to\infty}\int_{x_0}^{x}f(s,y_n(s))\mathrm{d}s=\int_{x_0}^{x}f(s,\varphi(s))\mathrm{d}s. \tag{3.2.12}$$

因毕卡序列 $\{y_n(x)\}$ 在区间 I 上一致收敛,则任给 $\varepsilon>0$,存在自然数 $N=N(\varepsilon)$,当 $n\geqslant N$ 时,对 I 中所有 x 有

$$|y_n(x)-\varphi(x)|<\frac{\varepsilon}{Lh},$$

故当 $x\in I$ 时,由李氏条件知

$$\begin{aligned}&\left|\int_{x_0}^{x}f(s,y_n(s))\mathrm{d}s-\int_{x_0}^{x}f(s,\varphi(s))\mathrm{d}s\right|\\ \leqslant&\left|\int_{x_0}^{x}|f(s,y_n(s))-f(s,\varphi(s))|\mathrm{d}s\right|\leqslant\left|\int_{x_0}^{x}L|y_n(s)-\varphi(s)|\mathrm{d}s\right|\\ \leqslant&\left|\int_{x_0}^{x}L\cdot\frac{\varepsilon}{Lh}\mathrm{d}s\right|=\frac{\varepsilon}{h}|x-x_0|\leqslant\frac{\varepsilon}{h}\cdot h=\varepsilon,\end{aligned}$$

因此式(3.2.12)成立.因而当 $x\in I$ 时,有

$$\varphi(x)\equiv y_0+\int_{x_0}^{x}f(s,\varphi(s))\mathrm{d}s.$$

所以 $y=\varphi(x)(x\in I)$ 是积分方程(3.2.3)的一个连续解.

5. 证明积分方程(3.2.3)的连续解的唯一性

设 $y=\psi(x)$ 也是方程(3.2.3)的定义在区间 I 上的连续解.则

$$\psi(x)=y_0+\int_{x_0}^{x}f(x,\psi(x))\mathrm{d}x,\quad x\in I.$$

于是,与步骤 3 类似,可归纳证得

$$|y_n(x)-\psi(x)|\leqslant ML^n\frac{h^{n+1}}{(n+1)!} \tag{3.2.13}$$

在 I 上成立($n=0,1,2,3,\cdots$).从而毕卡序列 $\{y_n(x)\}$ 在区间 I 上也一致收敛于 $\psi(x)$,因此,我们推出

$$\psi(x)=\varphi(x),\quad x\in I.$$

所以,积分方程(3.2.3)的连续解是唯一的.至此,定理 3.2.1 得证. □

【注】 定理 3.2.1 中数 $h=\min\left\{a,\dfrac{b}{M}\right\}$ 的几何意义.

因为在闭矩形域 $\overline{D}$ 上，有 $|f(x,y)|\leqslant M$，所以方程(3.2.1)的积分曲线上任一点的切线斜率介于 $-M$ 与 M 之间. 过点 $P(x_0,y_0)$ 分别引斜率为 $-M$ 与 M 的直线 B_1C 和 BC_1：

$$y=y_0-M(x-x_0),\quad y=y_0+M(x-x_0).$$

当 $M\leqslant\frac{b}{a}$ 时，如图 3.4 所示；当 $M>\frac{b}{a}$ 时，如图 3.5 所示. 显然，方程(3.2.1)过点 (x_0,y_0) 的积分曲线 $y=\varphi(x)$（如果存在的话），不可能进入如图 3.4 或如图 3.5 所示的两个阴影区域内.

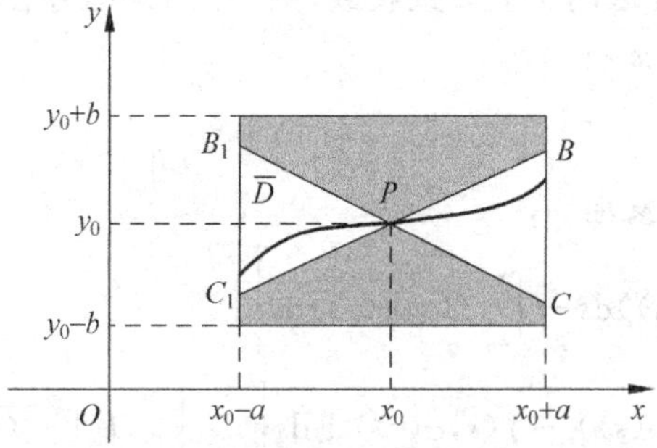

图 3.4

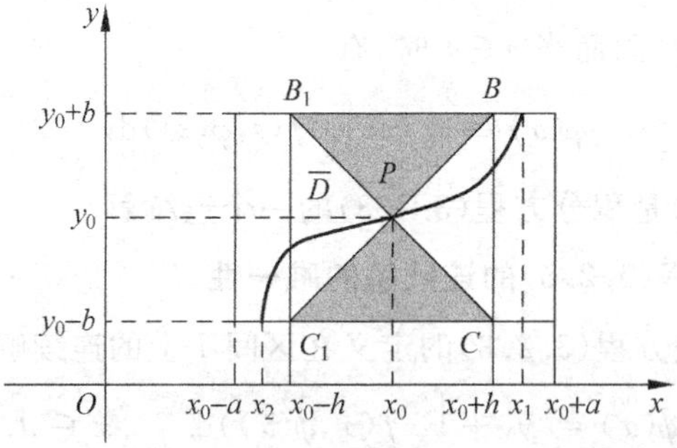

图 3.5

若 $M\leqslant\frac{b}{a}\left(\text{即 } a\leqslant\frac{b}{M}\right)$，由图 3.4 可见，解 $y=\varphi(x)$ 在整个区间 $[x_0-a,x_0+a]$ 上有定义；若 $M>\frac{b}{a}\left(\text{即 } a>\frac{b}{M}\right)$，由图 3.5 可见，不能保证解 $y=\varphi(x)$ 在 $[x_0-a,x_0+a]$ 上有定义. 它可能在 $x=x_1(x_0<x_1<x_0+a)$ 或 $x=x_2(x_0-a<x_2<x_0)$ 处，到达 $\overline{D}$ 的上边界 $y=y_0+b$ 或下边界 $y=y_0-b$. 于是，当 $x>x_1$ 或 $x<x_2$ 时，$y=\varphi(x)$ 没有定义. 此时，由于点 B_1、C_1 及点 B、C 的横坐标分别为 $x_0-\frac{b}{M}$ 及 $x_0+\frac{b}{M}$，故可

保证解 $y=\varphi(x)$ 在区间 $\left[x_0-\frac{b}{M},x_0+\frac{b}{M}\right]$ 上有定义.

综上可知，只要取 $h=\min\left\{a,\frac{b}{M}\right\}$，则当 $|x-x_0|\leqslant h$ 时，有

$$|\varphi(x)-\varphi(x_0)|=|\varphi(x)-y_0|\leqslant M|x-x_0|\leqslant Mh\leqslant b,$$

即当 $x\in I=[x_0-h,x_0+h]$ 时，积分曲线 $y=\varphi(x)$ 不会越出闭矩形域 $\overline{D}$.

下面，我们对毕卡定理的条件和结论作进一步的分析和讨论.

定义 3.2.2　设函数 $f(x,y)$ 在区域 G 内定义，若对任意的点 $P_0(x_0,y_0)\in G$，存在以 P_0 点为中心的闭矩形域 $\overline{D}\subset G$，使 $f(x,y)$ 在 $\overline{D}$ 上关于 y 满足李氏条件，则称 $f(x,y)$ 在 G 内关于 y 满足局部李氏条件.

由定理 3.2.1 容易推出下面的推论.

推论 3.2.1　设函数 $f(x,y)$ 在区域 D 内连续，且关于 y 满足局部李氏条件，则对于任意点 $P_0(x_0,y_0)\in D$，初值问题(3.2.1)、(3.2.2)存在唯一的定义在含 x_0 的某区间上的解. □

根据微分中值定理，容易证明区域 D 内的连续函数 $f(x,y)$ 在 D 内关于 y 满足局部李氏条件的一个充分条件是 $f(x,y)$ 在 D 内关于 y 具有连续的偏导数 $f'_y(x,y)$. 因此得出下列结论.

推论 3.2.2　设函数 $f(x,y)$ 在区域 D 内连续，且关于 y 存在连续的偏导数 $f'_y(x,y)$，则对于任意点 $P_0(x_0,y_0)\in D$，初值问题(3.2.1)、(3.2.2)存在唯一的定义在含 x_0 的某区间上的解. □

若把毕卡定理中的条件加强，则有下面的整体性结果.

定理 3.2.2　设方程(3.2.1)的右端函数 $f(x,y)$ 在闭带形域

$$\overline{R}:\ \alpha\leqslant x\leqslant\beta,\quad -\infty<y<+\infty$$

上连续，且关于 y 满足李氏条件. 则对任一点 $(x_0,y_0)\in\overline{R}$，初值问题(3.2.1)、(3.2.2)存在唯一的定义在整个区间 $[\alpha,\beta]$ 上的解.

证明　只要在毕卡定理的证明过程中，取 $M_0=\max\limits_{x\in[\alpha,\beta]}|f(x,y_0)|$ 代替 M，就可得证. □

推论 3.2.3　设方程(3.2.1)是如下的线性方程

$$\frac{\mathrm{d}y}{\mathrm{d}x}+p(x)y=q(x),\tag{3.2.14}$$

其中 $p(x)$ 和 $q(x)$ 在区间 $[\alpha,\beta]$ 上连续，则对任意的 (x_0,y_0)，$x_0\in[\alpha,\beta]$，初值问题(3.2.14)、(3.2.2)存在唯一的定义在整个区间 $[\alpha,\beta]$ 上的解. □

若把毕卡定理中的条件减弱，只假定 $f(x,y)$ 满足连续性条件，仍可保证初值问题(3.2.1)、(3.2.2)的解的存在性. 这就是如下的皮亚诺定理(证明可参见文献[1]，

这里从略).

定理 3.2.3(皮亚诺定理) 设方程(3.2.1)的右端函数 $f(x,y)$ 在闭矩形域 $\overline{D}$ 上连续,则初值问题(3.2.1)、(3.2.2)在区间 $I=[x_0-h,x_0+h]$ 上至少存在一个解. □

推论 3.2.4 设 $f(x,y)$ 在区域 D 内连续,则对任意点 $P_0(x_0,y_0)\in D$,初值问题(3.2.1)、(3.2.2)在含 x_0 的某区间上至少存在一个解. □

应当注意,仅假定 $f(x,y)$ 是连续的,只能保证解的存在性,却不能保证解的唯一性.

例 3.2.1 考虑初值问题

$$\begin{cases}\dfrac{\mathrm{d}y}{\mathrm{d}x}=x^2+y^2, \quad (x,y)\in\overline{D}: |x|\leqslant 1, |y|\leqslant 1,\\ y(0)=0.\end{cases}$$

试根据毕卡定理确定解的存在区间,并求在此区间上的一个近似解,使其误差不超过 0.05.

解 因这里 $f(x,y)=x^2+y^2$ 在 $\overline{D}$ 上连续,且对任意的$(x,y_1),(x,y_2)\in\overline{D}$,有

$$|f(x,y_1)-f(x,y_2)|=|y_1^2-y_2^2|\leqslant 2|y_1-y_2|,$$

即 $f(x,y)$ 在 $\overline{D}$ 上关于 y 满足李氏条件,取李氏常数 $L=2$,由于 $a=1,b=1,M=\max\limits_{(x,y)\in\overline{D}}|x^2+y^2|=2$,因此

$$h=\min\left(a,\frac{b}{M}\right)=\min\left(1,\frac{1}{2}\right)=\frac{1}{2}.$$

故由定理 3.2.1 知,此初值问题存在唯一的定义在区间$\left[-\dfrac{1}{2},\dfrac{1}{2}\right]$上的解 $y=\varphi(x)$.

于是由定理 3.2.1 的证明知

$$|y_n(x)-\varphi(x)|\leqslant ML^n\frac{h^{n+1}}{(n+1)!}=2\cdot 2^n\frac{\left(\dfrac{1}{2}\right)^{n+1}}{(n+1)!}=\frac{1}{(n+1)!}.$$

欲使$\dfrac{1}{(n+1)!}\leqslant 0.05$,可取 $n=3$. 作逐次近似解如下:

$$y_0(x)\equiv 0,$$

$$y_1(x)=\int_0^x[s^2+y_0^2(s)]\mathrm{d}s=\int_0^x s^2\mathrm{d}s=\frac{x^3}{3},$$

$$y_2(x)=\int_0^x[s^2+y_1^2(s)]\mathrm{d}s=\int_0^x\left[s^2+\left(\frac{s^3}{3}\right)^2\right]\mathrm{d}s=\frac{x^3}{3}+\frac{x^7}{63},$$

$$y_3(x)=\int_0^x[s^2+y_2^2(s)]\mathrm{d}s=\int_0^x\left[s^2+\left(\frac{s^3}{3}+\frac{s^7}{63}\right)^2\right]\mathrm{d}s$$

$$= \frac{1}{3}x^3 + \frac{x^7}{63} + \frac{2x^{11}}{2079} + \frac{x^{15}}{59535}.$$

故 $y_3(x)$就是所求的一个近似解. □

例 3.2.2 讨论方程

$$\frac{\mathrm{d}y}{\mathrm{d}x} = 3y^{\frac{2}{3}} \tag{3.2.15}$$

的解的存在和唯一性.

解 方程(3.2.15)的右端函数 $f(x,y)=3y^{\frac{2}{3}}$ 在 xOy 平面上连续，于是由推论 3.2.4 知，给定 xOy 平面内任一点(x_0,y_0)，至少有方程(3.2.15)的一条积分曲线通过该点. 又因为 $f'_y(x,y)=2y^{-\frac{1}{3}}$ 在 $y\neq 0$ 处连续. 根据推论 3.2.2 知，方程(3.2.15)在区域 $G=\{(x,y)\mid y\neq 0\}$内能保证初值解存在且唯一，即过区域 G 内任一点有且只有方程(3.2.15)的一条积分曲线通过. 显然，$y=0$ 是方程(3.2.15)的解，且易求得方程(3.2.15)的通解为 $y=(x-c)^3$，其中 c 为任意常数. 因此，过积分曲线 $y=0$ 上任一点$(x_0,0)$，方程(3.2.15)还有另一条积分曲线 $y=(x-x_0)^3$ 与它在此点相切(如图 3.6 所示)，即在 $y=0$ 上每一点处，(3.2.15)的解的唯一性均被破坏. □

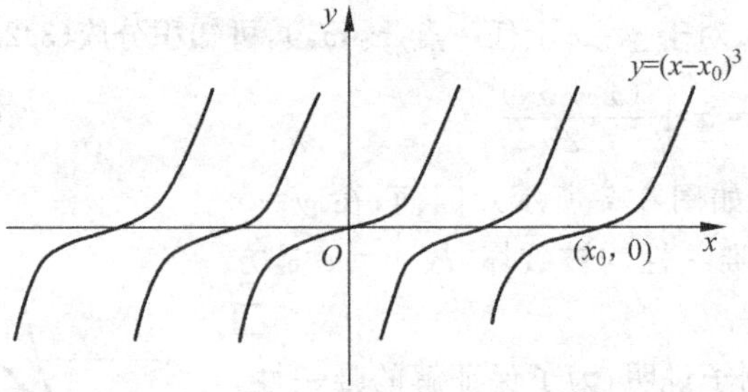

图 3.6

我们把上述这样的解 $y=0$ 称为方程(3.2.15)的奇解. 一般地，有以下定义.

定义 3.2.3 设 $y=\varphi(x)$是方程(3.2.1)的一条积分曲线，若在它上面每一点处，方程(3.2.1)还有另一条积分曲线与它在此点相切，则称 $y=\varphi(x)$是方程(3.2.1)的**奇解**.

由例 3.2.2 知，当局部李氏条件或 $f'_y(x,y)$有界的条件不满足时，初值问题(3.2.1)、(3.2.2)的解可能不唯一，此时方程(3.2.1)可能有奇解.

【注】 求方程(3.2.1)的奇解的步骤：

(1) 为了考察方程(3.2.1)是否有奇解，通常先求出使 $f'_y(x,y)$无界，即使 $\frac{1}{f'_y(x,y)}=0$ 的点集，从中确定一条或若干条曲线；

(2) 分别检验这些曲线是否是积分曲线；

(3) 若是积分曲线，则进一步检验其上每一点处解的唯一性是否一致地遭到破坏，从而可确定其是否为方程(3.2.1)的奇解.

例 3.2.3 讨论方程

$$\frac{\mathrm{d}y}{\mathrm{d}x}=\sqrt[3]{(y-x)^2}+1 \tag{3.2.16}$$

是否有奇解.

解 方程(3.2.16)的右端函数 $f(x,y)=\sqrt[3]{(y-x)^2}+1$ 及其偏导数 $f'_y(x,y)=\dfrac{2}{3\sqrt[3]{y-x}}$ 均在开集 $G=\{(x,y)\mid y\neq x\}$ 内连续，故经过平面上任一点 (x_0,y_0)，其中 $x_0\neq y_0$，有且只有一条方程(3.2.16)的积分曲线通过.

由 $\dfrac{1}{f'_y(x,y)}=0$，得 $y=x$. 直接验证知 $y=x$ 是方程(3.2.16)的解. 作变换 $u=y-x$ 可将方程(3.2.16)化为变量分离型方程，并求得其通解为

$$y=x+\frac{(x-c)^3}{27}, \tag{3.2.17}$$

其中 c 为任意常数. 对于 $y=x$ 上任一点 (x_0,x_0)，可知积分族(3.2.17)中有积分曲线

$$y=x+\frac{(x-x_0)^3}{27}$$

与它在此点相切(如图 3.7 所示). 因而，在 $y=x$ 上的每一点，解的唯一性均被破坏，故 $y=x$ 是方程(3.2.16)的奇解. □

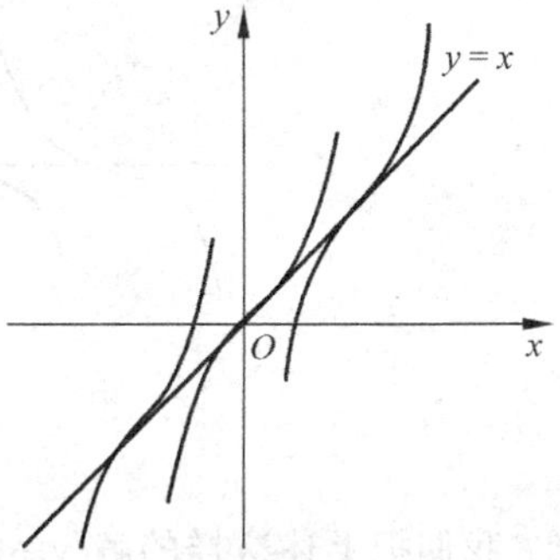

图 3.7

上面的两个例子说明，为了保证解的唯一性，还需对 $f(x,y)$ 除了连续性外添加其他条件，较为著名的条件就是(局部)李氏条件，但它仅是保证解唯一的充分条件，而非必要条件.

例 3.2.4 讨论方程

$$\frac{\mathrm{d}y}{\mathrm{d}x}=\begin{cases} y\ln|y|, & y\neq 0,\\ 0, & y=0 \end{cases} \tag{3.2.18}$$

的解的唯一性.

解 方程(3.2.18)的右端函数 $f(x,y)$ 在 xOy 平面上连续，其偏导数 $f'_y(x,y)=\ln|y|+1$ 在开集 $G=\{(x,y)\mid y\neq 0\}$ 内存在且连续. 于是由推论 3.2.2 知，经过平面内任一点 (x_0,y_0)，其中 $y_0\neq 0$，有且只有一条方程(3.2.18)的积分曲线通过. 而对 $y=0$ 上任一点 $(x_0,0)$，$f(x,y)$ 在 $(x_0,0)$ 的任一邻域 U 中连续，但因 $\lim\limits_{y\to 0}f'_y(x,y)=$

$\lim\limits_{y\to 0}(\ln|y|+1)=\infty$，可知 $f(x,y)$ 在 U 中不满足（局部）李氏条件. 于是由推论 3.2.4 只能断定过点 $(x_0,0)$ 至少有方程(3.2.18)的一条积分曲线通过.

易知，$y=0$ 是方程(3.2.18)的解，且可求得方程(3.2.18)的通解为 $y=\pm e^{ce^x}$. 显然通解积分曲线族中的任意一条不可能与 $y=0$ 相交. 故对于 $y=0$ 上任一点 $(x_0,0)$，只有唯一的积分曲线（即 $y=0$）通过. 如图 3.8 所示. □

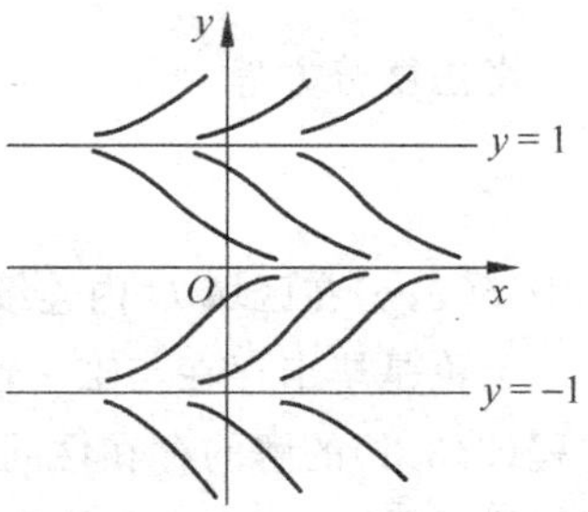

图　3.8

此例表明，当（局部）李氏条件不满足时，初值问题(3.2.1)、(3.2.2)的解仍可能唯一. 为保证初始条件解的唯一，还有比（局部）李氏条件更弱的条件，但目前没有一种充要条件.

习题 3.2

1. 试判断方程 $y'=x\tan y$ 在闭矩形域：

(1) $\overline{D}_1$：$|x|\leqslant 1,|y|\leqslant\pi$；　　(2) $\overline{D}_2$：$|x|\leqslant 1,|y|\leqslant\dfrac{\pi}{6}$；

上是否满足毕卡定理的条件？

2. 判定下列方程在什么区域内能保证初值问题的解存在且唯一？

(1) $y'=x+\sin y$；　　(2) $y'=x^{-\frac{1}{3}}$；

(3) $y'=xy+e^{-y}$；　　(4) $y'=\dfrac{x+y}{x-y}$.

3. 试求初值问题

$$\frac{dy}{dx}=y+1,\quad y(0)=0$$

的毕卡序列，并由此取极限求解.

4. 试根据毕卡定理确定初值问题

$$\begin{cases}\dfrac{dy}{dx}=x^2-y^2, & (x,y)\in\overline{D}:\ |x+1|\leqslant 1,\ |y|\leqslant 1,\\ y(-1)=0\end{cases}$$

的解的存在区间，求其第二次近似解 $y_2(x)$ 并估计误差.

5. 讨论下列方程的初值问题的解的存在性和唯一性：

(1) $y'=\sqrt{|y|}$；　　(2) $y'=\sqrt{y-x}$；

(3) $y'=-x\pm\sqrt{x^2+2y}$.

3.3 解的延拓

考虑微分方程

$$\frac{\mathrm{d}y}{\mathrm{d}x}=f(x,y), \tag{3.3.1}$$

其中 $f(x,y)$在区域 D 内连续.

无论是毕卡存在与唯一性定理，还是皮亚诺定理，都只是在局部范围内处理了方程(3.3.1)的解的存在性问题.而在很多情况下，仅仅知道解的局部存在性，往往不能满足需要.我们自然要问：能否将一个在小区间上有定义的解，“延拓”到比较大的区间上去呢？若能“延拓”，究竟能延拓到什么程度呢？这就是本节所要讨论的问题.

定义 3.3.1 设 $y=\varphi(x)$(其中 $x\in I_1$)为方程(3.3.1)的一个解，若存在方程(3.3.1)的另外一个解 $y=\psi(x)$(其中 $x\in I_2$)，且满足：

(1) $I_1\subset I_2, I_1\neq I_2$；

(2) 当 $x\in I_1$ 时，$\varphi(x)\equiv\psi(x)$.

则称解 $y=\varphi(x)$是**可延拓的**，并称解 $y=\psi(x)$是解 $y=\varphi(x)$的一个延拓.

如果方程(3.3.1)的一个解 $y=\tilde{\varphi}(x)$，已再不能向左、右两方继续延拓了，这样的解称为方程(3.3.1)的**饱和解**，其定义区间称为它的**最大存在区间**.

方程(3.3.1)的解在什么情况下可以延拓呢？怎样进行延拓呢？下述解的延拓定理说明了这个问题.

定理 3.3.1(解的延拓定理) 设函数 $f(x,y)$在区域 G 内连续，$P_0(x_0,y_0)$是 G 内任意给定点，并设 Γ 是微分方程(3.3.1)经过 P_0 点的任一条积分曲线.则积分曲线 Γ 将在区域 G 内延拓到边界(换言之，对于任何有界闭区域 $\overline{D}(P_0\in\overline{D}\subset G)$，积分曲线 Γ 将延拓到 $\overline{D}$ 之外).

证明 设微分方程(3.3.1)经过 P_0 的积分曲线 Γ 有如下的表达式

$$\Gamma:\ y=\varphi(x),\quad x\in I,$$

其中 I 表示 Γ 含在 G 内时的最大存在区间.

首先，我们讨论积分曲线 Γ 在 P_0 点右侧的延拓情况.设 I^+ 为 P_0 点右侧的最大存在区间，也即 $I^+=I\cap[x_0,+\infty)$.

如果 $I^+=[x_0,+\infty)$，那么积分曲线 Γ 在 G 内就延拓到无限远，从而延拓到区域 G 的边界.

如果 $I^+\neq[x_0,+\infty)$，则有下面两种情形：

(1) I^+ 是有限闭区间

此时可设 $I^+=[x_0,x_1]$，其中常数 $x_1>x_0$，这里不妨设 $x_1=x_0+h$. 由于 $x\in I^+$ 时，积分曲线 Γ 位于区域 G 内，因此，若令 $y_1=\varphi(x_1)$，则 $(x_1,y_1)\in G$. 因为区域 G 是开集，所以存在矩形区域

$$R_1:\ |x-x_1|\leqslant a_1,\quad |y-y_1|\leqslant b_1,$$

使得 $R_1\subset G$. 由定理 3.2.3 知，微分方程(3.3.1)至少有一个解

$$y=\varphi_1(x)\quad (|x-x_1|\leqslant h_1)$$

满足初始条件 $\varphi_1(x_1)=y_1$，其中 $h_1>0$ 为某常数. 令

$$\psi(x)=\begin{cases}\varphi(x), & x_0\leqslant x\leqslant x_1,\\ \varphi_1(x), & x_1\leqslant x\leqslant x_1+h_1,\end{cases}$$

则 $y=\psi(x)$ 连续可微，且在 $[x_0,x_1+h_1]$ 上满足微分方程(3.3.1). 因此，$y=\psi(x)$ 是 $y=\varphi(x)$ 的一个延拓. 这与积分曲线 Γ 的最大右侧存在区间为 $I^+=[x_0,x_1]$ 相矛盾。因此 I^+ 不可能是有限闭区间. 如图 3.9 所示.

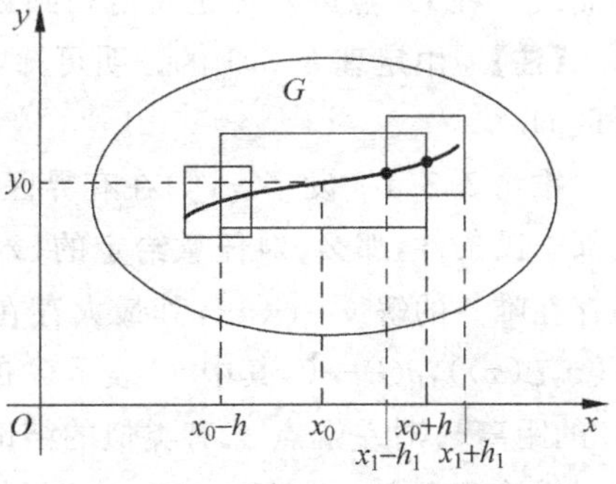

图　3.9

(2) I^+ 是有限半开区间

此时可设 $I^+=[x_0,x_1)$，其中常数 $x_1>x_0$. 由于 $x\in I^+$ 时，积分曲线 Γ 位于区域 G 内，于是当 $x\in I^+$ 时，$(x,\varphi(x))\in G$.

下面，我们欲证明：对于任何有界闭区域 $\overline{D}\subset G$，存在 $x\in I^+$，使得 $(x,\varphi(x))\notin\overline{D}$.

否则，设 $\overline{D}$ 是 G 内某有界闭区域，使得对一切 $x\in I^+$，有

$$(x,\varphi(x))\in\overline{D}. \tag{3.3.2}$$

于是 $\varphi(x_0)=y_0$ 且当 $x\in I^+$ 时，$\varphi'(x)=f(x,\varphi(x))$. 于是

$$\varphi(x)=y_0+\int_{x_0}^{x}f(x,\varphi(x))\mathrm{d}x\quad (x_0\leqslant x<x_1). \tag{3.3.3}$$

因为 $f(x,y)$ 在 $\overline{D}$ 上连续，且 $\overline{D}$ 是有界闭区域. 所以 $f(x,y)$ 在 $\overline{D}$ 上有界，不妨设

$$|f(x,y)|\leqslant K,\quad (x,y)\in\overline{D},$$

其中 $K>0$ 为常数. 由拉格朗日中值定理可知，当 $t_1,t_2\in I^+$ 时，有

$$|\varphi(t_1)-\varphi(t_2)|\leqslant K|t_1-t_2|,$$

由函数极限的柯西收敛法则知，当 $x\to x_1^-$ 时，$\varphi(x)$ 的极限存在. 记

$$y_1=\lim_{x\to x_1^-}\varphi(x). \tag{3.3.4}$$

定义函数

$$\tilde{\varphi}(x)=\begin{cases}\varphi(x), & x_0\leqslant x<x_1,\\ y_1, & x=x_1.\end{cases}$$

显然，$\tilde{\varphi}(x)$在$[x_0,x_1]$上连续，且由式(3.3.3)、(3.3.4)推知，$y=\tilde{\varphi}(x)$在$[x_0,x_1]$上满足

$$\tilde{\varphi}(x)=y_0+\int_{x_0}^{x}f(x,\tilde{\varphi}(x))\mathrm{d}x.$$

从而，$y=\tilde{\varphi}(x)$在$[x_0,x_1]$上是微分方程(3.3.1)的一个解，且满足$\tilde{\varphi}(x_0)=y_0$. 因此，积分曲线Γ可延拓到区间$[x_0,x_1]$上，这与Γ在x_0处的右侧最大存在区间为$[x_0,x_1)$相矛盾. 所以，对于任何有界闭区域$\overline{D}\subset G$，式(3.3.2)不成立.

综上分析，积分曲线Γ在P_0点的右侧将延拓到区域G的边界. 同理可证，积分曲线Γ在P_0点的左侧也将延拓到区域G的边界. 定理3.3.1得证. □

【注】 由定理3.3.1的证明可知，方程(3.3.1)的每个饱和解的定义区间必为开区间.

推论 3.3.1 设$f(x,y)$在有界区域G内连续，且$f(x,y)$在G内关于y满足局部李氏条件，那么，对任意给定的$(x_0,y_0)\in G$，初始条件(3.2.1)、(3.2.2)在G内存在唯一的解$y=\tilde{\varphi}(x)$，其最大存在区间为开区间，记为(α,β)，且当$x\to\beta^-$时，$\rho((x,\tilde{\varphi}(x)),\partial G)\to 0$，其中$\partial G$表示$G$的边界，$\rho((x,\tilde{\varphi}(x)),\partial G)$表示点$(x,\tilde{\varphi}(x))$到$\partial G$的距离①. 对左端点$\alpha$，有类似的结论.

推论 3.3.2 设$f(x,y)$在无界区域G内连续，如果方程(3.3.1)的解$y=\tilde{\varphi}(x)$的最大存在区间为(α,β)，则就右端点β而言，必属于下述情况之一：

(1) $\beta=+\infty$；

(2) $\beta<+\infty$，当$x\to\beta^-$时，$\tilde{\varphi}(x)$无界；

(3) $\beta<+\infty$，当$x\to\beta^-$时，$\rho((x,\tilde{\varphi}(x)),\partial G)\to 0$.

对左端点α，有类似的结论. □

例 3.3.1 试讨论初始条件

$$\frac{\mathrm{d}y}{\mathrm{d}x}=1+y^2,\quad y(0)=0$$

的解的最大存在区间.

解 这里$f(x,y)=1+y^2$在xOy平面上连续且关于y满足局部李氏条件，显然$y=\tan x$是所求的解，它的最大存在区间为$\left(-\frac{\pi}{2},\frac{\pi}{2}\right)$. □

例 3.3.2 讨论方程

---

① 点到集合的距离是指该点与该集合中的每个点的距离所构成的数集的下确界.

$$\frac{\mathrm{d}y}{\mathrm{d}x}=y^2 \tag{3.3.5}$$

在区域 $G=\{(x,y)\mid y<1\}$ 内，分别通过点 $(0,-1)$、$\left(0,\frac{1}{3}\right)$ 和 $(0,0)$ 的解的最大存在区间.

解　函数 $f(x,y)=y^2$ 在无界区域 G 内连续，且关于 y 满足局部李氏条件，容易求出方程(3.3.5)的通解为

$$y=\frac{1}{c-x},$$

故方程(3.3.5)过点 $(0,-1)$ 的解是

$$y=-\frac{1}{1+x}.$$

由推论 3.3.2 知其存在区间向右可延拓到 $+\infty$，而向左只能延拓到 -1，这是因为当 $x\to-1^+$ 时，$y\to-\infty$，因此这个解的最大存在区间是 $(-1,+\infty)$.

又知方程(3.3.5)过点 $\left(0,\frac{1}{3}\right)$ 的解是

$$y=\frac{1}{3-x},$$

由推论 3.3.2 知其存在区间向左可延拓到 $-\infty$，而向右只能延拓到 2，因为当 $x\to2^-$ 时，$y\to1$，即点 $(x,y(x))$ 与区域 G 的边界 $y=1$ 的距离趋于零，因此这个解的最大存在区间为 $(-\infty,2)$.

由方程(3.3.5)直接可知，$y=0$ 是过点 $(0,0)$ 的解，由推论 3.3.2 知，其最大存在区间为 $(-\infty,+\infty)$. 如图 3.10 所示. □

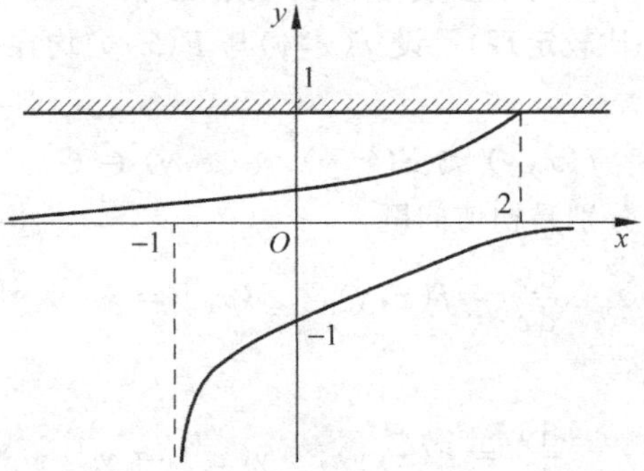

图　3.10

例 3.3.3　考虑方程

$$\frac{\mathrm{d}y}{\mathrm{d}x}=(y^2-a^2)g(x,y), \tag{3.3.6}$$

其中 $g(x,y)$ 及 $g'_y(x,y)$ 在 xOy 平面上连续. 试证对任意的 x_0 和 $|y_0|<a$, 方程(3.3.6)满足条件 $y(x_0)=y_0$ 的解 $y=\varphi(x)$ 的最大存在区间是 $(-\infty,+\infty)$.

证明 由假设, $(y^2-a^2)g(x,y)$ 在 xOy 平面上连续, 且关于 y 满足局部李氏条件. 设方程(3.3.6)满足条件 $y(x_0)=y_0$ (其中 $|x_0|<+\infty$, $|y_0|<a$) 的解 $y=\varphi(x)$ 的最大存在区间是 (α,β), 由推论 3.3.2 知 α,β 只能属于情形(1)或(2), 易知 $y=\pm a$ 是方程(3.3.6)的解, 其最大存在区间为 $(-\infty,+\infty)$. 根据解的唯一性, 解 $y=\varphi(x)$ 不可能穿过直线 $y=\pm a$, 即当 $x\in(\alpha,\beta)$ 时, 有 $|\varphi(x)|<a$, 于是 α,β 只能属于情形(1). 故必有 $\alpha=-\infty$, $\beta=+\infty$. 如图 3.11 所示. □

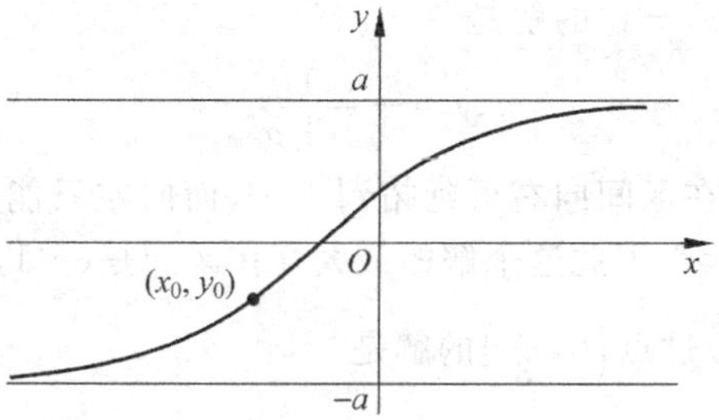

图 3.11

以上几个例子说明, 尽管很多情形下 $f(x,y)$ 在整个平面上满足延拓定理条件, 积分曲线能够延拓到区域 G 的边界, 但其定义区间却不一定能够延拓到整个数轴上去.

为了求出微分方程的解的最大存在区间, 有时仅使用延拓定理是不够的, 我们还经常用到其他工具, 例如下面要介绍的比较定理等.

定理 3.3.2(第一比较定理) 设 $f(x,y)$ 与 $F(x,y)$ 均在平面区域 G 内连续且满足

$$f(x,y)<F(x,y), \quad (x,y)\in G,$$

且 $y=\varphi(x)$, $y=\psi(x)$ 分别是初值问题

$$\frac{\mathrm{d}y}{\mathrm{d}x}=f(x,y), \quad y(x_0)=y_0$$

与

$$\frac{\mathrm{d}y}{\mathrm{d}x}=F(x,y), \quad y(x_0)=y_0$$

的解, 其中 $(x_0,y_0)\in G$, 两解的共同存在区间为 (a,b), 则有

(1) $\varphi(x)<\psi(x)$, 当 $x_0<x<b$;

(2) $\varphi(x)>\psi(x)$, 当 $a<x<x_0$.

证明 设函数 $m(x)=\psi(x)-\varphi(x)$, 则 $m(x_0)=0$, 且

$$m'(x_0)=\psi'(x_0)-\varphi'(x_0)=F(x_0,y_0)-f(x_0,y_0)>0,$$

于是，由 $m'(x)$ 的连续性知，存在 $\delta>0$，当 $x_0\leqslant x<x_0+\delta$ 时，$m'(x)>0$. 于是，当 $x_0<x<x_0+\delta$ 时，$m(x)=\int_{x_0}^{x}m'(x)\mathrm{d}x>0$. 所以，若(1)不成立，则至少存在一点 $x\in(x_0,b)$，使得 $m(x)\leqslant 0$. 令 $x_1=\inf\{x\mid x_0<x<b,m(x)\leqslant 0\}$，则 $m(x_1)=0$，且 $x_0<x<x_1$ 时，$m(x)>0$. 于是

$$m'(x_1)=\lim_{x\to x_1-0}\frac{m(x)-m(x_1)}{x-x_1}=\lim_{x\to x_1-0}\frac{m(x)}{x-x_1}\leqslant 0,$$

但这是不可能的. 因为 $\psi(x_1)=\varphi(x_1)$，于是

$$m'(x_1)=\psi'(x_1)-\varphi'(x_1)=F(x_1,\psi(x_1))-f(x_1,\varphi(x_1))>0,$$

产生矛盾. 因此(1)成立. 同理可证(2)也成立. 定理得证. □

例 3.3.4　考虑方程

$$\frac{\mathrm{d}y}{\mathrm{d}x}=\frac{x^2+1}{x^2+y^2+2},\tag{3.3.7}$$

试证对任意的 x_0 和 y_0，方程(3.3.7)满足条件 $y(x_0)=y_0$ 的解的最大存在区间是 $(-\infty,+\infty)$.

证明　显然函数 $\frac{x^2+1}{x^2+y^2+2}$ 在 xOy 平面上连续，且关于 y 满足局部李氏条件，于是方程(3.3.7)在整个 xOy 平面上满足毕卡定理. 显然

$$0<\frac{x^2+1}{x^2+y^2+2}<1,$$

将方程(3.3.7)分别与方程 $\frac{\mathrm{d}y}{\mathrm{d}x}=0$ 及 $\frac{\mathrm{d}y}{\mathrm{d}x}=1$ 比较，由定理 3.3.2 知，方程(3.3.7)满足 $y(x_0)=y_0$ 的解 $y=\varphi(x)$ 在其存在区间上满足

$$y_0<\varphi(x)<y_0+(x-x_0),\quad 当\ x>x_0\ 时,$$
$$y_0+(x-x_0)<\varphi(x)<y_0,\quad 当\ x<x_0\ 时,$$

于是由推论 3.3.2 知，积分曲线 $y=\varphi(x)$ 的最大存在区间是 $(-\infty,+\infty)$. □

习题 3.3

1. 讨论方程 $\frac{\mathrm{d}y}{\mathrm{d}x}=\frac{1}{2}(y^2-1)$ 分别通过点 $(0,0)$，$(\ln 2,-3)$ 的解的最大存在区间，并指出当 x 趋于这些区间的端点时解的渐近性.

2. 试证明：对任意的 x_0 及 $0<y_0<1$，方程 $\frac{\mathrm{d}y}{\mathrm{d}x}=\frac{y(y-1)}{x^2+y^2+1}$ 满足条件 $y(x_0)=y_0$ 的解 $y=\varphi(x)$ 的最大存在区间均为 $(-\infty,+\infty)$.

3. 设 $f(x,y)$ 在全平面上连续且有界，试证明方程 $\frac{\mathrm{d}y}{\mathrm{d}x}=f(x,y)$ 的任一解 $y=\varphi(x)$ 的最大存在区间是 $(-\infty,+\infty)$.

3.4 解对初值的连续性

前面，我们在讨论初值问题

$$\begin{cases}\frac{\mathrm{d}y}{\mathrm{d}x}=f(x,y), & (3.4.1)\\ y(x_0)=y_0 & (3.4.2)\end{cases}$$

的解时，都是把初值 x_0,y_0 看成固定的，这个解自然是自变量 x 的函数. 若初值 x_0,y_0 变动，相应的解也随之变动. 因此，一般来说，初值问题的解还依赖于 x_0,y_0，也就是说它应是自变量 x 和初值 x_0,y_0 的函数，我们记为

$$y=\varphi(x,x_0,y_0),$$

因而有

$$y=\varphi(x_0,x_0,y_0).$$

例如，初始条件

$$\begin{cases}\frac{\mathrm{d}y}{\mathrm{d}x}=y,\\ y(x_0)=y_0\end{cases}$$

的解是 $y=y_0\mathrm{e}^{x-x_0}$，它是 x,x_0,y_0 的三元函数，且是连续的.

我们知道，在应用上，每当我们把一个实际问题化为微分方程的初值问题时，初值通常是由实验测定的，因而总存在一定的误差. 那么自然会问：当初值 x_0,y_0 有微小变动时，相应的解 $\varphi(x,x_0,y_0)$ 是否也只有微小的变动？如果由于初值的微小误差，致使相应的解发生大的变化，则所求得的解就失去了实用的意义. 因此，研究解 $\varphi(x,x_0,y_0)$ 对初值 x_0,y_0 的相依性无论在应用上还是在理论上都是很重要的问题.

定理 3.4.1 对方程(3.4.1)，若满足条件：

(1) $f(x,y)$ 在区域 G 内连续；

(2) $f(x,y)$ 在 G 内关于 y 满足局部李氏条件；

(3) $y=\psi(x)$ 是方程(3.4.1)的解，它在 $a\leqslant x\leqslant b$ 上有定义.

则存在 $\delta>0$，使当

$$a\leqslant x_0\leqslant b,\quad |y_0-\psi(x_0)|<\delta$$

时，初值问题(3.4.1)、(3.4.2)的解 $y=\varphi(x,x_0,y_0)$ 也在 $a\leqslant x\leqslant b$ 上有定义，且 $\varphi(x,x_0,y_0)$ 对 (x,x_0,y_0) 在闭域

$$\overline{V}: a \leqslant x \leqslant b, \quad a \leqslant x_0 \leqslant b, \quad |y_0 - \psi(x_0)| \leqslant \delta$$

上连续.

证明　首先证明：存在充分小的 $\delta_1>0$，使得以积分曲线段

$$S: \{(x,y) \mid y=\psi(x), a \leqslant x \leqslant b\}$$

为中心线的闭域

$$\overline{U}: a \leqslant x \leqslant b, \quad |y-\psi(x)| \leqslant \delta_1$$

含于 G 内，且 $f(x,y)$ 在 $\overline{U}$ 上关于 y 满足李氏条件.

事实上，由条件(2)，对 S 上每一点 P，均存在以 P 为中心的小开圆 $C_P \subset G$，使在 C_P 内，$f(x,y)$ 关于 y 满足李氏条件. 由于 $S \subset G$ 是有界闭集，根据有限覆盖定理，在这些小圆中定可以找到有限个小圆 $C_1, C_2, \cdots, C_N$ 覆盖 S. 设 L_i 表示 $f(x,y)$ 于 $C_i(i=1,2,\cdots,N)$ 内相应的李氏常数，取 $L=\max(L_1,L_2,\cdots,L_N)$. 令 $\widetilde{G}=\bigcup_{i=1}^{N} C_i$，则有 $S \subset \widetilde{G} \subset G$，且 S 与区域 $\widetilde{G}$ 的边界的距离[①] $\rho>0$. 于是，存在足够小的 $\delta_1>0$，使得闭域

$$\overline{U}: a \leqslant x \leqslant b, \quad |y-\psi(x)| \leqslant \delta_1$$

含于 $\widetilde{G}$ 内，且 $f(x,y)$ 在 $\overline{U}$ 上关于 y 满足李氏条件，李氏常数为 L，如图 3.12 所示. 为了以后估算的需要，选取 $\delta>0$，使得

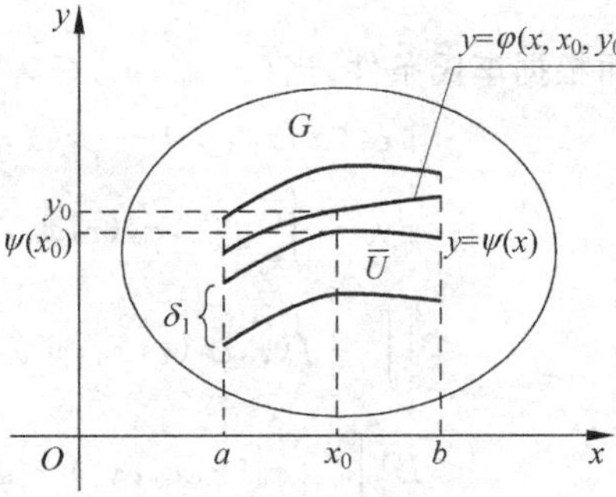

图　3.12

$$\delta \leqslant \mathrm{e}^{-L(b-a)} \delta_1, \tag{3.4.3}$$

其次，考虑与初值问题(3.4.1)、(3.4.2)等价的积分方程

$$y(x,x_0,y_0) = y_0 + \int_{x_0}^{x} f(\tau, y(\tau,x_0,y_0))\mathrm{d}\tau. \tag{3.4.4}$$

我们在闭域 $\overline{U}$ 上应用逐次逼近法来证明定理的结论. 其证明步骤与毕卡定理的证明类似(这里的 $\overline{U}$ 相当于那里的 $\overline{D}$)，所不同的只是零次近似的选取. 这里取

$$\varphi_0(x,x_0,y_0) = y_0 - \psi(x_0) + \psi(x), \quad (x,x_0,y_0) \in \overline{V} \tag{3.4.5}$$

为零次近似，并由

$$\varphi_k(x,x_0,y_0) = y_0 + \int_{x_0}^{x} f(\tau, \varphi_{k-1}(\tau,x_0,y_0))\mathrm{d}\tau \quad (k=1,2,\cdots) \tag{3.4.6}$$

确定 k 次近似.

我们用数学归纳法证明，对 $k=0,1,2,\cdots$，有

---

① 两个集合之间的距离，定义为两集合的每两点之间的距离所构成的数集的下确界.

① $\varphi_k(x,x_0,y_0)$在$\overline{V}$上连续，且有

$$|\varphi_k(x,x_0,y_0)-\psi(x)|\leqslant\delta_1,$$

即点$(x,\varphi_k(x,x_0,y_0))\in\overline{U}$，这说明$\varphi_k(x,x_0,y_0)$不越出区域$\overline{U}$.

② $$|\varphi_{k+1}(x,x_0,y_0)-\varphi_k(x,x_0,y_0)|\leqslant\frac{(L|x-x_0|)^{k+1}}{(k+1)!}|y_0-\psi(x_0)|. \tag{3.4.7}$$

对$k=0$，显然$\varphi_0(x,x_0,y_0)$在$\overline{V}$上连续，且由式(3.4.5)及式(3.4.3)有

$$|\varphi_0(x,x_0,y_0)-\psi(x)|=|y_0-\psi(x_0)|\leqslant\delta<\delta_1,$$

即$(x,\varphi_0(x,x_0,y_0))\in\overline{U}$. 由条件(3)有

$$\psi(x)\equiv\psi(x_0)+\int_{x_0}^{x}f(\tau,\psi(\tau))\mathrm{d}\tau,$$

从而根据李氏条件，当$(x,x_0,y_0)\in\overline{V}$时，有

$$\begin{aligned}&|\varphi_1(x,x_0,y_0)-\varphi_0(x,x_0,y_0)|\\&=\left|y_0+\int_{x_0}^{x}f(\tau,\varphi_0(\tau,x_0,y_0))\mathrm{d}\tau-(y_0-\psi(x_0)+\psi(x))\right|\\&\leqslant\left|\int_{x_0}^{x}\left|f(\tau,\varphi_0(\tau,x_0,y_0))-f(\tau,\psi(\tau))\right|\mathrm{d}\tau\right|\\&\leqslant L\left|\int_{x_0}^{x}\left|\varphi_0(\tau,x_0,y_0)-\psi(\tau)\right|\mathrm{d}\tau\right|\\&\leqslant L|x-x_0||y_0-\psi(x_0)|.\end{aligned}$$

即$k=0$时，①，②均成立.

设对所有的$k\leqslant m-1$，上述①，②均成立. 则当$k=m$时，由式(3.4.6)知$\varphi_m(x,x_0,y_0)$在$\overline{V}$上连续，且由式(3.4.3)、(3.4.5)及式(3.4.7)知，当$(x,x_0,y_0)\in\overline{V}$时，有

$$\begin{aligned}&|\varphi_m(x,x_0,y_0)-\psi(x)|\\&\leqslant|\varphi_m(x,x_0,y_0)-\varphi_{m-1}(x,x_0,y_0)|+|\varphi_{m-1}(x,x_0,y_0)-\varphi_{m-2}(x,x_0,y_0)|+\cdots\\&\quad+|\varphi_1(x,x_0,y_0)-\varphi_0(x,x_0,y_0)|+|\varphi_0(x,x_0,y_0)-\psi(x)|\\&\leqslant\left[\frac{(L|x-x_0|)^k}{m!}+\cdots+L|x-x_0|+1\right]|y_0-\psi(x_0)|\\&\leqslant\mathrm{e}^{L|x-x_0|}|y_0-\psi(x_0)|\leqslant\mathrm{e}^{L(b-a)}\delta<\delta_1.\end{aligned}$$

即对$k=m$，①成立. 又由式(3.4.7)及李氏条件，当$(x,x_0,y_0)\in\overline{V}$时，有

$$\begin{aligned}&|\varphi_{m+1}(x,x_0,y_0)-\varphi_m(x,x_0,y_0)|\\&\leqslant\left|\int_{x_0}^{x}\left|f(\tau,\varphi_m(\tau,x_0,y_0))-f(\tau,\varphi_{m-1}(\tau,x_0,y_0))\right|\mathrm{d}\tau\right|\end{aligned}$$

$$\leqslant L\left|\int_{x_0}^{x}\left|\varphi_m(\tau,x_0,y_0)-\varphi_{m-1}(\tau,x_0,y_0)\right|\mathrm{d}\tau\right|$$

$$\leqslant\frac{(L\mid x-x_0\mid)^{m+1}}{(m+1)!}\mid y_0-\psi(x_0)\mid.$$

即对 $k=m$，所证②也成立. 因此，由数学归纳法，对一切 $k=0,1,2,\cdots$，①、②均成立.

由式(3.4.7)，根据维尔斯特拉斯判别法，序列$\{\varphi_k(x,x_0,y_0)\}$在 $\overline{V}$ 上一致收敛. 设其极限函数为 $y=\varphi(x,x_0,y_0)$，且知它在 $\overline{V}$ 上连续. 又可证，它是积分方程(3.4.4)的解，即有

$$\varphi(x,x_0,y_0)\equiv y_0+\int_{x_0}^{x}f(\tau,\varphi(\tau,x_0,y_0))\mathrm{d}\tau.$$

因此，$y=\varphi(x,x_0,y_0)$也是初始条件(3.4.1)、(3.4.2)的解，且它在闭域 $\overline{V}$ 上连续，定理得证. □

由此定理，可得出解对初值的连续依赖性，亦即有以下结论.

推论 3.4.1　设 $f(x,y)$在区域 G 内连续，且在 G 内关于 y 满足局部李氏条件. 如果对$(\bar{x}_0,\bar{y}_0)\in G$，方程(3.4.1)满足初始条件 $y(\bar{x}_0)=\bar{y}_0$ 的解 $y=\varphi(x,\bar{x}_0,\bar{y}_0)$在 $a\leqslant x\leqslant b$ 上有定义，则对任意 $\varepsilon>0$，存在 $\delta>0$，使当

$$(x_0-\bar{x}_0)^2+(y_0-\bar{y}_0)^2\leqslant\delta^2$$

时，方程(3.4.1)满足初始条件 $y(x_0)=y_0$ 的解 $y=\varphi(x,x_0,y_0)$也在 $a\leqslant x\leqslant b$ 上有定义，且

$$\mid\varphi(x,x_0,y_0)-\varphi(x,\bar{x}_0,\bar{y}_0)\mid\leqslant\varepsilon,\quad a\leqslant x\leqslant b.$$

若在定理 3.4.1 中，不管解 $y=\varphi(x,x_0,y_0)$的存在区间为何，而只突出解对(x,x_0,y_0)的连续性，就有以下结论.

推论 3.4.2　设 $f(x,y)$在区域 G 内连续，且关于 y 满足局部李氏条件，则初值问题(3.4.1)、(3.4.2)的解 $y=\varphi(x,x_0,y_0)$，作为 x,x_0,y_0 的函数在它的存在范围内是连续的.

证明　对于任一$(x_0,y_0)\in G$，设解 $y=\varphi(x,x_0,y_0)$的最大存在区间为

$$\alpha(x_0,y_0)<x<\beta(x_0,y_0),$$

设

$$\Omega=\{(x,x_0,y_0)\mid\alpha(x_0,y_0)<x<\beta(x_0,y_0),(x_0,y_0)\in G\},$$

这时，解 $y=\varphi(x,x_0,y_0)$作为 x,x_0,y_0 的函数在 Ω 上有定义. 下面证它在 Ω 上是连续的.

任给$(\bar{x},\bar{x}_0,\bar{y}_0)\in\Omega$，解 $y=\varphi(x,\bar{x}_0,\bar{y}_0)$作为 x 的函数，它的最大存在区间(为开区间)必包含$\bar{x},\bar{x}_0$. 所以存在某闭区间 $a\leqslant x\leqslant b$，使 $a<\bar{x},\bar{x}_0<b$，且 $\varphi(x,\bar{x}_0,\bar{y}_0)$

在其上有定义. 根据定理 3.4.1,存在 $\delta>0$,使 $\varphi(x,x_0,y_0)$ 在闭域

$$\overline{V}: a\leqslant x\leqslant b,\quad a\leqslant x_0\leqslant b,\quad |y_0-\varphi(x,\bar{x}_0,\bar{y}_0)|\leqslant\delta$$

上连续,而点 $(\bar{x},\bar{x}_0,\bar{y}_0)\in\overline{V}$,则 $\varphi(x,x_0,y_0)$ 在点 $(\bar{x},\bar{x}_0,\bar{y}_0)$ 处连续,再注意到 $(\bar{x},\bar{x}_0,\bar{y}_0)\in\Omega$ 的任意性,故推论 3.4.2 得证. □

习题 3.4

1. 试求下列方程以 (x_0,y_0) 为初值的解,并讨论解对初值的连续依赖性:

(1) $\dfrac{\mathrm{d}y}{\mathrm{d}x}=3y+\mathrm{e}^x$;　　(2) $\dfrac{\mathrm{d}y}{\mathrm{d}x}=3x^2\mathrm{e}^y$.

2. 设 $y=\varphi_n(x)$ 是方程 $\dfrac{\mathrm{d}y}{\mathrm{d}x}=1+y^2$ 的解,且满足 $\varphi_n\left(\dfrac{1}{n}\right)=\dfrac{1}{n^2}$,$n$ 为正整数. 试证对任给的 $\varepsilon>0$,存在 N 使当 $n>N$ 时,$\varphi_n(x)$ 在闭区间 $\left[-\dfrac{\pi}{2}+\varepsilon,\dfrac{\pi}{2}-\varepsilon\right]$ 上有定义,且在此区间上有下述不等式成立:$|\varphi_n(x)-\tan x|<\varepsilon$.

3.5 解对初值的可微性

对于初值问题

$$\begin{cases}\dfrac{\mathrm{d}y}{\mathrm{d}x}=f(x,y), & (3.5.1)\\ y(x_0)=y_0, & (3.5.2)\end{cases}$$

我们还需要考虑它的解 $y=\varphi(x,x_0,y_0)$ 对初值 x_0,y_0 是否可微的问题. 为此,先介绍一个在微分方程理论研究中很有用的不等式.

贝尔曼(Bellman)引理(贝尔曼不等式)　设 $u(x),v(x)$ 满足条件:

(1) 它们是区间 $[a,b]$ 上的非负连续函数;

(2) 存在常数 $M\geqslant0,K\geqslant0$,使当 $x\in[a,b]$ 时,有

$$u(x)\leqslant M+K\int_a^x u(\tau)v(\tau)\mathrm{d}\tau.$$

则当 $x\in[a,b]$ 时,有

$$u(x)\leqslant M\mathrm{e}^{K\int_a^x v(\tau)\mathrm{d}\tau}. \tag{3.5.3}$$

证明　先设 $M>0$. 令

$$g(x)=\int_a^x u(\tau)v(\tau)\mathrm{d}\tau,$$

由条件(1)知 $g(x)\geqslant0$,又由条件(2)有

$$u(x) \leqslant M + Kg(x) = M\left(1 + \frac{K}{M}g(x)\right). \tag{3.5.4}$$

因 $v(x) \geqslant 0$,则用 $v(x)$ 乘上式两端,得

$$u(x)v(x) \leqslant Mv(x)\left(1 + \frac{K}{M}g(x)\right),$$

即

$$\frac{\mathrm{d}g(x)}{\mathrm{d}x} \leqslant Mv(x)\left(1 + \frac{K}{M}g(x)\right).$$

因 $1 + \frac{K}{M}g(x) > 0$,则有

$$\frac{\mathrm{d}g(x)}{\left(1 + \frac{K}{M}g(x)\right)\mathrm{d}x} \leqslant Mv(x),$$

从 a 到 x 积分之,并注意到 $g(a) = 0$,得

$$\ln\left(1 + \frac{K}{M}g(x)\right) \leqslant K\int_a^x v(\tau)\,\mathrm{d}\tau,$$

即

$$1 + \frac{K}{M}g(x) \leqslant \mathrm{e}^{K\int_a^x v(\tau)\mathrm{d}\tau},$$

故由式(3.5.4)知

$$u(x) \leqslant M\left(1 + \frac{K}{M}g(x)\right) \leqslant M\mathrm{e}^{K\int_a^x v(\tau)\mathrm{d}\tau},$$

此即所证的式(3.5.3).

再设 $M = 0$. 由条件(2)有

$$u(x) \leqslant K\int_a^x u(\tau)v(\tau)\,\mathrm{d}\tau,$$

于是,对任一 $\varepsilon > 0$,有

$$u(x) \leqslant \varepsilon + K\int_a^x u(\tau)v(\tau)\,\mathrm{d}\tau.$$

则根据上面已经证明的结果,应有

$$u(x) \leqslant \varepsilon\mathrm{e}^{K\int_a^x v(\tau)\mathrm{d}\tau},$$

因 $\varepsilon > 0$ 可以任意小,故必有

$$u(x) = 0,$$

即式(3.5.3)也成立. 引理得证. □

定理 3.5.1　对方程(3.5.1),若满足条件:

(1) $f(x,y)$在区域 G 内连续;

(2) $f'_y(x,y)$在 G 内连续.

则初值问题(3.5.1)、(3.5.2)的解 $y=\varphi(x,x_0,y_0)$ 作为 x,x_0,y_0 的函数，在它的存在范围内是连续可微的.

证明 根据推论 3.4.2 知，解 $y=\varphi(x,x_0,y_0)$ 在它的存在范围 Ω 内是连续的. 下面证明

① $\dfrac{\partial\varphi(x,x_0,y_0)}{\partial x}$ 在 Ω 内存在且连续；

② $\dfrac{\partial\varphi(x,x_0,y_0)}{\partial y_0}$ 在 Ω 内存在且连续；

③ $\dfrac{\partial\varphi(x,x_0,y_0)}{\partial x_0}$ 在 Ω 内存在且连续.

首先证明①，因 $\varphi(x,x_0,y_0)$ 是方程(3.5.1)的解，则有

$$\frac{\partial\varphi(x,x_0,y_0)}{\partial x}\equiv f(x,\varphi(x,x_0,y_0)),\tag{3.5.5}$$

即 $\dfrac{\partial\varphi(x,x_0,y_0)}{\partial x}$ 在 Ω 内存在. 又根据条件(1)和 $\varphi(x,x_0,y_0)$ 的连续性知，它在 Ω 内连续.

其次证明②. 依据推论 3.4.2 中所用的相仿的推理，对任给的 $(\bar{x},\bar{x}_0,\bar{y}_0)\in\Omega$，只需证明 $\dfrac{\partial\varphi(x,x_0,y_0)}{\partial y_0}$ 在包含点 $(\bar{x},\bar{x}_0,\bar{y}_0)$ 的闭域.

$$\overline{V}:a\leqslant x\leqslant b,\quad a\leqslant x_0\leqslant b,\quad |y_0-\varphi(x,\bar{x}_0,\bar{y}_0)|\leqslant\delta$$

内存在且连续，此处解 $y=\varphi(x,\bar{x}_0,\bar{y}_0)$ 在 $a\leqslant x\leqslant b$ 上有定义.

设 $(x,x_0,y_0)\in\overline{V}$，$(x,x_0,y_0+\Delta y_0)\in\overline{V}$. 现在我们从偏导数的定义出发，设法证明当 $\Delta y_0\to 0$ 时，差商

$$\frac{\Delta\varphi}{\Delta y_0}=\frac{\varphi(x,x_0,y_0+\Delta y_0)-\varphi(x,x_0,y_0)}{\Delta y_0}\tag{3.5.6}$$

的极限存在且在 $\overline{V}$ 上连续，为此，我们形式地将式(3.5.5)两端对 y_0 求偏导数，并交换左端求导次序，得到

$$\frac{\partial}{\partial x}\left(\frac{\partial\varphi(x,x_0,y_0)}{\partial y_0}\right)=f'_y(x,\varphi(x,x_0,y_0))\frac{\partial\varphi(x,x_0,y_0)}{\partial y_0},$$

这说明，如果式(3.5.6)的极限存在，则它应当是一阶线性方程

$$\frac{\mathrm{d}z}{\mathrm{d}x}=f'_y(x,\varphi(x,x_0,y_0))z\tag{3.5.7}$$

的解. 由于

$$\varphi(x_0,x_0,y_0+\Delta y_0)=y_0+\Delta y_0,\quad \varphi(x_0,x_0,y_0)=y_0,$$

因此，对任何 $\Delta y_0\neq 0$，有

$$\left.\frac{\Delta\varphi}{\Delta y_0}\right|_{x=x_0}=1.$$

这表明，式(3.5.6)的极限作为方程(3.5.7)的解还应当满足初始条件

$$z(x_0)=1. \tag{3.5.8}$$

根据上面的分析，以下证明：当 $\Delta y_0\to 0$ 时，差商(3.5.6)的极限存在，且恰好是初值问题

$$\begin{cases}\dfrac{\mathrm{d}z}{\mathrm{d}x}=f'_y(x,\varphi(x,x_0,y_0))z,\\ z(x_0)=1\end{cases}$$

的解 $z(x,x_0,1)$，即

$$\lim_{\Delta y_0\to 0}\frac{\Delta\varphi}{\Delta y_0}=z(x,x_0,1).$$

根据条件(2)及 $\varphi(x,x_0,y_0)$ 的连续性，上述线性方程的初值问题的解 $z(x,x_0,1)$ 在 $\overline{V}$ 上连续，且

$$z(x,x_0,1)=1+\int_{x_0}^{x}f'_y(\tau,\varphi(\tau,x_0,y_0))z(\tau,x_0,1)\mathrm{d}\tau. \tag{3.5.9}$$

又因

$$\varphi(x,x_0,y_0+\Delta y_0)=(y_0+\Delta y_0)+\int_{x_0}^{x}f(\tau,\varphi(\tau,x_0,y_0+\Delta y_0))\mathrm{d}\tau,$$

$$\varphi(x,x_0,y_0)=y_0+\int_{x_0}^{x}f(\tau,\varphi(\tau,x_0,y_0))\mathrm{d}\tau,$$

两式相减，得

$$\begin{aligned}\Delta\varphi&=\varphi(x,x_0,y_0+\Delta y_0)-\varphi(x,x_0,y_0)\\&=\Delta y_0+\int_{x_0}^{x}\{f(\tau,\varphi(\tau,x_0,y_0+\Delta y_0))-f(\tau,\varphi(\tau,x_0,y_0))\}\mathrm{d}\tau\\&=\Delta y_0+\int_{x_0}^{x}f'_y(\tau,\varphi(\tau,x_0,y_0)+\theta\Delta\varphi)\Delta\varphi\mathrm{d}\tau,\end{aligned}$$

其中 $0<\theta<1$. 由条件(2)及 $\varphi(x,x_0,y_0+\Delta y_0)$，$\varphi(x,x_0,y_0)$ 的连续性，有

$$f'_y(x,\varphi(x,x_0,y_0)+\theta\Delta\varphi)=f'_y(x,\varphi(x,x_0,y_0))+r.$$

其中 r 为 $x,x_0,y_0,\Delta y_0$ 的函数，且对 $a\leqslant x\leqslant b$ 一致地有

$$\lim_{\Delta y_0\to 0}r=0. \tag{3.5.10}$$

于是有

$$\frac{\Delta\varphi}{\Delta y_0}=1+\int_{x_0}^{x}\{f'_y(\tau,\varphi(\tau,x_0,y_0))+r\}\frac{\Delta\varphi}{\Delta y_0}\mathrm{d}\tau. \tag{3.5.11}$$

令

$$u=\frac{\Delta\varphi}{\Delta y_0}-z,$$

若能证明

$$\lim_{\Delta y_0\to 0}u=0,$$

则②得证.

由式(3.5.9)及(3.5.11),得

$$\frac{\Delta\varphi}{\Delta y_0}-z=\int_{x_0}^{x}\left\{[f'_y(\tau,\varphi(\tau,x_0,y_0))+r]\cdot\left(\frac{\Delta\varphi}{\Delta y_0}-z\right)+rz\right\}\mathrm{d}\tau.$$

从而当 $x_0\leqslant x\leqslant b$ 时,有

$$|u|\leqslant\int_{x_0}^{x}\{[|f'_y(\tau,\varphi(\tau,x_0,y_0))|+|r|]\cdot|u|+|r||z|\}\mathrm{d}\tau.$$

注意到 f'_y 及解 z 在 $a\leqslant x\leqslant b$ 上连续,因而存在常数 $k>0$ 和 $l>0$,使得 $|f'_y|\leqslant k$, $|z|\leqslant l$;又由式(3.5.10)知,对任给 $\varepsilon>0$,存在 $\eta>0$,当 $|\Delta y_0|<\eta$ 时,有 $|r|<\varepsilon$.

由此,当 $x_0\leqslant x\leqslant b$, $|\Delta y_0|<\eta$ 时,可得

$$|u|\leqslant\int_{x_0}^{x}[(k+\varepsilon)|u|+\varepsilon l]\mathrm{d}\tau\leqslant\varepsilon l(b-a)+(k+\varepsilon)\int_{x_0}^{x}|u|\,\mathrm{d}\tau.$$

根据贝尔曼不等式,当 $x_0\leqslant x\leqslant b$, $|\Delta y_0|<\eta$ 时,有

$$|u|\leqslant\varepsilon l(b-a)\mathrm{e}^{(k+\varepsilon)(x-x_0)}\leqslant\varepsilon l(b-a)\mathrm{e}^{(k+\varepsilon)(b-a)}.\tag{3.5.12}$$

同理可证:当 $a\leqslant x\leqslant x_0$, $|\Delta y_0|<\eta$ 时,式(3.5.12)也成立.因此,当 $\Delta y_0\to 0$ 时,对 $a\leqslant x\leqslant b$,一致地有 $u\to 0$,即 $\frac{\Delta\varphi}{\Delta y_0}\to z$.这表明 $\frac{\partial\varphi(x,x_0,y_0)}{\partial y_0}$ 存在且等于 $z(x,x_0,1)$,而 $z(x,x_0,1)$ 在 $\overline{V}$ 上连续,故②得证.

最后证明③.与证②类似,可以证明③成立,且可知 $\frac{\partial\varphi(x,x_0,y_0)}{\partial x_0}$ 仍是线性方程(3.5.7)的解.但它所满足的初始条件却为

$$z(x_0)=-f(x_0,y_0).\tag{3.5.13}$$

事实上,当 $x=x_0$ 时,

$$\begin{aligned}\left.\frac{\Delta\varphi}{\Delta x_0}\right|_{x=x_0}&=\frac{\varphi(x_0,x_0+\Delta x_0,y_0)-\varphi(x_0,x_0,y_0)}{\Delta x_0}\\&=\frac{\varphi(x_0,x_0+\Delta x_0,y_0)}{\Delta x_0}-\frac{\varphi(x_0+\Delta x_0,x_0+\Delta x_0,y_0)}{\Delta x_0}\\&=-\frac{1}{\Delta x_0}\int_{x_0}^{x_0+\Delta x_0}\frac{\mathrm{d}\varphi(\tau,x_0+\Delta x_0,y_0)}{\mathrm{d}\tau}\mathrm{d}\tau\\&=-\frac{1}{\Delta x_0}\int_{x_0}^{x_0+\Delta x_0}f(\tau,\varphi(\tau,x_0+\Delta x_0,y_0))\mathrm{d}\tau.\end{aligned}$$

由于 φ 与 f 的连续性,当 $\Delta x_0\to 0$ 时,便得

$$\left.\frac{\partial\varphi(x,x_0,y_0)}{\partial x_0}\right|_{x=x_0}=-f(x_0,y_0).$$

定理证毕. □

【注】 我们把线性方程

$$\frac{\mathrm{d}z}{\mathrm{d}x}=f'_y(x,\varphi(x,x_0,y_0))z$$

称为方程

$$\frac{\mathrm{d}y}{\mathrm{d}x}=f(x,y)$$

的解 $\varphi(x,x_0,y_0)$关于初值的**变分方程**.

利用一阶线性方程的求解公式,从定理 3.5.1 的证明中,可得到解对初值的微商公式

$$\frac{\partial\varphi(x,x_0,y_0)}{\partial y_0}=\mathrm{e}^{\int_{x_0}^{x}f'_y(\tau,\varphi(\tau,x_0,y_0))\mathrm{d}\tau},\tag{3.5.14}$$

$$\frac{\partial\varphi(x,x_0,y_0)}{\partial x_0}=-f(x_0,y_0)\mathrm{e}^{\int_{x_0}^{x}f'_y(\tau,\varphi(\tau,x_0,y_0))\mathrm{d}\tau}.\tag{3.5.15}$$

例 3.5.1 设初值问题

$$\frac{\mathrm{d}y}{\mathrm{d}x}=\sin(xy),\quad y(x_0)=y_0$$

的解为 $y=\varphi(x,x_0,y_0)$,试求

$$\left.\frac{\partial\varphi(x,x_0,y_0)}{\partial y_0}\right|_{\substack{x_0=0\\y_0=0}},\quad\left.\frac{\partial\varphi(x,x_0,y_0)}{\partial x_0}\right|_{\substack{x_0=0\\y_0=0}}.$$

解 因 $f(x,y)=\sin(xy)$及$\dfrac{\partial f}{\partial y}=x\cos(xy)$均在 xOy 平面上连续,故满足定理 3.5.1 的条件. 又由观察知,$y=0$ 是此方程满足 $y(0)=0$ 的解,即 $\varphi(x,0,0)=0$. 于是由公式(3.5.14)及(3.5.15)得

$$\left.\frac{\partial\varphi(x,x_0,y_0)}{\partial y_0}\right|_{\substack{x_0=0\\y_0=0}}=\mathrm{e}^{\int_0^x\tau\cos(\tau\cdot 0)\mathrm{d}\tau}=\mathrm{e}^{\frac{1}{2}x^2},$$

$$\left.\frac{\partial\varphi(x,x_0,y_0)}{\partial x_0}\right|_{\substack{x_0=0\\y_0=0}}=-\sin0\cdot\mathrm{e}^{\int_0^x\tau\cos(\tau\cdot 0)\mathrm{d}\tau}=0.$$

习题 3.5

1. 设 $f(x,y)$关于 x 和 y 是连续可微的,且 $y=\varphi(x,x_0,y_0)$是初值问题

$$\begin{cases}\dfrac{\mathrm{d}y}{\mathrm{d}x}=f(x,y),\\ y(x_0)=y_0\end{cases}$$

的解.求证：$\frac{\partial\varphi(x,x_0,y_0)}{\partial x_0}+\frac{\partial\varphi(x,x_0,y_0)}{\partial y_0}f(x_0,y_0)\equiv 0$.

2. 设 $P(x)$在区间(α,β)内连续,试证方程

$$\frac{\mathrm{d}y}{\mathrm{d}x}+P(x)y=0$$

满足初始条件 $y(x_0)=y_0(\alpha<x_0<\beta)$的解 $y=\varphi(x,x_0,y_0)$关于 x,x_0,y_0 连续可微，并求出$\frac{\partial\varphi(x,x_0,y_0)}{\partial x_0},\frac{\partial\varphi(x,x_0,y_0)}{\partial y_0}$.

3. 设 $y=y(x,\lambda)$(λ 是实参数)是微分方程

$$\frac{\mathrm{d}y}{\mathrm{d}x}=\sin(xy)$$

满足初始条件 $y(0)=\lambda$ 的解.试证不等式

$$\frac{\partial y}{\partial\lambda}(x,\lambda)>0$$

对一切 x 和 λ 都成立.

3.6 一阶隐方程的奇解

在 3.2 节中我们讨论了一阶显方程 $y'=f(x,y)$的解的存在和唯一性,并引入了奇解的概念及求法.对于一阶隐方程

$$F(x,y,y')=0, \tag{3.6.1}$$

我们也可处理类似的问题.本节首先介绍方程(3.6.1)的解的存在与唯一性定理，然后着重讨论方程(3.6.1)的奇解的求法.

3.6.1 一阶隐方程解的存在与唯一性定理

在第 2 章有关一阶隐方程的求解讨论中可看出,由方程(3.6.1)所确定的 y'，可能不只一个,因此方程(3.6.1)的通过给定点(x_0,y_0)的积分曲线,一般来讲有若干条,因此,一阶隐方程(3.6.1)满足初始条件 $y(x_0)=y_0$ 的解的唯一性应当理解为：方程(3.6.1)的通过点(x_0,y_0)沿某一已给方向 y_0'的积分曲线不多于一条,也即方程(3.6.1)满足条件

$$y(x_0)=y_0,\quad y'(x_0)=y_0' \tag{3.6.2}$$

的解是唯一的,其中 y_0'是方程 $F(x_0,y_0,y')=0$ 的实根之一.

例如,考虑一阶隐方程

$$(y')^2-1=0, \tag{3.6.3}$$

解出 y',得到两个一阶显方程

$$y'=1,\quad y'=-1.$$

于是方程(3.6.3)的过点(x_0,y_0)的积分曲线有两条

$$y=x+(y_0-x_0)\quad 和\quad y=-x+(y_0+x_0).$$

但这两条积分曲线在(x_0,y_0)处具有不同的切线方向，即沿每一方向y_0'($y_0'=1$或$y_0'=-1$)的积分曲线只有一条，所以方程(3.6.3)满足初始条件$y(x_0)=y_0$的解是唯一的.

根据隐函数定理和毕卡定理可得定理 3.6.1.

定理 3.6.1　设方程(3.6.1)的左端函数$F(x,y,y')$满足：

(1) 在点(x_0,y_0,y_0')的某邻域内连续，且关于y,y'具有一阶连续偏导数；

(2) $F(x_0,y_0,y_0')=0$；

(3) $F_{y'}'(x_0,y_0,y_0')\neq 0$.

那么方程(3.6.1)存在唯一的满足条件(3.6.2)的定义在区间$[x_0-h,x_0+h]$上的解，其中h是某个充分小的正数.

证明　由定理条件并根据隐函数定理知：

(1) 方程(3.6.1)唯一确定一个定义在点(x_0,y_0)的某邻域G内的隐函数

$$y'=f(x,y),\tag{3.6.4}$$

满足$F(x,y,f(x,y))\equiv 0$，且$y_0'=f(x_0,y_0)$；

(2) $f(x,y)$在G内连续；

(3) $f_y'(x,y)=-\dfrac{F_y'(x,y,y')}{F_{y'}'(x,y,y')}$在$G$内连续.

于是根据毕卡定理的推论 3.2.2 知，方程(3.6.4)存在唯一的满足初始条件$y(x_0)=y_0$的解

$$y=\varphi(x),\quad x\in[x_0-h,x_0+h]$$

(h为某充分小的正数)，也即

$$\varphi'(x)\equiv f(x,\varphi(x)),\quad \varphi(x_0)=y_0.$$

把$y=\varphi(x)$代入方程(3.6.1)有

$$F(x,\varphi(x),\varphi'(x))\equiv F(x,\varphi(x),f(x,\varphi(x)))\equiv 0,$$

且有

$$\varphi'(x_0)\equiv f(x_0,\varphi(x_0))=f(x_0,y_0)=y_0'.$$

故$y=\varphi(x)$($x\in[x_0-h,x_0+h]$)是方程(3.6.1)满足条件(3.6.2)的唯一的解. □

通常情况下，一阶隐方程(3.6.1)的左端函数$F(x,y,y')$是三元初等函数，因此上述定理中的条件(1)和(2)是自然需要满足的. 因此，方程(3.6.1)的解的唯一性不成立往往源于条件(3)未被满足，而当解的唯一性不成立时，往往会出现奇解.

下面，我们介绍求一阶隐方程(3.6.1)的奇解的两种常用的方法.

3.6.2 p-判别曲线法

由前述解的存在唯一性定理可知，如果 $F(x,y,y')$，$F'_y(x,y,y')$，$F'_{y'}(x,y,y')$ 连续，则在 $F'_{y'}(x,y,y')=0$ 处，解的唯一性可能不成立，从而方程(3.6.1)可能有奇解产生.

定义 3.6.1 设 $y=\varphi(x)$ 是方程(3.6.1)的解，如果对曲线 $y=\varphi(x)$ 上任一点 $M(x,\varphi(x))$，在 M 点的某邻域内方程(3.6.1)有一条不同于 $y=\varphi(x)$ 的积分曲线与 $y=\varphi(x)$ 相切于 M 点，则称 $y=\varphi(x)$ 是方程(3.6.1)的一个奇解.

若方程(3.6.1)有奇解，则它必同时满足两方程

$$F(x,y,y')=0,\quad F'_{y'}(x,y,y')=0.$$

现记 $y'=p$，由方程组

$$\begin{cases}F(x,y,p)=0,\\ F'_p(x,y,p)=0\end{cases}\tag{3.6.5}$$

所确定的曲线(其中 p 为参数)，称为方程(3.6.1)的 **p-判别曲线**. 显然方程(3.6.1)的奇解必包含在 p-判别曲线中，但 p-判别曲线却不一定是方程(3.6.1)的奇解. 若经验证，由式(3.6.5)确定的某条 p-判别曲线是方程(3.6.1)的解，且过该曲线上各点至少有方程(3.6.1)的另外一条积分曲线与该 p-判别曲线相切于该点，则这条 p-判别曲线是方程(3.6.1)的奇解.

例 3.6.1 讨论方程

$$y=2xy'-(y')^2\tag{3.6.6}$$

是否有奇解.

解 这里可取 $F(x,y,p)=2xp-p^2-y$，由

$$\begin{cases}2xp-p^2-y=0,\\ 2x-2p=0\end{cases}$$

消去 p，得 p-判别曲线 $y=x^2$. 容易验证 $y=x^2$ 不是方程(3.6.6)的解，故此方程无奇解. □

例 3.6.2 讨论方程

$$\left(\frac{\mathrm{d}y}{\mathrm{d}x}\right)^2-y^3=0\tag{3.6.7}$$

是否有奇解.

解 这里 $F(x,y,p)=p^2-y^3$，由

$$\begin{cases}p^2-y^3=0,\\ 2p=0\end{cases}$$

消去 p，得到 p-判别曲线 $y=0$. 容易验证知 $y=0$ 是方程(3.6.7)的解. 可求得方程(3.6.7)的通解为

$$y=\frac{4}{(x+c)^2}.$$

显然，积分曲线族中任何一条曲线均不与积分曲线 $y=0$ 相交，也即在 $y=0$ 上任一点处，解的唯一性成立，故 $y=0$ 是方程(3.6.7)的解但不是奇解. 所以该方程无奇解. □

例 3.6.3 讨论方程

$$(y')^2+y^2-1=0 \tag{3.6.8}$$

是否有奇解.

解 这里 $F(x,y,p)=p^2+y^2-1$，由

$$\begin{cases}p^2+y^2-1=0,\\ 2p=0.\end{cases}$$

消去 p，得到 p-判别曲线 $y=\pm 1$. 容易验证它们都是方程(3.6.8)的解. 可求得(3.6.8)的通解为

$$y=\sin(x+c).$$

对于 $y=1$ 上任一点 $(x_0,1)$，方程(3.6.8)的积分曲线

$$y=\sin\left(x+\frac{\pi}{2}-x_0\right)=\cos(x-x_0)$$

与 $y=1$ 相切于该点，故 $y=1$ 是方程(3.6.8)的奇解.

同理可验证 $y=-1$ 也是方程(3.6.8)的奇解. □

3.6.3 c-判别曲线法

例 3.6.3 中，在奇解 $y=1$(或 $y=-1$)上每一点处，均有通解 $y=\sin(x+c)$ 中的一条积分曲线和它在此点相切. 在几何上，称直线 $y=1$(或 $y=-1$)为曲线族 $y=\sin(x+c)$ 的包络.

定义 3.6.2 设给定单参数 c 的曲线族

$$V(x,y,c)=0, \tag{3.6.9}$$

其中 $V(x,y,c)$ 关于 $(x,y,c)\in D$ 是连续可微的. 若有一条连续可微的曲线 Γ，对于其上任一点 q，在曲线族(3.6.9)中均有一条曲线和 Γ 相切于 q 点，且此曲线在 q 点的任意邻域内不同于 Γ，则称曲线 Γ 是曲线族(3.6.9)的**包络**.

注意，并不是任何一个单参数平面曲线族均有包络，例如同心圆族 $x^2+y^2=c$ ($c>0$ 为参数)就没有包络.

由奇解和包络的定义，可得如下结论：方程(3.6.1)的积分曲线族的包络是方

程(3.6.1)的奇解；反之，方程(3.6.1)的奇解是方程(3.6.1)的积分曲线族的包络.因此，求方程(3.6.1)的奇解的问题可归结为求方程(3.6.1)的积分曲线族的包络.

定理 3.6.2 设Γ是曲线族(3.6.9)的包络，则Γ是由方程组

$$\begin{cases}V(x,y,c)=0,\\ V'_c(x,y,c)=0\end{cases}\tag{3.6.10}$$

所确定的曲线中的一条.

证明 由定义 3.6.2，可视Γ上的点的坐标x,y为方程(3.6.9)中参数c的函数，于是可设Γ具有如下参数形式的方程

$$\Gamma:\ x=x(c),\quad y=y(c)\quad (c\in I).$$

因参数c对应的点在曲线$V(x,y,c)=0$上，则有

$$V(x(c),y(c),c)\equiv 0\quad (c\in I).\tag{3.6.11}$$

因为包络是连续可微的，所以我们不妨设$x(c)$和$y(c)$关于c也是连续可微的，于是由式(3.6.11)对c求导，得

$$\begin{aligned}&V'_x(x(c),y(c),c)\cdot x'(c)+V'_y(x(c),y(c),c)\cdot y'(c)\\&+V'_c(x(c),y(c),c)\equiv 0\quad (c\in I).\end{aligned}\tag{3.6.12}$$

对任一参数$c\in I$，由于曲线Γ与曲线族(3.6.9)中曲线$V(x,y,c)=0$相切于点$(x(c),y(c))$，故有

$$\frac{y'(c)}{x'(c)}=-\frac{V'_x(x(c),y(c),c)}{V'_y(x(c),y(c),c)},$$

代入式(3.6.12)，得

$$V'_c(x,y,c)=0.$$

故Γ上各点满足方程组(3.6.10)，定理 3.6.2 由此得证. □

由方程组(3.6.10)所确定的曲线(其中c为参数)，称为曲线族(3.6.9)的 **c-判别曲线**.

曲线族(3.6.9)可能有一条或几条c-判别曲线.定理 3.6.2 表明，曲线族(3.6.9)的包络(若存在的话)必定是由方程组(3.6.10)确定的某条c-判别曲线，但c-判别曲线不一定是包络.下面给出一个判定c-判别曲线中的某一支为包络的充分条件.

定理 3.6.3 设曲线族(3.6.9)的c-判别曲线

$$\Gamma:\ x=x(c),y=y(c)\quad (c\in I)$$

连续可微，且沿着曲线Γ，有

$$(V'_x)^2+(V'_y)^2\neq 0.\tag{3.6.13}$$

则曲线 Γ 是曲线族(3.6.9)的包络.

证明　在 Γ 上任取点 $(x(c),y(c))$,则有

$$\begin{cases} V(x(c),y(c),c)=0, \\ V'_c(x(c),y(c),c)=0. \end{cases}$$

再由式(3.6.12)知

$$V'_x(x(c),y(c),c)\cdot x'(c)+V'_y(x(c),y(c),c)\cdot y'(c)=0,$$

由式(3.6.13)知,沿着 Γ,V'_x 和 V'_y 不同时为零,不妨设 $V'_y\neq 0$,则有

$$\frac{y'(c)}{x'(c)}=-\frac{V'_x(x(c),y(c),c)}{V'_y(x(c),y(c),c)},$$

于是,曲线 Γ 与曲线族(3.6.9)中的曲线 $V(x,y,c)=0$ 在点 $(x(c),y(c))$ 处相切. 故曲线 Γ 是曲线族的包络. □

例 3.6.4　求方程

$$x-y=\frac{4}{9}(y')^2-\frac{8}{27}(y')^3 \tag{3.6.14}$$

的奇解.

解　此为易解出 y 的方程. 可求得方程(3.6.14)的通解为

$$\phi(x,y,c)=(y-c)^2-(x-c)^3=0.$$

由

$$\begin{cases} (y-c)^2-(x-c)^3=0, \\ -2(y-c)+3(x-c)^2=0 \end{cases}$$

可解得 c-判别曲线为

$$\Gamma_1: x=c,\quad y=c\quad (-\infty<c<+\infty),$$

$$\Gamma_2: x=c+\frac{4}{9},\quad y=c+\frac{8}{27}\quad (-\infty<c<+\infty).$$

消去 c,得

$$\Gamma_1: y=x;\quad \Gamma_2: y=x-\frac{4}{27}.$$

易验证知 $y=x$ 不是方程(3.6.14)的解,故 $y=x$ 不是方程(3.6.14)的奇解.

对于曲线 Γ_2,由于

$$\phi'_y(x(c),y(c),c)=2(y-c)\Big|_{\substack{x=c+\frac{9}{4}\\ y=c+\frac{8}{27}}}=\frac{16}{27}\neq 0,$$

于是,由定理 3.6.3 知,$y=x-\dfrac{4}{27}$ 是方程(3.6.14)的奇解. □

习题 3.6

1. 求下列方程的奇解：

(1) $y^2(1+(y')^2)=a^2(a>0)$；

(2) $x=y-(y')^2$；

(3) $y-xy'-\sqrt{1+(y')^2}=0$；

(4) $(y')^2+(x+1)y'-y=0$

(5) $(3y-1)^2(y')^2=4y$；

(6) $y=2xy'+x^2(y')^4$.

2. 求下列曲线族所满足的微分方程，并求相应微分方程的奇解.

(1) $y=\frac{1}{2}x^2+cx+c^2$；

(2) $c^2y+cx^2-1=0$；

(3) $(x-c)^2+(y-c)^2=4$；

(4) $(x-c)^2+y^2=4c$.

3. 试证克莱洛方程 $y=xy'+\psi(y')$ 有奇解，其中 $\psi''(\cdot)\neq0$.

第4章 高阶微分方程

4.1 高阶微分方程

4.1.1 引论

在第 2,3 章中,我们讨论了一阶微分方程. 在实际应用中,还常常遇到高阶微分方程. 例如在第 1 章中所得到的关于自由落体运动的微分方程 $s''(t)=-g$ 就是一个二阶微分方程. 下面我们再看几个实例.

例 4.1.1 单摆运动

一个质量为 m 的小球 M,用长为 l 的细线把它悬挂在某固定点 O(如图 4.1). 它在重力作用下,于垂直于地面的平面(称铅垂平面)内,沿一圆弧往复摆动. 这就构成一个单摆,小球 M 称为摆球. 若忽略空气的阻力,试求摆球的运动规律.

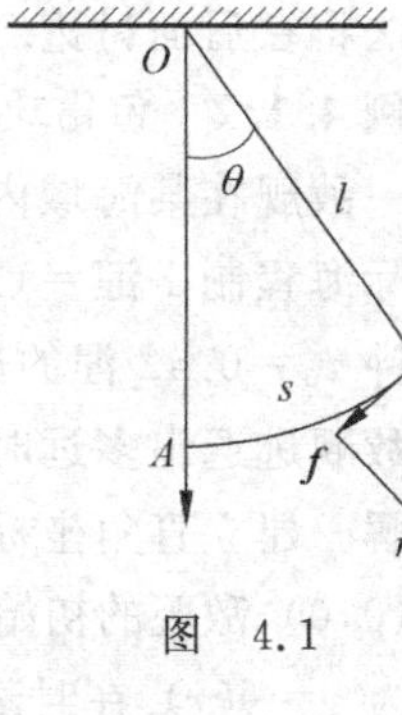

图 4.1

解 在铅垂平面内,建立极坐标系,取 O 为极点,以摆线的平衡位置所在的铅垂线 OA 为极轴,摆线与 OA 的夹角为 θ,且规定逆时针方向为正. 设细线的长度不变,于是,摆球在时刻 t 的位置,可用 $\theta(t)$ 来表示. 因摆球 M 沿圆弧运动时,相对平衡位置 A 的位移为 $s=l\theta$,因此,它的切向速度 $v=l\dfrac{\mathrm{d}\theta}{\mathrm{d}t}$,切向加速度 $a=l\dfrac{\mathrm{d}^2\theta}{\mathrm{d}t^2}$. 而使摆球 M 沿圆弧运动的力,是作用在 M 上的重力 $m\boldsymbol{g}$ 在切线方向的分量 $\boldsymbol{f}$,因 $\boldsymbol{f}$ 总使 M 向平衡位置 A 运动,即当角 θ 为正时,向 θ 减小的方向运动; 当角 θ 为负时,向角 θ 增加的方向运动,所以 $f=-mg\sin\theta$. 由于不计空气的阻力,根据牛顿第二定律,得到

$$ml\ \frac{\mathrm{d}^2\theta}{\mathrm{d}t^2} = -\ mg\sin\theta.$$

即得摆球的运动方程为

$$\frac{\mathrm{d}^2\theta}{\mathrm{d}t^2} + \frac{g}{l}\sin\theta = 0. \tag{4.1.1}$$

这是一个二阶非线性微分方程.显然摆球的运动规律还依赖于它的初始状态,即初始位置及初始角速度:

$$\theta(0) = \theta_0, \theta'(0) = \omega_0. \tag{4.1.2}$$

于是,求解摆球运动规律的问题,就归结为求解微分方程(4.1.1)满足初始条件(4.1.2)的函数 $\theta=\theta(t)$ 的问题.

当研究摆球的微小振动时,即当 θ 比较小时$\left(\text{实际中只要求} |\theta| < \frac{\pi}{6}\right)$,由于 $\sin\theta \approx \theta$,故微分方程(4.1.1)可近似地表示为

$$\frac{\mathrm{d}^2\theta}{\mathrm{d}t^2} + \frac{g}{l}\theta = 0. \tag{4.1.3}$$

这是一个二阶线性微分方程. □

我们称微分方程(4.1.3)为非线性微分方程(4.1.1)的**线性化方程**.需要注意的是:将复杂的非线性方程作线性化处理,在一定的范围内求得原问题的近似规律,这是一种重要的数学思想.由微分方程(4.1.3)求得的满足初始条件(4.1.2)的解 $\theta=\theta(t)$,可近似地反映单摆振动的规律.关于微分方程(4.1.1)和(4.1.3)的求解方法将在后面讨论.

例 4.1.2 鱼雷攻击问题

一敌舰在某海域内沿正北方向航行时,我方战舰位于敌舰的正西方向 1 浬(按照国际海程制 1 浬=1.853 公里)处,我舰发现敌舰后立刻发射制导鱼雷.敌舰以每分钟 $v_0=0.42$ 浬的速度逃逸,鱼雷始终指向敌舰,追击速度为敌舰速度的 2 倍.试问敌舰逃逸出多远时将被击毁?

解 建立直角坐标系(如图 4.2).我舰的初始位置为点 $A(0,0)$,敌舰的初始位置为点 $B(1,0)$.设鱼雷运动轨迹方程为 $y=y(x)$.在时刻 t,鱼雷的位置是 $P(x,y)$,敌舰的位置是 $Q(1,vt)$.由题意,Q 点位于运动轨迹 $y=y(x)$ 过点 P 的切线上.该切线的方程是

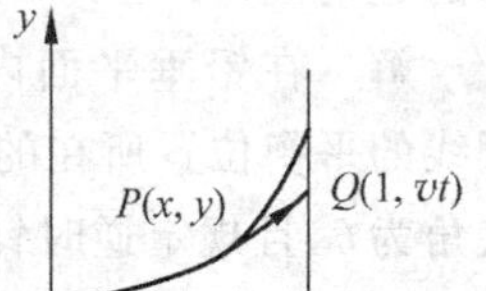

图 4.2

$$vt - y = y'(1-x),$$

即

$$vt = y + (1-x)y'.$$

另一方面,鱼雷在时间间隔$[0,t]$已走过的距离为

$$2vt = \int_0^x \sqrt{1+(y')^2}\,\mathrm{d}x.$$

因此有关系式

$$2[y+(1-x)y'] = \int_0^x \sqrt{1+(y')^2}\,\mathrm{d}x.$$

上式两端对 x 求导，得到鱼雷运动轨迹所满足的关系式

$$2(1-x)y'' = \sqrt{1+(y')^2},\quad 0 < x < 1. \tag{4.1.4}$$

鱼雷运动轨迹还受到初始条件的制约：

$$y(0) = 0,\quad y'(0) = 0. \tag{4.1.5}$$

于是，求鱼雷运动轨迹的问题，就归结为求微分方程(4.1.4)满足初始条件(4.1.5)的函数 $y=y(x)$ 的问题. 方程(4.1.4)是二阶非线性微分方程. □

高阶微分方程可分为两大类：线性微分方程和非线性微分方程. 这是性质不同的两类方程，但其间又有着紧密的联系.

n 阶微分方程的一般形式为

$$F(x,y,y',\cdots,y^{(n)}) = 0. \tag{4.1.6}$$

n 阶显式微分方程的一般形式为

$$y^{(n)} = f(x,y,y',\cdots,y^{(n-1)}). \tag{4.1.7}$$

n 阶线性微分方程的一般形式为

$$a_0(x)y^{(n)} + a_1(x)y^{(n-1)} + \cdots + a_{n-1}(x)y' + a_n(x)y = g(x).$$

在 $a_0(x)\neq 0$ 的区间 $[a,b]$ 上可以写成

$$y^{(n)} + p_1(x)y^{(n-1)} + \cdots + p_{n-1}(x)y' + p_n(x)y = q(x). \tag{4.1.8}$$

称微分方程(4.1.8)为**正规形 n 阶线性微分方程**.

与一阶微分方程的初值问题相类似，对于高阶微分方程(4.1.7)同样需要考虑在什么条件下，它满足初始条件

$$y(x_0) = y_0,\ y'(x_0) = y'_0,\cdots,y^{(n-1)}(x_0) = y_0^{(n-1)} \tag{4.1.9}$$

的解存在并且唯一？其中 $y_0,y_0',\cdots,y_0^{(n-1)}$ 为给定的实数.

作为进一步讨论的理论基础，我们先给出解的存在唯一性定理.

定理 4.1.1　设微分方程(4.1.7)的右端函数 $f(x,y,y',\cdots,y^{(n-1)})$ 在 $n+1$ 维空间 $(x,y,y',\cdots,y^{(n-1)})$ 中的区域 G 内满足：①连续；②关于变量 $y,y',\cdots,y^{(n-1)}$ 存在连续的偏导数. 则对于 G 内任一点 $p_0(x_0,y_0,y_0',\cdots,y_0^{(n-1)})$，初值问题(4.1.7)、(4.1.9)存在唯一的定义在含 x_0 的某区间上的解. □

定理 4.1.1 只肯定了高阶微分方程(4.1.7)的解在包含 x_0 的某区间上存在，故它是一个局部性的结果. 然而，对高阶线性微分方程来说，与一阶线性微分方程一样，可得到初值问题解的存在唯一性的全局性结果. 即

定理 4.1.2　设 n 阶线性微分方程(4.1.8)中的 $p_i(x)(i=1,2,\cdots,n)$ 及 $q(x)$ 在区间 $[a,b]$ 上连续，则对任意给定的 $x_0\in[a,b]$ 及 $y_0,y_0',\cdots,y_0^{(n-1)}$，初值问

题(4.1.8)、(4.1.9)存在唯一的定义在整个区间$[a,b]$上的解. □

这两个定理将是下一章中有关定理的推论.

在本章中,先介绍高阶微分方程的几种可降阶的类型,然后着重讨论高阶线性微分方程.这是因为线性微分方程比较简单,理论比较完整和成熟,并可作为研究非线性微分方程的基础;许多实际问题常可用线性微分方程或通过线性化处理简化为线性微分方程来描述,因而它在自然科学和工程技术等方面有着广泛的应用.

4.1.2 高阶微分方程的降阶法

一般的高阶微分方程没有普遍的解法,处理问题的基本原则是选用适当的变换,将高阶微分方程的阶数降低.一般来说,低阶微分方程的求解比高阶微分方程的求解容易一些,这与代数中将高次代数方程化为较低次代数方程来求解的思想是一致的.本节将介绍几类最常见的可降阶的高阶微分方程的类型.

类型Ⅰ 不显含未知函数 y 及 $y',\cdots,y^{(k-1)}$ 的微分方程

$$F(x,y^{(k)},y^{(k+1)},\cdots,y^{(n)})=0. \tag{4.1.10}$$

在这种情况下,可作变换

$$y^{(k)}=p(x).$$

则微分方程(4.1.10)转化为关于新未知函数 $p(x)$的 $n-k$ 阶微分方程

$$F(x,p,p',\cdots,p^{(n-k)})=0. \tag{4.1.11}$$

如果我们能求得微分方程(4.1.11)的通解

$$p(x)=p(x,c_1,c_2,\cdots,c_{n-k}),$$

即
$$y^{(k)}=p(x,c_1,c_2,\cdots,c_{n-k}),$$

上式两端对 x 积分 k 次,就可得到原微分方程(4.1.10)的通解.特别地,若二阶微分方程不显含 y,利用变换 $y'=p(x)$,可将它转化为一阶微分方程,从而可利用第2章介绍的方法求解.

例 4.1.3 求微分方程 $y'''=e^{2x}-\cos x$ 的通解.

解 对所给微分方程连续积分三次,依次得到

$$y''=\frac{1}{2}e^{2x}-\sin x+c_1,$$

$$y'=\frac{1}{4}e^{2x}+\cos x+c_1x+c_2,$$

从而所求微分方程的通解为

$$y=\frac{1}{8}e^{2x}+\sin x+\frac{1}{2}c_1x^2+c_2x+c_3,$$

其中 c_1,c_2,c_3 为任意常数. □

例 4.1.4 求解微分方程 $y^{(4)}-y^{(3)}=\sin x$.

解　令 $y^{(3)}=p(x)$，则原微分方程化为

$$\frac{\mathrm{d}p}{\mathrm{d}x}-p=\sin x.$$

这是一阶线性非齐次微分方程，可求得其通解为

$$p(x)=c_1\mathrm{e}^x-\frac{1}{2}(\sin x+\cos x).$$

由 $y^{(3)}=p(x)$ 可知，将上式对 x 积分三次，即可得原微分方程的通解

$$y=c_1\mathrm{e}^x+\frac{1}{2}(\sin x-\cos x)+c_2x^2+c_3x+c_4,$$

其中 c_1,c_2,c_3,c_4 为任意常数. □

例 4.1.5　求微分方程 $(1+x^2)y''+2xy'=1$ 的通解.

解　所给微分方程不显含变量 y，令 $y'=p$，则 $y''=p'$，代入原微分方程得

$$(1+x^2)p'+2xp=1.$$

它是一阶线性微分方程，化为标准形式

$$p'+\frac{2x}{1+x^2}p=\frac{1}{1+x^2},$$

其通解为

$$\begin{aligned}p&=\mathrm{e}^{-\int\frac{2x}{1+x^2}\mathrm{d}x}\left(c_1+\int\frac{1}{1+x^2}\mathrm{e}^{\int\frac{2x}{1+x^2}\mathrm{d}x}\mathrm{d}x\right)\\&=\frac{1}{1+x^2}\left(c_1+\int\frac{1}{1+x^2}(1+x^2)\mathrm{d}x\right)\\&=\frac{x+c_1}{1+x^2}.\end{aligned}$$

将 $p=y'$ 代入上式，并再积分一次得所求微分方程的通解

$$y=\frac{1}{2}\ln(1+x^2)+c_1\arctan x+c_2.$$ □

例 4.1.6　求微分方程 $y''(x^2+1)=2xy'$ 满足初始条件 $y|_{x=0}=1,y'|_{x=0}=3$ 的特解.

解　此微分方程不显含 y，令 $y'=p$，则 $y''=p'$，代入微分方程得

$$(x^2+1)p'=2xp.$$

分离变量后两边积分得

$$p=c_1(1+x^2),$$

由 $y'|_{x=0}=3$ 得 $c_1=3$. 从而

$$\frac{\mathrm{d}y}{\mathrm{d}x}=3(1+x^2).$$

两边积分得

$$y = 3x + x^3 + c_2,$$

由 $y|_{x=0} = 1$ 得 $c_2 = 1$. 故所求特解为

$$y = 3x + x^3 + 1. \qquad \square$$

类型Ⅱ 不显含自变量 x 的微分方程

$$F(y, y', \cdots, y^{(n)}) = 0. \tag{4.1.12}$$

在这种情况下,可作变换 $y' = p(y)$,并视 y 为自变量,则可将微分方程(4.1.12)转化为关于新未知函数 $p(y)$ 的 $n-1$ 阶微分方程. 事实上,因 $y'(x) = p(y)$,则

$$y''(x) = \frac{\mathrm{d}p(y)}{\mathrm{d}x} = \frac{\mathrm{d}p}{\mathrm{d}y} \cdot \frac{\mathrm{d}y}{\mathrm{d}x} = p\frac{\mathrm{d}p}{\mathrm{d}y},$$

$$y'''(x) = \frac{\mathrm{d}}{\mathrm{d}x}\left(p\frac{\mathrm{d}p}{\mathrm{d}y}\right) = p^2\frac{\mathrm{d}^2 p}{\mathrm{d}y^2} + p\left(\frac{\mathrm{d}p}{\mathrm{d}y}\right)^2,$$

$$\cdots$$

用数学归纳法可以证明,$y^{(k)}(x)$ 可由 $p(y)$ 对 y 的不高于 $k-1(k \leqslant n)$ 阶的导数表示. 将这些表达式代入微分方程(4.1.12),得

$$G(y, p, p', \cdots, p^{(n-1)}) = 0.$$

这是关于自变量 y 与未知函数 $p(y)$ 的 $n-1$ 阶微分方程,它比原微分方程(4.1.12)降低了一阶.

特别地,若二阶微分方程不显含自变量 x,则经上述变换后就转化为一阶微分方程了.

【注】 对微分方程(4.1.12)不能采用变换 $y' = p(x)$. 事实上,若令 $y' = p(x)$,则微分方程(4.1.12)就化为 $F(y, p(x), p'(x), \cdots, p^{(n-1)}(x)) = 0$. 此微分方程虽然降低了一阶,但却出现了两个未知函数 $y(x)$ 及 $p(x)$,问题并没有得到简化.

例 4.1.7 求解微分方程

$$yy'' - (y')^2 = 0.$$

解 令 $y' = p(y)$,则 $y'' = p\dfrac{\mathrm{d}p}{\mathrm{d}y}$,于是,原微分方程化为

$$yp\frac{\mathrm{d}p}{\mathrm{d}y} - p^2 = 0 \quad 或 \quad p\left(y\frac{\mathrm{d}p}{\mathrm{d}y} - p\right) = 0.$$

当 $p=0$ 即 $y'=0$ 时,有 $y=c$; 当 $p \neq 0$ 时,可求得 $p(y) = c_1 y$,即 $y' = c_1 y$. 积分得到原微分方程的通解

$$y = c_2 \mathrm{e}^{c_1 x} \quad (c_1 \neq 0, c_2 \neq 0).$$

若允许 $c_1 = c_2 = 0$,则解 $y = c$ 包含在上面的通解中. $\square$

例 4.1.8 求例 4.1.1 中单摆运动方程

$$\frac{\mathrm{d}^2\theta}{\mathrm{d}t^2} + \frac{g}{l}\sin\theta = 0$$

满足初始条件

$$\theta(0)=\theta_0,\quad \theta'(0)=\omega_0$$

的解.

解　此微分方程属于类型Ⅱ. 令$\frac{d\theta}{dt}=p(\theta)$,则$\frac{d^2\theta}{dt^2}=p\frac{d\theta}{dt}$,于是原微分方程化为

$$p\frac{dp}{d\theta}+\frac{g}{l}\sin\theta=0.$$

分离变量并积分之,得

$$p^2=\frac{2g}{l}\cos\theta+c_1.$$

由于当 $\theta=\theta_0$ 时 $p=\omega_0$,故 $c_1=\omega_0^2-\frac{2g}{l}\cos\theta_0$,代入上式两边开方即得

$$\frac{d\theta}{dt}=\pm\sqrt{\frac{2g}{l}(\cos\theta-\cos\theta_0)+\omega_0^2}.$$

再分离变量,且从 0 到 t 积分得

$$t=\pm\sqrt{\frac{l}{2g}}\int_{\theta_0}^{\theta}\frac{d\theta}{\sqrt{\cos\theta-\cos\theta_0+\frac{l}{2g}\omega_0^2}}.\tag{4.1.13}$$

式(4.1.13)右端积分是一个椭圆积分,它不属于初等函数类. 因此,从式(4.1.13)不能以显式形式确定单摆的振动规律 $\theta=\theta(t)$. 在第 6 章中还要对此例进行深入的讨论,以说明单摆的运动规律.　□

例 4.1.9　求解例 4.1.2 给出的微分方程初始条件:

$$\begin{cases}2(1-x)y''=\sqrt{1+(y')^2}, & 0<x<1,\\ y(0)=0,\quad y'(0)=0.\end{cases}$$

解　此微分方程属于类型Ⅰ. 令 $y'=p(x)$,则 $y''=p'(x)$,原微分方程初始条件化为

$$\begin{cases}2(1-x)p'=\sqrt{1+p^2}, & 0<x<1,\\ p(0)=0.\end{cases}$$

分离变量,积分并代入初始条件有

$$\ln(p+\sqrt{1+p^2})=-\frac{1}{2}\ln(1-x),$$

即

$$p+\sqrt{1+p^2}=(1-x)^{-\frac{1}{2}}.$$

而

$$-p+\sqrt{1+p^2}=\frac{1}{p+\sqrt{1+p^2}}=(1-x)^{\frac{1}{2}}.$$

上两式相减得到

$$\begin{cases}y'=\frac{1}{2}[(1-x)^{-\frac{1}{2}}-(1-x)^{\frac{1}{2}}],\\ y(0)=0.\end{cases}$$

直接积分并代入初始条件得

$$y=\frac{1}{3}(1-x)^{\frac{3}{2}}-(1-x)^{\frac{1}{2}}+\frac{2}{3}.$$

这就是鱼雷攻击敌舰时的运动轨迹方程. 由于鱼雷击中敌舰时,它的横坐标为 $x=1$,代入鱼雷的运动轨迹方程得 $y=\frac{2}{3}$. 即敌舰逃至距 $B(1,0)$ 点正北 $\frac{2}{3}$ 浬处时将被我方鱼雷击毁,这段航程所需要的时间是 95.2381 秒.

【注】 军舰航速的单位是节(即浬/小时),用 kn 表示. 敌舰航速为每分钟 0.42 浬相当于航速 25.2kn. 目前世界上最先进的 MU90 反潜鱼雷速度为 55kn. □

类型Ⅲ 恰当导数微分方程

若微分方程

$$F(x,y,y',\cdots,y^{(n)})=0 \tag{4.1.14}$$

的左端恰为某一函数 $\Phi(x,y,y',\cdots,y^{(n-1)})$ 对 x 的全导数,即

$$\frac{\mathrm{d}}{\mathrm{d}x}\Phi(x,y,y',\cdots,y^{(n-1)})=F(x,y,y',\cdots,y^{(n)})$$

则称微分方程(4.1.14)为**恰当导数微分方程**.

在这种情况下,微分方程(4.1.14)可写成

$$\frac{\mathrm{d}}{\mathrm{d}x}\Phi(x,y,y',\cdots,y^{(n-1)})=0.$$

两端对 x 积分得到

$$\Phi(x,y,y',\cdots,y^{(n-1)})=c_1. \tag{4.1.15}$$

这就把原微分方程降低了一阶. 我们称(4.1.15)为微分方程(4.1.14)的**首次积分**.

显然微分方程(4.1.15)与(4.1.14)是等价的. 因此,若能求得微分方程(4.1.15)的解,就可得到原微分方程(4.1.14)的解.

例 4.1.10 求解微分方程

$$yy''+(y')^2=0. \tag{4.1.16}$$

解 因为

$$\frac{\mathrm{d}}{\mathrm{d}x}(yy')=yy''+(y')^2,$$

所以微分方程(4.1.16)为恰当导数微分方程,于是得首次积分为

$$yy' = c_1.$$

进而可求得原微分方程(4.1.16)的通积分为

$$y^2 = 2c_1x + c_2,$$

其中 c_1,c_2 为任意常数. □

有时微分方程(4.1.14)本身不是恰当导数微分方程,但两端乘上一个非零因子 $\mu=\mu(x,y,y',\cdots,y^{(n)})$ 后,即可变为恰当导数微分方程.这时,我们称 μ 为微分方程(4.1.14)的**积分因子**.

【注】 与一阶微分方程的情形类似,原微分方程乘以积分因子 μ 时,可能增加使 $\mu=0$ 的解,也可能丢失使 $\frac{1}{\mu}=0$ 的解.对此.应当进行检验.

例 4.1.11 用积分因子法求解微分方程

$$yy''-(y')^2 = 0. \tag{4.1.17}$$

解 因为

$$\frac{yy''-(y')^2}{y^2} = \frac{\mathrm{d}}{\mathrm{d}x}\left(\frac{y'}{y}\right),$$

故知 $\mu=\frac{1}{y^2}(y\neq 0)$ 是微分方程(4.1.17)的一个积分因子.用 μ 乘(4.1.17)后便得 $\frac{\mathrm{d}}{\mathrm{d}x}\left(\frac{y'}{y}\right)=0$.于是,得 $\frac{y'}{y}=c_1$,从而可得到通解

$$y = c_2\mathrm{e}^{c_1x} \quad (c_2\neq 0). \tag{4.1.18}$$

易知 $y=0$ 也是原微分方程的解.允许 $c_2=0$,就可把此解包含在通解(4.1.18)之中.这与例 4.1.7 的结果是一致的. □

可降阶的高阶微分方程在实际中有许多应用.

例 4.1.12 悬链线

设有一条质量均匀、柔软的细链悬挂于两定点 A、B 之间(如两个电线杆之间的电线,见图 4.3(a)),仅受重力作用而下垂,其平衡状态时的几何形状称为悬链线[①](如图 4.3(b)).试求悬链线的方程.

解 建立坐标系如图 4.3(b).过该链的最低点 D 作垂直向上的直线为 y 轴,在其上取一点 O 为原点,OD 之长为定值(后面再给出).取 x 轴水平向右,设所求悬链线为 $y=y(x)$.

链上点 D 到其上任一点 $P(x,y)$ 的弧段 DP 受到如下三个力的作用:D 点处

① 这个问题是历史上的一个有名的问题.当时曾有人猜想此链的几何形状是一条抛物线,但后来发现不对.最后由约翰·伯努利给出了正确的答案.悬链线在工程中有着广泛的应用.

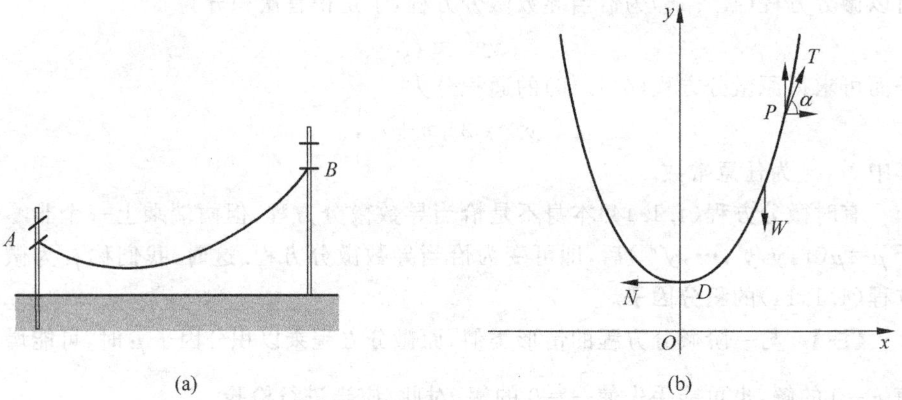

(a) (b)

图 4.3 悬链线

的水平方向的张力,其大小设为 N(此为定值);P 点处的切线方向的张力,它与水平线成 α 角,设其大小为 T;垂直向下的重力,其大小为 $W=\rho s$,其中 ρ 为链的单位长度的重量,s 为 DP 的弧长.

由于弧段 DP 处于平衡状态,由平衡条件可知,作用在弧段 DP 上的力沿水平方向及垂直方向的分量应有下面的关系:$T\cos\alpha=N, T\sin\alpha=W=\rho s$,由此即得

$$\tan\alpha = \frac{s}{a},\quad (\text{其中 } a = N/\rho).$$

因 $\tan\alpha = y', s = \int_0^x \sqrt{1+(y'(\tau))^2}\,\mathrm{d}\tau$,于是有

$$y' = \frac{1}{a}\int_0^x \sqrt{1+y'^2}\,\mathrm{d}\tau.$$

两端对 x 求导,便得 $y=y(x)$ 所满足的微分方程

$$y'' = \frac{1}{a}\sqrt{1+y'^2}. \tag{4.1.19}$$

我们取 OD 的长为 a,则初始条件为

$$y(0) = a,\quad y'(0) = 0. \tag{4.1.20}$$

易见微分方程(4.1.19)属于类型Ⅰ,故令 $y'=p(x)$,微分方程(4.1.19)化为

$$\frac{\mathrm{d}p}{\mathrm{d}x} = \frac{1}{a}\sqrt{1+p^2}.$$

分离变量并积分,得

$$\ln\left|p+\sqrt{1+p^2}\right| = \frac{x}{a}+c_1.$$

把条件 $y'(0)=0$,即 $p(0)=0$ 代入得 $c_1=0$. 从而有

$$p+\sqrt{1+p^2}=e^{\frac{x}{a}},$$

解出 p,并把 p 换成 y' 得

$$y'=\frac{1}{2}(e^{\frac{x}{a}}-e^{-\frac{x}{a}}).$$

积分之,得

$$y=\frac{a}{2}(e^{\frac{x}{a}}+e^{-\frac{x}{a}})+c_2.$$

把条件 $y(0)=a$ 代入,得 $c_2=0$,故所求悬链线方程为

$$y=\frac{a}{2}(e^{\frac{x}{a}}+e^{-\frac{x}{a}})=a\operatorname{ch}\frac{x}{a}.$$ □

【注】 当 $|x|$ 很小时,由于 $\operatorname{ch}\frac{x}{a}\approx 1+\frac{1}{2!}\frac{x^2}{a^2}$,于是悬链线可近似地表示为抛物线

$$y=a+\frac{x^2}{2a}.$$

这也是历史上有人猜想悬链线为抛物线的原因.

例 4.1.13 第二宇宙速度计算. 设载有质量为 m 的物体的火箭,由地面以初速度 v_0 垂直向上发射,如果不计空气阻力,试求物体的速度与位置的关系,并问初速度 v_0 多大时,才能使物体永远飞离地球成为人造行星?

解 如图 4.4 建立坐标系,取连接地球中心与物体重心的直线为 y 轴,铅直向上为正,地球中心为原点 O. 设在时刻 t 物体的位置为 $y=y(t)$. 因物体在运动过程中受到的万有引力为

$$F=-k\frac{mM}{y^2}. \tag{4.1.21}$$

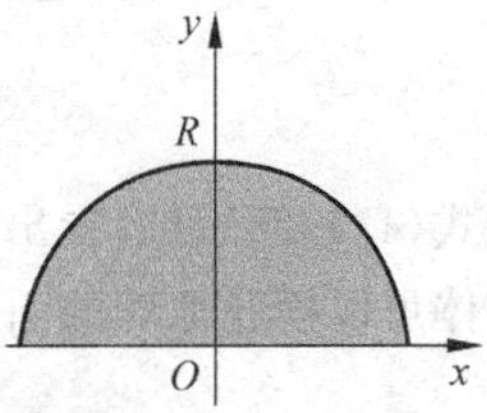

图 4.4

其中 M 为地球的质量,k 为万有引力常数. 由牛顿第二定律得 $y(t)$ 所满足的微分方程为

$$m\frac{d^2y}{dt^2}=-k\frac{mM}{y^2},$$

即

$$\frac{d^2y}{dt^2}=-k\frac{M}{y^2}. \tag{4.1.22}$$

设地球半径为 R,由题意,初始条件为

$$y(0)=R,\quad y'(0)=v_0. \tag{4.1.23}$$

微分方程(4.1.22)属于类型Ⅱ,令 $\frac{dy}{dt}=v$,则有

$$\frac{d^2y}{dt^2} = v\frac{dv}{dy}.$$

代入微分方程(4.1.22),得一阶微分方程

$$v\frac{dv}{dy} = -k\frac{M}{y^2},$$

分离变量并积分,得

$$\frac{1}{2}v^2 = \frac{kM}{y} + c.$$

把初始条件代入,便得

$$c = \frac{1}{2}v_0^2 - \frac{kM}{R}.$$

于是

$$\frac{1}{2}v^2 = \frac{kM}{y} + \frac{1}{2}v_0^2 - \frac{kM}{R}. \tag{4.1.24}$$

由于在地面上重力加速度为 g,故当 $y=R$ 时,由式(4.1.22)有

$$g = \frac{kM}{R^2},$$

即

$$k = \frac{gR^2}{M}.$$

代入式(4.1.24),得速度 v 与高度 y 之间的关系式为

$$v^2 = \frac{2gR^2}{y} + (v_0^2 - 2gR). \tag{4.1.25}$$

从式(4.1.25)可以看出,当取 $v_0 \geqslant \sqrt{2gR}$ 时,物体的运动速度 v 始终是正的,从而物体可以摆脱地球的引力,永远飞离地球.我们把其最小初速度

$$v_0 = \sqrt{2gR},$$

称为第二宇宙速度.因 $g=9.80\mathrm{m/s^2}$,$R=6.3\times10^6\mathrm{m}$,于是

$$v_0 = \sqrt{2\times9.8\times63\times10^5} \approx 11.2\times10^3\mathrm{m/s},$$

即 $v_0 \approx 11.2\mathrm{km/s}$. □

本节介绍了三种特殊类型的高阶微分方程的降阶解法.具体求解时,应根据微分方程的类型,选择相应的方法.

习题 4.1

1. 若在例 4.1.1 中考虑空气的阻力,并设阻力大小与摆球的运动速度成正比,试列出摆球运动方程并给出初始条件.

2. 求下列微分方程的通解或通积分：

(1) $(xy'''-y'')^2=(y''')^2+1$；　　(2) $xy''+(x^2-1)(y'-1)=0$；

(3) $yy''-(y')^2-y^2y'=0$；　　(4) $yy''-2(y')^2=0$；

(5) $x[yy''+(y')^2]+3yy'=2x^3$；　　(6) $(y-x)y''+(y')^2-2y'=1-\sin x$.

3. 求解下列初值问题：

(1) $y''=\mathrm{e}^{2x}, y(0)=0, y'(0)=1$；　　(2) $y''=(1+y'^2)^{3/2}, y(0)=1, y'(0)=0$.

4. 试求微分方程 $yy''+(y')^2=1$ 经过点(0,1)且在此点与直线 $x+y=1$ 相切的积分曲线.

5. 质量为 m 的物体在空气中由静止开始降落，设空气阻力与速度的平方成正比，试求该物体的运动规律.

6. 证明：

(1) 对二阶线性齐次微分方程

$$y''+p_1(x)y'+p_2(x)y=0,$$

可用变换 $y=\mathrm{e}^{\int z\mathrm{d}x}$ 把它降低一阶，化为黎卡提方程

$$z'=-z^2-p_1(x)z-p_2(x);$$

(2) 对黎卡提方程

$$y'=p(x)y^2+q(x)y+r(x),$$

可用变换 $y=-\dfrac{1}{p(x)}\dfrac{u'}{u}$ 把它化为二阶线性微分方程

$$p(x)u''-[p(x)q(x)+p'(x)]u'+p^2(x)r(x)u=0.$$

4.2 高阶线性齐次微分方程

考虑正规形 n 阶线性微分方程

$$y^{(n)}+p_1(x)y^{(n-1)}+\cdots+p_n(x)y=q(x), \tag{4.2.1}$$

其中 $p_i(x)(i=1,2,\cdots,n)$ 及 $q(x)$ 在区间 $[a,b]$ 上连续.

若 $q(x)\equiv 0$，则微分方程(4.2.1)变为

$$y^{(n)}+p_1(x)y^{(n-1)}+\cdots+p_n(x)y=0. \tag{4.2.2}$$

我们称方程(4.2.2)为 ***n* 阶线性齐次微分方程**.

若 $q(x)$ 不恒为零，则称微分方程(4.2.1)为 ***n* 阶线性非齐次微分方程**，并称(4.2.2)为(4.2.1)对应的线性齐次微分方程. 也称方程(4.2.1)、(4.2.2)为**线性系统**.

为了讨论方便起见，以 L 表示

$$L[y]=y^{(n)}+p_1(x)y^{(n-1)}+\cdots+p_n(x)y \tag{4.2.3}$$

所规定的算子.亦即 $L[y]$ 表示对 y 施加如式(4.2.3)右端的所有运算.

算子 L 具有下述两个基本性质:

① 齐次性:$L[cy]=cL[y]$(c 为任意常数);

② 可加性:$L[y_1+y_2]=L[y_1]+L[y_2]$.

证明 由导数的运算性质可知

$$\begin{aligned}L[cy]&=(cy)^{(n)}+p_1(x)(cy)^{n-1}+\cdots+p_n(x)(cy)\\&=c[y^{(n)}+p_1(x)y^{(n-1)}+\cdots+p_n(x)y]\\&=cL[y].\end{aligned}$$

性质①得证。性质②的证明类似. □

由性质①及②可推出算子 L 满足**迭加原理**:

$$L\left(\sum_{i=1}^{m}c_iy_i\right)=\sum_{i=1}^{m}c_iL[y_i],\tag{4.2.4}$$

其中 $c_1,c_2,\cdots,c_m$ 是任意常数.

满足性质①及②的算子 L 称为**线性微分算子**.

引进了线性微分算子 L 后,微分方程(4.2.1)和(4.2.2)可分别写成

$$L[y]=q(x)\quad 及\quad L[y]=0.$$

应当指出,满足迭加原理是线性微分方程区别于非线性微分方程的基本标志.

线性微分方程的两个基本来源是:

(1) 实际系统的非线性因素微弱,可忽略不计;所建立的微分方程近似满足迭加原理;

(2) 实际系统的非线性因素较强,所建立的微分方程是非线性的.但是,如果我们只关心该系统的局部性质(即在初始点附近的性质),此时的非线性微分方程又满足一定的连续性、光滑性,就可以在该点附近将方程线性化,得到线性系统.

本节研究线性齐次微分方程(4.2.2)的一般理论和求解方法.

4.2.1 线性齐次微分方程的一般理论

在第2.3节曾讨论过一阶线性齐次微分方程 $y'+p(x)y=0$,求出了它的通解.那么,对一般的 n 阶线性齐次微分方程(4.2.2),是否也可以求得它的通解呢?对这个问题,从习题4.1第6题的结论可知,二阶线性齐次微分方程

$$y''+p_1(x)y'+p_2(x)y=0\tag{4.2.5}$$

与黎卡提方程之间可以相互转化.从而求解微分方程(4.2.5)本质上就是求解黎卡提方程.因此,对微分方程(4.2.2),即使 $n=2$,一般来说,也不能用初等积分法求得它的通解.尽管如此,我们却可以从理论上弄清楚微分方程(4.2.2)的通解结构,这对求微分方程(4.2.2)的解或研究解的性质具有重要指导意义.

1. 解的简单性质

依据解的存在唯一性定理 4.1.2 及线性微分算子 L 的性质，可推出微分方程(4.2.2)的解的一些简单性质.

性质 4.2.1　$y(x)\equiv 0$ 是方程(4.2.2)的满足初始条件

$$y(x_0)=y'(x_0)=\cdots=y^{(n-1)}(x_0)=0,\quad x_0\in[a,b].$$

(称为**零初始条件**)的解；反之，如果 $y=\varphi(x)$ 是方程(4.2.2)的解，并且满足零初始条件，则 $\varphi(x)\equiv 0, x\in[a,b]$.

证明留作练习.　□

性质 4.2.2　(迭加原理)如果 $y_1(x),y_2(x),\cdots,y_m(x)$ 是微分方程(4.2.2)的 m 个解，则它们的线性组合

$$y=\sum_{i=1}^{m}c_i y_i(x) \tag{4.2.6}$$

也是方程(4.2.2)的解. 这里 $c_1,c_2,\cdots,c_m$ 是任意常数.

证明　由于 $y_i(x)(i=1,2,\cdots,m)$ 是方程(4.2.2)的解，故有 $L[y_i(x)]\equiv 0$ $(i=1,2,\cdots,m)$. 把方程(4.2.6)代入方程(4.2.2)的左端，由迭加原理，有

$$L\left(\sum_{i=1}^{m}c_i y_i\right)=\sum_{i=1}^{m}c_i L[y_i]\equiv 0.$$

即知式(4.2.6)是方程(4.2.2)的解.　□

若在式(4.2.6)中 $m=n$，则由性质 4.2.2

$$y=c_1y_1(x)+c_2y_2(x)+\cdots+c_ny_n(x)$$

也是方程(4.2.2)的解，它包含了 n 个任意常数. 它是否能成为微分方程(4.2.2)的通解？微分方程(4.2.2)的任一解能否用此有限个解 $y_1(x),y_2(x),\cdots,y_n(x)$ 表示出来？亦即微分方程(4.2.2)的解集具有怎样的结构？

由性质 4.2.1 及 4.2.2 知，线性齐次微分方程(4.2.2)的解集合构成一个线性空间.

如果记此线性空间为 Ω，我们搞清楚了 Ω 的维数与基底，就可以利用高等代数中的线性空间理论，将线性齐次微分方程(4.2.2)的任意一个解用 Ω 的基底表示出来，从而获得线性齐次微分方程(4.2.2)的通解.

2. 线性齐次微分方程解的线性相关性

我们仿照线性代数中一组向量线性相关、线性无关的概念，引入定义在区间 I 上的一组函数线性相关、线性无关的概念.

定义 4.2.1　设 $y_1(x),y_2(x),\cdots,y_n(x)$ 是定义在区间 I 上的一个函数组，如果存在一组不全为零的常数 $a_1,a_2,\cdots,a_n$ 使得对所有的 $x\in I$，都有

$$a_1 y_1(x) + a_2 y_2(x) + \cdots + a_n y_n(x) \equiv 0,$$

则称此函数组在区间 I 上**线性相关**；否则，称此函数组在区间 I 上**线性无关**.

由定义 4.2.1，不难推出下列结论：

(1) 设函数组 $y_1(x), y_2(x)$ 在区间 I 上有定义. 若在区间 I 上

$$\frac{y_1(x)}{y_2(x)} \neq 常数 \quad \left(或\frac{y_2(x)}{y_1(x)} \neq 常数\right),$$

则 $y_1(x), y_2(x)$ 在区间 I 上线性无关.

利用这个结论，可以比较方便地判断两个函数在给定区间 I 上是否线性无关.

(2) 在给定区间 I 上，如果一个函数组中的一部分函数线性相关，则这个函数组必定线性相关. 如果一函数组在区间 $I_1 \subset I$ 上线性无关，则这个函数组在区间 I 上必定线性无关.

例 4.2.1 验证：在区间 I 上，函数组

(1) $1, \cos^2 x, \sin^2 x$ 线性相关；

(2) $\cos x, \sin x$ 线性无关；

(3) $1, x, x^2, \cdots, x^n$ 线性无关.

证明 (1) 取常数 $a_1 = -1, a_2 = 1, a_3 = 1$，使得

$$a_1 \cdot 1 + a_2 \cos^2 x + a_3 \sin^2 x \equiv 0, \quad x \in I,$$

故函数组 $1, \cos^2 x, \sin^2 x$ 在区间 I 上是线性相关的.

(2) 若存在常数 $\tilde{a}_1$、$\tilde{a}_2$，使

$$\tilde{a}_1 \cos x + \tilde{a}_2 \sin x \equiv 0, \quad x \in I, \tag{4.2.7}$$

将式(4.2.7)对 x 求导，得

$$-\tilde{a}_1 \sin x + \tilde{a}_2 \cos x \equiv 0, \quad x \in I.$$

这说明，$\tilde{a}_1$、$\tilde{a}_2$ 是以 a_1、a_2 为未知量的线性方程组

$$\begin{cases} a_1 \cos x + a_2 \sin x = 0, \\ a_1(-\sin x) + a_2 \cos x = 0 \end{cases} \tag{4.2.8}$$

的解，方程组(4.2.8)的系数行列式

$$\begin{vmatrix} \cos x & \sin x \\ -\sin x & \cos x \end{vmatrix} = 1 \neq 0,$$

故方程组(4.2.8)只有零解. 即有 $\tilde{a}_1 = \tilde{a}_2 = 0$. 因此，$\cos x, \sin x$ 在区间 I 上线性无关.

(3) 若存在常数 $a_0, a_1, \cdots, a_n$ 使

$$a_0 + a_1 x + \cdots + a_n x^n \equiv 0, \quad x \in I, \tag{4.2.9}$$

则可推出 $a_i = 0 (i = 0, 1, \cdots, n)$. 事实上，若有某个 $a_i \neq 0$，则式(4.2.9)的左端是一个不高于 n 次的多项式，而由代数基本定理，使它为零的数值至多只有 n 个，这与它

在区间 I 上恒为零的假设相矛盾. 故函数组 $1,x,x^2,\cdots,x^n$ 在区间 I 上线性无关. □

一般来说,用定义来判断一组函数的线性相关性很不方便. 我们知道. 在线性代数中考察 m 个 m 维向量构成的向量组是否线性相关,可用它们组成的行列式是否为零来判断. 那么对在区间 I 上一个函数组的线性相关性,能否找到类似的判别方法呢? 为此,我们引进一个重要的行列式.

定义 4.2.2　设函数组 $y_1(x),y_2(x),\cdots,y_m(x)$ 在区间 I 上具有 $m-1$ 阶导数,我们称行列式

$$\begin{vmatrix} y_1 & y_2 & \cdots & y_m \\ y_1' & y_2' & \cdots & y_m' \\ \cdots & \cdots & \cdots & \cdots \\ y_1^{(m-1)} & y_2^{(m-1)} & \cdots & y_m^{(m-1)} \end{vmatrix}$$

为此函数组的**伏朗斯基**[①]**行列式**,记为 $W[y_1,y_2,\cdots,y_m]$ 或简记为 $W(x)$.

这里,我们主要关心的是微分方程(4.2.2)的一个解组

$$y_1(x),y_2(x),\cdots,y_n(x) \tag{4.2.10}$$

的线性相关性. 对此,我们有下面的结果.

定理 4.2.1　微分方程(4.2.2)的解组(4.2.10)在其定义区间 $[a,b]$ 上线性相关的充要条件是它们的伏朗斯基行列式 $W(x)\equiv 0,x\in[a,b]$.

证明(必要性)　设 $y_1(x),y_2(x),\cdots,y_n(x)$ 在 $[a,b]$ 上线性相关. 由定义 4.2.1,存在一组不全为零的常数 $\tilde{a}_1,\tilde{a}_2,\cdots,\tilde{a}_n$,使得对所有的 $x\in[a,b]$,有

$$\tilde{a}_1y_1(x)+\tilde{a}_2y_2(x)+\cdots+\tilde{a}_ny_n(x)\equiv 0.$$

将此恒等式依次对 x 求一阶、二阶导数,$\cdots$,$n-1$ 阶导数,得

$$\begin{gathered} \tilde{a}_1y'_1(x)+\tilde{a}_2y'_2(x)+\cdots+\tilde{a}_ny'_n(x)\equiv 0, \\ \tilde{a}_1y''_1(x)+\tilde{a}_2y''_2(x)+\cdots+\tilde{a}_ny''_n(x)\equiv 0 \\ \vdots \\ \tilde{a}_1y_1^{(n-1)}(x)+\tilde{a}_2y_2^{(n-1)}(x)+\cdots+\tilde{a}_ny_n^{(n-1)}(x)\equiv 0. \end{gathered}$$

这说明,对在区间 $[a,b]$ 上的任一 x,数组 $\tilde{a}_1,\tilde{a}_2,\cdots,\tilde{a}_n$ 是以 $a_1,a_2,\cdots,a_n$ 为未知量的线性方程组

$$\begin{cases} a_1y_1(x)+a_2y_2(x)+\cdots+a_ny_n(x)=0, \\ a_1y'_1(x)+a_2y'_2(x)+\cdots+a_ny'_n(x)=0, \\ \qquad\vdots \\ a_1y_1^{(n-1)}(x)+a_2y_2^{(n-1)}(x)+\cdots+a_ny_n^{(n-1)}(x)=0. \end{cases}$$

① 伏朗基斯(Wronski,1778—1853)波兰数学家,上述行列式是他首先引进的.

的非零解.因而,它的系数行列式在任一 $x\in[a,b]$ 处的值皆等于零,亦即 $W(x)\equiv0$, $x\in[a,b]$,必要性得证.

(充分性) 设 $W(x)\equiv0, x\in[a,b]$,则存在 $x_0\in[a,b]$,有 $W(x_0)=0$,那么,以 $W(x_0)$ 为系数行列式,以 $a_1,a_2,\cdots,a_n$ 为未知量的线性方程组

$$\begin{cases}a_1y_1(x_0)+a_2y_2(x_0)+\cdots+a_ny_n(x_0)=0,\\a_1y_1'(x_0)+a_2y_2'(x_0)+\cdots+a_ny_n'(x_0)=0,\\\quad\vdots\\a_1y_1^{(n-1)}(x_0)+a_2y_2^{(n-1)}(x_0)+\cdots+a_ny_n^{(n-1)}(x_0)=0;\end{cases}\tag{4.2.11}$$

必有非零解 $\tilde{a}_1,\tilde{a}_2,\cdots,\tilde{a}_n$.

考虑 $\tilde{a}_1,\tilde{a}_2,\cdots,\tilde{a}_n$ 与解组 $y_1(x),y_2(x),\cdots,y_n(x)$ 的线性组合所得到的函数

$$y(x)=\tilde{a}_1y_1(x)+\tilde{a}_2y_2(x)+\cdots+\tilde{a}_ny_n(x),$$

由迭加原理知,$y(x)$ 是微分方程(4.2.2)的解,且由方程组(4.2.11)可知它满足零初始条件

$$y(x_0)=y'(x_0)=\cdots=y^{(n-1)}(x_0)=0.$$

根据性质 4.2.1,有 $y(x)\equiv0, x\in[a,b]$.亦即

$$\tilde{a}_1y_1(x)+\tilde{a}_2y_2(x)+\cdots+\tilde{a}_ny_n(x)\equiv0,\quad x\in[a,b].$$

因为常数 $\tilde{a}_1,\tilde{a}_2,\cdots,\tilde{a}_n$ 不全为零,故解组 $y_1(x),y_2(x),\cdots,y_n(x)$ 在区间 $[a,b]$ 上线性相关. □

注意到在定理 4.2.1 的充分性证明中,实际上只用到了 $W(x_0)=0$,就推出了解组(4.2.10)在区间 $[a,b]$ 上的线性相关性.从而有

推论 4.2.1 微分方程(4.2.2)的解组(4.2.10)在区间 $[a,b]$ 上线性无关的充要条件是:在区间 $[a,b]$ 上的某一点 x_0 处有 $W(x_0)\neq0$. □

推论 4.2.1 给出了判别微分方程(4.2.2)的解组(4.2.10)在区间 $[a,b]$ 上是否线性无关的一个简单准则.

推论 4.2.2 微分方程(4.2.2)的任意解组(4.2.10)的伏朗斯基行列式 $W(x)$ 在其定义区间 $[a,b]$ 上或者恒为零,或者恒不为零. □

3. 线性齐次微分方程解的结构

定理 4.2.2 n 阶线性齐次微分方程(4.2.2)一定存在 n 个线性无关解.

证明 根据定理 4.1.2,微分方程(4.2.2)存在分别满足下列初始条件

$$y_1(x_0)=1,y_1'(x_0)=0,\cdots,y_1^{(n-1)}(x_0)=0;$$

$$y_2(x_0)=0,y_2'(x_0)=1,\cdots,y_2^{(n-1)}(x_0)=0;$$

$$\vdots$$

$$y_n(x_0)=0,y_n'(x_0)=0,\cdots,y_n^{(n-1)}(x_0)=1$$

的 n 个解

$$y_1(x), y_2(x), \cdots, y_n(x), (x_0, x \in [a,b]).$$

又因 $W[y_1(x_0), y_2(x_0), \cdots, y_n(x_0)] = 1 \neq 0$，于是根据定理 4.2.1 的推论 4.2.1，这 n 个解在 $[a,b]$ 上线性无关. □

定理 4.2.3（通解结构定理） 设 $y_1(x), y_2(x), \cdots, y_n(x)$ 是微分方程(4.2.2)的 n 个线性无关解，则

(1) 线性组合

$$y = c_1 y_1(x) + c_2 y_2(x) + \cdots + c_n y_n(x) \tag{4.2.12}$$

是微分方程(4.2.2)的通解，其中 $c_1, c_2, \cdots, c_n$ 是任意常数；

(2) 微分方程(4.2.2)的任一解 $y(x)$ 均可表示为解 $y_1(x), y_2(x), \cdots, y_n(x)$ 的线性组合.

证明 先证明结论(1). 由迭加原理知，式(4.2.12)是微分方程式(4.2.2)的解，它包含有 n 个任意常数. 根据第 1 章中关于 n 阶微分方程通解的定义，要证式(4.2.12)为通解，还须证明这 n 个任意常数彼此独立. 为此，我们计算 $y, y', \cdots, y^{(n-1)}$ 关于 $c_1, c_2, \cdots, c_n$ 的雅可比行列式

$$\frac{D(y, y', \cdots, y^{(n-1)})}{D(c_1, c_2, \cdots, c_n)} = \begin{vmatrix} y_1(x) & y_2(x) & \cdots & y_n(x) \\ y_1'(x) & y_2'(x) & \cdots & y_n'(x) \\ \vdots & \vdots & \vdots & \vdots \\ y_1^{(n-1)}(x) & y_2^{(n-1)}(x) & \cdots & y_n^{(n-1)}(x) \end{vmatrix}$$

$$= W[y_1(x), y_2(x), \cdots, y_n(x)] = W(x).$$

因 $y_1(x), y_2(x), \cdots, y_n(x)$ 线性无关，则 $W(x) \neq 0$. 从而 $c_1, c_2, \cdots, c_n$ 彼此独立，故式(4.2.12)是微分方程(4.2.2)的通解.

其次，证明结论(2). 设 $y(x)$ 是微分方程(4.2.2)的任一解，且满足初始条件

$$y(x_0) = y_0, y'(x_0) = y'_0, \cdots, y_0^{(n-1)}(x_0) = y_0^{(n-1)}. \tag{4.2.13}$$

要证明存在一组确定的常数 $\tilde{c}_1, \tilde{c}_2, \cdots, \tilde{c}_n$，使得

$$y(x) = \tilde{c}_1 y_1(x) + \tilde{c}_2 y_2(x) + \cdots + \tilde{c}_n y_n(x).$$

事实上，把初始条件(4.2.13)代入式(4.2.12)，便得到以 $c_1, c_2, \cdots, c_n$ 为未知量、以 $W(x_0)$ 为系数行列式的线性方程组

$$\begin{cases} c_1 y_1(x_0) + c_2 y_2(x_0) + \cdots + c_n y_n(x_0) = y_0, \\ c_1 y_1'(x_0) + c_2 y_2'(x_0) + \cdots + c_n y'_n(x_0) = y'_0, \\ \vdots \\ c_1 y_1^{(n-1)}(x_0) + c_2 y_2^{(n-1)}(x_0) + \cdots + c_n y_n^{(n-1)}(x_0) = y_0^{(n-1)}. \end{cases} \tag{4.2.14}$$

因 $W(x_0) \neq 0$，故方程组(4.2.14)有唯一解 $\tilde{c}_1, \tilde{c}_2, \cdots, \tilde{c}_n$.

现在考虑函数

$$\tilde{y}(x)=\tilde{c}_1y_1(x)+\tilde{c}_2y_2(x)+\cdots+\tilde{c}_ny_n(x).$$

由迭加原理可知，它是微分方程(4.2.2)的解，且由式(4.2.14)知，它满足初始条件(4.2.13). 因而，由解的唯一性应有$\tilde{y}(x)\equiv y(x)$，即有

$$y(x)=\tilde{c}_1y_1(x)+\tilde{c}_2y_2(x)+\cdots+\tilde{c}_ny_n(x).\qquad\square$$

由定理4.2.2、定理4.2.3可得

推论 4.2.3 n 阶线性齐次微分方程(4.2.2)的线性无关解的最大个数等于 n. □

推论4.2.3表明，微分方程(4.2.2)的解集合 Ω 构成一个 n 维线性空间.

由微分方程(4.2.2)的 n 个线性无关解所构成的解组，称为微分方程(4.2.2)的一个**基本解组**(即 n 维线性空间 Ω 的一个基底). 显然，微分方程(4.2.2)的基本解组不唯一.

定理4.2.3实际说明，线性齐次微分方程(4.2.2)的通解包含了微分方程(4.2.2)的所有的解. 这是线性齐次微分方程所具有的特征，而求它的所有解(有无穷多)的问题可归结为求它的一个基本解组的问题.

4. 变换特性

线性齐次微分方程(4.2.2)具有下面的变换特性.

(1) 在自变量变换

$$x=\varphi(t)\tag{4.2.15}$$

下，微分方程(4.2.2)的线性和齐次性保持不变. 这里 $\varphi(t)$ 是具有 n 阶连续导数的函数，且 $\varphi'(t)\neq 0$.

事实上，由于 $\mathrm{d}x=\varphi'(t)\mathrm{d}t$，$\varphi'(t)\neq 0$，把 y 对 x 的各阶导数换成 y 对新自变量 t 的各阶导数，得到

$$\frac{\mathrm{d}y}{\mathrm{d}x}=\frac{\mathrm{d}y}{\mathrm{d}t}\frac{\mathrm{d}t}{\mathrm{d}x}=\frac{1}{\varphi'(t)}\frac{\mathrm{d}y}{\mathrm{d}t},$$

$$\frac{\mathrm{d}^2y}{\mathrm{d}x^2}=\frac{\mathrm{d}}{\mathrm{d}t}\left(\frac{1}{\varphi'(t)}\frac{\mathrm{d}y}{\mathrm{d}t}\right)\frac{\mathrm{d}t}{\mathrm{d}x}=\frac{1}{[\varphi'(t)]^2}\frac{\mathrm{d}^2y}{\mathrm{d}t^2}-\frac{\varphi''(t)}{[\varphi'(t)]^3}\frac{\mathrm{d}y}{\mathrm{d}t}.$$

一般地，用数学归纳法可以证明：$\frac{\mathrm{d}^ky}{\mathrm{d}x^k}(k=1,2,\cdots,n)$都可以表为$\frac{\mathrm{d}y}{\mathrm{d}t},\frac{\mathrm{d}^2y}{\mathrm{d}t^2},\cdots,\frac{\mathrm{d}^ky}{\mathrm{d}t^k}$的线性组合，其系数为 t 的连续函数. 因此，把这些表示式代入微分方程(4.2.2)后，并用$\frac{\mathrm{d}^ny}{\mathrm{d}t^n}$的系数$\frac{1}{[\varphi'(t)]^n}$除之，所得关于 $y(t)$ 的新微分方程仍为正规形的线性齐次微分方程. 故线性和齐次性保持不变.

(2) 在未知函数的线性齐次变换

$$y=a(x)z\tag{4.2.16}$$

下，微分方程(4.2.2)的线性和齐次性保持不变. 这里 $a(x)$具有 n 阶连续导数，且 $a(x)\neq 0$，z 是新的未知函数.

事实上，由乘积的求导公式，有

$$y^{(k)}=a(x)z^{(k)}+ka'(x)z^{(k-1)}+\frac{k(k-1)}{2!}a''(x)z^{(k-2)}+\cdots+a^{(k)}(x)z.$$

这说明，$y^{(k)}$可以表为 $z,z',\cdots,z^{(k)}$ 的线性组合，其系数为 x 的连续函数. 因此，把 y 及 $y^{(k)}(k=1,2,\cdots,n)$的表示式代入方程(4.2.2)后，并用$a(x)$除之，所得关于 z 的新微分方程仍为正规形的线性齐次微分方程，故线性和齐次性保持不变.

以后，我们将应用变换(4.2.15)及(4.2.16)来求解某些线性齐次微分方程.

4.2.2　常系数线性齐次微分方程的解法

我们已经看到，为了求 n 阶线性齐次微分方程

$$L[y]\equiv y^{(n)}+p_1(x)y^{(n-1)}+\cdots+p_n(x)y=0 \qquad (4.2.2)$$

的通解，我们只需求出它的 n 个线性无关解，但令人遗憾的是，即使对二阶线性齐次微分方程也没有通用的解法. 于是人们就自然转向研究微分方程(4.2.2)的特殊类型的求解. 我们先考虑微分方程

$$L[y]\equiv y^{(n)}+a_1y^{(n-1)}+\cdots+a_ny=0, \qquad (4.2.17)$$

其中系数 $a_1,a_2,\cdots,a_n$ 为实常数，称(4.2.17)为 **n 阶常系数线性齐次微分方程.**

方程(4.2.17)是能用初等方法求得其通解的一类十分重要的微分方程. 在讨论它的解法之前，我们先简要介绍实变量复值函数的有关知识.

1. 复值函数与复值解

设 $z(x)=\varphi(x)+\mathrm{i}\psi(x)$，其中 x 是实变量，$\mathrm{i}=\sqrt{-1}$是虚数单位，$\varphi(x)$和 $\psi(x)$是区间 I 上的实值函数，称 $z(x)$为区间 I 上的**复值函数**. 如果实函数 $\varphi(x)$和 $\psi(x)$在区间 I 上是连续的，则称 $z(x)$在区间 I 上是连续的；如果 $\varphi(x)$和 $\psi(x)$在区间 I 上是可微的，则称 $z(x)$在区间 I 上是可微的，且规定它的导数为

$$z'(x)=\varphi'(x)+\mathrm{i}\psi'(x).$$

对于 $z(x)$的高阶导数也可类似定义.

设 $z_1(x),z_2(x)$是区间 I 上的可微函数，c 是复常数，根据定义，容易证明以下求导运算法则：

$$[z_1(x)+z_2(x)]'=z_1'(x)+z_2'(x);\quad [cz(x)]'=cz'(x);$$

$$[z_1(x)z_2(x)]'=z_1'(x)z_2(x)+z_1(x)z_2'(x).$$

在下面的讨论中，函数 e^{kx} 将起重要作用，这里 k 为复常数. 我们给出它的定义，并讨论它的简单性质.

设 $k=\alpha+\mathrm{i}\beta$ 是任一复数，这里 α,β 是实数. 设 x 为实变量. 定义复指数函数为

$$e^{kx} = e^{(\alpha+i\beta)x} = e^{\alpha x}(\cos\beta x + i\sin\beta x).$$

由此定义可以推出欧拉公式：

$$\cos\beta x = \frac{1}{2}(e^{i\beta x} + e^{-i\beta x}), \quad \sin\beta x = \frac{1}{2i}(e^{i\beta x} - e^{-i\beta x}).$$

若用 $\bar{k}=\alpha-i\beta$ 表示复数 $k=\alpha+i\beta$ 的共轭复数，则容易验证

$$e^{\bar{k}x} = \overline{e^{kx}}. \tag{4.2.18}$$

此外，由定义可证 e^{kx} 还有下面的重要性质：

$$e^{(k_1+k_2)x} = e^{k_1x}e^{k_2x};\ (e^{kx})' = ke^{kx};\ (e^{kx})^{(n)} = k^n e^{kx} \quad (n\text{ 是自然数});$$

如果实变量的复值函数 $y=z(x)(x\in I)$ 满足微分方程(4.2.2)，即 $L[z(x)]\equiv0$，$x\in I$. 则称 $y=z(x)$ 是微分方程(4.2.2)的**复值解**.

定理 4.2.4 若 $z(x)=\varphi(x)+i\psi(x)$ 是微分方程(4.2.2)的复值解，则当 $p_i(x)$ $(i=1,2,\cdots,n)$ 均为实值函数时，$z(x)$ 的实部 $\varphi(x)$ 和虚部 $\psi(x)$ 都是微分方程(4.2.2)的解.

证明 由于 $z(x)=\varphi(x)+i\psi(x)$ 为微分方程(4.2.2)的复值解，则有

$$L[\varphi(x)+i\psi(x)] \equiv L[\varphi(x)] + iL[\psi(x)] \equiv 0;$$

由于复值函数恒等于零，当且仅当它的实部与虚部分别恒等于零，故有

$$L[\varphi(x)] \equiv 0, \quad L[\psi(x)] \equiv 0.$$

所以 $\varphi(x)$，$\psi(x)$ 都是微分方程(4.2.2)的解. □

此定理说明，微分方程(4.2.2)的任一个复值解，均对应着微分方程(4.2.2)的一对实值解.

在定理 4.2.4 的假定下，可以证明 $z(x)$ 的共轭复值函数 $\bar{z}(x)=\varphi(x)-i\psi(x)$ 也是微分方程(4.2.2)的解.

2. 待定指数法

为求出微分方程(4.2.17)的基本解组，根据微分方程(4.2.17)本身的特点以及复指数函数的求导特征，我们猜想，微分方程(4.2.17)可能有指数函数

$$y = e^{\lambda x} \tag{4.2.19}$$

形式的解，其中 λ 是待定的常数，λ 可以是实数，也可以是复数，由于

$$y' = \lambda e^{\lambda x}, \quad y'' = \lambda^2 e^{\lambda x}, \cdots, y^{(n)} = \lambda^n e^{\lambda x},$$

从而知

$$L[e^{\lambda x}] = e^{\lambda x}F(\lambda). \tag{4.2.20}$$

其中 $$F(\lambda)\equiv\lambda^n + a_1\lambda^{n-1} + \cdots + a_{n-1}\lambda + a_n.$$

因此，将式(4.2.19)代入微分方程(4.2.17)后，便得

$$e^{\lambda x}(\lambda^n + a_1\lambda^{n-1} + \cdots + a_{n-1}\lambda + a_n) = 0.$$

因 $e^{\lambda x}\neq0$，于是，有如下结论：$y=e^{\lambda x}$ 是微分方程(4.2.17)的解当且仅当 λ 是

一元 n 次方程

$$\lambda^n + a_1\lambda^{n-1} + \cdots + a_{n-1}\lambda + a_n = 0 \tag{4.2.21}$$

的根.因此,只要 λ 是方程(4.2.21)的根,指数函数 $e^{\lambda x}$ 就是微分方程(4.2.17)的解.这种对方程(4.2.17)的求解方法是欧拉于 1743 年提出的,称为**欧拉[①]待定指数法**.

我们称方程(4.2.21)为微分方程(4.2.17)的**特征方程**,它的根称为微分方程(4.2.17)的特征根.

由此可见,求微分方程(4.2.17)的解的问题,可归结为求它的特征方程(4.2.21)根的问题.下面根据特征根的不同情况分别进行讨论.

(1) 特征根是单根的情形

设 $\lambda_1,\lambda_2,\cdots,\lambda_n$ 是特征方程(4.2.21)的 n 个互不相同的根.则微分方程(4.2.17)相应地有如下 n 个解:

$$y_1 = e^{\lambda_1 x}, y_2 = e^{\lambda_2 x}, \cdots, y_n = e^{\lambda_n x}. \tag{4.2.22}$$

由于解组(4.2.22)的伏朗斯基行列式 $W(x)=W[e^{\lambda_1 x},e^{\lambda_2 x},\cdots,e^{\lambda_n x}]$在 $x=0$ 时的值为

$$W(0) = \begin{vmatrix} 1 & 1 & \cdots & 1 \\ \lambda_1 & \lambda_2 & \cdots & \lambda_n \\ \vdots & \vdots & \vdots & \vdots \\ \lambda_1^{n-1} & \lambda_2^{n-1} & \cdots & \lambda_n^{n-1} \end{vmatrix}.$$

这是著名的范德蒙德 (Van der mode)行列式,由 $\lambda_i \neq \lambda_j (i\neq j)$知

$$W(0) = \prod_{1\leqslant j<i\leqslant n} (\lambda_i - \lambda_j) \neq 0.$$

于是,解组(4.2.22)在$(-\infty,+\infty)$上线性无关,故(4.2.22)是微分方程(4.2.17)的一个基本解组.

① 如果 $\lambda_1,\lambda_2,\cdots,\lambda_n$ 均为实根,则解组(4.2.22)为微分方程(4.2.17)的一个实值基本解组.

② 如果 $\lambda_1,\lambda_2,\cdots,\lambda_n$ 中有复根,则因系数 $a_1,a_2,\cdots,a_n$ 均为实数,特征方程(4.2.21)的复根必成对共轭出现.设 $\lambda_1=\alpha+i\beta,\lambda_2=\alpha-i\beta$ 是(4.2.21)的一对共轭复根,这时,微分方程(4.2.17)有一对共轭复值解:

$$y_1 = e^{(\alpha+i\beta)x} = e^{\alpha x}(\cos\beta x + i\sin\beta x);$$

$$y_2 = e^{(\alpha-i\beta)x} = e^{\alpha x}(\cos\beta x - i\sin\beta x).$$

这里,我们希望得到实值解,根据定理 4.2.4 可知,y_1(或 y_2)的实部及虚部都是微

---

① 欧拉(Euler,1707—1783)是瑞士最著名的数学家,也是近代三大数学家之一(另两位是高斯(Gauss)和黎曼(Riemann)),他对微分方程提出了许多重要思想和方法,诸如积分因子法、降阶法、待定指数法、幂级数解法以及证明微分方程解的存在性的欧拉折线法等.

分方程(4.2.2)的解.易证,这两个实值解线性无关.由于 y_1 与 y_2 的实部相同,虚部只是符号相反,因此相应于一对共轭复根 $\lambda_{1,2}=\alpha\pm i\beta$ 的一对共轭复值解 y_1,y_2 可以换成一对线性无关的实值解:

$$y_1^* = e^{\alpha x}\cos\beta x,\quad y_2^* = e^{\alpha x}\sin\beta x.$$

可以证明在解组(4.2.22)中,成对的复值解 y_1 与 y_2 用对应的成对实值解代替后,所得到的解组:

$$y_1^* = e^{\alpha x}\cos\beta x,\quad y_2^* = e^{\alpha x}\sin\beta x,\quad y_3 = e^{\lambda_3 x},\cdots,y_n = e^{\lambda_n x} \tag{4.2.23}$$

仍是线性无关的.于是,在有复根的情况下,我们仍能得到微分方程(4.2.17)的一个实值基本解组.

例 4.2.2 求微分方程 $y''+2y'-3y=0$ 的通解.

解 特征方程为 $\lambda^2+2\lambda-3=0$.特征根为 $\lambda_1=1,\lambda_2=-3$,对应的基本解组为 $y_1=e^x,y_2=e^{-3x}$.故微分方程的通解为

$$y = c_1e^x + c_2e^{-3x}.$$ □

例 4.2.3 求微分方程 $y'''-3y''+9y'+13y=0$ 的通解.

解 特征方程为 $\lambda^3-3\lambda^2+9\lambda+13=0$.由于

$$\lambda^3 - 3\lambda^2 + 9\lambda + 13 = (\lambda+1)(\lambda^2 - 4\lambda + 13),$$

所以特征根为

$$\lambda_1 = -1,\quad \lambda_2 = 2+3i,\quad \lambda_3 = 2-3i,$$

因而实值基本解组为

$$y_1 = e^{-x},\quad y_2 = e^{2x}\cos 3x,\quad y_3 = e^{2x}\sin 3x.$$

所以微分方程的通解为

$$y = c_1e^{-x} + e^{2x}(c_2\cos 3x + c_3\sin 3x).$$ □

(2) 特征根有重根的情形

如果特征方程有重根,则形如 $e^{\lambda x}$ 的特解少于 n 个.为了求微分方程(4.2.17)的基本解组,应当寻求缺少的线性无关解.

设 $\lambda=\lambda_1$ 是特征方程(4.2.21)的 $k_1\,(1<k_1<n)$ 重根,则有

$$F(\lambda_1) = F'(\lambda_1) = \cdots = F^{(k_1-1)}(\lambda_1) = 0,\quad F^{(k_1)}(\lambda_1) \neq 0. \tag{4.2.24}$$

① 当 $\lambda_1=0$ 时,由式(4.2.24),特征方程(4.2.21)有因子 λ^{k_1},

$$a_n = a_{n-1} = \cdots = a_{n-k_1+1} = 0.$$

从而,特征方程(4.2.21)变为

$$\lambda^n + a_1\lambda^{n-1} + \cdots + a_{n-k_1}\lambda^{k_1} = 0.$$

对应的微分方程(4.2.17)变为

$$y^{(n)} + a_1y^{(n-1)} + \cdots + a_{n-k_1}y^{(k_1)} = 0.$$

显然,它有解 $1,x,x^2,\cdots,x^{k_1-1}$,且这 k 个解是线性无关的,故 k_1 重零特征根对应

着微分方程(4.2.17)的 k_1 个线性无关解：$1,x,x^2,\cdots,x^{k_1-1}$.

② 当 $\lambda_1\neq 0$ 时,取线性齐次变换

$$y=e^{\lambda_1 x}z. \tag{4.2.25}$$

由乘积的求导公式,有

$$y^{(m)}=e^{\lambda_1 x}\left[z^{(m)}+m\lambda_1 z^{(m-1)}+\frac{m(m-1)}{2!}\lambda_1^2 z^{(m-2)}+\cdots+\lambda_1^m z\right]\quad(m=1,2,\cdots n).$$

可见,$y^{(m)}$ 可表为 $z,z',\cdots,z^{(m)},(m=1,2,\cdots,n)$ 以常数为系数的线性组合与共同因子 $e^{\lambda_1 x}$ 之积,从而知

$$L[e^{\lambda_1 x}z]=e^{\lambda_1 x}L_1[z]. \tag{4.2.26}$$

这里

$$L_1[z]\equiv z^{(n)}+b_1 z^{(n-1)}+\cdots+b_{n-1}z'+b_n z,$$

其中 $b_1,b_2,\cdots,b_n$ 为常数. 因此,将式(4.2.26)代入微分方程(4.2.17)后,约去 $e^{\lambda_1 x}$,便把方程(4.2.17)化为关于 $z(x)$ 的常系数线性齐次微分方程：

$$L_1[z]\equiv z^{(n)}+b_1 z^{(n-1)}+\cdots+b_{n-1}z'+b_n z=0. \tag{4.2.27}$$

微分方程(4.2.27)的特征方程为

$$G(\mu)\equiv\mu^n+b_1\mu^{n-1}+\cdots+b_{n-1}\mu+b_n=0. \tag{4.2.28}$$

其次,由式(4.2.19)及式(4.2.25)有

$$L[e^{(\lambda_1+\mu)x}]=e^{(\lambda_1+\mu)x}F(\lambda_1+\mu),$$

$$L[e^{(\lambda_1+\mu)x}]=L[e^{\lambda_1 x}e^{\mu x}]=e^{\lambda_1 x}L_1[e^{\mu x}]=e^{\lambda_1 x}e^{\mu x}G(\mu)=e^{(\lambda_1+\mu)x}G(\mu).$$

故得

$$F(\lambda_1+\mu)=G(\mu),\quad F^{(j)}(\lambda_1+\mu)=G^{(j)}(\mu),\quad j=1,2,\cdots,k_1.$$

于是,当 $\mu=\mu_1=0$ 时,有

$$F(\lambda_1)=G(0),\quad F^{(j)}(\lambda_1)=G^{(j)}(0),\quad j=1,2,\cdots,k_1.$$

因 $\lambda=\lambda_1$ 是特征方程(4.2.21)的 k_1 重根,由式(4.2.24)得

$$G(0)=G'(0)=\cdots=G^{(k_1-1)}(0)=0,\quad G^{(k_1)}(0)\neq 0$$

可见 $\mu=\mu_1=0$ 为特征方程(4.2.28)的 k_1 重根,于是(4.2.28)就变为

$$\mu^n+b_1\mu^{n-1}+\cdots+b_{n-k_1}\mu^{k_1}=0, \tag{4.2.29}$$

相应地,微分方程(4.2.27)就变为

$$z^{(n)}+b_1 z^{(n-1)}+\cdots+b_{n-k_1}z^{(k_1)}=0. \tag{4.2.30}$$

至此,就把 $\lambda_1\neq 0$ 的情形化为 $\mu_1=0$ 的情形.

由①的讨论知,特征方程(4.2.29)的 k_1 重根 $\mu_1=0$ 对应于微分方程(4.2.30)的 k_1 个线性无关解 $z=1,x,x^2,\cdots,x^{k_1-1}$. 因而由变换(4.2.25),对应于特征方程(4.2.21)的 k_1 重根 λ_1,微分方程(4.2.17)有 k_1 个解：

$$e^{\lambda_1 x},xe^{\lambda_1 x},\cdots,x^{k_1-1}e^{\lambda_1 x}. \tag{4.2.31}$$

同样地,对特征方程(4.2.21)的其他根 $\lambda_2,\lambda_3,\cdots,\lambda_m$,其重数分别为 $k_2,k_3,\cdots,k_m$, $(k_i\geqslant 1, i=2,3,\cdots,m;\ k_1+k_2+\cdots+k_m=n, i\neq j$ 时 $\lambda_i\neq\lambda_j)$,则微分方程(4.2.17)对应地有解:

$$\begin{cases} e^{\lambda_2 x}, xe^{\lambda_2 x}, \cdots, x^{k_2-1}e^{\lambda_2 x}, \\ \vdots \\ e^{\lambda_m x}, xe^{\lambda_m x}, \cdots, x^{k_m-1}e^{\lambda_m x}. \end{cases} \tag{4.2.32}$$

可以证明(4.2.31)与(4.2.32)中的 n 个解构成微分方程(4.2.17)的一个基本解组.

① 如果 $\lambda_1,\lambda_2,\cdots,\lambda_m$ 均为实根,则解组(4.2.31)和(4.2.32)为微分方程(4.2.17)的一个实值基本解组.

② 如果 $\lambda_1,\lambda_2,\cdots,\lambda_m$ 中有重复根,如 $\lambda_1=\alpha+i\beta$ 是 k_1 重复根,则 $\bar{\lambda}_1=\alpha-i\beta$ 也是 k_1 重复根,可仿单复根的情形一样处理,把微分方程(4.2.17)的如下的 $2k_1$ 个复值解

$$e^{(\alpha+i\beta)x}, xe^{(\alpha+i\beta)x}, \cdots, x^{k_1-1}e^{(\alpha+i\beta)x},$$
$$e^{(\alpha-i\beta)x}, xe^{(\alpha-i\beta)x}, \cdots, x^{k_1-1}e^{(\alpha-i\beta)x}.$$

换成如下的 $2k_1$ 个实值解

$$e^{\alpha x}\cos\beta x, xe^{\alpha x}\cos\beta x, \cdots, x^{k_1-1}e^{\alpha x}\cos\beta x,$$
$$e^{\alpha x}\sin\beta x, xe^{\alpha x}\sin\beta x, \cdots, x^{k_1-1}e^{\alpha x}\sin\beta x.$$

可以证明,这样所得到的 n 个解仍是线性无关的,从而仍能得到微分方程(4.2.17)的一个实值基本解组.

例 4.2.4 求微分方程 $y'''+4y''+5y'+2y=0$ 的通解.

解 特征微分方程为 $\lambda^3+4\lambda^2+5\lambda+2=0$.由于

$$\lambda^3+4\lambda^2+5\lambda+2=(\lambda+1)^2(\lambda+2),$$

故特征根 $\lambda_1=\lambda_2=-1,\lambda_3=-2$.基本解组

$$y_1=e^{-x},\quad y_2=xe^{-x},\quad y_3=e^{-2x},$$

微分方程的通解为

$$y=(c_1+c_2x)e^{-x}+c_3e^{-2x}.$$ □

例 4.2.5 求微分方程 $y^{(4)}+6y''+9y=0$ 的通解.

解 特征方程为 $\lambda^4+6\lambda^2+9=0$.由于

$$\lambda^4+6\lambda^2+9=(\lambda^2+3)^2,$$

特征根为 $\lambda_1=\lambda_2=\sqrt{3}i,\lambda_3=\lambda_4=-\sqrt{3}i$.实值基本解组是

$$y_1=\cos\sqrt{3}x,\quad y_2=x\cos\sqrt{3}x,\quad y_3=\sin\sqrt{3}x,\quad y_4=x\sin\sqrt{3}x,$$

微分方程的通解为

$$y=(c_1+c_2x)\cos\sqrt{3}x+(c_3+c_4x)\sin\sqrt{3}x.$$ □

例 4.2.6　求初始条件

$$y''+2y'+y=0,\quad y(0)=0,\quad y(0)=1$$

的解 $y=y(x)$ 并讨论 $x\to+\infty$ 时 $y=y(x)$ 的变化性态.

解　特征方程为 $\lambda^2+2\lambda+1=0$,特征根为 $\lambda_1=\lambda_2=-1$. 基本解组是 e^{-x}, xe^{-x},微分方程的通解为 $y=c_1e^{-x}+c_2xe^{-x}$. 由初始条件 $y(0)=0, y'(0)=1$ 可知 $c_1=0, c_2=1$. 因此,初值解为 $y=xe^{-x}$.

当 $x\to+\infty$ 时 $\lim\limits_{x\to+\infty}y(x)=\lim\limits_{x\to+\infty}xe^{-x}=0$, $y=xe^{-x}$ 的变化性态如图 4.5 所示.

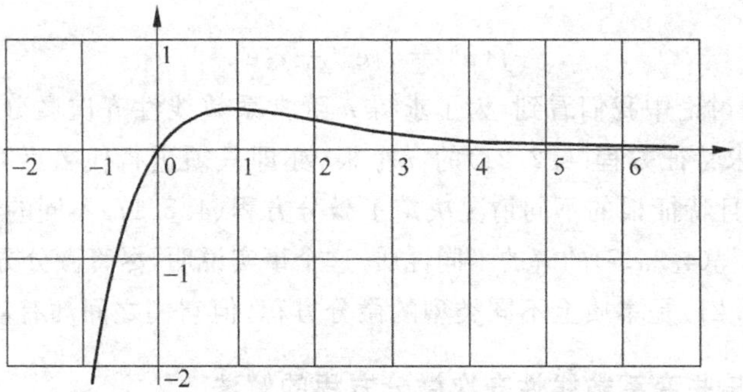

图 4.5　初值解 $y=xe^{-x}$ 的图形

例 4.2.7　设函数 $f(x)$ 可导,且满足积分方程

$$f(x)=1+2x+\int_0^x tf(t)\mathrm{d}t-x\int_0^x f(t)\mathrm{d}t.$$

试求函数 $f(x)$.

解　由上述积分方程知 $f(0)=1$. 积分方程两边对 x 求导得

$$f'(x)=2-\int_0^x f(t)\mathrm{d}t.$$

由此可得 $f'(0)=2$. 上式两边再对 x 求导得

$$f''(x)=-f(x).$$

这是二阶常系数线性齐次微分方程,其特征方程为 $\lambda^2+1=0$,特征根 $\lambda_1=-\mathrm{i}, \lambda_2=\mathrm{i}$. 于是,这个微分方程的通解为

$$f(x)=c_1\cos x+c_2\sin x.$$

由此得 $f'(x)=-c_1\sin x+c_2\cos x$. 由 $f(0)=1, f'(0)=2$ 得 $c_1=1, c_2=2$. 所以

$$f(x)=\cos x+2\sin x.$$ □

例 4.2.8　设函数 f 二阶连续可导,$z=f(e^x\sin y)$ 满足方程 $\dfrac{\partial^2 z}{\partial x^2}+\dfrac{\partial^2 z}{\partial y^2}=ze^{2x}$,

求 $f(u)$.

解

$$\frac{\partial z}{\partial x}=f'(u)e^x\sin y,\quad \frac{\partial z}{\partial y}=f'(u)e^x\cos y,$$

$$\frac{\partial^2 z}{\partial x^2}=f'(u)e^x\sin y+f''(u)e^{2x}\sin^2 y,$$

$$\frac{\partial^2 z}{\partial y^2}=-f'(u)e^x\sin y+f''(u)e^{2x}\cos^2 y.$$

代入原方程，得

$$f''(u)-f(u)=0,$$

由此解得

$$f(u)=c_1e^{-u}+c_2e^u.$$ □

从上面的讨论中我们看到，为了求得 n 阶常系数线性齐次微分方程(4.2.17)的通解，只需求特征方程(4.2.21)的 n 个根，亦即只须进行代数运算，而无须进行积分运算；并且特征根的不同情况决定了微分方程(4.2.17)不同的通解形式，从而决定了微分方程(4.2.17)的解的不同性质. 这个事实说明，尽管微分方程(4.2.17)与代数方程(4.2.21)是本质上不同类型的微分方程，但它们之间却有着密切的联系.

4.2.3 某些变系数线性齐次微分方程的解法

本节介绍求解某些变系数线性齐次微分方程的两种方法，重点讨论二阶的情形.

1. 化为常系数法

有些变系数线性齐次微分方程，可以选择适当的变量替换化为常系数线性齐次微分方程，从而可求得其通解.

(1) 在自变量变换下，可化为常系数的微分方程

考虑欧拉方程

$$ax^2\frac{d^2y}{dx^2}+bx\frac{dy}{dx}+cy=0, \tag{4.2.33}$$

这里 a,b,c 为常数，$a\neq 0$. 它的特点是 y 的 k 阶导数($k=0,1,2$，规定 $y^{(0)}=y$)的系数是 x 的 k 次方乘以常数.

我们想找一个变换，使微分方程(4.2.33)的线性及齐次性保持不变，且把变系数化为常系数. 依据微分方程(4.2.33)本身的特点，选取自变量的变换

$$x=e^t\quad (t=\ln x) \tag{4.2.34}$$

就可达到上述目的(这里设 $x>0$，当 $x<0$ 时，取 $x=-e^t$. 以后为确定起见，认定 $x>0$).

事实上,因为

$$\frac{dy}{dx}=\frac{dy}{dt}\frac{dt}{dx}=e^{-t}\frac{dy}{dt},$$

$$\frac{d^2y}{dx^2}=\frac{d}{dt}\left(e^{-t}\frac{dy}{dt}\right)\frac{dt}{dx}=e^{-2t}\left(\frac{d^2y}{dt^2}-\frac{dy}{dt}\right), \tag{4.2.35}$$

代入微分方程(4.2.33),则原微分方程变为

$$a\frac{d^2y}{dt^2}+(b-a)\frac{dy}{dt}+cy=0. \tag{4.2.36}$$

微分方程(4.2.36)是常系数二阶线性齐次微分方程.因而可求得其通解.再由变换(4.2.34),代回原变量,就得到原微分方程(4.2.33)的通解.

【注】 采取自变量变换 $ax+b=e^t$,可把形如

$$(ax+b)^2\frac{d^2y}{dt^2}+a_1(ax+b)\frac{dy}{dx}+a_2y=0$$

的微分方程,化为常系数线性齐次微分方程.

例 4.2.9 求解以下欧拉方程.

① $2x^2\frac{d^2y}{dx^2}+3x\frac{dy}{dx}-y=0$;

② $x^2\frac{d^2y}{dx^2}+5x\frac{dy}{dx}+4y=0$;

③ $x^2y''-xy'+5y=0$.

解 ① 令 $x=e^t$,则原方程化为如下关于变量 t 的新方程

$$2\frac{d^2y}{dt^2}+\frac{dy}{dt}-y=0,$$

其特征方程为 $2\lambda^2+\lambda-1=0$,特征根为 $\lambda_1=\frac{1}{2}$,$\lambda_2=-1$.故新方程的通解为

$$y(t)=c_1e^{t/2}+c_2e^{-t},$$

代回原变量 x,就得到原方程的通解

$$y(x)=c_1\sqrt{x}+c_2\frac{1}{x}.$$

② 令 $x=e^t$,则原方程化为如下关于变量 t 的新方程

$$\frac{d^2y}{dt^2}+4\frac{dy}{dt}+4y=0,$$

其特征方程为 $\lambda^2+4\lambda+4=0$,特征根为 $\lambda_1=\lambda_2=-2$.故新方程的通解为

$$y=(c_1+c_2t)e^{-2t},$$

换回原自变量 x,则得原方程的通解

$$y=(c_1+c_2\ln x)x^{-2}.$$

□

③ 令 $x=e^t$，则原方程化为如下关于变量 t 的新方程

$$\frac{d^2y}{dt^2}-2\frac{dy}{dt}+5y=0,$$

其特征方程为 $\lambda^2-2\lambda+5=0$，特征根为 $\lambda_{1,2}=1\pm 2i$. 故新方程的通解为

$$y=e^t(c_1\cos 2t+c_2\sin 2t),$$

换回原自变量 x，则得原方程的通解

$$y=x[c_1\cos(2\ln x)+c_2\sin(2\ln x)].$$ □

(2) 在未知函数的线性齐次变换下，可化为常系数的微分方程

考虑二阶变系数线性齐次微分方程

$$y''+p_1(x)y'+p_2(x)y=0, \tag{4.2.37}$$

讨论系数函数 $p_1(x)$，$p_2(x)$满足什么条件时，可经适当的线性齐次变换

$$y=a(x)z \tag{4.2.38}$$

将方程(4.2.37)化为常系数线性微分方程. 这里 $a(x)$是待定函数.

为此，把式(4.2.38)代入微分方程(4.2.37)，可得到

$$a(x)z''+[2a'(x)+p_1(x)a(x)]z'+[a''(x)+p_1(x)a'(x)+p_2(x)a(x)]z=0. \tag{4.2.39}$$

欲使式(4.2.39)为常系数线性齐次微分方程，必须选取 $a(x)$使得 z''、z'及 z 的系数均为常数. 令 z'的系数为零，即

$$2a'(x)+p_1(x)a(x)=0,$$

可求得 $a(x)=e^{-\frac{1}{2}\int p_1(x)dx}$. 代入式(4.2.39)，整理得到

$$z''+[p_2(x)-\frac{1}{4}p_1^2(x)-\frac{1}{2}p'_1(x)]z=0. \tag{4.2.40}$$

由此可见方程(4.2.37)可经过线性齐次变换

$$y=e^{-\frac{1}{2}\int p_1(x)dx}z \tag{4.2.41}$$

化为关于 z 的线性齐次微分方程(4.2.40). 当 z 的系数

$$I(x)=p_2(x)-\frac{1}{4}p_1^2(x)-\frac{1}{2}p'_1(x) \tag{4.2.42}$$

为常数时，方程(4.2.40)为常系数微分方程.

方程(4.2.37)在形如式(4.2.41)的变换下，函数 $I(x)$的值不会改变，故称 $I(x)$为方程(4.2.37)的不变式. 因此，当不变式 $I(x)$为常数时，方程(4.2.37)可经变换(4.2.41)化为常系数线性齐次微分方程.

例 4.2.10 求方程 $x^2y''+xy'+(x^2-\frac{1}{4})y=0$ 的通解.

解 这里 $p_1(x)=\frac{1}{x}$，$p_2(x)=1-\frac{1}{4x^2}$，因

$$I(x)=p_2(x)-\frac{1}{4}p_1^2(x)-\frac{1}{2}p_1'(x)=1-\frac{1}{4x^2}-\frac{1}{4}\left(\frac{1}{x}\right)^2-\frac{1}{2}\left(-\frac{1}{x^2}\right)=1,$$

故令

$$y=\mathrm{e}^{-\frac{1}{2}\int\frac{1}{x}\mathrm{d}x}\cdot z=\frac{z}{\sqrt{x}},$$

就可把原方程化为常系数微分方程

$$z''+z=0.$$

求得其通解为

$$z=c_1\cos x+c_2\sin x.$$

代回原变量 y，则得原方程的通解为

$$y=c_1\frac{\cos x}{\sqrt{x}}+c_2\frac{\sin x}{\sqrt{x}}.$$ □

2. 降阶法

若已知一元 n 次代数方程的 $k(k<n)$ 个根，则可提出 k 个因式，使 n 次方程降低 k 次，化为 $n-k$ 次方程. 与此类似，对 n 阶线性齐次微分方程

$$y^{(n)}+p_1(x)y^{(n-1)}+\cdots+p_n(x)y=0,\tag{4.2.2}$$

若能找到它的 $k(k<n)$ 个线性无关解，则可选择适当的变换，使 n 阶微分方程(4.2.2)降低 k 阶，化为 $n-k$ 阶微分方程，且保持线性及齐次性.

这里讨论已知二阶线性齐次微分方程有一个非零解的情况（一般的情况请参看文献[2]，[12]）. 设 $y=y_1(x)$ 是二阶微分方程

$$y''+p_1(x)y'+p_2(x)y=0\tag{4.2.37}$$

的一个非零解. 令 $y=y_1(x)z$. 则由(4.2.39)有

$$a(x)z''+[2a'(x)+p_1(x)a(x)]z'=0.$$

令 $z'=u$，上式化为一阶线性齐次微分方程

$$a(x)u'+[2a'(x)+p_1(x)a(x)]u=0.$$

可求得方程(4.2.37)的与 $y_1(x)$ 线性无关的另一解 $y_2(x)$ 为

$$y_2=y_1\int\frac{\mathrm{e}^{-\int p_1(x)\mathrm{d}x}}{y_1^2}\mathrm{d}x.\tag{4.2.43}$$

例 4.2.11　求方程 $xy''-xy'+y=0$ 的通解.

解　观察可知，方程有一特解 $y_1(x)=x$，令 $y=xz$，则

$$y'=z+xz',\ y''=2z'+xz'',$$

代入微分方程得

$$x^2z''+(2x-x^2)z'=0,$$

再令 $z'=u$，得一阶线性齐次微分方程

$$x^2u' + (2x - x^2)u = 0.$$

解得 $u = c_1 \dfrac{e^x}{x^2}, z = c_1\int \dfrac{e^x}{x^2}dx + c_2$. 取 $c_1 = 1, c_2 = 0$，并由 $y=xz$ 得原方程的另一解

$$y_2 = x\int \frac{e^x}{x^2}dx.$$

显然，解 y_1 与 y_2 线性无关，故微分方程的通解为

$$y = c_1x + c_2xy = c_1x + c_2x\int \frac{e^x}{x^2}dx. \qquad \square$$

例 4.2.12 求微分方程 $(1-x^2)y''-2xy'+2y=0$ 的通解.

解 由观察知微分方程有一特解 $y_1(x)=x$，这里 $p_1(x)=-\dfrac{2x}{1-x^2}$，由公式(4.2.43)，有

$$\begin{aligned}
y_2(x) &= x\int \frac{1}{x^2}e^{\int\frac{2x}{1-x^2}dx}dx = x\int \frac{dx}{x^2(1-x^2)} \\
&= x\int\left(\frac{1}{x^2} + \frac{1}{2(1-x)} + \frac{1}{2(1+x)}\right)dx \\
&= x\left(-\frac{1}{x} + \frac{1}{2}\ln\left|\frac{1+x}{1-x}\right|\right) \\
&= -1 + \frac{x}{2}\ln\left|\frac{1+x}{1-x}\right|.
\end{aligned}$$

故方程的通解为

$$y = c_1x + c_2\left(\frac{x}{2}\ln\left|\frac{1+x}{1-x}\right| - 1\right). \qquad \square$$

习题 4.2

1. 判断下列函数组在所给区间上的线性相关性：

(1) $\sin 2x, \cos x, \sin x, x\in(-\infty, +\infty)$；

(2) $\cos^2 x, \sin^2 x, \sec^2 x, \tan^2 x, x\in\left(-\dfrac{\pi}{2}, \dfrac{\pi}{2}\right)$；

(3) $e^x, xe^x, x^2e^x, x\in(-\infty, +\infty)$；

(4) $\sqrt{x}+5, \sqrt{x}+5x, x-1, x^2, x\in(0, +\infty)$.

证明以下 2～5 题. 在这些题中，设二阶线性齐次微分方程

$$y'' + p_1(x)y' + p_2(x)y = 0 \qquad (*)$$

中的系数 $p_1(x), p_2(x)$ 在区间 $[a,b]$ 上连续.

2. 若 $y(x)$ 是微分方程($*$)的非零解，且 $y(x_0)=0, x_0\in[a,b]$，则必有 $y'(x_0)\neq 0$.

3. 设 $y_1(x)$，$y_2(x)$是微分方程(*)的两个解，且在同一点 $x_0\in[a,b]$达到极值，则 $y_1(x)$，$y_2(x)$在区间$[a,b]$上线性相关.

4. 若微分方程(*)中的 $p_2(x)<0$，则对微分方程(*)的任一非零解 $y(x)$，函数

$$f(x)=y(x)y'(x)\mathrm{e}^{\int_{x_0}^{x}p_1(s)\mathrm{d}s}$$

在$[a,b]$上严格单调增加，这里 $x_0\in[a,b]$.

5. 若微分方程(*)中的 $p_1(x)$恒不为零，则微分方程(*)的任一基本解组的伏朗斯基行列式是在区间$[a,b]$上的严格单调函数.

6. 求下列微分方程的通解：

(1) $y''-5y'+6y=0$；　(2) $y''+2y'+10y=0$；

(3) $y''+2ay'+y=0$(a 为实常数)；　(4) $y^{(5)}-4y'''=0$；

(5) $y^{(4)}+4y''+4y=0$.

7. 求下列微分方程初值问题的解：

(1) $y''+3y'+2y=0,y(0)=1,y'(0)=-2$；

(2) $y''-2y'+2y=0,y(\pi)=-2,y'(\pi)=-3$.

8. 设函数 $y(x)$具有连续的二阶导数且 $y'(0)=0$，试由积分方程

$$y(x)=1-\frac{1}{5}\int_0^x[y''(\tau)+4y(\tau)]\mathrm{d}\tau$$

确定此函数.

9. 讨论 k 为何值时，微分方程 $y''+ky=0$ 存在满足边值条件 $y(0)=1,y(1)=0$ 的非零解？

10. 设方程 $y''+ay'+by=0,a>0,b>0$. 试证：当 $x\to+\infty$时，方程的每一解均趋于零.

11. 求下列微分方程的通解：

(1) $x^2y''-xy'+2y=0$；　(2) $(x+1)^2y''+3(x+1)y'+y=0$；

(3) $xy''+2y'-xy=0$；　(4) $y''-4xy'+(4x^2-1)y=0$.

12. 已知下列微分方程的一个特解，求其通解：

(1) $x^3y''-xy'+y=0,y_1=x$；　(2) $(\sin^2x)y''-2y=0,y_1=\cot x$.

13. 对于微分方程 $y''+p_1(x)y'+p_2(x)y=0$：

(1) 若 $p_1(x)\equiv-xp_2(x)$，则 $y=x$ 是微分方程的解；

(2) 若存在常数 m，使得 $m^2+mp_1(x)+p_2(x)\equiv0$，则 $y=\mathrm{e}^{mx}$ 是微分方程的解.

14. 求方程$(x-1)y''-xy'+y=0$ 的通解.

15. 求方程 $y''-xf(x)y'+f(x)y=0$ 的通解，其中 $f(x)$连续.

4.3 二阶线性齐次微分方程的幂级数解法

4.3.1 引言

到现在为止,我们已经熟悉了二阶或高阶常系数线性微分方程的解法,但对变系数线性微分方程所知甚少,仅介绍了欧拉方程. 即使最简单的二阶变系数线性齐次微分方程 $y''+xy=0$,我们也不能把它的解表示为初等函数或初等函数积分的有限形式. 正如将在本节看到的那样,它的解是由无穷级数定义的. 二阶变系数线性齐次微分方程

$$y''+p(x)y'+q(x)y=0 \tag{4.3.1}$$

在数学、物理、工程技术、天文等方面有着重大的应用价值,这就促使人们去探索新的研究方法. 本节将简要介绍方程(4.3.1)的幂级数解法.

4.3.2 常点邻域内的幂级数解

我们称 $p(x),q(x)$ 在 $x=x_0$ 点附近处解析,指的是它们都可以展开成收敛的幂级数

$$p(x)=\sum_{n=0}^{\infty}p_n(x-x_0)^n,q(x)=\sum_{n=0}^{\infty}q_n(x-x_0)^n,$$

其中 $p_n,q_n(n=0,1,2,\cdots)$ 为常数.

如果微分方程(4.3.1)中的 $p(x),q(x)$ 在 $x=x_0$ 点附近处解析,称 $x=x_0$ 点为方程(4.3.1)的**常点**.

我们试图找到微分方程(4.3.1)形如

$$y(x)=\sum_{n=0}^{\infty}a_n(x-x_0)^n \tag{4.3.2}$$

的幂级数解.

假定 $x-x_0$ 位于幂级数(4.3.2)的收敛区间内,可以通过逐项求导得到 y',y'' 的幂级数表达式,代入方程(4.3.1),比较 $(x-x_0)$ 同次幂的系数确定 $a_n(n=0,1,2,\cdots)$.

先看一个我们熟悉的例子.

例 4.3.1 求微分方程 $y''=-y$ 幂级数形式 $y(x)=\sum_{n=0}^{\infty}a_nx^n$ 的通解.

解 设 x 位于该幂级数的收敛区间内,通过逐项求导得到

$$y'(x)=\sum_{n=1}^{\infty}na_nx^{n-1},y''(x)=\sum_{n=2}^{\infty}n(n-1)a_nx^{n-2}.$$

将 $y(x)$，$y''(x)$代入方程 $y''=-y$，得到

$$\sum_{n=2}^{\infty} n(n-1)a_n x^{n-2} = -\sum_{n=0}^{\infty} a_n x^n.$$

为研究方便，可以把它写成

$$\sum_{n=0}^{\infty}(n+2)(n+1)a_{n+2}x^n = -\sum_{n=0}^{\infty} a_n x^n.$$

比较上式两端 x 同次幂的系数，得到

$$(n+2)(n+1)a_{n+2} = -a_n, \quad (n=0,1,2,\cdots)$$

或

$$a_{n+2} = -\frac{a_n}{(n+2)(n+1)}, \quad (n=0,1,2,\cdots).$$

如果知道 a_0，由此公式就可以求出所有偶次幂系数 $a_{2n}(n=1,2,\cdots)$；知道 a_1，就可以求出所有奇次幂系数 $a_{2n+1}(n=1,2,\cdots)$.

先求偶次幂系数 $a_{2n}(n=1,2,\cdots)$：

$$a_2 = -\frac{a_0}{2!}, \quad a_4 = -\frac{a_2}{3\times 4} = \frac{a_0}{4!}, \quad a_6 = -\frac{a_4}{5\times 6} = -\frac{a_0}{6!},\cdots.$$

用归纳法可得

$$a_{2n} = (-1)^n \frac{a_0}{(2n)!}, \quad (n=0,1,2,\cdots).$$

同理，可得奇次幂系数

$$a_{2n+1} = (-1)^n \frac{a_1}{(2n+1)!}, \quad (n=0,1,2,\cdots).$$

因此，方程的解

$$y(x) = a_0\left[1-\frac{x^2}{2}+\frac{x^4}{24}+\cdots+(-1)^n\frac{x^{2n}}{(2n)!}+\cdots\right] + a_1\left[x-\frac{x^3}{6}+\frac{x^5}{120}+\cdots+(-1)^n\frac{x^{2n+1}}{(2n+1)!}+\cdots\right].$$

由于

$$\cos x = 1-\frac{x^2}{2}+\frac{x^4}{24}+\cdots+(-1)^n\frac{x^{2n}}{(2n)!}+\cdots,$$

$$\sin x = x-\frac{x^3}{6}+\frac{x^5}{120}+\cdots+(-1)^n\frac{x^{2n+1}}{(2n+1)!}+\cdots.$$

$\cos x$，$\sin x$ 线性无关，有通解 $y(x)=a_0\cos x+a_1\sin x$. 由数学分析可知，$y(x)$在$(-\infty,+\infty)$内收敛.

再看一个我们不熟悉的例子.

例 4.3.2　求方程 $y''-xy=0$ 幂级数形式 $y(x)=\sum_{n=0}^{\infty}a_n x^n$ 的通解.

解 设 x 位于该幂级数的收敛区间内,通过逐项求导得到

$$y'(x)=\sum_{n=1}^{\infty}na_nx^{n-1},\quad y''(x)=\sum_{n=2}^{\infty}n(n-1)a_nx^{n-2}.$$

将 $y(x),y''(x)$ 代入方程 $y''-xy=0$,得到

$$\sum_{n=2}^{\infty}n(n-1)a_nx^{n-2}-x\sum_{n=0}^{\infty}a_nx^n=0.$$

我们可以把它写成

$$2a_2+\sum_{n=1}^{\infty}(n+2)(n+1)a_{n+2}x^n-\sum_{n=1}^{\infty}a_{n-1}x^n=0.$$

由此可得 $2a_2=0$,故 $a_2=0$. 另一方面,由

$$\sum_{n=1}^{\infty}[(n+2)(n+1)a_{n+2}-a_{n-1}]x^n=0,$$

有

$$(n+2)(n+1)a_{n+2}-a_{n-1}=0.$$

由此得到系数之间的关系

$$a_{n+3}=\frac{a_n}{(n+3)(n+2)}.$$

如果知道 a_0,由此公式就可以求出 $a_3,a_6,a_9,\cdots$;知道 a_1,就可以求出 $a_4,a_7,a_{10},\cdots$;由于 $a_2=0$,可知 $a_5=a_8=a_{11}=\cdots=0$.

我们先由 a_0 求 $a_3,a_6,a_9,\cdots$:

$$a_3=\frac{a_0}{2\cdot 3},\quad a_6=\frac{a_3}{5\cdot 6}=\frac{a_0}{2\cdot 3\cdot 5\cdot 6},\quad a_9=\frac{a_0}{2\cdot 3\cdot 5\cdot 6\cdot 8\cdot 9},\cdots$$

归纳可得

$$a_{3n}=\frac{a_0}{2\cdot 3\cdot 5\cdot 6\cdot\cdots\cdot(3n-1)\cdot 3n}.$$

同理,由 a_1 可以求 $a_4,a_7,a_{10},\cdots$:

$$a_4=\frac{a_1}{3\cdot 4},\quad a_7=\frac{a_4}{6\cdot 7}=\frac{a_1}{3\cdot 4\cdot 6\cdot 7},\quad a_{10}=\frac{a_1}{3\cdot 4\cdot 6\cdot 7\cdot 9\cdot 10},\cdots$$

归纳可得

$$a_{3n+1}=\frac{a_1}{3\cdot 4\cdot 6\cdot 7\cdot\cdots\cdot 3n\cdot(3n+1)}.$$

因此,得到方程的通解

$$y(x)=a_0\left[1+\frac{x^3}{2\cdot 3}+\frac{x^6}{2\cdot 3\cdot 5\cdot 6}+\cdots+\frac{x^{3n}}{2\cdot 3\cdot 5\cdot 6\cdot\cdots\cdot(3n-1)\cdot 3n}\cdots\right]$$
$$+a_1\left[x+\frac{x^4}{3\cdot 4}+\frac{x^7}{3\cdot 4\cdot 6\cdot 7}+\cdots+\frac{x^{3n+1}}{3\cdot 4\cdot 6\cdot 7\cdot\cdots\cdot 3n\cdot(3n+1)}+\cdots\right].$$

它给出了解的形式

$$y(x)=a_1y_1(x)+a_2y_2(x),$$

其中

$$y_1(x)=1+\frac{x^3}{2\cdot 3}+\frac{x^6}{2\cdot 3\cdot 5\cdot 6}+\cdots+\frac{x^{3n}}{2\cdot 3\cdot 5\cdot 6\cdot\cdots\cdot(3n-1)\cdot 3n}\cdots;$$

$$y_2(x)=x+\frac{x^4}{3\cdot 4}+\frac{x^7}{3\cdot 4\cdot 6\cdot 7}+\cdots+\frac{x^{3n+1}}{3\cdot 4\cdot 6\cdot 7\cdot\cdots\cdot 3n\cdot(3n+1)}+\cdots.$$

$y_1(x),y_2(x)$线性无关.

下面考察 $y_1(x),y_2(x)$的收敛范围.

$y_1(x)$的逐项比率

$$\left|\frac{x^{3(n+1)}}{2\cdot 3\cdot 5\cdot 6\cdot\cdots\cdot(3n-1)\cdot 3n(3n+2)(3n+3)}\Bigg/\frac{x^{3n}}{2\cdot 3\cdot 5\cdot 6\cdot\cdots\cdot(3n-1)\cdot 3n}\right|$$

$$=\frac{|x|^3}{(3n+2)(3n+3)}.$$

由于对任意的 x,有

$$\lim_{n\to\infty}\frac{|x|^3}{(3n+2)(3n+3)}=0.$$

故 $y_1(x)$的收敛范围为$(-\infty,+\infty)$. 同理,$y_2(x)$的收敛范围为$(-\infty,+\infty)$. 从而 $y(x)$的收敛范围为$(-\infty,+\infty)$.

下面给出方程(4.3.1)在常点的邻域内的幂级数解.

定理 4.3.1(幂级数解存在性定理)　设 $x=x_0$ 是方程(4.3.1)的常点,且系数函数 $p(x),q(x)$的幂级数展开式的收敛区间为$|x-x_0|<R(R>0)$,则方程(4.3.1)在$|x-x_0|<R$ 内有收敛的幂级数解

$$y=\sum_{n=0}^{\infty}a_n(x-x_0)^n,\tag{4.3.3}$$

其中 a_0 和 a_1 可任意取值(它们由初值决定,即 $a_0=y(x_0),a_1=y'(x_0)$),而其余 $a_n(n=2,3,\cdots)$为待定常数. □

定理 4.3.1 表明,若 $x=x_0$ 是方程(4.3.1)的常点,则方程(4.3.1)就有形如(4.3.3)的收敛的幂级数解.

4.3.3　正则奇点邻域内的广义幂级数解

若 $x=x_0$ 时,系数函数 $p(x),q(x)$中至少有一个在点 $x=x_0$ 不解析(甚至不连续). 这时,称点 x_0 为方程(4.3.1)的**奇点**.

方程(4.3.1)的奇点分为两种不同类型: 若点 $x=x_0$ 是方程(4.3.1)的奇点,

但函数$(x-x_0)p(x)$，$(x-x_0)^2q(x)$在点$x=x_0$处解析，则称点x_0为方程(4.3.1)的**正则奇点**；否则，称点x_0为(4.3.1)的**非正则奇点**.

例 4.3.3 对以下方程，找出奇点并分类：

(1) $(x^2-4)^2y''+3(x-2)y'+5y=0$；

(2) $(x^2+9)^2y''-3xy'+(1-x)y=0$.

解 (1) 方程两边除以$(x^2-4)^2$得到

$$p(x)=\frac{3}{(x-2)(x+2)^2},\quad q(x)=\frac{5}{(x-2)^2(x+2)^2}.$$

$x=2$，$x=-2$是方程的奇点. 由于

$$(x-2)p(x)=\frac{3}{(x+2)^2},\quad (x-2)^2q(x)=\frac{5}{(x+2)^2}$$

在$x=2$处解析，故$x=2$是方程的正则奇点；又由于

$$(x+2)p(x)=\frac{3}{(x-2)(x+2)}$$

在$x=-2$处不解析，故$x=-2$是方程的非正则奇点.

(2) 方程两边除以$(x^2+9)^2$得到

$$p(x)=\frac{-3x}{(x-3\mathrm{i})^2(x+3\mathrm{i})^2},\quad q(x)=\frac{1-x}{(x-3\mathrm{i})^2(x+3\mathrm{i})^2}.$$

奇点为$x=3\mathrm{i}$，$x=-3\mathrm{i}$. 由于

$$(x-3\mathrm{i})p(x)=\frac{-3x}{(x-3\mathrm{i})(x+3\mathrm{i})^2},\quad (x-3\mathrm{i})^2q(x)=\frac{1-x}{(x+3\mathrm{i})^2}$$

在$x=3\mathrm{i}$处不解析，故$x=3\mathrm{i}$是方程的非正则奇点；同理，$x=-3\mathrm{i}$是方程的非正则奇点. □

由实际问题引出的许多微分方程经常有奇点，需要弄清楚其解在奇点x_0附近的性质.

考虑微分方程

$$x^2y''+xy'+\left(x^2-\frac{1}{4}\right)y=0. \tag{4.3.4}$$

显见$x=0$是它的唯一奇点，且是正则奇点. 设它有幂级数解

$$y(x)=a_0+a_1x+a_2x^2+\cdots+a_nx^n+\cdots$$

仿照例 4.3.1 的做法，把它代入(4.3.4)，可推得

$$-\frac{1}{4}a_0-\frac{3}{4}a_1x+\left(\frac{3}{4}a_2+a_0\right)x^2+\cdots+\left[\left(n^2-\frac{1}{4}\right)a_n+a_{n-2}\right]x^n+\cdots=0.$$

由此可知，所有$a_n=0(i=0,1,2,\cdots)$，从而$y(x)\equiv 0$.

但我们可求得方程(4.3.4)在$x=0$附近的两个线性无关解

$$y_1=\frac{\cos x}{\sqrt{x}}=x^{-\frac{1}{2}}\sum_{n=0}^{\infty}\frac{(-1)^n}{(2n)!}x^{2n}, \tag{4.3.5}$$

$$y_2=\frac{\sin x}{\sqrt{x}}=x^{-\frac{1}{2}}\sum_{n=0}^{\infty}\frac{(-1)^n}{(2n+1)!}x^{2n+1}. \tag{4.3.6}$$

这里,级数(4.3.5)与(4.3.6)都不是普通意义下的幂级数,称这样的级数为**广义幂级数**.其一般形式为

$$(x-x_0)^{\rho}\sum_{n=0}^{\infty}a_n(x-x_0)^n\quad(a_0\neq 0),$$

其中 ρ 为实常数,称为**指标**.这样,方程(4.3.4)在正则奇点 $x=0$ 附近有广义幂级数解.

下面给出方程(4.3.1)在**正则奇点**的邻域内的广义幂级数解.

定理 4.3.2(广义幂级数解存在性定理)　设 $x=x_0$ 是方程(4.3.1)的正则奇点,则方程(4.3.1) 至少有一个广义幂级数解

$$y=\sum_{n=0}^{\infty}a_n(x-x_0)^{n+\rho}, \tag{4.3.7}$$

其中 $a_0\neq0$ 可任意取值,而 ρ 及 $a_n(n=1,2,\cdots)$ 是待定常数.该级数在某个区间 $0<x-x_0<R$ 内收敛.

定理 4.3.2 表明:若 $x=x_0$ 是方程(4.3.1)的正则奇点,则方程(4.3.1)具有形如(4.3.7)的广义幂级数解.　□

例 4.3.4　求方程

$$3xy''+y'-y=0 \tag{4.3.8}$$

的广义幂级数解.

解　显然,$x=0$ 是方程(4.3.8) 的正则奇点.由定理 4.3.2,方程(4.3.8) 有广义幂级数解 $y=\sum\limits_{n=0}^{\infty}a_n(x-x_0)^{n+\rho}$.计算 y',y''.

$$y'=\sum_{n=0}^{\infty}(n+\rho)a_n(x-x_0)^{n+\rho-1},\quad y''=\sum_{n=0}^{\infty}(n+\rho)(n+\rho-1)a_n(x-x_0)^{n+\rho-2}.$$

代入方程(4.3.8)有

$$\begin{aligned}
&3xy''+y'-y\\
&=3x\sum_{n=0}^{\infty}(n+\rho)(n+\rho-1)a_nx^{n+\rho-2}+\sum_{n=0}^{\infty}(n+\rho)a_nx^{n+\rho-1}-\sum_{n=0}^{\infty}a_nx^{n+\rho}\\
&=\sum_{n=0}^{\infty}(n+\rho)(3n+3\rho-2)a_nx^{n+\rho-1}-\sum_{n=0}^{\infty}a_nx^{n+\rho}\\
&=x^{\rho}\left[\rho(3\rho-2)a_0x^{-1}+\sum_{n=1}^{\infty}(n+\rho)(3n+3\rho-2)a_nx^{n-1}-\sum_{n=0}^{\infty}a_nx^n\right]\\
&=x^{\rho}\left[\rho(3\rho-2)a_0x^{-1}+\sum_{k=0}^{\infty}(k+1+\rho)(3k+3\rho+1)a_{k+1}x^k-\sum_{k=0}^{\infty}a_kx^k\right]
\end{aligned}$$

$$= x^{\rho}\left[\rho(3\rho-2)a_0x^{-1}+\sum_{k=0}^{\infty}[(k+1+\rho)(3k+3\rho+1)a_{k+1}-a_k]x^k\right]=0.$$

因此,有

$$\rho(3\rho-2)a_0=0,$$
$$(k+1+\rho)(3k+3\rho+1)a_{k+1}-a_k=0.\quad(k=1,2,\cdots).$$

由于 $a_0\neq 0$,有

$$\rho(3\rho-2)=0,\tag{4.3.9}$$

$$a_{k+1}=\frac{a_k}{(k+1+\rho)(3k+3\rho+1)}\quad(k=1,2,\cdots).\tag{4.3.10}$$

根据式(4.3.9),得到系数 a_{k+1},a_k 之间的两个不同的关系式:

$$\rho_1=\frac{2}{3},\quad a_{k+1}=\frac{a_k}{(3k+5)(k+1)}\quad(k=1,2,\cdots);\tag{4.3.11}$$

$$\rho_2=0,\quad a_{k+1}=\frac{a_k}{(k+1)(3k+1)}\quad(k=1,2,\cdots).\tag{4.3.12}$$

由式(4.3.11) 得到

$$a_1=\frac{a_0}{5\cdot 1},\quad a_2=\frac{a_1}{8\cdot 2}=\frac{a_0}{2!5\cdot 8},\quad a_3=\frac{a_2}{11\cdot 3}=\frac{a_0}{3!5\cdot 8\cdot 11},\cdots,$$

$$a_n=\frac{a_0}{n!5\cdot 8\cdot 11\cdot\cdots\cdot(3n+2)},\cdots$$

由式(4.3.12)得到

$$a_1=\frac{a_0}{1\cdot 1},\quad a_2=\frac{a_1}{2\cdot 4}=\frac{a_0}{2!1\cdot 4},\quad a_3=\frac{a_2}{3\cdot 7}=\frac{a_0}{3!1\cdot 4\cdot 7},\cdots,$$

$$a_n=\frac{a_0}{n!1\cdot 4\cdot 7\cdot\cdots\cdot(3n-2)},\cdots$$

从而得到方程(4.3.8)的两个广义幂级数解

$$y_1(x)=x^{2/3}\left[1+\sum_{n=1}^{\infty}\frac{1}{n!5\cdot 8\cdot 11\cdot\cdots\cdot(3n+2)}x^n\right],\tag{4.3.13}$$

$$y_2(x)=\left[1+\sum_{n=1}^{\infty}\frac{1}{n!1\cdot 4\cdot 7\cdot\cdots\cdot(3n-2)}x^n\right].\tag{4.3.14}$$

通过逐项比率的极限可知:$y_1(x)$,$y_2(x)$的收敛范围为$(-\infty,+\infty)$. 从而 $y(x)$的收敛范围为$(-\infty,+\infty)$. 此外,$y_1(x)$,$y_2(x)$线性无关. □

【注】 方程(4.3.9)称为(4.3.8)的指标方程,其根称为(4.3.8)的指标.

4.3.4 两个特殊方程

微分方程

$$(1-x^2)y''-2xy'+n(n+1)y=0,\quad n\text{ 为非负整数},\tag{4.3.15}$$
$$x^2y''+xy'+(x^2-a^2)y=0,\quad \text{常数 } a\geqslant 0\tag{4.3.16}$$

经常出现在应用数学、物理以及工程技术的研究中. 称式(4.3.15)为**勒让德方程**，称式(4.3.16)为**贝塞尔方程**.

1. 求勒让德方程的解

易知 $x=0$ 是方程(4.3.15)的一个常点. 由定理 4.3.1，方程(4.3.15)有幂级数解 $y=\sum_{k=0}^{\infty}a_kx^k$. 计算 y'，y''，代入方程(4.3.15)得到

$$
\begin{aligned}
&(1-x^2)y''-2xy'+n(n+1)y \\
&=(1-x^2)\sum_{k=2}^{\infty}k(k-1)a_kx^{k-2}-2x\sum_{k=1}^{\infty}ka_kx^{k-1}+n(n+1)\sum_{k=0}^{\infty}a_kx^k \\
&=\sum_{k=2}^{\infty}k(k-1)a_kx^{k-2}-\sum_{k=2}^{\infty}k(k-1)a_kx^k-\sum_{k=1}^{\infty}2ka_kx^k+n(n+1)\sum_{k=0}^{\infty}a_kx^k \\
&=\sum_{k=0}^{\infty}(k+2)(k+1)a_{k+2}x^k-\sum_{k=2}^{\infty}k(k-1)a_kx^k-\sum_{k=1}^{\infty}2ka_kx^k+n(n+1)\sum_{k=0}^{\infty}a_kx^k \\
&=[n(n+1)a_0+2a_2]+[(n-1)(n+2)a_1+6a_3]x \\
&\quad+\sum_{k=2}^{\infty}[(k+2)(k+1)a_{k+2}+(n-k)(n+k+1)a_k]x^k=0.
\end{aligned}
$$

于是

$$
\begin{aligned}
&n(n+1)a_0+2a_2=0; \\
&(n-1)(n+2)a_1+6a_3=0; \\
&(k+2)(k+1)a_{k+2}+(n-k)(n+k+1)a_k=0.
\end{aligned}
$$

得递推公式

$$
\begin{aligned}
&a_2=-\frac{n(n+1)}{2}a_0; \\
&a_3=-\frac{(n-1)(n+2)}{6}a_1; \\
&a_{k+2}=-\frac{(n-k)(n+k+1)}{(k+2)(k+1)}a_k,\quad k=2,3,\cdots
\end{aligned}
\tag{4.3.17}
$$

根据式(4.3.17)，由 a_0 可依次推出

$$
\begin{aligned}
&a_4=-\frac{(n-2)(n+3)}{4\cdot 3}a_2=\frac{(n-2)n(n+1)(n+3)}{4!}a_0; \\
&a_5=-\frac{(n-3)(n+4)}{5\cdot 4}a_3=\frac{(n-3)(n-1)(n+2)(n+4)}{5!}a_1; \\
&a_6=-\frac{(n-4)(n+5)}{6\cdot 5}a_4=-\frac{(n-4)(n-2)n(n+1)(n+3)(n+5)}{6!}a_0; \\
&a_7=-\frac{(n-5)(n+6)}{7\cdot 6}a_5=-\frac{(n-5)(n-3)(n-1)(n+2)(n+4)(n+6)}{7!}a_1; \\
&\vdots
\end{aligned}
$$

因此,至少对$|x|<1$,我们得到两个线性无关的幂级数解:

$$y_1(x)=a_0\Big[1-\frac{n(n+1)}{2}x^2+\frac{(n-2)n(n+1)(n+3)}{4!}x^4-\frac{(n-4)(n-2)n(n+1)(n+3)(n+5)}{6!}x^6+\cdots\Big];$$

$$y_2(x)=a_1\Big[x-\frac{(n-1)(n+2)}{6}x^3+\frac{(n-3)(n-1)(n+2)(n+4)}{5!}x^5-\frac{(n-5)(n-3)(n-1)(n+2)(n+4)(n+6)}{7!}x^7+\cdots\Big].$$

(4.3.18)

称勒让德方程(4.3.15)的收敛幂级数解(4.3.18)的和函数为**勒让德函数**.一般说来,它们不是初等函数,而是定义了一类新的函数.但从$y_1(x)$,$y_2(x)$的表达式可知,当n是偶数时,解$y_1(x)$退化为n次多项式;当n是奇数时,解$y_2(x)$退化为n次多项式.把上述多项式解乘以适当的常数因子(使得在$x=1$时,其值为1)所得到的多项式仍是相应的勒让德方程的解,称之为**勒让德多项式**①,记为$p_n(x)$.例如,可求出前几个勒让德多项式为

$$p_0(x)=1;\qquad p_1(x)=x;$$

$$p_2(x)=\frac{1}{2}(3x^2-1);\qquad p_3(x)=\frac{1}{2}(5x^3-3x);\qquad (4.3.19)$$

$$p_4(x)=\frac{1}{8}(35x^4-30x^2+3);\qquad p_5(x)=\frac{1}{8}(63x^5-70x^3+15x).$$

勒让德多项式$p_0(x),p_1(x),\cdots,p_5(x)$的图形如图4.6所示.

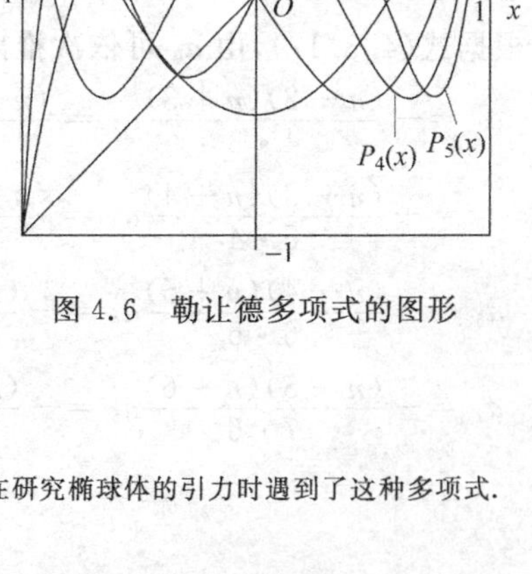

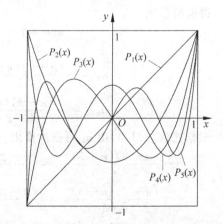

图4.6 勒让德多项式的图形

勒让德多项式有以下重要性质:

(1) $P_n(-x)=(-1)^nP_n(x)$;

(2) $P_n(1)=1$;

(3) $P_n(-1)=(-1)^n$;

(4) $P_n(0)=0$, n为奇数;

(5) $P_n'(0)=0$, n为偶数.

2. 求贝塞尔方程的解

对贝塞尔方程

$$x^2y''+xy'+(x^2-a^2)y=0,\quad 常数\ a\geqslant 0.\qquad (4.3.16)$$

① 勒让德(Legendre,1752—1833)是法国著名数学家.他在研究椭球体的引力时遇到了这种多项式.

$x=0$ 是它的正则奇点. 由定理 4.3.2, 方程(4.3.16)有广义幂级数解 $y=\sum_{n=0}^{\infty} a_n(x-x_0)^{n+\rho}$. 计算 y', y''.

$$y'=\sum_{n=0}^{\infty}(n+\rho)a_n(x-x_0)^{n+\rho-1},\quad y''=\sum_{n=0}^{\infty}(n+\rho)(n+\rho-1)a_n(x-x_0)^{n+\rho-2}.$$

代入方程(4.3.16)有

$$\begin{aligned}
&x^2y''+xy'+(x^2-a^2)y\\
&=x^2\sum_{n=0}^{\infty}(n+\rho)(n+\rho-1)a_nx^{n+\rho-2}+x\sum_{n=0}^{\infty}(n+\rho)a_nx^{n+\rho-1}+(x^2-a^2)\sum_{n=0}^{\infty}a_nx^{n+\rho}\\
&=\sum_{n=0}^{\infty}(n+\rho)(n+\rho-1)a_nx^{n+\rho}+\sum_{n=0}^{\infty}(n+\rho)a_nx^{n+\rho}+\sum_{n=0}^{\infty}a_nx^{n+\rho+2}-a^2\sum_{n=0}^{\infty}a_nx^{n+\rho}\\
&=a_0(\rho^2-a^2)x^\rho+x^\rho\sum_{n=1}^{\infty}a_n[(n+\rho)(n+\rho-1)+(n+\rho)-a^2]x^n+x^\rho\sum_{n=0}^{\infty}a_nx^{n+2}\\
&=a_0(\rho^2-a^2)x^\rho+x^\rho\sum_{n=1}^{\infty}a_n[(n+\rho)^2-a^2]x^n+x^\rho\sum_{n=0}^{\infty}a_nx^{n+2}.
\end{aligned}\tag{4.3.20}$$

由式(4.3.20), 指标方程为 $\rho^2-a^2=0$, 指标根为 $\rho_1=a$, $\rho_2=-a$. 当 $\rho_1=a$ 时, 式(4.3.20)变为

$$\begin{aligned}
&x^a\sum_{n=1}^{\infty}a_nn(n+2a)x^n+x^a\sum_{n=1}^{\infty}a_nx^{n+2}\\
&=x^a\left[(1+2a)a_1x+\sum_{n=2}^{\infty}a_nn(n+2a)x^n+\sum_{n=0}^{\infty}a_nx^{n+2}\right]\\
&=x^a\left[(1+2a)a_1x+\sum_{n=0}^{\infty}a_{n+2}(n+2)(n+2+2a)x^{n+2}+\sum_{n=0}^{\infty}a_nx^{n+2}\right]\\
&=x^a\left[(1+2a)a_1x+\sum_{n=0}^{\infty}[(n+2)(n+2+2a)a_{n+2}+a_n]x^{n+2}\right]=0.
\end{aligned}$$

因此有 $(1+2a)a_1=0$, $(n+2)(n+2+2a)a_{n+2}+a_n=0$, 或者

$$a_{n+2}=-\frac{a_n}{(n+2)(n+2+2a)}\quad(n=0,1,2,\cdots).\tag{4.3.21}$$

如果选取 $a_1=0$, 则 $a_3=a_5=a_7=\cdots=0$; 对 $n=0,2,4,\cdots$,

$$a_2=-\frac{a_0}{2^2(1+a)};$$

$$a_4=-\frac{a_2}{2^2(1+a)}=\frac{a_0}{2^4\cdot 2!(1+a)(2+a)};$$

$$a_6=-\frac{a_4}{2^2\cdot 3(3+a)}=\frac{a_0}{2^6\cdot 3!(1+a)(2+a)(3+a)};$$

$$\vdots$$

$$a_{2n}=\frac{(-1)^n a_0}{2^{2n}\cdot n!(1+a)(2+a)\cdots(n+a)},\quad (n=1,2,\cdots).\qquad(4.3.22)$$

若将任意常数 a_0 取为 $a_0=\dfrac{1}{2^a\Gamma(a+1)}$,并注意到 Γ 函数的性质：$\Gamma(1+s)=s\Gamma(s)$,有

$$\begin{aligned}a_{2n}&=\frac{(-1)^n}{2^{2n+a}\cdot n!(1+a)(2+a)\cdots(n+a)\Gamma(a+1)}\\&=\frac{(-1)^n}{2^{2n+a}\cdot n!\Gamma(1+a+n)}\quad(n=1,2,\cdots).\end{aligned}$$

所以,对于 $\rho=a$,方程(4.3.16)有一个广义幂级数解

$$y_1(x)=\sum_{n=0}^{\infty}\frac{(-1)^n}{n!\Gamma(1+a+n)}\left(\frac{x}{2}\right)^{a+2n}.\qquad(4.3.23)$$

级数(4.3.23)对于任何 x 收敛.由级数(4.3.23)所定义的函数,称为 **a 阶第一类贝塞尔函数**,记为 $J_a(x)$.

对于 $\rho_2=-a$,要分两种情况：

(1) a 不等于非负整数,类似于求得解(4.3.23)的过程,可得方程(4.3.16)的另一广义幂级数解

$$y_2(x)=\sum_{n=0}^{\infty}\frac{(-1)^n}{n!\Gamma(1-a+n)}\left(\frac{x}{2}\right)^{-a+2n}.\qquad(4.3.24)$$

此级数当 $x\neq 0$ 时收敛.由级数(4.3.24)所定义的函数,称为 **$-a$ 阶第一类贝塞尔函数**,记为 $J_{-a}(x)$.因 $y_1(x)$,$y_2(x)$线性无关,于是方程(4.3.16)的通解为

$$y=c_1J_a(x)+c_2J_{-a}(x),$$

其中 c_1 和 c_2 是任意常数.

(2) a 等于非负整数,仿上述办法不能求出方程(4.3.16)的与 $J_a(x)$线性无关的另一解.这时,可用 4.2.2 讲的降阶法,直接得到方程(4.3.16)的通解为

$$y=J_a(x)\left[c_1+c_2\int\frac{1}{J_a^2(x)}\mathrm{e}^{-\int\frac{1}{x}\mathrm{d}x}\mathrm{d}x\right]=J_a(x)\left[c_1+c_2\int\frac{\mathrm{d}x}{x\cdot J_a^2(x)}\right],$$

其中 c_1 和 c_2 是任意常数. □

称贝塞尔方程(4.3.16)的解所定义的函数为**贝塞尔函数**[①].一般说来,它们不是初等函数.它们在无线电电子学及工程技术等方面有着广泛的应用.

本节的讨论使我们看到,幂级数解法的应用扩大了微分方程的可解领域,并往往引进一些新的函数(非初等函数)来表达微分方程的解.这些函数在理论上或在应用上均有着特殊的重要性,故常称它们为**特殊函数**或高等超越函数.

---

① 贝塞尔(Bessel,1784—1846)德国天文学家.他在数学上的主要贡献是创立了贝塞尔函数,并且将其应用于数学物理方程等问题中.

【注】 Γ 函数的定义：当 $s>0$ 时，$\Gamma(s)=\int_0^{+\infty} x^{s-1}e^{-x}dx$；当 $s>0$ 且为非负整数时，由递推公式 $\Gamma(s)=\frac{1}{s}\Gamma(s+1)$ 定义.

Γ 函数的性质：$\Gamma(1+s)=s\Gamma(s)$；$\Gamma(n+1)=n!$，n 为正整数.

习题 4.3

1. 判断 $x=0$ 是下列方程的什么点(常点、正则奇点或非正则奇点)？

(1) $xy''+y'+2y=0$；　(2) $x^2y''+(\sin x)y=0$；

(3) $x^2y''+(3x-1)y'+y=0$；　(4) $y''-3xy'+y=0$.

2. 用幂级数解法求下列方程或初始条件在 $x=0$ 附近的通解或初值解：

(1) $y''-xy'-y=0$；　(2) $y''-2xy'+\lambda y=0$ (λ 为常数)；

(3) $y''-xy=0, y(0)=1, y'(0)=0$.

3. 用广义幂级数解法求下列方程在 $x=0$ 附近的通解：

(1) $2xy''+y'+xy=0$；　(2) $x^2y''+xy'+\left(x^2-\frac{1}{9}\right)y=0$.

4. 求方程 $xy''+(1-x)y'+\lambda y=0$ (λ 是常数)在 $x=0$ 附近的广义幂级数解，并证明 $\lambda=n$(正整数)时，此解退化为多项式.

4.4　高阶线性非齐次微分方程

考虑正规形 n 阶线性非齐次微分方程

$$L[y]\equiv y^{(n)}+p_1(x)y^{(n-1)}+\cdots+p_n(x)y=q(x), \tag{4.4.1}$$

其对应的线性齐次微分方程为

$$L[y]\equiv y^{(n)}+p_1(x)y^{(n-1)}+\cdots+p_n(x)y=0. \tag{4.4.2}$$

本节研究线性非齐次微分方程(4.4.1)的一般理论与求解方法. 学习本节内容时既要注意与一阶线性非齐次微分方程解的结构比较，又要注意与线性代数中关于线性非齐次方程组解的结构比较.

4.4.1　线性非齐次微分方程的一般理论

在 2.3 节中，我们讨论了一阶线性非齐次微分方程，知道它的通解为它的一个特解与对应线性齐次微分方程的通解之和. 对一般的 n 阶线性非齐次微分方程(4.4.1)，它的通解是否也有这样的结构呢？下面来讨论这个问题.

1. 解的简单性质与结构

应用算子 L 的性质，容易推出微分方程(4.4.1)的解的一些简单性质：

(1) 若$\tilde{y}_1(x)$,$\tilde{y}_2(x)$均是方程(4.4.1)的解，则$\tilde{y}_1(x)-\tilde{y}_2(x)$是方程(4.4.2)的解；

(2) 若 $y_1(x)$是方程(4.4.2)的解，$\tilde{y}(x)$是方程(4.4.1)的解，则 $y_1(x)+\tilde{y}(x)$是方程(4.4.1)的解；

(3)（迭加原理）若 $\tilde{y}_i(x)$ 是方程 $L[y]=q_i(x)(i=1,2,\cdots,m)$ 的解，则 $\sum\limits_{i=1}^{m}c_i\tilde{y}_i(x)$ 为方程 $L[y]=\sum\limits_{i=1}^{m}c_iq_i(x)$ 的解，其中 $c_i(i=1,2,\cdots,m)$ 为任意常数；

(4) 若 $y=\varphi(x)+\mathrm{i}\psi(x)$为微分方程

$$L[y]\equiv y^{(n)}+p_1(x)y^{(n-1)}+\cdots+p_n(x)y=u(x)+\mathrm{i}v(x)$$

的复值解，这里 $p_i(x)(i=1,2,\cdots,n)$，$u(x)$，$v(x)$均为实函数，则这个解的实部$\varphi(x)$与虚部 $\psi(x)$分别为微分方程

$$L[y]=u(x),\quad L[y]=v(x)$$

的解.

对微分方程(4.4.1)的解的结构，我们有下面的定理.

定理 4.4.1(通解结构定理)　设 $y_1(x),y_2(x),\cdots,y_n(x)$是微分方程(4.4.2)的一个基本解组，$\tilde{y}(x)$是微分方程(4.4.1)的一个特解，则

(1) 微分方程(4.4.2)的通解与微分方程(4.4.1)的一个解之和

$$y=c_1y_1(x)+c_2y_2(x)+\cdots+c_ny_n(x)+\tilde{y}(x) \tag{4.4.3}$$

是微分方程(4.4.1)的通解，其中 $c_1,c_2,\cdots,c_n$ 是任意常数；

(2) 微分方程(4.4.1)的任一解均可由式(4.4.3)表出.

证明　先证明结论(1). 由性质(2)可知，式(4.4.3)是微分方程(4.4.1)的解，它包含 n 个任意常数，像定理 4.2.3 的证明一样，不难证明这 n 个常数是彼此独立的. 因此，式(4.4.3)是微分方程(4.4.1)的通解，故(1)得证.

其次证明(2). 设 $y(x)$是微分方程(4.4.1)的任一解，由性质(1)知 $y(x)-\tilde{y}(x)$为微分方程(4.4.2)的解. 根据定理 4.2.3 的结论(2)知必有一组确定的常数$\tilde{c}_1$，$\tilde{c}_2,\cdots,\tilde{c}_n$ 使得

$$y(x)-\tilde{y}(x)=\tilde{c}_1y_1(x)+\tilde{c}_2y_2(x)+\cdots+\tilde{c}_ny_n(x),$$

即

$$y(x)=\tilde{c}_1y_1(x)+\tilde{c}_2y_2(x)+\cdots+\tilde{c}_ny_n(x)+\tilde{y}(x).$$

这表明微分方程(4.4.1)的任一解 $y(x)$可以由式(4.4.3)表出. 故(2)得证. □

定理 4.4.1 表明：线性非齐次微分方程(4.4.1)的通解包括了微分方程(4.4.1)的所有的解. 求微分方程(4.4.1)的所有解的问题归结为求对应线性齐次微分方程

(4.4.2)的一个基本解组和微分方程(4.4.1)的一个特解.

2. 常数变易法

对于线性非齐次微分方程(4.4.1),当我们已经求得它的对应线性齐次微分方程(4.4.2)的基本解组后,如何去求它的一个特解呢?如同讨论一阶线性非齐次微分方程的解法一样,这里也可采用常数变易法.

为简单起见,我们考虑 $n=2$ 的情形.此时微分方程(4.4.1)与(4.4.2)分别为

$$y''+p_1(x)y'+p_2(x)y=q(x), \tag{4.4.4}$$

$$y''+p_1(x)y'+p_2(x)y=0. \tag{4.4.5}$$

设 $y_1(x),y_2(x)$为微分方程(4.4.5)的一个基本解组,于是微分方程(4.4.5)的通解为

$$y=c_1y_1(x)+c_2y_2(x),$$

其中 c_1 与 c_2 为任意常数,为了求得微分方程(4.4.4)的一个特解,我们将 c_1 与 c_2 看作自变量 x 的待定函数 $c_1(x),c_2(x)$,并令

$$y=c_1(x)y_1(x)+c_2(x)y_2(x) \tag{4.4.6}$$

是微分方程(4.4.4)的解.要确定这两个待定函数,就需要两个方程.把式(4.4.6)代入微分方程(4.4.4)只得出一个方程,如何添加另一个方程呢?为了运算简便,我们选择另一个这样的方程,使得函数(4.4.6)的一阶导数

$$y'=c_1'(x)y_1(x)+c_2'(x)y_2(x)+c_1(x)y_1'(x)+c_2(x)y_2'(x)$$

仍然具有 c_1 及 c_2 为常数时的形状.为此,令

$$c_1'(x)y_1(x)+c_2'(x)y_2(x)=0, \tag{4.4.7}$$

从而有

$$y'=c_1(x)y_1'(x)+c_2(x)y_2'(x). \tag{4.4.8}$$

因此,式(4.4.7)就是我们添加的另一个方程.对式(4.4.8)中的 y'再求导一次得

$$y''=c_1'(x)y_1'(x)+c_2'(x)y_2'(x)+c_1(x)y_1''(x)+c_2(x)y_2''(x), \tag{4.4.9}$$

将式(4.4.6),(4.4.8),(4.4.9)中的 y,y',y''代入微分方程(4.4.4),注意到 $y_1(x),y_2(x)$为微分方程(4.4.5)的解,整理后得

$$c_1'(x)y_1'(x)+c_2'(x)y_2'(x)=q(x). \tag{4.4.10}$$

这样,由微分方程(4.4.7)与(4.4.10)联立即得到关于 $c_1'(x),c_2'(x)$的一个线性非齐次方程组

$$\begin{cases} c_1'(x)y_1(x)+c_2'(x)y_2(x)=0; \\ c_1'(x)y_1'(x)+c_2'(x)y_2'(x)=q(x). \end{cases} \tag{4.4.11}$$

由于它的系数行列式就是基本解组 $y_1(x),y_2(x)$的伏朗斯基行列式,所以有

$$W(x)=\begin{vmatrix} y_1(x) & y_2(x) \\ y_1'(x) & y_2'(x) \end{vmatrix}\neq 0,$$

故方程组(4.4.11)有唯一解

$$c_1'(x) = -\frac{y_2(x)q(x)}{W(x)}, \quad c_2'(x) = \frac{y_1(x)q(x)}{W(x)}.$$

再由 x_0 到 x 积分,并取积分常数为零(因为只需一个特解),则得

$$c_1(x) = -\int_{x_0}^{x} \frac{y_2(\tau)q(\tau)}{W(\tau)}\mathrm{d}\tau, \quad c_2(x) = \int_{x_0}^{x} \frac{y_1(\tau)q(\tau)}{W(\tau)}\mathrm{d}\tau.$$

将它们代入式(4.4.6),即得到线性非齐次微分方程(4.4.4)的一个特解

$$\tilde{y}(x) = \int_{x_0}^{x} \frac{y_1(\tau)y_2(x) - y_2(\tau)y_1(x)}{W(\tau)} q(\tau)\mathrm{d}\tau. \tag{4.4.12}$$

因此,微分方程(4.4.4)的通解为

$$y = c_1 y_1(x) + c_2 y_2(x) + \tilde{y}(x).$$

公式(4.4.12)称为微分方程(4.4.4)的**常数变易公式**. 可应用公式(4.4.12)去研究微分方程(4.4.4)的解的一些性质.

对一般情况可以类似处理.

例 4.4.1 求解微分方程 $xy'' - y' = x^2$.

解 其对应的线性齐次微分方程为

$$xy'' - y' = 0, \tag{4.4.13}$$

通解为

$$y = c_1 \frac{x^2}{2} + c_2. \tag{4.4.14}$$

为应用常数变易法,先将原微分方程改写为正规形式

$$y'' - \frac{1}{x}y' = x. \tag{4.4.15}$$

令

$$y = c_1(x)\frac{x^2}{2} + c_2(x), \tag{4.4.16}$$

代入微分方程(4.4.15),由方程组(4.4.11)可确定 $c_1'(x)$,$c_2'(x)$ 的方程组为

$$\begin{cases} c_1'(x)\dfrac{x^2}{2} + c_2'(x) = 0, \\ c_1'(x)x + 0 = x. \end{cases}$$

解得 $c_1'(x) = 1$,$c_2'(x) = -\frac{x^2}{2}$,积分得

$$c_1(x) = x, \quad c_2(x) = -\frac{x^3}{6},$$

将 $c_1(x)$,$c_2(x)$ 代入式(4.4.16),得微分方程(4.4.15)的一个特解

$$\tilde{y}(x) = \frac{x^3}{2} - \frac{x^3}{6} = \frac{x^3}{3}.$$

故原微分方程的通解为

$$y = c_1 \frac{x^2}{2} + c_2 + \frac{x^3}{3},$$

其中 c_1, c_2 是任意常数. □

【注】 当用常数变易法求非正规形的线性非齐次微分方程的一个特解时，要先把它改写为正规形式. 若已求得微分方程(4.4.5)的一个非零解 $y_1(x)$，则可采用 4.2.3 节中的办法把微分方程(4.4.4)降阶，从而也可求出微分方程(4.4.4)的一个特解.

4.4.2　常系数线性非齐次微分方程的解法

考虑 n 阶常系数线性非齐次微分方程

$$L[y] \equiv y^{(n)} + a_1 y^{(n-1)} + \cdots + a_n y = q(x), \tag{4.4.17}$$

其对应的线性齐次微分方程为

$$L[y] \equiv y^{(n)} + a_1 y^{(n-1)} + \cdots + a_n y = 0, \tag{4.4.18}$$

其中 $a_1, a_2, \cdots, a_n$ 为实常数，$q(x)$为区间$[a,b]$上的连续函数.

本小节讨论微分方程(4.4.17)的求解问题. 由于微分方程(4.4.18)为常系数线性齐次微分方程，由 4.2.2 节介绍的方法，可以求得它的通解，再由 4.4.1 节介绍的常数变易法，可求出微分方程(4.4.17)的一个特解. 因此，可以说微分方程(4.4.17)的求解问题已经解决. 但我们注意到，用常数变易法求微分方程(4.4.17)的一个特解，计算比较繁琐，而且往往又会遇到积分上的困难. 下面介绍当 $q(x)$具有某些特殊形状时，所适用的求特解的方法——待定系数法.

类型 I

$$L[y] = q(x) \equiv b_0 x^m + b_1 x^{m-1} + \cdots + b_m, \tag{4.4.19}$$

其中 $b_0, b_1, \cdots, b_m$ 为实或复的常数，且 $b_0 \neq 0$，对应的线性齐次微分方程(4.4.18)的特征方程为

$$F(\lambda) = \lambda^n + a_1 \lambda^{n-1} + \cdots + a_{n-1}\lambda + a_n = 0. \tag{4.4.20}$$

微分方程(4.4.19)具有什么形状的特解呢？由于多项式的导数仍为多项式，这使我们猜想微分方程(4.4.19)可能具有多项式形状的特解，那么这个多项式解的次数与(4.4.19)中 $q(x)$的次数有什么关系呢？

我们分两种情形讨论如下：

(1) 若 0 不是特征根，此时 $F(0) \neq 0$，从而 $a_n \neq 0$，直接观察知微分方程(4.4.19)的多项式形式的特解的次数应与 $q(x)$的次数相同，即为 m 次多项式，设为

$$\tilde{y} = B_0 x^m + B_1 x^{m-1} + \cdots + B_m, \tag{4.4.21}$$

其中 $B_0, B_1, \cdots, B_m$ 为待定系数. 将式(4.4.21)代入微分方程(4.4.19)，并比较等

式两端 x 的同次幂的系数 $B_0, B_1, \cdots, B_m$ 可得

$$\begin{cases} B_0 a_n = b_0, \\ B_1 a_n + mB_0 a_{n-1} = b_1, \\ B_2 a_n + (m-1)B_1 a_{n-1} + m(m-1)B_0 a_{n-2} = b_2, \\ \vdots \\ B_m a_n + \cdots = b_m. \end{cases}$$

注意到 $a_n \neq 0$,故可由此方程组依次递推地唯一确定一组常数 $B_0, B_1, \cdots, B_m, B_0 \neq 0$,从而确定微分方程(4.4.19)的一个特解(4.4.21).

(2) 若 0 是 k 重特征根,则转化为情形(1).由于此时有

$$F(0) = F'(0) = \cdots = F^{(k-1)}(0) = 0, \quad F^{(k)}(0) \neq 0,$$

故

$$a_n = a_{n-1} = \cdots = a_{n-k+1} = 0, \quad a_{n-k} \neq 0.$$

微分方程(4.4.19)变为

$$y^{(n)} + a_1 y^{(n-1)} + \cdots + a_{n-k} y^{(k)} = b_0 x^m + b_1 x^{m-1} + \cdots + b_m. \quad (4.4.22)$$

令 $y^{(k)} = z(x)$,则微分方程(4.4.22)化为

$$z^{(n-k)} + a_1 z^{(n-k-1)} + \cdots + a_{n-k} z = b_0 x^m + b_1 x^{m-1} + \cdots + b_m \quad (4.4.23)$$

由于 $a_{n-k} \neq 0$,故 0 不是微分方程(4.4.23)的对应的线性齐次微分方程的特征根,由情形(1)的讨论可知微分方程(4.4.23)有形如

$$\tilde{z} = \widetilde{B}_0 x^m + \widetilde{B}_1 x^m + \cdots + \widetilde{B}_m$$

的特解,因而微分方程(4.4.22)有特解 $\tilde{y}$ 满足

$$\tilde{y}^{(k)} = \widetilde{B}_0 x^m + \widetilde{B}_1 x^m + \cdots + \widetilde{B}_m.$$

积分 k 次,并取积分常数 $c_1 = c_2 = \cdots = c_k = 0$(因为我们只需要一个特解),便得微分方程(4.4.22)的一个形如

$$\tilde{y} = x^k (B_0 x^m + B_1 x^{m-1} + \cdots + B_m)$$

的特解,这里 $B_0, B_1, \cdots, B_m$ 为待定的常数,且 $B_0 \neq 0$.

综上所述,我们得到下述结论Ⅰ:

(1) 若 0 不是特征根,则微分方程(4.4.19)有如下形式的特解

$$\tilde{y} = B_0 x^m + B_1 x^{m-1} + \cdots + B_m. \quad (4.4.24)$$

(2) 若 0 是 k 重特征根,则微分方程(4.4.19)有如下形式的特解

$$\tilde{y} = x^k (B_0 x^m + B_1 x^{m-1} + \cdots + B_m), \quad (4.4.25)$$

其中的 $B_0, B_1, \cdots, B_m$ 为待定系数,且 $B_0 \neq 0$.

下表给出类型Ⅰ的一些特殊的例子.

$q(x)$	$\tilde{y}$的形状	
	0 不是特征根	0 是 $k(k\geqslant 1)$重特征根
(1) 1 或任意常数	B_0	B_0x^k
(2) $3x+8$	B_0x+B_1	$x^k(B_0x+B_1)$
(3) $4x^2-1$	$B_0x^2+B_1x+B_2$	$x^k(B_0x^2+B_1x+B_2)$
(4) x^3-2x+1	$B_0x^3+B_1x^2+B_2x+B_3$	$x^k(B_0x^3+B_1x^2+B_2x+B_3)$

【注】 应当指出，即使微分方程(4.4.19)的右端多项式中的某些系数为零时，微分方程(4.4.19)具有的形如式(4.4.24)或(4.4.25)的特解形式却不能改变.

例 4.4.2 求微分方程 $y''+y=x^2+x$ 的通解.

解 对应的线性齐次微分方程为 $y''+y=0$. 特征方程为 $\lambda^2+1=0$，特征根为 $\lambda_{1,2}=\pm\mathrm{i}$，故通解为

$$y = c_1\cos x + c_2\sin x.$$

因 0 不是特征根，所以原方程有形如

$$\tilde{y} = B_0x^2 + B_1x + B_2$$

的特解，其中 B_0,B_1,B_2 为待定常数. 将它代入原方程得

$$B_0x^2 + B_1x + B_2 + 2B_0 = x^2 + x,$$

比较上式两端 x 同次幂的系数，得

$$\begin{cases} B_0 = 1, \\ B_1 = 1, \\ B_2 + 2B_0 = 0. \end{cases}$$

解得 $B_0=1,B_1=1,B_2=-2$，故得特解 $\tilde{y}=x^2+x-2$. 因此原微分方程的通解为

$$y = c_1\cos x + c_2\sin x + x^2 + x - 2.$$

此例恰好证实了上面注中的论断. □

例 4.4.3 求微分方程 $y''-5y'=5x^2-10x+5$ 的通解.

解 先求对应齐次方程 $y''-5y'=0$ 的通解. 其特征方程是 $\lambda^2-5\lambda=0$，特征根 $\lambda_1=0,\lambda_2=5$，对应线性齐次微分方程的通解为

$$y = c_1 + c_2\mathrm{e}^{5x}.$$

因为 $\lambda=0$ 是一重特征根，因而所求方程有形如

$$\tilde{y} = x(Ax^2 + Bx + C) = Ax^3 + Bx^2 + Cx$$

的特解. 代入原方程中得恒等式

$$-15Ax^2 + (6A - 10B)x + 2B - 5C = 5x^2 - 10x + 5.$$

比较上式两端 x 同次幂的系数可得

$$\begin{cases} -15A = 5, \\ 6A - 10B = -10, \\ 2B - 5C = 5. \end{cases}$$

解方程组得 $A=-\frac{1}{3}, B=\frac{4}{5}, C=-\frac{17}{25}$，故所求方程的一个特解为 $\tilde{y}=-\frac{1}{3}x^3+\frac{4}{5}x^2-\frac{17}{25}x$. 从而

$$y=c_1+c_2e^{5x}-\frac{1}{3}x^3+\frac{4}{5}x^2-\frac{17}{25}x$$

为所求方程的通解. □

类型Ⅱ

$$L[y]=q(x)\equiv(b_0x^m+b_1x^{m-1}+\cdots+b_m)e^{\alpha x}, \tag{4.4.26}$$

其中 $b_0, b_1, \cdots, b_m$ 为实或复的常数，且 $b_0\neq0$.

易见，当 $\alpha=0$ 时，微分方程(4.4.26)就是类型Ⅰ；当 $\alpha\neq0$ 时，我们通过适当变换把类型Ⅱ化为类型Ⅰ. 作线性齐次变换 $y=e^{\alpha x}z$. 可将微分方程(4.4.26)化为

$$z^{(n)}+A_1z^{(n-1)}+\cdots+A_nz=b_0x^m+b_1x^{m-1}+\cdots+b_m. \tag{4.4.27}$$

此即类型Ⅰ. 记方程(4.4.27)对应的线性齐次微分方程的特征方程为

$$G(\mu)=\mu^n+A_1\mu^{n-1}+\cdots+A_n=0. \tag{4.4.28}$$

由于特征方程(4.4.20)与(4.4.28)的根 λ 与 μ 之间有以下关系 $\lambda=\mu+\alpha$，则可知当 $\lambda=\alpha$ 是特征方程(4.4.20)的根时，$\mu=0$ 就是特征方程(4.4.28)的根，且重数也相同. 所以，利用类型Ⅰ的结论Ⅰ，并注意到关系式 $y=e^{\alpha x}z$，就有下述结论Ⅱ：

(1) 若 α 不是特征根，则微分方程(4.4.26)有如下形式的特解

$$\tilde{y}=(B_0x^m+B_1x^{m-1}+\cdots+B_m)e^{\alpha x};$$

(2) 若 α 是 k 重特征根，则微分方程(4.4.26)有如下形式的特解

$$\tilde{y}=x^k(B_0x^m+B_1x^{m-1}+\cdots+B_m)e^{\alpha x},$$

其中的 $B_0, B_1, \cdots, B_m$ 为待定系数，且 $B_0\neq0$. 下表给出类型Ⅱ的一些特殊的例子.

$q(x)$	$\tilde{y}$的形状	
	不是特征根	$k(k\geqslant1)$重特征根
(1) e^{3x}	B_0e^{3x}	$B_0x^ke^{3x}$
(2) $(3x+8)e^{3x}$	$(B_0x+B_1)e^{3x}$	$x^k(B_0x+B_1)e^{3x}$
(3) $(4x^2-1)e^{3x}$	$(B_0x^2+B_1x+B_2)e^{3x}$	$x^k(B_0x^2+B_1x+B_2)e^{3x}$
(4) $(x^3-2x+1)e^{3x}$	$(B_0x^3+B_1x^2+B_2x+B_3)e^{3x}$	$x^k(B_0x^3+B_1x^2+B_2x+B_3)e^{3x}$

例 4.4.4 求方程 $y''-2y'-3y=e^{-x}(x-5)$ 的通解.

解 先求线性齐次微分方程 $y''-2y'-3y=0$ 的通解. 其特征方程为 $\lambda^2-2\lambda-3=0$，特征根为 $\lambda_1=3, \lambda_2=-1$，故通解为

$$y=c_1e^{3x}+c_2e^{-x}.$$

因 $\alpha=-1$ 是一重特征根，所以原微分方程有形如

$$\tilde{y} = x(B_0 x + B_1)\mathrm{e}^{-x}$$

的特解，由于

$$\tilde{y}' = \mathrm{e}^{-x}[-B_0 x^2 + (2B_0 - B_1)x + B_1],$$
$$\tilde{y}'' = \mathrm{e}^{-x}[B_0 x^2 + (-4B_0 + B_1)x + 2B_0 - 2B_1],$$

把$\tilde{y},\tilde{y}',\tilde{y}''$代入原方程，得

$$-8B_0 x + 2B_0 - 4B_1 = x - 5.$$

比较上式两端 x 的同次幂的系数，得

$$\begin{cases} -8B_0 = 1, \\ 2B_0 - 4B_1 = -5. \end{cases}$$

解之得 $B_0 = -\dfrac{1}{8}, B_1 = \dfrac{19}{16}$，故得$\tilde{y} = x\mathrm{e}^{x}\left(-\dfrac{1}{8}x + \dfrac{19}{16}\right)$. 因此，原微分方程的通解为

$$y = c_1 \mathrm{e}^{3x} + c_2 \mathrm{e}^{-x} + x\mathrm{e}^{x}\left(-\frac{1}{8}x + \frac{19}{16}\right). \qquad \square$$

类型Ⅲ

$$L[y] = q(x) \equiv [A(x)\cos\beta x + B(x)\sin\beta x]\mathrm{e}^{\alpha x}, \tag{4.4.29}$$

其中 $A(x),B(x)$为实系数多项式，一个次数为 m，另一个次数不超过 m；α,β 为实常数.

易见，当 $\beta=0$ 时，微分方程(4.4.29)就是类型Ⅱ；当 $\beta\neq 0$ 时，我们设法把类型Ⅲ转化为类型Ⅱ.

首先，由欧拉公式可把 $q(x)$表为

$$q(x) = \frac{A(x) + \mathrm{i}B(x)}{2}\mathrm{e}^{(\alpha-\mathrm{i}\beta)x} + \frac{A(x) - \mathrm{i}B(x)}{2}\mathrm{e}^{(\alpha+\mathrm{i}\beta)x}$$
$$= A_m(x)\mathrm{e}^{(\alpha-\mathrm{i}\beta)x} + \overline{A_m(x)}\mathrm{e}^{(\alpha+\mathrm{i}\beta)x}.$$

显然 $A_m(x)$与$\overline{A_m(x)}$是互为共轭的 m 次多项式. 于是，微分方程(4.4.29)可写成

$$L[y] = q_1(x) + \overline{q_1(x)}, \tag{4.4.29$'$}$$

其中 $q_1(x) = A_m(x)\mathrm{e}^{(\alpha-\mathrm{i}\beta)x}, \overline{q_1(x)} = \overline{A_m(x)}\mathrm{e}^{(\alpha+\mathrm{i}\beta)x}$.

其次，由迭加原理知，微分方程

$$L[y] = q_1(x) \tag{4.4.30}$$

与微分方程

$$L[y] = \overline{q_1(x)} \tag{4.4.31}$$

的特解之和定是微分方程(4.4.29′)的解. 这样，类型Ⅲ转化为类型Ⅱ.

最后注意到：若 $y(x)$是微分方程(4.4.30)的解，则其共轭函数$\overline{y(x)}$定是微分方程(4.4.31)的解，再利用类型Ⅱ的结论Ⅱ，就可得到下述结论Ⅲ：

(1) 若 $\alpha\pm i\beta$ 不是特征根，则微分方程(4.4.29)有如下形式的特解

$$\tilde{y}=D(x)e^{(\alpha-i\beta)x}+\overline{D(x)}e^{(\alpha+i\beta)x},$$

即

$$\tilde{y}=[P_m(x)\cos\beta x+R_m(x)\sin\beta x]e^{\alpha x}. \tag{4.4.32}$$

(2) 若 $\alpha\pm i\beta$ 是 k 重特征根，则微分方程(4.4.29)有如下形式的特解

$$\tilde{y}=x^k[D(x)e^{(\alpha-i\beta)x}+\overline{D(x)}e^{(\alpha+i\beta)x}],$$

即

$$\tilde{y}=x^k[P_m(x)\cos\beta x+R_m(x)\sin\beta x]e^{\alpha x}. \tag{4.4.33}$$

其中 $D(x)$ 为 x 的 m 次多项式，

$$P_m(x)=2\mathrm{Re}\{D(x)\}=A_0x^m+A_1x^{m-1}+\cdots+A_m,$$

$$R_m(x)=2\mathrm{Im}\{D(x)\}=B_0x^m+B_1x^{m-1}+\cdots+B_m,$$

这里 $A_0,A_1,\cdots,A_m,B_0,B_1,\cdots,B_m$ 为待定系数，且 A_0,B_0 中至少有一个不为零.

下表给出类型Ⅲ的一些特殊的例子.

$q(x)$	$\tilde{y}$的形状	
	不是特征根	$k(k\geqslant1)$重特征根
(1) $\sin3x$	$A_0\cos3x+B_0\sin3x$	$x^k(A_0\cos3x+B_0\sin3x)$
(2) $e^{2x}\sin3x$	$(A_0\cos3x+B_0\sin3x)e^{2x}$	$x^k(A_0\cos3x+B_0\sin3x)e^{2x}$
(3) $x^2\cos3x$	$[(A_0x^2+A_1x+A_2)\cos3x+(B_0x^2+B_1x+B_2)\sin3x]$	$x^k[(A_0x^2+A_1x+A_2)\cos3x+(B_0x^2+B_1x+B_2)\sin3x]$
(4) $xe^x\cos3x$	$[(A_0x+A_1)\cos3x+(B_0x+B_1)\cdot\sin3x]e^x$	$x^k[(A_0x+A_1)\cos3x+(B_0x+B_1)\cdot\sin3x]e^x$

【注】 应当指出，即使 $A(x),B(x)$ 中有一个恒为零，方程(4.4.29)具有的形如(4.4.32)或(4.4.33)的特解形式仍不能改变.

例 4.4.5 求微分方程 $y''-2y'+3y=e^{-x}\cos x$ 的通解.

解 其对应的线性齐次微分方程为 $y''-2y'+3y=0$. 因特征方程为 $\lambda^2-2\lambda+3=0$，特征根为 $\lambda_{1,2}=1\pm\sqrt{2}i$，故通解为

$$y=(c_1\cos\sqrt{2}x+c_2\sin\sqrt{2}x)e^x.$$

因 $\alpha\pm i\beta=-1\pm i$ 不是特征根，故原微分方程有形如

$$\tilde{y}=(A\cos x+B\sin x)e^{-x}$$

的特解. 代入微分方程化简后得

$$e^{-x}[(5A-4B)\cos x+(4A+5B)\sin x]=e^{-x}\cos x.$$

比较等式两端同类项的系数得

$$\begin{cases}5A-4B=1,\\4A+5B=0.\end{cases}$$

解之得 $A=\frac{5}{41}$，$B=\frac{-4}{41}$，从而 $\tilde{y}=\frac{1}{41}e^{-x}(5\cos x-4\sin x)$. 故原方程的通解为

$$y=(c_1\cos\sqrt{2}x+c_2\sin\sqrt{2}x)e^{x}+\frac{1}{41}e^{-x}(5\cos x-4\sin x).\qquad\square$$

【注】 对于类型Ⅲ的特殊情形：

$$L[y]=A(x)e^{\alpha x}\cos\beta x \tag{4.4.34}$$

及

$$L[y]=A(x)e^{\alpha x}\sin\beta x, \tag{4.4.35}$$

可用另一更简单的方法去求它的一个特解. 考虑微分方程

$$L[y]=A(x)e^{(\alpha+i\beta)x}, \tag{4.4.36}$$

根据 4.4.1 节中解的性质(4)知，若 $\tilde{y}=\varphi(x)+i\psi(x)$ 是微分方程(4.4.36)的解，则这个解的实部 $\varphi(x)$ 与虚部 $\psi(x)$ 分别为微分方程(4.4.34)与(4.4.35)的解. 因此为求微分方程(4.4.34)与(4.4.35)的一个特解，只需先求出微分方程(4.4.36)的一个特解，然后取其实部(虚部)即可求得. 我们称这种解法为复数法.

最后，对微分方程 $L[y]=\sum\limits_{i=1}^{m}c_iq_i(x)$，其中 $c_i(i=1,2,\cdots,m)$ 为任意常数，利用迭加原理分别求出 $L[y]=q_i(x)$ 的特解 $\tilde{y}_i(x)(i=1,2,\cdots,m)$，则方程 $L[y]=\sum\limits_{i=1}^{m}c_iq_i(x)$ 的特解为 $\tilde{y}(x)=\sum\limits_{i=1}^{m}c_i\tilde{y}_i(x)$.

例 4.4.6 写出以下方程的特解形状：

(1) $y''-2y'-3y=4x-5+3xe^{2x}$；

(2) $y''-8y'+25y=5x^3e^{-x}-7e^{-2x}$；

(3) $y''-9y'+14y=3x^2-5\sin 2x+7x^2e^{7x}$.

解 (1) 特征方程 $\lambda^2-2\lambda-3=0$，特征根为 $\lambda_1=-1$，$\lambda_2=3$. 故与 $q_1(x)=4x-5$ 对应的特解可以设为 $\tilde{y}_1=A_0x+A_1$；与 $q_2(x)=3xe^{2x}$ 对应的特解可以设为 $\tilde{y}_2=(B_0x+B_1)e^{2x}$. 由迭加原理，所给方程的特解可以设为

$$\tilde{y}=A_0x+A_1+(B_0x+B_1)e^{2x}.$$

(2) 特征方程 $\lambda^2-8\lambda+25=0$，特征根为 $\lambda_{1,2}=4\pm 3i$. 故与 $q_1(x)=5x^3e^{-x}$ 对应的特解可以设为 $\tilde{y}_1=(A_0x^3+A_1x^2+A_2x+A_3)e^{-x}$；与 $q_2(x)=-7e^{-2x}$ 对应的特解可以设为 $\tilde{y}_2=B_0e^{-2x}$. 由迭加原理，所给方程的特解可以设为

$$\tilde{y}=(A_0x^3+A_1x^2+A_2x+A_3)e^{-x}+B_0e^{-2x}.$$

(3) 特征方程 $\lambda^2-9\lambda+14=0$，特征根为 $\lambda_1=2$，$\lambda_2=7$. 故与 $q_1(x)=3x^2$ 对应的特解可以设为 $\tilde{y}_1=A_0x^2+A_1x+A_2$；与 $q_2(x)=-5\sin 2x$ 对应的特解可以设为 $\tilde{y}_2=B_0\cos 2x+B_1\sin 2x$；与 $q_3(x)=7xe^{7x}$ 对应的特解可以设为 $\tilde{y}_3=x(C_0x^2+$

$C_1x+C_2)\mathrm{e}^{7x}$. 由迭加原理，所给方程的特解可以设为

$$\tilde{y}=A_0x^2+A_1x+A_2+B_0\cos 2x+B_1\sin 2x+x(C_0x^2+C_1x+C_2)\mathrm{e}^{7x}$$

上面介绍了求常系数线性非齐次微分方程(4.4.17)的特解的待定系数法. 它的优点在于避开了复杂的积分运算，将求微分方程(4.4.17)的一个特解的问题归结为求一个线性代数方程(或方程组)的解的问题，因而比常数变易法简便实用. 但此法只当右端函数 $q(x)$ 为某些特殊形式(如上面介绍的类型Ⅰ，Ⅱ，Ⅲ，或它们的组合)时才能应用，故它有相当大的局限性.

【注】 本节所介绍的待定系数法完全适用于求解某些一阶常系数线性非齐次微分方程 $y'+ay=q(x)$，其中 $q(x)$ 为上述三种形式.

习题 4.4

1. 求微分方程 $y''-y=\dfrac{1}{1+\mathrm{e}^{-x}}$ 的通解.

2. 求微分方程 $x^2y''-2xy'+2y=x^2$ 的通解.

3. 设 $\tilde{y}_1=3\mathrm{e}^x+\mathrm{e}^{x^2}$，$\tilde{y}_2=7\mathrm{e}^x+\mathrm{e}^{x^2}$，$\tilde{y}_3=5\mathrm{e}^x-\mathrm{e}^{-x^3}+\mathrm{e}^{x^2}$ 是二阶线性非齐次微分方程 $y''+p_1(x)y'+p_2(x)y=q(x)$ 的三个解，试求此微分方程满足初始条件：$y(0)=1, y'(0)=2$ 的解.

4. 试证：二阶线性非齐次方程 $y''+p_1(x)y'+p_2(x)y=q(x)$ 存在且至多存在三个线性无关解. 其中 $p_1(x), p_2(x), q(x)$ 在区间 $[a,b]$ 上连续.

5. 设 $p_1(x), p_2(x), q(x)$ 在区间 $[0,1]$ 上连续. 试证：微分方程

$$y''+p_1(x)y'+p_2(x)y=q(x)$$

满足边值条件 $\tilde{y}(0)=\tilde{y}(1)=0$ 的解唯一的充要条件是：微分方程

$$y''+p_1(x)y'+p_2(x)y=0$$

只有零解满足边值条件 $y(0)=y(1)=0$.

6. 已知 $\tilde{y}_1=-\mathrm{e}^{x^2}$，$\tilde{y}_2=\mathrm{e}^{x^2}(\mathrm{e}^x-1)$ 是微分方程

$$y''-4xy'-(3-4x^2)y=\mathrm{e}^{x^2}$$

的两个特解，试求此微分方程的通解.

7. 对二阶线性非齐次微分方程

$$y''+p_1(x)y'+p_2(x)y=q(x),$$

$p_1(x), p_2(x), q(x)$ 在区间 $[a,b]$ 上连续. 若已知它相应的线性齐次微分方程的一个非零解 $y_1(x)$，则可求得它的一个特解为

$$y=y_1\int\left(\frac{1}{y_1^2}\mathrm{e}^{-\int p_1(x)\mathrm{d}x}\int y_1q(x)\mathrm{e}^{\int p_1(x)\mathrm{d}x}\mathrm{d}x\right)\mathrm{d}x.$$

8. 求下列微分方程的通解：

(1) $y''-2y'+5y=25x^2+12$；　　(2) $y''-y=e^x$；

(3) $y''+y=\sin x-\cos 3x$；　　(4) $y''-4y'+4y=e^x+e^{2x}+1$；

(5) $x^2y''-4xy'+6y=x(x>0)$；　　(6) $x^2y''-xy'+2y=x\ln x\ (x>0)$；

(7) $y''-2y'+2y=xe^x\cos x$.

9. 选择正确答案

(1) 微分方程 $y''+3y'+2y=x^2e^{-2x}$ 的特解具有形状

A. $\tilde{y}=ax^2e^{-2x}$；

B. $\tilde{y}=(B_0x^2+B_1x+B_2)e^{-2x}$；

C. $\tilde{y}=x(B_0x^2+B_1x+B_2)e^{-2x}$.

(2) 微分方程 $y''-2y'+2y=e^x[x\cos x+2\sin x]$的特解具有形状

A. $\tilde{y}=e^x[(a_1x+b_1)\cos x+a_2\sin x]$；

B. $\tilde{y}=e^x[(a_1x+b_1)\cos x+(a_2x+b_2)\sin x]$；

C. $\tilde{y}=xe^x[(a_1x+b_1)\cos x+(a_2x+b_2)\sin x]$.

10. 判断下列微分方程具有什么形状的特解：

(1) $y'''+7y''=3x^3+2$；

(2) $y^{(4)}+2y''+y=x^2e^{-x}\sin x$；

(3) $y''-2y'+4y=e^x[\cos\sqrt{3}x+x\sin\sqrt{3}x]$；

(4) $y''-y=3xe^x+2x^2$.

(5) $y'''-y''-y'+y=e^x(5x^2-1)+3x$.

11. 给定微分方程 $y''+8y'+7y=q(x)$，其中 $q(x)$在 $0\leqslant x<+\infty$上连续. 试利用常数变易公式证明：

(1) 若 $q(x)$在 $0\leqslant x<+\infty$上有界，则此微分方程的每一个解在 $0\leqslant x<+\infty$上有界；

(2) 若当 $x\to+\infty$时，$q(x)\to 0$，则此微分方程的每一个解 $y(x)$，当 $x\to+\infty$时，$y(x)\to 0$.

12. 设 $f(x)$具有二阶连续的导数，$f(0)=0$，$f'(0)=1$，且

$$[xy(x+y)-f(x)y]dx+[f'(x)+x^2y]dy=0$$

是全微分方程，求 $f(x)$以及此全微分方程的通解.

13. 设 $f(x)$二阶可导，求 $f(x)$使得曲线积分 $\int_L[f'(x)+6f(x)+e^{-2x}]ydx+f'(x)dy$ 与路径无关.

4.5 应用举例

本节介绍二阶常系数线性微分方程在弹簧振动和振荡电路中的应用，讨论有关自由振动和强迫振动的问题.

4.5.1 弹簧振动问题

将一质量为 m 的物体 M 放置在弹簧上，弹簧的下端固定在地面上. 设物体 M 仅作上下运动，试研究它的运动规律.

首先，如图 4.7 建立坐标系，选取物体 M 的平衡位置 O 为坐标原点，y 轴向下为正向. 设在时刻 t 物体 M 的位移为 $y=y(t)$. 如果忽略物体在运动中所受到的阻力和外力，则作用在物体 M 上的力仅有弹性恢复力 F_1. 由胡克(Hooke)定律知 $F_1=-ky$，其中 $k>0$ 为弹性系数. 于是由牛顿第二定律

$$F = m\frac{\mathrm{d}^2y}{\mathrm{d}t^2}, \tag{4.5.1}$$

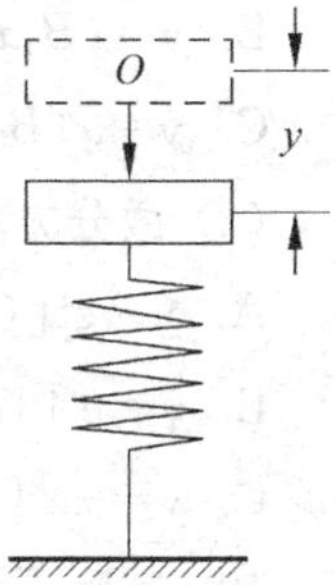

图 4.7

可得微分方程 $m\frac{\mathrm{d}^2y}{\mathrm{d}t^2}=-ky$，记$\frac{k}{m}=\mu^2$，即

$$\frac{\mathrm{d}^2y}{\mathrm{d}t^2}+\mu^2y=0. \tag{4.5.2}$$

微分方程(4.5.1)称为弹簧的“无阻尼自由振动的微分方程”.

如果考虑物体在运动中所受到的介质阻力 R，且设 R 的大小与运动速度成正比而方向相反，则有

$$R=-\mu_1\frac{\mathrm{d}y}{\mathrm{d}t},$$

其中 $\mu_1>0$ 是阻尼系数. 因这时 $F=F_1+R$，故由(4.5.1)得微分方程

$$m\frac{\mathrm{d}^2y}{\mathrm{d}t^2}=-ky-\mu_1\frac{\mathrm{d}y}{\mathrm{d}t},$$

记$\frac{\mu_1}{m}=2b$，即

$$\frac{\mathrm{d}^2y}{\mathrm{d}t^2}+2b\frac{\mathrm{d}y}{\mathrm{d}t}+\mu^2y=0. \tag{4.5.3}$$

微分方程(4.5.3)称为弹簧的“有阻尼自由振动的微分方程”.

如果物体在运动过程中还受到垂直干扰力 $f(t)$的作用，且设 $f(t)=mP\sin\omega t$，其中 P 和 ω 是常数. 因这时 $F=F_1+R+f$，故由(4.5.1)得微分方程

$$m\frac{d^2y}{dt^2}=-ky-\mu_1\frac{dy}{dt}+mP\sin\omega t,$$

即

$$\frac{d^2y}{dt^2}+2b\frac{dy}{dt}+\mu^2y=P\sin\omega t. \tag{4.5.4}$$

方程(4.5.4)称为弹簧的“有阻尼强迫振动的微分方程”.

关于微分方程(4.5.2),(4.5.3)及(4.5.4)的求解稍后再讨论.

4.5.2　电磁振荡问题

考虑由电阻 R、电感 L、电容 C 及电源 E 串联组成的电路(如图 4.8). 其中 R,L 及 C 为常数,$E=E_0\sin\omega t$,试讨论开关 K 合上后,电路中的电容器极板上的电量 $q(t)$ 的变化规律.

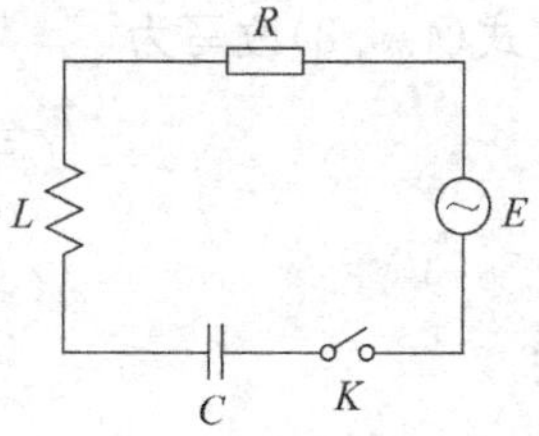

图　4.8

先建立模型. 设电路中的电流为 $i(t)$,则由基尔霍夫回路电压定律,得

$$E-Ri-L\frac{di}{dt}-\frac{q}{C}=0$$

即

$$L\frac{di}{dt}+Ri+\frac{q}{C}=E_0\sin\omega t.$$

因 $i=\frac{dq}{dt}$,故可得

$$L\frac{d^2q}{dt^2}+R\frac{dq}{dt}+\frac{q}{C}=E_0\sin\omega t,$$

即

$$\frac{d^2q}{dt^2}+\frac{R}{L}\frac{dq}{dt}+\frac{q}{LC}=\frac{E_0}{L}\sin\omega t. \tag{4.5.5}$$

方程(4.5.5)就是“串联电路的振荡微分方程”.

如果在电路中令 $E_0=0$,则得微分方程

$$\frac{d^2q}{dt^2}+\frac{R}{L}\frac{dq}{dt}+\frac{q}{LC}=0. \tag{4.5.6}$$

如果在电路中再令 $R=0$,则得微分方程

$$\frac{d^2q}{dt^2}+\frac{q}{LC}=0. \tag{4.5.7}$$

易见微分方程(4.5.5)、(4.5.6)、(4.5.7)分别与前面的微分方程(4.5.4)、(4.5.3)、(4.5.2)类同. 这说明了弹簧振动与电磁振荡虽是两类不同的物理问题,但描述它们运动规律的微分方程却具有完全相同的形式. 因此,下面我们集中讨论弹簧振动

的微分方程的求解，并阐明解的物理意义，所得结论可以平行地推广到电磁振荡中去.

4.5.3 弹簧振动的微分方程的求解

1. 无阻尼自由振动

现考察无阻尼自由振动微分方程

$$\frac{\mathrm{d}^2 y}{\mathrm{d}t^2}+\mu^2 y=0. \tag{4.5.2}$$

因特征方程为 $\lambda^2+\mu^2=0$，特征根为 $\lambda_{1,2}=\pm\mu\mathrm{i}$，故微分方程(4.5.2)的通解为

$$y=c_1\cos\mu t+c_2\sin\mu t. \tag{4.5.8}$$

将式(4.5.8)改写为

$$\begin{aligned} y&=\sqrt{c_1^2+c_2^2}\left(\frac{c_1}{\sqrt{c_1^2+c_2^2}}\cos\mu t+\frac{c_2}{\sqrt{c_1^2+c_2^2}}\sin\mu t\right)\\ &=A(\sin\theta\cos\mu t+\cos\theta\sin\mu t), \end{aligned}$$

即

$$y=A\sin(\mu t+\theta). \tag{4.5.9}$$

其中 $A=\sqrt{c_1^2+c_2^2}$，$\theta=\arctan\dfrac{c_1}{c_2}$代替了(4.5.8)中的任意常数 c_1，c_2.

显然，式(4.5.9)中的解是一个以 $T=\dfrac{2\pi}{\mu}$为周期的周期函数，它表明物体 M 在平衡位置附近作周期性的运动，称为简谐振动. 其图像如图 4.9 所示. A 称为振动的振幅，它表示物体 M 离开平衡位置的最大位移，μ 称为振动的固有频率，它描述物体 M 振动的快慢，θ 称为初位相，即在时刻 $t=0$ 时的位相.

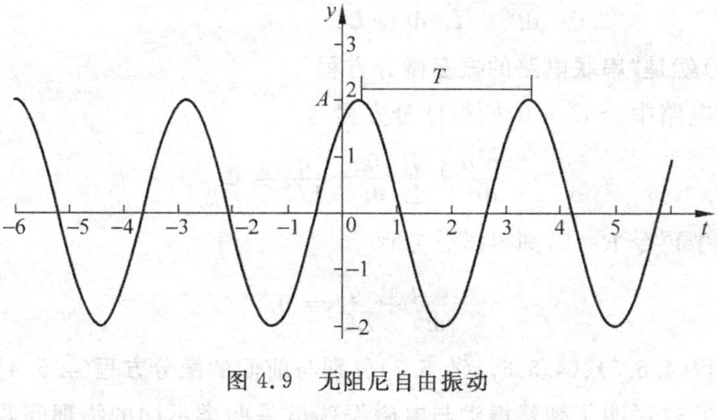

图 4.9 无阻尼自由振动

2. 有阻尼自由振动

考察有阻尼自由振动微分方程

$$\frac{d^2y}{dt^2}+2b\frac{dy}{dt}+\mu^2y=0, \tag{4.5.3}$$

其特征方程为 $\lambda^2+2b\lambda+\mu^2=0$,特征根为

$$\lambda_1=-b+\sqrt{b^2-\mu^2},\quad \lambda_2=-b-\sqrt{b^2-\mu^2}.$$

因对不同的阻尼值 b,特征根有三种不同的情况(不同实根、等根及共轭复根),则微分方程(4.5.3)的解相应有三种不同的表示式,它们分别对应着不同的运动形式.故分三种情况进行讨论.

(1) $b^2-\mu^2>0$(称为大阻尼情形)

此时 $\lambda_2<\lambda_1<0$ 为两个不同的负实根,故微分方程(4.5.3)的通解为

$$y=c_1e^{\lambda_1t}+c_2e^{\lambda_2t}, \tag{4.5.10}$$

从式(4.5.10)可见,当 $t\to\infty$ 时,$y(t)\to0$; 又因

$$\frac{dy}{dt}=e^{\lambda_1t}(c_1\lambda_1+c_2\lambda_2e^{(\lambda_2-\lambda_1)t}),$$

则当 t 充分大时,$\frac{dy}{dt}$ 与 c_1 的符号相反.这表明经过一段时间后,物体 M 将单调地趋于平衡位置.考虑到方程 $c_1e^{\lambda_1t}+c_2e^{\lambda_2t}=0$ 对 t 最多只有一个解,故物体 M 至多通过平衡位置一次,如图 4.10 所示,上述讨论说明,在大阻尼情形,物体 M 的运动不是周期的,且不再具有振动性质.

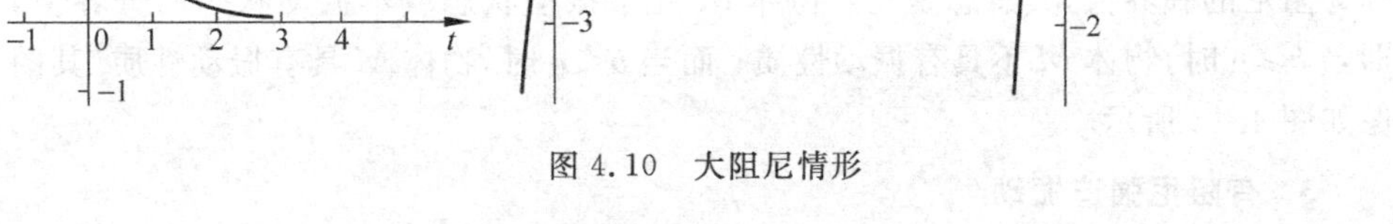

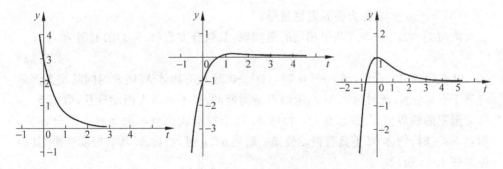

图 4.10　大阻尼情形

(2) $b^2-\mu^2<0$(称为小阻尼情形)

此时 λ_1,λ_2 是一对共轭复根,记 $\omega_1=\sqrt{\mu^2-b^2}$,则 $\lambda_{1,2}=-b\pm\omega_1\mathrm{i}$,故微分方程(4.5.3)的通解为 $y=e^{-bt}(c_1\cos\omega_1t+c_2\sin\omega_1t)$.可仿照无阻尼的情形,改写成

$$y=Ae^{-bt}\sin(\omega_1t+\theta). \tag{4.5.11}$$

从式(4.5.11)可见,当 t 增大时,物体 M 反复通过平衡位置,这表明物体 M 的运动具有振动性质,但振动不是周期的.振动的振幅 Ae^{-bt} 随着时间增加而不断减小,且当 $t\to+\infty$ 时,$Ae^{-bt}\to 0$,即物体 M 将趋向平衡位置.物体 M 沿同一方向从第一次通过平衡位置到第二次通过平衡位置所需的时间为 $T=\dfrac{2\pi}{\omega_1}$.其图像如图 4.11 所示.

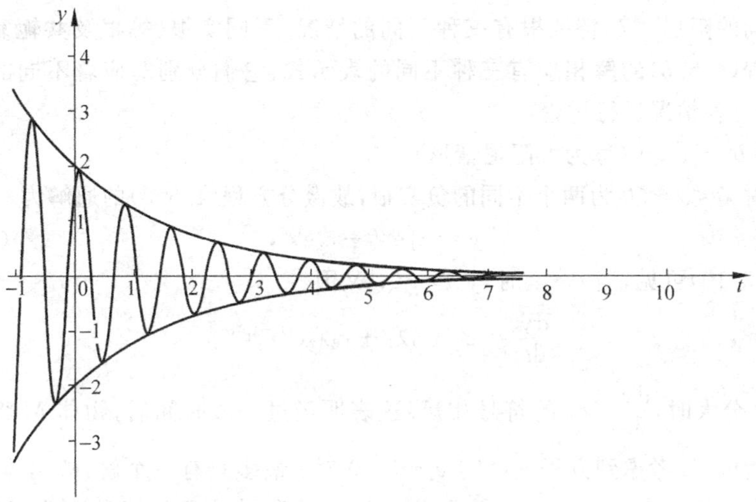

图 4.11　小阻尼情形

(3) $b^2-\mu^2=0$(称为临界阻尼情形)

此时 $\lambda_1=\lambda_2=-b$ 为两个相同的负实根,故微分方程(4.5.3)的通解为

$$y=(c_1+c_2t)e^{-bt}. \tag{4.5.12}$$

从式(4.5.12)可见,当 $t\to+\infty$ 时,$y(t)\to 0$.这表明物体 M 随着时间的增大而最终趋于平衡位置.此时物体 M 的运动不是周期的,且不再具有振动性质,数值 $b=\mu$ 称为阻尼的临界值,其意思是指:物体 M 处于振动状态或不振动状态的分界值,即当 $b\geqslant\mu$ 时,物体 M 不具有振动性质;而当 $b<\mu$ 时,物体 M 具有振动性质.其图像如图 4.12 所示.

3. 有阻尼强迫振动

现考察有阻尼强迫振动微分方程

$$\frac{d^2y}{dt^2}+2b\frac{dy}{dt}+\mu^2y=P\sin\omega t, \tag{4.5.4}$$

这里只考虑小阻尼情况,即 $b^2-\mu^2<0$ 的情形.

已知对应齐次线性微分方程的通解为

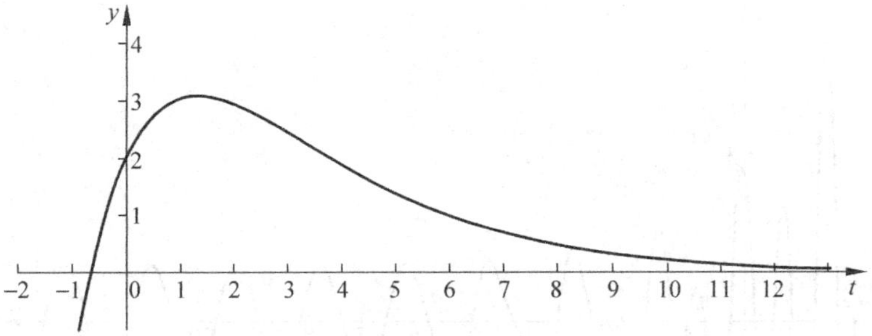

图 4.12　临界阻尼情形

$$y = Ae^{-bt}\sin(\omega_1 t + \theta).$$

因 $b\neq 0$,则微分方程(4.5.4)有形如

$$\tilde{y} = M\cos\omega t + N\sin\omega t \tag{4.5.13}$$

的解,这里 M,N 是待定常数.由待定系数法可求得

$$M = \frac{-2b\omega P}{(\mu^2-\omega^2)^2+4b^2\omega^2},\quad N = \frac{(\mu^2-\omega^2)P}{(\mu^2-\omega^2)^2+4b^2\omega^2},$$

代入式(4.5.13),并令

$$B = \frac{P}{\sqrt{(\mu^2-\omega^2)^2+4b^2\omega^2}},\quad \varphi = \arctan\frac{-2b\omega}{\mu^2-\omega^2},$$

则得微分方程(4.5.4)的一个特解为

$$\tilde{y} = B\sin(\omega t + \varphi).$$

故微分方程(4.5.4)的通解为

$$y = Ae^{-bt}\sin(\omega_1 t + \varphi) + B\sin(\omega t + \varphi). \tag{4.5.14}$$

从式(4.5.14)可见,它由两部分组成,前一部分是有阻尼的自由振动,代表固有振动,其振幅随时间的增长而很快衰减;后一部分是与外力同频率的简谐振动,代表由外力引起的强迫振动,其振幅不随时间的增长而衰减.因此在有阻尼强迫振动时,应主要考虑后一部分.其图像如图 4.13 所示.

现在考虑外力的频率 ω 取何值时,强迫振动项的振幅

$$B = \frac{P}{\sqrt{(\mu^2-\omega^2)^2+4b^2\omega^2}} \tag{4.5.15}$$

达到其最大值?

从式(4.5.15)可以得知,只要 $2b^2<\mu^2$(即阻尼很小),则当 $\omega=\sqrt{\mu^2-2b^2}$ 时,振幅 B 的最大值为 $\dfrac{P}{2b\sqrt{\mu^2-b^2}}$.我们把 $\omega=\sqrt{\mu^2-2b^2}$ 时所发生的运动现象(如图 4.14)称为共振,把此频率称为共振频率.

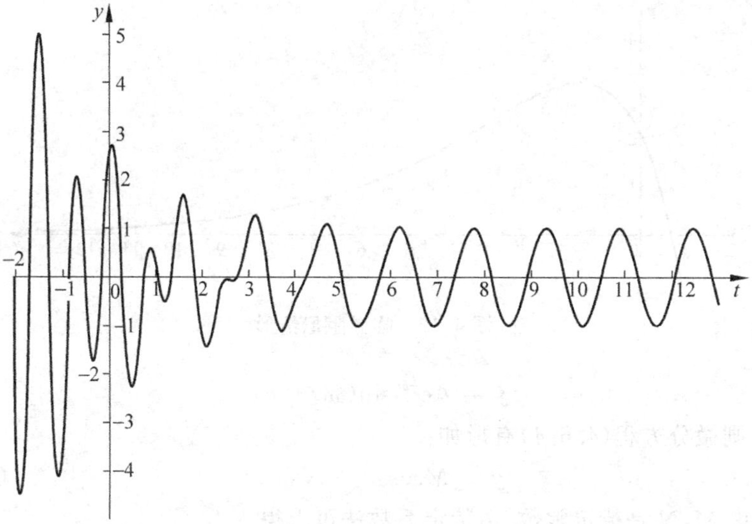

图 4.13　有阻尼强迫振动

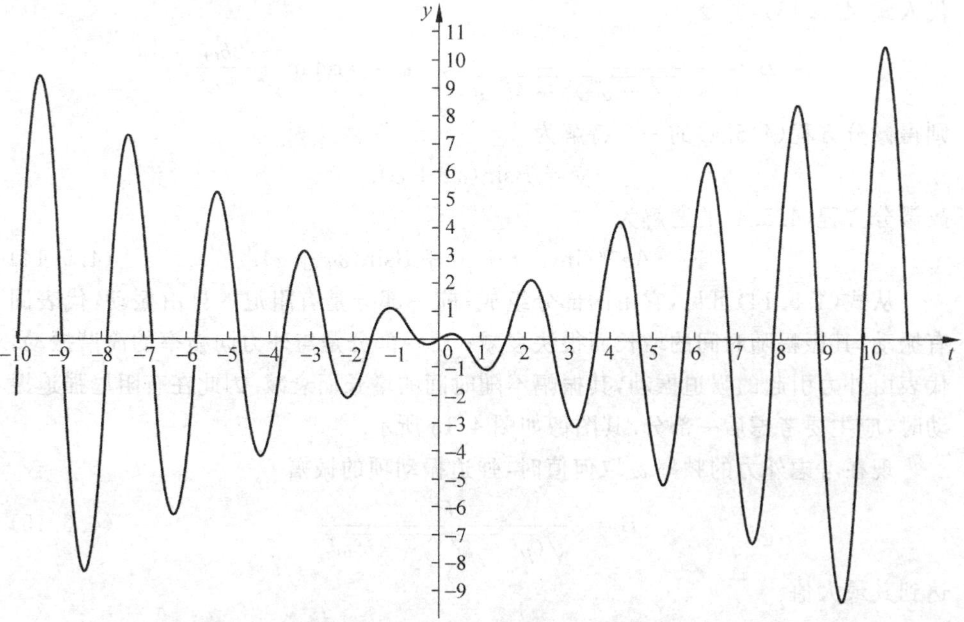

图 4.14　共振现象

因为在发生共振现象时，一个振动系统在不太大的周期外力作用下产生振幅很大的振动，所以在生产实际中，有时需要想法尽量加以避免，例如，架设桥梁及对电动机弹性座台要采取措施防止共振；有时则需要设法加以充分利用，例如，选矿用的振动筛及一些乐器的构造就利用了共振的原理.

习题 4.5

1. 一个重 Pkg 的物体挂在弹簧下，把弹簧拉长 $a$cm，再用手把弹簧拉长 Acm 后，无初速的松开，求弹簧振动规律(介质阻力不计).

2. 在一 RLC 串联电路中，$L=1\text{H}$，$R=1000\Omega$ 和 $C=6.25\times10^{-6}\text{F}$，设在时刻 $t=0$ 时，电容器上载有电荷量为 $1.5\times10^{-3}\text{C}$，此时将开关合上，求电量 q 随时间 t 的变化的规律.

3. 火车沿水平轨道运动，火车的重量 P，机车的牵引力为 F，运动的阻力 $W=a+bv$，其中 a,b 为常数，v 是火车的速度. 假设 $t=0$ 时，$S=0$，$v=0$，这里 S 表示火车走过的路程，试求火车的运动规律 $S(t)$.

第5章 微分方程组

5.1 微分方程组的基本概念

5.1.1 引言

1. 基本概念

在前几章中,我们研究了只含一个未知函数的一阶或高阶微分方程.但在很多实际问题和理论问题中,往往要涉及由含有若干个未知函数以及它们的导数的方程所组成的方程组,即微分方程组.下面先看一个实际例子.

例 5.1.1 炮弹的运动.

设质量为 m 的炮弹以初速度 v_0 且与水平方向成 θ_0 角发射出去.若不考虑空气的阻力,试求炮弹的运动规律.

解 设炮弹在空中的运行位于同一平面上,取此平面为 xOy 平面,炮弹的发射位置为原点,水平方向为 Ox 轴的方向,如图 5.1 所示.

图 5.1

设炮弹在时刻 t 的位置为 $(x(t),y(t))$,其速度 v 及加速度 a 在 x 轴和 y 轴方向的分量分别为 $\frac{dx}{dt},\frac{dy}{dt}$ 及 $\frac{d^2x}{dt^2},\frac{d^2y}{dt^2}$.由于不考虑空气的阻力,炮弹仅受到重力的作用.此力在 x 轴和 y 轴方向的分力分别为 $F_x=0$ 及 $F_y=-mg$,于是在 x 轴和 y 轴两个方向上分别应用牛顿第二定律,得

$$\begin{cases}\dfrac{d^2x}{dt^2}=0,\\[2mm]\dfrac{d^2y}{dt^2}=-g,\end{cases}\tag{5.1.1}$$

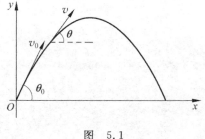

此即炮弹运动所应满足的由两个未知函数 x、y，两个方程所组成的微分方程组.

显然，炮弹的运动状态还依赖于炮弹的初始状态，即在时刻 $t=0$ 时的初位置和初速度

$$\begin{cases} x(0)=0, \\ y(0)=0, \end{cases} \quad \begin{cases} x'(0)=v_0\cos\theta_0, \\ y'(0)=v_0\sin\theta_0. \end{cases} \tag{5.1.2}$$

条件(5.1.2)称为初始条件. 因此，求炮弹运动规律的问题，就归结为求方程组(5.1.1)满足初始条件(5.1.2)的函数 $x(t)$，$y(t)$的问题.

若考虑空气的阻力，且设空气的阻力与它的速度的平方成正比，即阻力可表示为 $-kv^2$，$k>0$ 为阻尼系数，则此力在 x 轴和 y 轴方向的分力分别为 $-kv^2\cos\theta$ 及 $-kv^2\sin\theta$. 注意到

$$\frac{\mathrm{d}x}{\mathrm{d}t}=v\cos\theta, \quad \frac{\mathrm{d}y}{\mathrm{d}t}=v\sin\theta,$$

$$v=\sqrt{\left(\frac{\mathrm{d}x}{\mathrm{d}t}\right)^2+\left(\frac{\mathrm{d}y}{\mathrm{d}t}\right)^2},$$

根据牛顿第二定律，得炮弹运动的微分方程组为

$$\begin{cases} m\dfrac{\mathrm{d}^2x}{\mathrm{d}t^2}=-k\sqrt{\left(\dfrac{\mathrm{d}x}{\mathrm{d}t}\right)^2+\left(\dfrac{\mathrm{d}y}{\mathrm{d}t}\right)^2}\cdot\dfrac{\mathrm{d}x}{\mathrm{d}t}, \\ m\dfrac{\mathrm{d}^2y}{\mathrm{d}t^2}=-k\sqrt{\left(\dfrac{\mathrm{d}x}{\mathrm{d}t}\right)^2+\left(\dfrac{\mathrm{d}y}{\mathrm{d}t}\right)^2}\cdot\dfrac{\mathrm{d}y}{\mathrm{d}t}-mg. \end{cases}$$

其初始条件仍为(5.1.2). □

下面给出关于一阶微分方程组的基本概念. 形如

$$\frac{\mathrm{d}y_i}{\mathrm{d}x}=f_i(x,y_1,y_2,\cdots,y_n) \quad (i=1,2,\cdots,n) \tag{5.1.3}$$

的微分方程组称为**正规形一阶微分方程组**. 正规形一阶线性微分方程组的一般形式为

$$\frac{\mathrm{d}y_i}{\mathrm{d}x}=\sum_{j=1}^{n}a_{ij}(x)y_j+q_i(x) \quad (i=1,2,\cdots,n), \tag{5.1.4}$$

其中 $a_{ij}(x)$及 $q_i(x)(i,j=1,2,\cdots,n)$均是 x 的已知函数.

设函数组

$$y_1=\varphi_1(x), y_2=\varphi_2(x), \cdots, y_n=\varphi_n(x) \tag{5.1.5}$$

中的函数在区间 I 上均可导. 如果把函数组(5.1.5)代入微分方程组(5.1.3)后，能使得等式

$$\frac{\mathrm{d}y_i}{\mathrm{d}x}=f_i(x,y_1,y_2,\cdots,y_n) \quad (i=1,2,\cdots,n)$$

在区间 I 上恒成立，则称函数组(5.1.5)为微分方程组(5.1.3)的一个解.

对于微分方程组的通解、隐式通解(也称通积分)、初始条件、初值问题及特解等概念可仿照第1章的有关概念类似地进行定义. 例如,对微分方程组(5.1.3)来说,如果方程组(5.1.3)的解

$$\begin{cases} y_1 = \varphi_1(x, c_1, c_2, \cdots, c_n), \\ y_2 = \varphi_2(x, c_1, c_2, \cdots, c_n), \\ \vdots \\ y_n = \varphi_n(x, c_1, c_2, \cdots, c_n) \end{cases}$$

包含 n 个独立的任意常数 $c_1, c_2, \cdots, c_n$①,则称它为微分方程组(5.1.3)的通解.

微分方程组(5.1.3)的初始条件是指

$$y_1(x_0) = y_{10}, y_2(x_0) = y_{20}, \cdots, y_n(x_0) = y_{n0}, \tag{5.1.6}$$

其中 x_0 是自变量 x 的某个指定的初值; $y_{10}, y_{20}, \cdots, y_{n0}$ 依次是未知函数

$$y_1(x), y_2(x), \cdots, y_n(x)$$

的某个指定的初值.

求微分方程组(5.1.3)的满足初始条件(5.1.6)的解的问题,称为微分方程组初值问题,可简记为

$$\begin{cases} \dfrac{\mathrm{d}y_i}{\mathrm{d}x} = f_i(x, y_1, \cdots, y_n), \\ y_i(x_0) = y_{i0}, \end{cases} \quad i = 1, 2, \cdots, n.$$

我们指出,任意一个正规形高阶微分方程,都可以借助于引进新的未知函数而转化为一个与之等价的正规形一阶微分方程组.

首先考虑 n 阶显式微分方程

$$y^{(n)} = f(x, y, y', \cdots, y^{(n-1)}). \tag{5.1.7}$$

我们记 $y = y_1$,再引进 $n-1$ 个新的未知函数:

$$y_2 = y', y_3 = y'', \cdots, y_n = y^{(n-1)},$$

则方程(5.1.7)就化为含有 n 个未知函数的正规形一阶微分方程组

$$\begin{cases} y_1' = y_2 \\ y_2' = y_3 \\ \vdots \\ y_{n-1}' = y_n \\ y_n' = f(x, y_1, y_2, \cdots, y_n). \end{cases} \tag{5.1.8}$$

设 $y = \varphi(x)$ 是微分方程(5.1.7)的一个解,则易知函数组

---

① 即指雅可比行列式 $\dfrac{D(\varphi_1, \varphi_2, \cdots, \varphi_n)}{D(c_1, c_2, \cdots, c_n)} \neq 0$.

$$y_1=\varphi(x),y_2=\varphi'(x),\cdots,y_n=\varphi^{(n-1)}(x)$$

是微分方程组(5.1.8)的一个解；反之，设函数组

$$y_1=\psi_1(x),y_2=\psi_2(x),\cdots,y_n=\psi_n(x) \tag{5.1.9}$$

是微分方程组(5.1.8)的一个解，则易知 $y=\psi_1(x)$是微分方程(5.1.7)的一个解. 在这个意义下，我们就说微分方程(5.1.7)与微分方程组(5.1.8)是等价的，即给定微分方程(5.1.7)的一个解，我们可以构造微分方程组(5.1.8)的一个解；反之亦然.

同理，正规形 n 阶线性微分方程

$$y^{(n)}+p_1(x)y^{(n-1)}+\cdots+p_{n-1}(x)y'+p_n(x)y=q(x) \tag{5.1.10}$$

与如下形式的正规形一阶线性微分方程组等价

$$\begin{cases} y_1'=y_2, \\ y_2'=y_3, \\ \vdots \\ y_{n-1}'=y_n, \\ y_n'=-p_1(x)y_n-\cdots-p_{n-1}(x)y_2-p_n(x)y_1+q(x). \end{cases} \tag{5.1.10$'$}$$

同样地，微分方程(5.1.7)与微分方程组(5.1.8)的初始条件在下述意义下是等价的，即如果 $y=\varphi(x)$是微分方程(5.1.7)满足初始条件

$$y(x_0)=y_0,y'(x_0)=y_0',\cdots,y^{(n-1)}(x_0)=y_0^{(n-1)} \tag{5.1.11}$$

的解，则 $y_1=\varphi(x),y_2=\varphi'(x),\cdots,y_n=\varphi^{(n-1)}(x)$是微分方程组(5.1.8)满足初始条件

$$y_1(x_0)=y_0,y_2(x_0)=y_0',\cdots,y_n(x_0)=y_0^{(n-1)} \tag{5.1.11$'$}$$

的解；反之，如果 $y_1=\psi_1(x),y_2=\psi_2(x),\cdots,y_n=\psi_n(x)$是微分方程组(5.1.8)的满足初始条件(5.1.11′)的解，则 $y=\psi_1(x)$是微分方程(5.1.7)的满足初始条件(5.1.11)的解.

2. 函数向量和函数矩阵

(1) 函数向量和函数矩阵

引用向量和矩阵的符号. 若 n 维列向量

$$\boldsymbol{u}(x)=\begin{bmatrix} u_1(x) \\ u_2(x) \\ \vdots \\ u_n(x) \end{bmatrix}$$

的每一元素 $u_i(x)(i=1,2,\cdots,n)$是定义在区间 I 上的函数，则称 $\boldsymbol{u}(x)$为 x 的 n 维**函数列向量**.

若 $n\times n$ 矩阵

$$\boldsymbol{A}(x)=\begin{bmatrix} a_{11}(x) & a_{12}(x) & \cdots & a_{1n}(x) \\ a_{21}(x) & a_{22}(x) & \cdots & a_{2n}(x) \\ \vdots & \vdots & & \vdots \\ a_{n1}(x) & a_{n2}(x) & \cdots & a_{nn}(x) \end{bmatrix}=[a_{ij}(x)]_{n\times n}$$

的每一元素 $a_{ij}(x)(i,j=1,2,\cdots,n)$是定义在区间 I 上的函数，则称 $\boldsymbol{A}(x)$为 x 的 $n\times n$ 函数矩阵.

关于向量或矩阵相加、相乘，向量或矩阵与纯量相乘等代数运算，对于以函数为元素的函数向量或函数矩阵可同样定义，并具有相同的运算性质.

关于函数向量和函数矩阵的连续、微分和积分，我们定义如下：

如果函数向量 $\boldsymbol{u}(x)$或函数矩阵 $\boldsymbol{A}(x)$的每一元素都是区间 I 上的连续函数，则称 $\boldsymbol{u}(x)$或 $\boldsymbol{A}(x)$在 I 上是连续的.

如果函数向量 $\boldsymbol{u}(x)$或函数矩阵 $\boldsymbol{A}(x)$的每一元素都是区间 I 上的可微函数，则称 $\boldsymbol{u}(x)$或 $\boldsymbol{A}(x)$在 I 上是可微的，且定义它们的导数分别为

$$\boldsymbol{u}'(x)=[u_i'(x)]_{n\times 1},\quad \boldsymbol{A}'(x)=[a_{ij}'(x)]_{n\times n}.$$

如果函数向量 $\boldsymbol{u}(x)$或函数矩阵 $\boldsymbol{A}(x)$的每一元素都是区间 I 上的可积函数，则称 $\boldsymbol{u}(x)$或 $\boldsymbol{A}(x)$在 I 上是可积的，且定义它们的积分分别为

$$\int_{x_0}^{x}\boldsymbol{u}(s)\mathrm{d}s=\left[\int_{x_0}^{x}u_i(s)\mathrm{d}s\right]_{n\times 1},\quad \int_{x_0}^{x}\boldsymbol{A}(s)\mathrm{d}s=\left[\int_{x_0}^{x}a_{ij}(s)\mathrm{d}s\right]_{n\times n}.$$

这里 $x_0,x\in I$.

关于函数向量与函数矩阵的微分、积分运算法则和普通数值函数类似.

(2) 向量和矩阵的范数

为了对 n 维列向量 $\boldsymbol{u}=(u_1,u_2,\cdots,u_n)^{\mathrm{T}}$ 及 $n\times n$ 矩阵 $\boldsymbol{A}=(a_{ij})_{n\times n}$进行估计，我们分别定义它们的范数(或模)为

$$\|\boldsymbol{u}\|=\sum_{i=1}^{n}|u_i|,\quad \|\boldsymbol{A}\|=\sum_{i,j=1}^{n}|a_{ij}|.$$

容易证明下面的结果：

命题 1 设 $\boldsymbol{A},\boldsymbol{B}$ 是 $n\times n$ 矩阵，$\boldsymbol{u},\boldsymbol{v}$ 是 n 维列向量，$\boldsymbol{u}(x)$，$\boldsymbol{A}(x)$是区间$[a,b]$上的可积的函数向量、函数矩阵，则有

① $\|\boldsymbol{u}\|\geqslant 0$，且 $\|\boldsymbol{u}\|=0$ 当且仅当对一切 $i=1,2,\cdots,n$，$u_i=0$；

$\|\boldsymbol{A}\|\geqslant 0$，且 $\|\boldsymbol{A}\|=0$ 当且仅当对一切 $i,j=1,2,\cdots,n$，$a_{ij}=0$；

② 对任意常数 α，有 $\|\alpha\boldsymbol{u}\|=|\alpha|\,\|\boldsymbol{u}\|$；$\|\alpha\boldsymbol{A}\|=|\alpha|\,\|\boldsymbol{A}\|$；

③ $\|\boldsymbol{u}+\boldsymbol{v}\|\leqslant\|\boldsymbol{u}\|+\|\boldsymbol{v}\|$；$\|\boldsymbol{A}+\boldsymbol{B}\|\leqslant\|\boldsymbol{A}\|+\|\boldsymbol{B}\|$；

④ $\|\boldsymbol{A}\boldsymbol{u}\|\leqslant\|\boldsymbol{A}\|\cdot\|\boldsymbol{u}\|$；$\|\boldsymbol{A}\boldsymbol{B}\|\leqslant\|\boldsymbol{A}\|\cdot\|\boldsymbol{B}\|$；

⑤ $\left\|\int_a^b \boldsymbol{u}(x)\mathrm{d}x\right\| \leqslant \int_a^b \|\boldsymbol{u}(x)\|\,\mathrm{d}x, \quad (a \leqslant b)$；

$\left\|\int_a^b \boldsymbol{A}(x)\mathrm{d}x\right\| \leqslant \int_a^b \|\boldsymbol{A}(x)\|\,\mathrm{d}x, \quad (a \leqslant b)$.

(3) 向量序列和矩阵序列

设$\{\boldsymbol{y}_k\}$是向量序列，其中 $\boldsymbol{y}_k=(y_{1k},y_{2k},\cdots,y_{nk})^{\mathrm{T}}$，如果对每一 $i(i=1,2,\cdots,n)$，数列$\{y_{ik}\}$都是收敛的，则称$\{\boldsymbol{y}_k\}$是收敛的.

设$\{\boldsymbol{y}_k(x)\}$是函数向量序列，其中 $\boldsymbol{y}_k(x)=(y_{1k}(x),y_{2k}(x),\cdots,y_{nk}(x))^{\mathrm{T}}$，如果对每一 $i(i=1,2,\cdots,n)$，函数序列$\{y_{ik}(x)\}$在区间 I 上都是收敛的(一致收敛的)，则称$\{\boldsymbol{y}_k(x)\}$在区间 I 上是收敛的(一致收敛的).

设 $\sum\limits_{k=1}^{\infty}\boldsymbol{y}_k(x)$ 是函数向量级数，如果其部分和 $\boldsymbol{S}_n(x)=\sum\limits_{k=1}^{n}\boldsymbol{y}_k(x)$ 所构成的函数向量序列$\{\boldsymbol{S}_n(x)\}$ 在区间 I 上是收敛的(一致收敛的)，则称 $\sum\limits_{k=1}^{\infty}\boldsymbol{y}_k(x)$ 在 I 上是收敛的(一致收敛的).

由上述定义，对函数向量序列和函数向量级数，可得到与数学分析中关于函数序列和函数级数相类似的如下结论：

命题 2 ① 若连续函数向量序列$\{\boldsymbol{y}_k(x)\}$在区间$[a,b]$上一致收敛，则其极限函数向量在$[a,b]$上连续；

② 若连续函数向量序列$\{\boldsymbol{y}_k(x)\}$在区间$[a,b]$上一致收敛，则

$$\lim_{k\to\infty}\int_a^b \boldsymbol{y}_k(x)\mathrm{d}x = \int_a^b \lim_{k\to\infty}\boldsymbol{y}_k(x)\mathrm{d}x,$$

亦即极限符号与积分符号可以互换；

③ (维尔斯特拉斯判别法)如果

$$\|\boldsymbol{y}_k(x)\| \leqslant M_k, \quad x\in[a,b], \quad k=1,2,\cdots$$

且级数 $\sum\limits_{k=1}^{\infty}M_k$ 收敛，则 $\sum\limits_{k=1}^{\infty}\boldsymbol{y}_k(x)$ 在区间$[a,b]$ 上一致收敛.

设$\{\boldsymbol{A}_k\}$是 $n\times n$ 矩阵序列，其中 $\boldsymbol{A}_k=[a_{ij}^{(k)}]_{n\times n}$，如果对于一切 $i,j=1,2,\cdots,n$，数列$\{a_{ij}^{(k)}\}$都是收敛的，则称$\{\boldsymbol{A}_k\}$是收敛的.

设 $\sum\limits_{k=1}^{\infty}\boldsymbol{A}_k$ 是矩阵级数，如果其部分和 $\boldsymbol{S}_n=\sum\limits_{k=1}^{n}\boldsymbol{A}_k$ 所构成的矩阵序列$\{\boldsymbol{S}_n\}$ 是收敛的，则称 $\sum\limits_{k=1}^{\infty}\boldsymbol{A}_k$ 是收敛的.

由此定义，有：$\sum\limits_{k=1}^{\infty}\boldsymbol{A}_k$ 收敛，当且仅当对所有的 $i,j=1,2,\cdots,n$，级数 $\sum\limits_{k=1}^{\infty}a_{ij}^{(k)}$ 均收敛.

若对所有的$i,j=1,2,\cdots,n$,级数$\sum\limits_{k=1}^{\infty}|a_{ij}^{(k)}|$均收敛,则称级数$\sum\limits_{k=1}^{\infty}\boldsymbol{A}_k$是**绝对收敛**的.

容易证明以下结论:

命题 3 ① 若级数$\sum\limits_{k=1}^{\infty}\boldsymbol{A}_k$绝对收敛,则级数$\sum\limits_{k=1}^{\infty}\boldsymbol{A}_k$收敛;

② 若$\|\boldsymbol{A}_k\|\leqslant M_k,k=1,2,\cdots$,且级数$\sum\limits_{k=1}^{\infty}M_k$收敛,则级数$\sum\limits_{k=1}^{\infty}\boldsymbol{A}_k$绝对收敛.

设$\{\boldsymbol{A}_k(x)\}$是$n\times n$函数矩阵序列,其中$\boldsymbol{A}_k(x)=[a_{ij}^{(k)}(x)]$,如果对于一切$i,j=1,2,\cdots,n$,函数列$\{a_{ij}^{(k)}(x)\}$在区间$I$上是收敛的(一致收敛的),则称$\{\boldsymbol{A}_k(x)\}$在区间$I$上是收敛的(一致收敛的).

设$\sum\limits_{k=1}^{\infty}\boldsymbol{A}_k(x)$是函数矩阵级数,如果其部分和所构成的函数矩阵序列在区间I上是收敛的(一致收敛的),则称$\sum\limits_{k=1}^{\infty}\boldsymbol{A}_k(x)$在区间$I$上是收敛的(一致收敛的).

命题 4(维尔斯特拉斯判别法) 如果

$$\|\boldsymbol{A}_k(x)\|\leqslant M_k,x\in[a,b],\quad k=1,2,\cdots$$

且级数$\sum\limits_{k=1}^{\infty}M_k$收敛,则$\sum\limits_{k=1}^{\infty}\boldsymbol{A}_k(x)$在$[a,b]$上一致收敛.

易见,上述有关定义和结果均是数学分析中相应内容的自然推广.

(4) 微分方程组的向量形式

对正规形一阶微分方程组

$$\frac{\mathrm{d}y_i}{\mathrm{d}x}=f_i(x,y_1,y_2,\cdots,y_n)\quad(i=1,2,\cdots,n)\tag{5.1.12}$$

及其初始条件

$$y_i(x_0)=y_{i0}\quad(i=1,2,\cdots,n),\tag{5.1.13}$$

若记

$$\boldsymbol{y}=\begin{bmatrix}y_1\\y_2\\\vdots\\y_n\end{bmatrix},\quad\boldsymbol{y}_0=\begin{bmatrix}y_{10}\\y_{20}\\\vdots\\y_{n0}\end{bmatrix},\quad\boldsymbol{F}(x,\boldsymbol{y})=\begin{bmatrix}f_1(x,y_1,y_2,\cdots,y_n)\\f_2(x,y_1,y_2,\cdots,y_n)\\\vdots\\f_n(x,y_1,y_2,\cdots,y_n)\end{bmatrix},$$

则微分方程组(5.1.12)可写成向量形式

$$\frac{\mathrm{d}\boldsymbol{y}}{\mathrm{d}x}=\boldsymbol{F}(x,\boldsymbol{y}),\tag{5.1.12$'$}$$

初始条件(5.1.13)可写成

$$\boldsymbol{y}(x_0)=\boldsymbol{y}_0. \tag{5.1.13'}$$

微分方程组(5.1.12)满足初始条件(5.1.13)的初值问题,可记为

$$\begin{cases}\dfrac{\mathrm{d}\boldsymbol{y}}{\mathrm{d}x}=\boldsymbol{F}(x,\boldsymbol{y}),\\ \boldsymbol{y}(x_0)=\boldsymbol{y}_0.\end{cases}$$

反过来,微分方程组的向量形式(5.1.12′)也可以写成纯量形式.

显然,若函数组 $y_1=\varphi_1(x),y_2=\varphi_2(x),\cdots,y_n=\varphi_n(x)(x\in I)$是微分方程组(5.1.12)的一个解,则函数向量$\boldsymbol{\varphi}(x)=(\varphi_1(x),\varphi_2(x),\cdots,\varphi_n(x))^{\mathrm{T}}$ 是微分方程组(5.1.12′)的一个解; 反之亦然.

类似地,对正规形一阶线性微分方程组

$$\frac{\mathrm{d}y_i}{\mathrm{d}x}=\sum_{j=1}^{n}a_{ij}(x)y_j+q_i(x)\quad(i=1,2,\cdots,n), \tag{5.1.14}$$

若记

$$\boldsymbol{y}=[y_i]_{n\times1},\quad \boldsymbol{A}(x)=[a_{ij}]_{n\times n},\quad \boldsymbol{Q}(x)=[q_i(x)]_{n\times1},$$

则微分方程组(5.1.14)可写成矩阵向量形式

$$\frac{\mathrm{d}\boldsymbol{y}}{\mathrm{d}x}=\boldsymbol{A}(x)\boldsymbol{y}+\boldsymbol{Q}(x). \tag{5.1.14'}$$

【注】 应当指出,在以后有关理论的表述及证明中,常较多地采用微分方程组的矩阵向量形式.读者将会看到这不仅能使有关结论的表述简单,证明简洁,还使我们清楚地看到微分方程组的基本理论与单个微分方程的基本理论之间的共性,而这对于问题研究的深入与推广是大有好处的.

下面我们先介绍微分方程组初值问题(5.1.12′),(5.1.13′)解的存在唯一性定理及求解微分方程组(5.1.12)的初等积分法,然后着重讨论线性微分方程组(5.1.14).与第 4 章类似,线性微分方程组无论在理论上还是在应用上,都十分重要,它在整个微分方程中占有重要的地位.

5.1.2　解的存在唯一性定理

与一阶方程相类似,有如下关于一阶微分方程组(5.1.12′)初值问题解的存在唯一性定理.

定理 5.1.1　设微分方程组(5.1.12′)的右端函数向量 $\boldsymbol{F}(x,\boldsymbol{y})$在 $n+1$ 维空间的闭区域

$$\overline{D}:|x-x_0|\leqslant a,\quad \|\boldsymbol{y}-\boldsymbol{y}_0\|\leqslant b$$

上满足条件: ①连续; ②关于 $\boldsymbol{y}$ 满足**李普希兹**条件,即存在常数 $L>0$,使对于 $\overline{D}$ 上任意两点$(x,\boldsymbol{y}_1),(x,\boldsymbol{y}_2)$均有

$$\| \boldsymbol{F}(x,\boldsymbol{y}_1) - \boldsymbol{F}(x,\boldsymbol{y}_2) \| \leqslant L \| \boldsymbol{y}_1 - \boldsymbol{y}_2 \|,$$

则初值问题(5.1.12′)、(5.1.13′)存在唯一的定义在区间 $I=[x_0-h,x_0+h]$ 上的解，其中

$$h=\min\left(a,\frac{b}{M}\right),\quad M=\max_{(x,\boldsymbol{y})\in\overline{D}} \| \boldsymbol{F}(x,\boldsymbol{y}) \|.$$

把此定理与第 3 章的毕卡定理进行比较，可以看出，除了把 y 换成 $\boldsymbol{y}$，符号 $|\ |$ 换成 $\|\ \|$ 外，其他完全一样. □

由定理 5.1.1，易得下面的推论。

推论 5.1.1 设微分方程组(5.1.12′)的右端函数向量 $\boldsymbol{F}(x,\boldsymbol{y})$ 在区域 $G\subset\mathbb{R}^{n+1}$ 内满足：①连续；②关于 $\boldsymbol{y}$ 满足局部李普希兹条件，即对任一点 $P_0(x_0,\boldsymbol{y}_0)$，$(x_0,\boldsymbol{y}_0)\in G$，均存在以 P_0 点为中心的闭区域 $\overline{D}\subset G$，使 $\boldsymbol{F}(x,\boldsymbol{y})$ 在 $\overline{D}$ 上关于 $\boldsymbol{y}$ 满足李普希兹条件. 则初值问题(5.1.12′)，(5.1.13′)存在唯一的定义在含 x_0 的某区间上的解. □

推论 5.1.2 设微分方程组(5.1.12′)的右端函数向量 $\boldsymbol{F}(x,\boldsymbol{y})$ 在区域 $G\subset\mathbb{R}^{n+1}$ 内满足：①连续；②$f_i(x,y_1,y_2,\cdots,y_n)$ 对 $y_1,y_2,\cdots,y_n$ 存在连续的偏导数 $\dfrac{\partial f_i}{\partial y_j}(i,j=1,2,\cdots,n)$，则仍有推论 5.1.1 的结论. □

根据 5.1.1 节中关于 n 阶微分方程(5.1.7)与一阶微分方程组(5.1.8)等价性的论述，由推论 5.1.2 便可推出 4.1.1 节中关于 n 阶方程的初值问题的解的存在唯一性定理(即定理 4.1.1).

与一阶线性微分方程的结果类似，有如下的关于一阶线性微分方程组(5.1.14′)的初值问题解的存在唯一性定理.

定理 5.1.2 如果一阶线性微分方程组(5.1.14′)中的 $\boldsymbol{A}(x)$ 及 $\boldsymbol{Q}(x)$ 在区间 $[a,b]$ 上连续，则对于任一 $x_0\in[a,b]$ 及任一常数向量 $\boldsymbol{y}_0=(y_{10},y_{20},\cdots,y_{n0})^{\mathrm{T}}$，初值问题(5.1.14′)，(5.1.13′)存在唯一的定义在整个区间 $[a,b]$ 上的解.

定理的证明与第 3 章毕卡定理的证明类似，这里从略. □

定理 5.1.1 只肯定了解的存在区间为 $|x-x_0|\leqslant h$，$h=\min\left(a,\dfrac{b}{M}\right)$，$h$ 一般可能比 a 小，故它是一个局部性的结果. 而定理 5.1.2 则肯定了线性微分方程组的解的定义区间是使系数矩阵 $\boldsymbol{A}(x)$ 及函数向量 $\boldsymbol{Q}(x)$ 连续的整个区间 $[a,b]$，故它是一个全局性的结果.

由定理 5.1.2 可以推得 4.1 节中关于 n 阶线性微分方程初值问题解的存在唯一性定理(即定理 4.1.2).

5.1.3　化为高阶方程法和可积组合法

与一阶微分方程及高阶微分方程一样，能用初等积分法求得其通解的微分方程组只是少数．这里介绍常用的求解微分方程组

$$\frac{\mathrm{d}y_i}{\mathrm{d}x}=f_i(x,y_1,\cdots,y_n)\quad(i=1,2,\cdots,n)\tag{5.1.15}$$

的两种方法．

1. 化为高阶方程法（也称消去法）

这种方法的基本思想，与用代入消去法把代数方程组化成一个高次方程来求解的思想是类似的．在微分方程组(5.1.15)中通过求导，只保留一个未知函数，而消去其余的未知函数，得到一个 n 阶微分方程，求解这个方程，得出一个未知函数，然后再根据消去的过程，求出其余的未知函数．

例 5.1.2　求解微分方程组

$$\begin{cases}\dfrac{\mathrm{d}y_1}{\mathrm{d}x}=3y_1-2y_2,\\[2mm]\dfrac{\mathrm{d}y_2}{\mathrm{d}x}=2y_1-y_2.\end{cases}\tag{5.1.16}$$

解　保留 y_2，消去 y_1．由方程组(5.1.16)的第二式解出 y_1，得

$$y_1=\frac{1}{2}\left(\frac{\mathrm{d}y_2}{\mathrm{d}x}+y_2\right),\tag{5.1.17}$$

对式(5.1.17)两边关于 x 求导，得

$$\frac{\mathrm{d}y_1}{\mathrm{d}x}=\frac{1}{2}\left(\frac{\mathrm{d}^2y_2}{\mathrm{d}x^2}+\frac{\mathrm{d}y_2}{\mathrm{d}x}\right).\tag{5.1.18}$$

再把式(5.1.17)、(5.1.18)代入式(5.1.16)中的第一式，得

$$\frac{1}{2}\left(\frac{\mathrm{d}^2y_2}{\mathrm{d}x^2}+\frac{\mathrm{d}y_2}{\mathrm{d}x}\right)=\frac{3}{2}\left(\frac{\mathrm{d}y_2}{\mathrm{d}x}+y_2\right)-2y_2,$$

整理之，得

$$\frac{\mathrm{d}^2y_2}{\mathrm{d}x^2}-2\frac{\mathrm{d}y_2}{\mathrm{d}x}+y_2=0.$$

这是二阶常系数线性齐次微分方程，易求出它的通解为

$$y_2=(c_1+c_2x)\mathrm{e}^x,\tag{5.1.19}$$

把式(5.1.19)代入式(5.1.17)，便得

$$y_1=\frac{1}{2}(2c_1+c_2+2c_2x)\mathrm{e}^x.$$

因此，原微分方程组(5.1.16)的通解为

$$
\begin{cases}
y_1 = \dfrac{1}{2}(2c_1 + c_2 + 2c_2 x)\mathrm{e}^x, \\
y_2 = (c_1 + c_2 x)\mathrm{e}^x,
\end{cases}
\tag{5.1.20}
$$

其中 c_1, c_2 是任意常数. □

如果保留 y_1,消去 y_2,同样可以求得微分方程组(5.1.16)的通解,其中的任意常数可能在形式上与式(5.1.20)中的不同,但实质上可以把它们化成一样.

【注】 上面我们是把式(5.1.19)代入式(5.1.17)经过求导,而没有经过求积分就求得了 y_1. 如果把式(5.1.19)代入式(5.1.16)中的第一式,便得

$$
\frac{\mathrm{d}y_1}{\mathrm{d}x} = 3y_1 - 2(c_1 + c_2 x)\mathrm{e}^x.
$$

这是一阶线性非齐次微分方程. 可求得它的通解为

$$
y_1 = \frac{1}{2}(2c_1 + c_2 + 2c_2 x)\mathrm{e}^x + c_3\mathrm{e}^x,
$$

从而得

$$
\begin{cases}
y_1 = \dfrac{1}{2}(2c_1 + c_2 + 2c_2 x)\mathrm{e}^x + c_3\mathrm{e}^x, \\
y_2 = (c_1 + c_2 x)\mathrm{e}^x.
\end{cases}
\tag{5.1.21}
$$

式(5.1.21)中出现了三个任意常数 c_1, c_2, c_3,这与上面求得的式(5.1.20)不一致. 实际上,把式(5.1.21)直接代入原微分方程组(5.1.16)便知,当且仅当 $c_3 = 0$ 时,即式(5.1.21)变为式(5.1.20)时,它才是方程组(5.1.16)的解. 故式(5.1.21)不是所求微分方程组的通解,其中 c_3 是一个多余的任意常数,由它引进了增解. 因此,为了避免出现增解,在求得了一个未知函数后,不要再用求积分的方法来求其他的未知函数.

例 5.1.3 求解微分方程组

$$
\begin{cases}
\dfrac{\mathrm{d}y_1}{\mathrm{d}x} = y_2, \\
\dfrac{\mathrm{d}y_2}{\mathrm{d}x} = \dfrac{y_2^2}{y_1}.
\end{cases}
\tag{5.1.22}
$$

解 对方程组(5.1.22)的第一式两边关于 x 求导,得 $\frac{\mathrm{d}^2 y_1}{\mathrm{d}x^2} = \frac{\mathrm{d}y_2}{\mathrm{d}x}$. 代入其第二式,得 $\frac{\mathrm{d}^2 y_1}{\mathrm{d}x^2} = \frac{1}{y_1}\left(\frac{\mathrm{d}y_1}{\mathrm{d}x}\right)^2$,即 $y_1 y_1'' y_1'^2 = 0\ (y_1 \neq 0)$.

此为不显含自变量 x 的可降阶的方程,其通解为

$$
y_1 = c_2\mathrm{e}^{c_1 x} \quad (c_2 \neq 0).
$$

把此式代入方程组(5.1.22)中的第一式,得

$$
y_2 = c_1 c_2 \mathrm{e}^{c_1 x}.
$$

因此，

$$\begin{cases} y_1 = c_2 e^{c_1 x}, \\ y_2 = c_1 c_2 e^{c_1 x} \end{cases} \quad (c_2 \neq 0)$$

为原微分方程组的通解. □

从上面两例可以看出，化为高阶方程法对某些小型的微分方程组(未知函数个数较少的微分方程组)的求解是比较简便的.

【注】 需要指出，在 5.1.1 节中，我们已经知道每一个正规形的 n 阶微分方程，总可以化为含有 n 个未知函数的正规形一阶微分方程组；反之，一般说来，却不成立. 例如，微分方程组

$$\frac{dy_1}{dx} = a(x)y_2, \quad \frac{dy_2}{dx} = b(x)y_1$$

(其中 $a(x)$ 和 $b(x)$ 是连续函数但不可微)就不能用消去法把它化成只含一个未知函数的二阶微分方程. 这说明一阶微分方程组比高阶微分方程更具有一般性.

2. 可积组合法

这种方法就是把微分方程组(5.1.18)中的一些方程或所有方程进行适当的组合，得出某个易于积分的方程. 如恰当导数方程

$$\frac{d\varphi(x, y_1, y_2, \cdots, y_n)}{dx} = 0$$

再经过变量替换，就可化为只含有一个未知函数的可积方程，即可积组合. 积分后，就得到一个联系自变量 x 和未知函数 $y_1, y_2, \cdots, y_n$ 的关系式 $\varphi(x, y_1, y_2, \cdots, y_n) = c$. 我们称此关系式(有时也指函数 φ)为微分方程组(5.1.15)的一个**首次积分**，由此可使求解微分方程组(5.1.15)的问题得到解决或简化.

例 5.1.4 求解微分方程组

$$\begin{cases} \dfrac{dy_1}{dx} = y_2, \\ \dfrac{dy_2}{dx} = y_1. \end{cases} \tag{5.1.23}$$

解 将两个方程的两端分别相加，得

$$\frac{d(y_1 + y_2)}{dx} = y_1 + y_2 \quad 或 \quad \frac{d(y_1 + y_2)}{y_1 + y_2} - dx = 0.$$

这是一个可积组合. 积分之，得一个首次积分

$$y_1 + y_2 = c_1 e^x, \quad 或 \quad (y_1 + y_2)e^{-x} = c_1.$$

再将两个方程的两端分别相减，得

$$\frac{d(y_1 - y_2)}{dx} = -(y_1 - y_2) \quad 或 \quad \frac{d(y_1 - y_2)}{y_1 - y_2} + dx = 0.$$

它也是一个可积组合.积分之,得另一个首次积分

$$y_1 - y_2 = c_2 e^{-x}, \quad 或 \quad (y_1 - y_2)e^x = c_2.$$

两个首次积分联立

$$\begin{cases} y_1 + y_2 = c_1 e^x, \\ y_1 - y_2 = c_2 e^{-x}. \end{cases}$$

可解出

$$\begin{cases} y_1 = \dfrac{1}{2}(c_1 e^x + c_2 e^{-x}), \\ y_2 = \dfrac{1}{2}(c_1 e^x - c_2 e^{-x}). \end{cases}$$

此为原微分方程组(5.1.23)的通解. □

例 5.1.5 求解微分方程组

$$\begin{cases} \dfrac{dy_1}{dx} = \dfrac{x}{y_2}, \\ \dfrac{dy_2}{dx} = \dfrac{x}{y_1}. \end{cases} \tag{5.1.24}$$

解 将第一个方程除以第二个方程,得

$$\frac{dy_1}{dy_2} = \frac{y_1}{y_2}.$$

由此,得一个首次积分$\dfrac{y_1}{y_2}=c_1$.把 $y_1=c_1y_2$ 代入方程组(5.1.24)中的第二个方程,得

$$\frac{dy_2}{dx} = \frac{x}{c_1 y_2}.$$

由此,得 $c_1y_2^2=x^2+c_2$,即 $y_1y_2-x^2=c_2$ 是另一个首次积分.

将这两个首次积分联立

$$\begin{cases} \dfrac{y_1}{y_2} = c_1, \\ y_1 y_2 - x^2 = c_2, \end{cases} \tag{5.1.25}$$

可以把 y_1,y_2 解出为 x 的函数,且其中含有两个任意常数 c_1,c_2,因而式(5.1.25)就是微分方程组(5.1.24)的通积分. □

从以上两个例题可以看到,利用可积组合可直接求得首次积分,也可以利用已求得的首次积分,解出未知函数代入微分方程组以减少微分方程组中未知函数和方程的个数,以便继续求积,如例 5.1.4 中采用的方法.

为了从理论上弄清首次积分在求解微分方程组中的作用,这里引进首次积分的严格定义,并叙述有关的结论,证明可参看文献[4].

定义 5.1.1　设函数 $\varphi(x,y_1,y_2,\cdots,y_n)$在区域 D 内有一阶连续偏导数，它不是常数. 若把微分方程组(5.1.15)的任一解 $y_i=\varphi_i(x)(i=1,2,\cdots,n)$代入 φ，使得 $\varphi(x,\varphi_1(x),\cdots,\varphi_n(x))$恒等于一个常数(此常数与所取的解有关)，则称 $\varphi(x,y_1,y_2,\cdots,y_n)=c$ 为微分方程组(5.1.15)的一个首次积分，有时也称函数 $\varphi(x,y_1,y_2,\cdots,y_n)$是微分方程组(5.1.15)的首次积分.

显然，前述首次积分的概念同这里的定义是一致的.

定理 5.1.3　若函数 $\varphi(x,y_1,y_2,\cdots,y_n)$不是常数，在区域 D 内有连续的一阶偏导数，则 $\varphi(x,y_1,y_2,\cdots,y_n)=c$ 是微分方程组(5.1.15)的首次积分的充要条件是：在区域 D 内成立恒等式

$$\frac{\partial\varphi}{\partial x}+\frac{\partial\varphi}{\partial y_1}f_1+\cdots+\frac{\partial\varphi}{\partial y_n}f_n\equiv 0.$$

这个定理给出了检验一个函数 φ 是否为微分方程组(5.1.15)的首次积分的方法. 关系式

$$\frac{\partial\varphi}{\partial x}+\frac{\partial\varphi}{\partial y_1}f_1+\cdots+\frac{\partial\varphi}{\partial y_n}f_n=0$$

是以 φ 为未知函数的一阶线性偏微分方程，它与常微分方程组(5.1.15)有密切的关系. □

定理 5.1.4　若已知微分方程组(5.1.15)的一个首次积分，则可以使微分方程组(5.1.15)的求解问题转化为含 $n-1$ 个方程的微分方程组的求解问题. □

定理 5.1.5　若已知

$$\varphi_i(x,y_1,y_2,\cdots,y_n)=c_i\quad(i=1,2,\cdots,n)\tag{5.1.26}$$

是微分方程组(5.1.15)的 n 个彼此独立的首次积分，亦即雅可比行列式

$$\frac{D(\varphi_1,\varphi_2,\cdots,\varphi_n)}{D(y_1,y_2,\cdots,y_n)}\neq 0,$$

则由式(5.1.26)所确定的隐函数组

$$y_i=\psi_i(x,c_1,c_2,\cdots,c_n)\quad(i=1,2,\cdots,n)$$

是微分方程组(5.1.15)的通解，亦即关系式(5.1.26)是微分方程组(5.1.15)的通积分，其中 $c_1,c_2,\cdots,c_n$ 是 n 个任意常数. □

定理 5.1.5 说明，为了求解微分方程组(5.1.15)，只需求出它的 n 个彼此独立的首次积分就行了. 为了便于用可积组合法求解微分方程组(5.1.15)，常将微分方程组(5.1.15)改写成对称形状

$$\frac{\mathrm{d}y_1}{f_1}=\frac{\mathrm{d}y_2}{f_2}=\cdots=\frac{\mathrm{d}y_n}{f_n}=\frac{\mathrm{d}x}{1}$$

或

$$\frac{\mathrm{d}y_1}{g_1}=\frac{\mathrm{d}y_2}{g_2}=\cdots=\frac{\mathrm{d}y_n}{g_n}=\frac{\mathrm{d}x}{g_0},$$

其中 $g_i(x,y_1,\cdots,y_n)=f_i(x,y_1,\cdots,y_n)g_0(x,y_1,\cdots,y_n)(i=1,2,\cdots,n)$. 在这种形式中,变量 $x,y_1,\cdots,y_n$ 处于相同的地位. 故便于应用比例的性质,从而利于得到可积组合.

例 5.1.6 求解微分方程组

$$\begin{cases}\dfrac{\mathrm{d}y}{\mathrm{d}x}=\dfrac{2xy}{x^2-y^2-z^2},\\[2ex] \dfrac{\mathrm{d}z}{\mathrm{d}x}=\dfrac{2xz}{x^2-y^2-z^2}.\end{cases}$$

解 将它改写为对称形式

$$\frac{\mathrm{d}x}{x^2-y^2-z^2}=\frac{\mathrm{d}y}{2xy}=\frac{\mathrm{d}z}{2xz},\tag{5.1.27}$$

由后两项约掉 $2x$,得

$$\frac{\mathrm{d}y}{y}=\frac{\mathrm{d}z}{z}.$$

积分之,得一个首次积分

$$\frac{z}{y}=c_1.\tag{5.1.28}$$

分别以 x,y,z 乘式(5.1.27)的一、二、三项的分子与分母,再相加,得

$$\frac{x\mathrm{d}x+y\mathrm{d}y+z\mathrm{d}z}{x(x^2+y^2+z^2)}.$$

根据比例的性质,此式应与式(5.1.27)中任一项相等,现令

$$\frac{x\mathrm{d}x+y\mathrm{d}y+z\mathrm{d}z}{x(x^2+y^2+z^2)}=\frac{\mathrm{d}y}{2xy},$$

即

$$\frac{\mathrm{d}(x^2+y^2+z^2)}{x^2+y^2+z^2}=\frac{\mathrm{d}y}{y},$$

积分之,又得一个首次积分

$$\frac{x^2+y^2+z^2}{y}=c_2.\tag{5.1.29}$$

若记 $\varphi_1(x,y,z)=\dfrac{z}{y}$, $\varphi_2(x,y,z)=\dfrac{x^2+y^2+z^2}{y}$,因

$$\frac{D(\varphi_1,\varphi_2)}{D(x,z)}=\begin{vmatrix}\dfrac{\partial\varphi_1}{\partial x} & \dfrac{\partial\varphi_1}{\partial z}\\[2ex] \dfrac{\partial\varphi_2}{\partial x} & \dfrac{\partial\varphi_2}{\partial z}\end{vmatrix}=-\frac{2x}{y^2}\neq 0\quad(\text{当 } x\neq 0 \text{ 时}),$$

故首次积分 $\varphi_1(x,y,z)=c_1$，$\varphi_2(x,y,z)=c_2$ 是彼此独立的，所以

$$\begin{cases}\dfrac{z}{y}=c_1,\\[2mm] \dfrac{x^2+y^2+z^2}{y}=c_2\end{cases}$$

为原微分方程组的通积分. □

【注】 我们也可以令

$$\frac{x\mathrm{d}x+y\mathrm{d}y+z\mathrm{d}z}{x(x^2+y^2+z^2)}=\frac{\mathrm{d}z}{2xz},$$

即

$$\frac{\mathrm{d}(x^2+y^2+z^2)}{x^2+y^2+z^2}=\frac{\mathrm{d}z}{z},$$

积分之，得第三个首次积分

$$x^2+y^2+z^2=c_3z.$$

但这个首次积分可从式(5.1.28)、式(5.1.29)推出，因此不是新的与式(5.1.28)、式(5.1.29)彼此独立的首次积分.

习题 5.1

1. 指出下列微分方程组中哪一个是线性的，哪一个是非线性的？

(1) $\begin{cases}\dfrac{\mathrm{d}y_1}{\mathrm{d}x}=\dfrac{y_2}{x},\\[2mm] \dfrac{\mathrm{d}y_2}{\mathrm{d}x}=-xy_1;\end{cases}$　　(2) $\begin{cases}\dfrac{\mathrm{d}x}{\mathrm{d}t}=y,\\[2mm] \dfrac{\mathrm{d}y}{\mathrm{d}t}=\dfrac{y^2}{t};\end{cases}$

(3) $\dfrac{\mathrm{d}}{\mathrm{d}x}\begin{bmatrix}y_1\\ y_2\end{bmatrix}=\begin{bmatrix}\cos x & 1\\ -1 & x\end{bmatrix}\begin{bmatrix}y_1\\ y_2\end{bmatrix}+\begin{bmatrix}x^2\\ \mathrm{e}^{2x}\end{bmatrix}$.

2. 将下面高阶线性微分方程的初始条件化为等价的一阶线性微分方程组的初始条件，并把微分方程组写成矩阵向量形式.

(1) $\begin{cases}y''+2y'+7xy=\mathrm{e}^{-x},\\ y(1)=7,y'(1)=-2;\end{cases}$

(2) $\begin{cases}y^{(4)}+y=x\mathrm{e}^{x},\\ y(0)=1,y'(0)=-1,y''(0)=2,y'''(0)=0.\end{cases}$

3. 给定微分方程组

$$\frac{\mathrm{d}\boldsymbol{y}}{\mathrm{d}x}=\begin{bmatrix}0 & 1\\ -1 & 0\end{bmatrix}\boldsymbol{y},\tag{$*$}$$

试验证

$$\boldsymbol{u}(x)=\begin{bmatrix}\cos x\\ -\sin x\end{bmatrix},\quad \boldsymbol{v}(x)=\begin{bmatrix}\sin x\\ \cos x\end{bmatrix}$$

分别是微分方程组(*)的满足初始条件 $\boldsymbol{u}(0)=\begin{bmatrix}1\\0\end{bmatrix}$，$\boldsymbol{v}(0)=\begin{bmatrix}0\\1\end{bmatrix}$的解.

4. 设质量为 m 的炮弹以初速度 v_0 且与水平方向成 θ_0 角发射出去.若空气的阻力与它的速度成正比,试求炮弹的运动规律.

5. 求解下列微分方程组:

(1) $\begin{cases}\dfrac{\mathrm{d}y_1}{\mathrm{d}x}=\dfrac{y_1^2}{y_2},\\ \dfrac{\mathrm{d}y_2}{\mathrm{d}x}=\dfrac{1}{2}y_1;\end{cases}$

(2) $\begin{cases}\dfrac{\mathrm{d}y}{\mathrm{d}x}=\dfrac{z+x}{y+z},\\ \dfrac{\mathrm{d}z}{\mathrm{d}x}=\dfrac{x+y}{y+z};\end{cases}$

(3) $\dfrac{\mathrm{d}x}{2z-3y}=\dfrac{\mathrm{d}y}{3x-4z}=\dfrac{\mathrm{d}z}{4y-2x}$;

(4) $\dfrac{\mathrm{d}x}{yz}=\dfrac{\mathrm{d}y}{xz}=\dfrac{\mathrm{d}z}{xy}$;

(5) $\begin{cases}\dfrac{\mathrm{d}x}{\mathrm{d}t}+5x+y=\mathrm{e}^t,\\ \dfrac{\mathrm{d}y}{\mathrm{d}t}-x-3y=\mathrm{e}^{2t};\end{cases}$

(6) $\begin{cases}\dfrac{\mathrm{d}x}{\mathrm{d}t}=y+1,\\ \dfrac{\mathrm{d}y}{\mathrm{d}t}=-x+\dfrac{1}{\sin t};\end{cases}$

(7) $\begin{cases}\dfrac{\mathrm{d}x}{\mathrm{d}t}+y=\cos t,\\ \dfrac{\mathrm{d}y}{\mathrm{d}t}+x=\sin t;\end{cases}$

(8) $\begin{cases}\dfrac{\mathrm{d}y_1}{\mathrm{d}x}=y_1-3y_2-x,\\ \dfrac{\mathrm{d}y_2}{\mathrm{d}x}=3y_1-5y_2.\end{cases}$

6. 如果 $\varphi_1(x,y_1,\cdots,y_n),\cdots,\varphi_k(x,y_1,\cdots,y_n)$是一阶微分方程组

$$\frac{\mathrm{d}y_i}{\mathrm{d}x}=f_i(x,y_1,\cdots,y_n)\quad(i=1,2,\cdots,n)$$

的 k 个首次积分,则它们的任意连续可微函数 $U(\varphi_1,\varphi_2,\cdots,\varphi_k)$也是微分方程组的一个首次积分.

5.2 线性齐次微分方程组

考虑正规形一阶线性微分方程组

$$\frac{\mathrm{d}\boldsymbol{y}}{\mathrm{d}x}=\boldsymbol{A}(x)\boldsymbol{y}+\boldsymbol{Q}(x),\tag{5.2.1}$$

其中 $\boldsymbol{A}(x)$,$\boldsymbol{Q}(x)$在区间$[a,b]$上连续.

若 $\boldsymbol{Q}(x)\equiv\boldsymbol{0}$(这里 $\boldsymbol{0}$ 表示 n 元零向量),则方程组(5.2.1)变为

$$\frac{\mathrm{d}\boldsymbol{y}}{\mathrm{d}x}=\boldsymbol{A}(x)\boldsymbol{y}.\tag{5.2.2}$$

我们称方程组(5.2.2)为**线性齐次微分方程组**.

若 $\boldsymbol{Q}(x)$不恒为零,则称方程组(5.2.1)为**线性非齐次微分方程组**,并称方程组(5.2.2)为方程组(5.2.1)的对应的线性齐次微分方程组.

为了写法简便起见,以 L 表示由

$$L[\boldsymbol{y}]=\frac{\mathrm{d}\boldsymbol{y}}{\mathrm{d}x}-\boldsymbol{A}(x)\boldsymbol{y}$$

所规定的算子.算子 L 具有下述两个基本性质:

(1) 齐次性:$L[c\boldsymbol{y}]=cL[\boldsymbol{y}]$,$c$ 为任意常数;

(2) 可加性:$L[\boldsymbol{y}_1+\boldsymbol{y}_2]=L[\boldsymbol{y}_1]+L[\boldsymbol{y}_2]$.

由性质(1)及性质(2)可推得

$$L\left[\sum_{i=1}^{m}c_i\boldsymbol{y}_i\right]=\sum_{i=1}^{m}c_iL[\boldsymbol{y}_i],\tag{5.2.3}$$

其中 $c_1,c_2,\cdots,c_m$ 是任意常数.

满足上述性质(1)及性质(2)的算子 L 称为**线性微分算子**.

引进了算子 L 后,线性非齐次微分方程组(5.2.1)和线性齐次微分方程组(5.2.2)就可分别简单地写成

$$L[\boldsymbol{y}]=\boldsymbol{Q}(x)\quad\text{及}\quad L[\boldsymbol{y}]=\boldsymbol{0}.\tag{5.2.4}$$

在本节中,我们首先研究线性齐次微分方程组(5.2.2)的一般理论和求解方法.

5.2.1　线性齐次微分方程组的一般理论

现在我们要从理论上弄清楚线性微分方程组(5.2.2)的通解结构,与对高阶线性齐次微分方程的讨论相仿,可得到与那里完全平行的结果.

1. 解的简单性质

依据解的存在唯一性定理 5.1.2 及线性算子 L 的性质,可推出微分方程组(5.2.2)的解的一些简单性质.

性质 5.2.1　$\boldsymbol{y}(x)=\boldsymbol{0}$ 是微分方程组(5.2.2)的满足初始条件 $\boldsymbol{y}(x_0)=\boldsymbol{0}$,$x_0\in[a,b]$(称为零始条件)的解;反之,如果 $\boldsymbol{y}=\boldsymbol{\varphi}(x)$是方程组(5.2.2)的解且满足零始条件,则 $\varphi(x)\equiv\boldsymbol{0}$,$x\in[a,b]$.

性质 5.2.2(迭加原理)　如果 $\boldsymbol{y}_1(x),\boldsymbol{y}_2(x),\cdots,\boldsymbol{y}_m(x)$ 是微分方程组(5.2.2)的 m 个解,则它们的线性组合 $\sum\limits_{i=1}^{m}c_i\boldsymbol{y}_i(x)$ 也是方程组(5.2.2)的解,这里 $c_1,c_2,\cdots,c_m$ 是任意常数.

由性质 5.2.1 及性质 5.2.2 可知,线性齐次微分方程组(5.2.2)的解集合构成

一个线性空间.

2. 解的结构

为了进一步讨论性质(5.2.2)的解集合的结构，我们需要引进一组函数向量线性相关与线性无关的概念.

定义 5.2.1 设 $\boldsymbol{y}_1(x),\boldsymbol{y}_2(x),\cdots,\boldsymbol{y}_m(x)$是定义在区间 I 上的 n 元函数向量组，如果存在一组不全为零的常数 $a_1,a_2,\cdots,a_m$，使得对所有的 $x\in I$，有

$$a_1\boldsymbol{y}_1(x)+a_2\boldsymbol{y}_2(x)+\cdots+a_m\boldsymbol{y}_m(x)\equiv\boldsymbol{0},$$

则称此函数向量组在区间 I 上**线性相关**；否则，就称此函数向量组在 I 上**线性无关**.

例 5.2.1 函数向量组

$$\boldsymbol{y}_1(x)=\begin{bmatrix}\cos^2x\\1\\x\end{bmatrix},\quad \boldsymbol{y}_2(x)=\begin{bmatrix}-\sin^2x+1\\1\\x\end{bmatrix}$$

在任何区间 I 上线性相关.

证明 因可取常数 $a_1=1,a_2=-1$，使

$$a_1\begin{bmatrix}\cos^2x\\1\\x\end{bmatrix}+a_2\begin{bmatrix}-\sin^2x+1\\1\\x\end{bmatrix}\equiv\begin{bmatrix}0\\0\\0\end{bmatrix},\quad x\in I.$$

即 $a_1\boldsymbol{y}_1+a_2\boldsymbol{y}_2\equiv\boldsymbol{0},x\in I$. 故 $\boldsymbol{y}_1(x),\boldsymbol{y}_2(x)$在 I 上线性相关. □

例 5.2.2 函数向量组

$$\boldsymbol{y}_0(x)=\begin{bmatrix}1\\0\\\vdots\\0\end{bmatrix},\boldsymbol{y}_1(x)=\begin{bmatrix}x\\0\\\vdots\\0\end{bmatrix},\cdots,\boldsymbol{y}_n(x)=\begin{bmatrix}x^n\\0\\\vdots\\0\end{bmatrix}$$

在任何区间 I 上线性无关.

证明 若存在常数 $a_0,a_1,\cdots,a_n$，使

$$a_0\boldsymbol{y}_0(x)+a_1\boldsymbol{y}_1(x)+\cdots+a_n\boldsymbol{y}_n(x)\equiv\boldsymbol{0},\quad x\in I,$$

从而有

$$a_0+a_1x+\cdots+a_nx^n\equiv0,\quad x\in I.$$

因函数组 $1,x,\cdots,x^n$ 是线性无关的，故 $a_0=a_1=\cdots=a_n=0$，于是

$$\boldsymbol{y}_0(x),\boldsymbol{y}_1(x),\cdots,\boldsymbol{y}_n(x)$$

在 I 上线性无关. □

为了更有效地判断由 n 个 n 元函数向量构成的函数向量组是否线性相关，我们引进一个重要的行列式.

定义 5.2.2　设有 n 个定义在区间 I 上的 n 元函数向量组

$$\boldsymbol{y}_1(x)=\begin{bmatrix}y_{11}(x)\\y_{21}(x)\\\vdots\\y_{n1}(x)\end{bmatrix},\quad \boldsymbol{y}_2(x)=\begin{bmatrix}y_{12}(x)\\y_{22}(x)\\\vdots\\y_{n2}(x)\end{bmatrix},\quad \cdots,\quad \boldsymbol{y}_n(x)=\begin{bmatrix}y_{1n}(x)\\y_{2n}(x)\\\vdots\\y_{nn}(x)\end{bmatrix}. \tag{5.2.5}$$

称行列式

$$\begin{vmatrix}y_{11}(x) & y_{12}(x) & \cdots & y_{1n}(x)\\ y_{21}(x) & y_{22}(x) & \cdots & y_{2n}(x)\\ \vdots & \vdots & \vdots & \vdots\\ y_{n1}(x) & y_{n2}(x) & \cdots & y_{nn}(x)\end{vmatrix} \tag{5.2.6}$$

为函数向量组(5.2.5)的**伏朗斯基行列式**，记为 $W[\boldsymbol{y}_1(x),\boldsymbol{y}_2(x),\cdots,\boldsymbol{y}_n(x)]$ 或 $W(x)$.

我们知道，当 $\boldsymbol{y}_i(x)(i=1,2,\cdots,n)$ 是常向量组时，判断其线性相关的充要条件是行列式(5.2.6)等于零，对于函数向量组是否有类似的结论呢？当函数向量组

$$\boldsymbol{y}_1(x),\boldsymbol{y}_2(x),\cdots,\boldsymbol{y}_n(x) \tag{5.2.7}$$

是微分方程组(5.2.2)的解时，有下面的结果.

定理 5.2.1　微分方程组(5.2.2)的解组(5.2.7)在其定义区间 $[a,b]$ 上线性相关的充要条件是它们的伏朗斯基行列式 $W(x)\equiv 0,x\in[a,b]$.

证明　必要性. 设 $\boldsymbol{y}_1(x),\boldsymbol{y}_2(x),\cdots,\boldsymbol{y}_n(x)$ 在区间 $[a,b]$ 上线性相关，则对任一确定的 $x_0\in[a,b]$，常向量组 $\boldsymbol{y}_1(x_0),\boldsymbol{y}_2(x_0),\cdots,\boldsymbol{y}_n(x_0)$ 均线性相关，从而有 $W(x_0)=0$. 因 x_0 是在区间 $[a,b]$ 中任取的，故有 $W(x)\equiv 0,x\in[a,b]$. 必要性得证.

充分性. 设在区间 $[a,b]$ 上，$W(x)\equiv 0$，特别取 $x_0\in[a,b]$，有 $W(x_0)=0$，则常向量组 $\boldsymbol{y}_1(x_0),\boldsymbol{y}_2(x_0),\cdots,\boldsymbol{y}_n(x_0)$ 线性相关，即存在一组不全为零的常数 $\tilde{a}_1,\tilde{a}_2,\cdots,\tilde{a}_n$ 使得

$$\tilde{a}_1\boldsymbol{y}_1(x_0)+\tilde{a}_2\boldsymbol{y}_2(x_0)+\cdots+\tilde{a}_n\boldsymbol{y}_n(x_0)=\boldsymbol{0}. \tag{5.2.8}$$

考虑函数向量

$$\boldsymbol{y}(x)=\tilde{a}_1\boldsymbol{y}_1(x)+\tilde{a}_2\boldsymbol{y}_2(x)+\cdots+\tilde{a}_n\boldsymbol{y}_n(x).$$

由迭加原理，$\boldsymbol{y}(x)$ 是微分方程组(5.2.2)的解，且由(5.2.8)知它满足零始条件 $\boldsymbol{y}(x_0)=\boldsymbol{0}$. 据性质 5.2.1 有 $\boldsymbol{y}(x)\equiv\boldsymbol{0},x\in[a,b]$，亦即

$$\tilde{a}_1\boldsymbol{y}_1(x_0)+\tilde{a}_2\boldsymbol{y}_2(x_0)+\cdots+\tilde{a}_n\boldsymbol{y}_n(x_0)=\boldsymbol{0},\quad x\in[a,b].$$

故解组 $\boldsymbol{y}_1(x),\boldsymbol{y}_2(x),\cdots,\boldsymbol{y}_n(x)$ 在区间 $[a,b]$ 上线性相关. □

注意到在定理 5.2.1 的充分性的证明中，实际上只用到了 $W(x_0)=0$，就推出

了解组(5.2.7)线性相关,从而有下面的推论.

推论 5.2.1 微分方程组(5.2.2)的解组(5.2.7)在区间$[a,b]$上线性无关的充要条件是：在区间$[a,b]$上的某一点 x_0 处,有 $W(x_0)\neq 0$. □

这个推论给出了判别微分方程组(5.2.2)的解组(5.2.7)在区间$[a,b]$上是否线性无关的一个简单准则.

推论 5.2.2 微分方程组(5.2.2)的任一解组(5.2.7)的伏朗斯基行列式 $W(x)$在其定义区间$[a,b]$上或者恒为零,或者恒不为零. □

上述讨论说明,微分方程组(5.2.2)的解组(5.2.7)的线性相关性与相应的常向量组 $\boldsymbol{y}_1(x_0),\boldsymbol{y}_2(x_0),\cdots,\boldsymbol{y}_n(x_0)$的线性相关性是一致的,其中 $x_0\in[a,b]$.

下面讨论微分方程组(5.2.2)的解的结构.

定理 5.2.2 线性齐次微分方程组(5.2.2)一定存在 n 个线性无关的解.

证明 根据解的存在唯一性(定理 5.1.2),微分方程组(5.2.2)存在分别满足下列初始条件

$$\boldsymbol{y}_1(x_0)=\begin{bmatrix}1\\0\\\vdots\\0\end{bmatrix},\boldsymbol{y}_2(x_0)=\begin{bmatrix}0\\1\\\vdots\\0\end{bmatrix},\cdots,\boldsymbol{y}_n(x_0)=\begin{bmatrix}0\\0\\\vdots\\1\end{bmatrix}$$

的解 $\boldsymbol{y}_1(x),\boldsymbol{y}_2(x),\cdots,\boldsymbol{y}_n(x),x_0,x\in[a,b]$. 又因

$$W[\boldsymbol{y}_1(x_0),\boldsymbol{y}_2(x_0),\cdots,\boldsymbol{y}_n(x_0)]=1\neq 0,$$

于是由推论 5.2.1,$\boldsymbol{y}_1(x),\boldsymbol{y}_2(x),\cdots,\boldsymbol{y}_n(x)$在区间$[a,b]$上线性无关. □

定理 5.2.3(通解结构定理) 设 $\boldsymbol{y}_1(x),\boldsymbol{y}_2(x),\cdots,\boldsymbol{y}_n(x)$是微分方程组(5.2.2)的 n 个线性无关解,则

(1) 这些解的线性组合

$$\boldsymbol{y}(x)=c_1\boldsymbol{y}_1(x)+c_2\boldsymbol{y}_2(x)+\cdots+c_n\boldsymbol{y}_n(x) \tag{5.2.9}$$

是微分方程组(5.2.2)的通解,其中 $c_1,c_2,\cdots,c_n$ 是任意常数;

(2) 微分方程组(5.2.2)的任一解 $\boldsymbol{y}(x)$均可表为这些解的线性组合.

证明 先证明(1). 由迭加原理知,式(5.2.9)是微分方程组(5.2.2)的解,它包含 n 个任意常数. 把式(5.2.9)写成纯量形式,$\boldsymbol{y}(x)$的第 i 个分量为

$$y_i=c_1y_{i1}(x)+c_2y_{i2}(x)+\cdots+c_ny_{in}(x),\quad (i=1,2,\cdots,n). \tag{5.2.10}$$

由于

$$\frac{D(y_1,y_2,\cdots,y_n)}{D(c_1,c_2,\cdots,c_n)}=\begin{vmatrix}y_{11}(x)&y_{12}(x)&\cdots&y_{1n}(x)\\y_{21}(x)&y_{22}(x)&\cdots&y_{2n}(x)\\\vdots&\vdots&\vdots&\vdots\\y_{n1}(x)&y_{n2}(x)&\cdots&y_{nn}(x)\end{vmatrix}=W(x)\neq 0,$$

故 $c_1, c_2, \cdots, c_n$ 彼此独立. 于是，式(5.2.9)是微分方程组(5.2.2)的通解.

其次证明(2). 设 $\boldsymbol{y}(x)$ 是微分方程组(5.2.2)的任一解，且当 $x_0 \in [a,b]$ 时，$\boldsymbol{y}(x_0)=\boldsymbol{y}_0$. 因 $\boldsymbol{y}_1(x), \boldsymbol{y}_2(x), \cdots, \boldsymbol{y}_n(x)$ 是微分方程组(5.2.2)的 n 个线性无关解，从而常向量组 $\boldsymbol{y}_1(x_0), \boldsymbol{y}_2(x_0), \cdots, \boldsymbol{y}_n(x_0)$ 线性无关，即它们构成 n 维线性空间的基底，故对向量 $\boldsymbol{y}(x_0)$ 一定存在唯一确定的一组常数 $\tilde{c}_1, \tilde{c}_2, \cdots, \tilde{c}_n$ 使

$$\boldsymbol{y}(x_0) = \tilde{c}_1 \boldsymbol{y}_1(x_0) + \tilde{c}_2 \boldsymbol{y}_2(x_0) + \cdots + \tilde{c}_n \boldsymbol{y}_n(x_0). \tag{5.2.11}$$

现考虑函数向量

$$\tilde{\boldsymbol{y}}(x) = \tilde{c}_1 \boldsymbol{y}_1(x) + \tilde{c}_2 \boldsymbol{y}_2(x) + \cdots + \tilde{c}_n \boldsymbol{y}_n(x),$$

由迭加原理知，它是微分方程组(5.2.2)的解，且由(5.2.11)知，它满足初始条件 $\tilde{\boldsymbol{y}}(x_0)=\boldsymbol{y}_0$，因而由解的唯一性应有 $\tilde{\boldsymbol{y}}(x)\equiv\boldsymbol{y}(x)$，即有

$$\tilde{\boldsymbol{y}}(x) = \tilde{c}_1 \boldsymbol{y}_1(x) + \tilde{c}_2 \boldsymbol{y}_2(x) + \cdots + \tilde{c}_n \boldsymbol{y}_n(x).$$ □

由定理 5.2.2、定理 5.2.3 可得下面推论.

推论 5.2.3　线性齐次微分方程组(5.2.2)的线性无关解的最大个数等于 n. □

这就是说，微分方程组(5.2.2)的所有解的集合构成一个 n 维线性空间.

由微分方程组(5.2.2)的 n 个线性无关解所作成的解组，称为微分方程组(5.2.2)的一个基本解组. 显然，微分方程组(5.2.2)的基本解组不是唯一的.

定理 5.2.3 实际说明，线性齐次微分方程组(5.2.2)的通解包含了微分方程组(5.2.2)的所有的解，而求它的所有的解的问题可简化为求它的一个基本解组的问题.

3. 刘维尔公式

一阶线性齐次微分方程组(5.2.2)存在着反映其解与其某些系数之间关系的刘维尔公式.

定理 5.2.4　设 $\boldsymbol{y}_1(x), \boldsymbol{y}_2(x), \cdots, \boldsymbol{y}_n(x), x\in[a,b]$ 是微分方程组(5.2.2)的任意 n 个解，则它们的伏朗斯基行列式 $W(x)$ 可表为

$$W(x) = W(x_0)\mathrm{e}^{\int_{x_0}^{x}\sum_{i=1}^{n} a_{ii}(s)\mathrm{d}s}, \quad x_0 \in [a,b], \tag{5.2.12}$$

我们称式(5.2.12)为**刘维尔公式**.

证明　由行列式的求导法则可得

$$\frac{\mathrm{d}W}{\mathrm{d}x} = \sum_{i=1}^{n} \begin{vmatrix} y_{11} & y_{12} & \cdots & y_{1n} \\ \vdots & & \vdots & \vdots \\ \frac{\mathrm{d}y_{i1}}{\mathrm{d}x} & \frac{\mathrm{d}y_{i2}}{\mathrm{d}x} & \cdots & \frac{\mathrm{d}y_{in}}{\mathrm{d}x} \\ \vdots & & \vdots & \vdots \\ y_{n1} & y_{n2} & \cdots & y_{nn} \end{vmatrix}.$$

因 $\boldsymbol{y}_1(x),\boldsymbol{y}_2(x),\cdots,\boldsymbol{y}_n(x)$是微分方程组(5.2.2)的解,故有

$$\frac{\mathrm{d}W}{\mathrm{d}x}=\sum_{i=1}^{n}\begin{vmatrix} y_{11} & y_{12} & \cdots & y_{1n} \\ \vdots & \vdots & & \vdots \\ \sum_{j=1}^{n}a_{ij}y_{j1} & \sum_{j=1}^{n}a_{ij}y_{j2} & \cdots & \sum_{j=1}^{n}a_{ij}y_{jn} \\ \vdots & \vdots & & \vdots \\ y_{n1} & y_{n2} & \cdots & y_{nn} \end{vmatrix}.$$

再利用行列式的性质,得

$$\frac{\mathrm{d}W}{\mathrm{d}x}=\sum_{i=1}^{n}a_{ii}(x)W(x). \tag{5.2.13}$$

这是关于 $W(x)$的一阶线性齐次微分方程.求解即得刘维尔公式(5.2.12),或表示为

$$W(x)=W(x_0)\mathrm{e}^{\int_{x_0}^{x}\mathrm{tr}A(s)\mathrm{d}s},\quad x_0\in[a,b].$$

这里 $\mathrm{tr}A(x)=\sum_{i=1}^{n}a_{ii}(x)$ 表示矩阵 $A(x)$ 的迹. □

从刘维尔公式也可直接推出微分方程组(5.2.2)的解组(5.2.7)的伏朗斯基行列式 $W(x)$在区间$[a,b]$上或者恒为零(当 $W(x_0)=0$ 时),或者恒不为零(当 $W(x_0)\neq 0$ 时).

根据 5.1.1 节中关于 n 阶线性齐次微分方程(5.2.10)与一阶线性齐次微分方程组(5.2.10′)等价性的讨论,易由本节所得的结论推出 n 阶线性齐次微分方程相应的结论.

4. 基解矩阵

为了简洁方便,我们将把本节的一些结果写成矩阵的形式.为此引进基解矩阵概念.

定义 5.2.3 若 $\boldsymbol{\phi}_1(x),\boldsymbol{\phi}_2(x),\cdots,\boldsymbol{\phi}_n(x)(x\in[a,b])$是微分方程组(5.2.2)的 n 个解,则称由此 n 个解为列做成的矩阵 $\boldsymbol{\Phi}(x)=[\boldsymbol{\phi}_1(x),\boldsymbol{\phi}_2(x),\cdots,\boldsymbol{\phi}_n(x)]$为(5.2.2)的解矩阵;若 $\boldsymbol{\phi}_1(x),\boldsymbol{\phi}_2(x),\cdots,\boldsymbol{\phi}_n(x)(x\in[a,b])$是(5.2.2)的基本解组,则称解矩阵 $\boldsymbol{\Phi}(x)$为(5.2.2)的**基解矩阵**.

这样,我们可以把上述一些结论表述为:

定理 5.2.1′ 微分方程组(5.2.2)的解矩阵 $\boldsymbol{\Phi}(x)(x\in[a,b])$为方程组(5.2.2)的基解矩阵的充要条件是:在区间$[a,b]$上的某一点 x_0 处,有 $\det\boldsymbol{\Phi}(x_0)=W(x_0)\neq 0$ ($\det\boldsymbol{\Phi}(x)$表示矩阵 $\boldsymbol{\Phi}(x)$的行列式). □

定理 5.2.2′ 微分方程组(5.2.2)一定存在基解矩阵 $\boldsymbol{\Phi}(x)(x\in[a,b])$;它的通解可表示为 $\boldsymbol{y}(x)=\boldsymbol{\Phi}(x)C$,这里 $C=(c_1,c_2,\cdots,c_n)^{\mathrm{T}}$ 是任意的 n 维常数列向量;

微分方程组(5.2.2)的任一解$\boldsymbol{\phi}(x)(x\in[a,b])$可表示为$\boldsymbol{\phi}(x)=\boldsymbol{\Phi}(x)\widetilde{C}$,这里$\widetilde{C}=(\widetilde{c}_1,\widetilde{c}_2,\cdots,\widetilde{c}_n)^{\mathrm{T}}$是确定的$n$维常数列向量. □

例 5.2.3　验证

$$\boldsymbol{\Phi}(x)=\begin{bmatrix}\mathrm{e}^x & x\mathrm{e}^x\\ 0 & \mathrm{e}^x\end{bmatrix}$$

是微分方程组

$$\boldsymbol{y}'=\begin{bmatrix}1 & 1\\ 0 & 1\end{bmatrix}\boldsymbol{y} \tag{5.2.14}$$

的基解矩阵,并写出其通解.

解　首先,验证$\boldsymbol{\Phi}(x)$是(5.2.14)的解矩阵,令$\phi_1(x)$表示$\boldsymbol{\Phi}(x)$的第一列,因

$$\phi_1'(x)=\begin{bmatrix}1 & 1\\ 0 & 1\end{bmatrix}\begin{bmatrix}\mathrm{e}^x\\ 0\end{bmatrix}=\begin{bmatrix}\mathrm{e}^x\\ 0\end{bmatrix},$$

故

$$\phi_1'(x)\equiv\begin{bmatrix}1 & 1\\ 0 & 1\end{bmatrix}\phi_1(x),$$

因此,$\phi_1(x)$是微分方程组(5.2.14)的一个解.同样,令$\phi_2(x)$表示$\boldsymbol{\Phi}(x)$的第二列,可知$\varphi_2(x)$也是微分方程组(5.2.14)的一个解.因此,$\boldsymbol{\Phi}(x)=[\phi_1(x),\phi_2(x)]$是微分方程组(5.2.14)的解矩阵.

其次,因$\det\boldsymbol{\Phi}(x)=\mathrm{e}^{2x}\neq 0$,根据定理 5.2.1,故$\boldsymbol{\Phi}(x)$是微分方程组(5.2.14)的基解矩阵.于是,微分方程组(5.2.14)的通解为

$$\boldsymbol{y}=\boldsymbol{\Phi}(x)C=\begin{bmatrix}\mathrm{e}^x & x\mathrm{e}^x\\ 0 & \mathrm{e}^x\end{bmatrix}\begin{bmatrix}c_1\\ c_2\end{bmatrix}=\begin{bmatrix}c_1\mathrm{e}^x+c_2x\mathrm{e}^x\\ c_2\mathrm{e}^x\end{bmatrix}.$$ □

由定理 5.2.1′及定理 5.2.2′可得基解矩阵下述性质.

性质 5.2.3　若$\boldsymbol{\Phi}(x)(x\in[a,b])$是微分方程组(5.2.2)的基解矩阵,则$\boldsymbol{\Phi}(x)$必满足关系式

$$\boldsymbol{\Phi}'(x)=\boldsymbol{A}(x)\boldsymbol{\Phi}(x),\quad (x\in[a,b]), \tag{5.2.15}$$

且$\det\boldsymbol{\Phi}(x_0)\neq 0,(x_0\in[a,b])$.反之亦成立.

证明　设$\boldsymbol{\Phi}(x)=[\boldsymbol{y}_1(x),\boldsymbol{y}_2(x),\cdots,\boldsymbol{y}_n(x)](x\in[a,b])$是(5.2.2)的基解矩阵,则有$\boldsymbol{y}_i'(x)=\boldsymbol{A}(x)\boldsymbol{y}_i(x)(i=1,2,\cdots,n)$,故有

$$[\boldsymbol{y}_1'(x),\boldsymbol{y}_2'(x),\cdots,\boldsymbol{y}_n'(x)]\equiv\boldsymbol{A}(x)[\boldsymbol{y}_1(x),\boldsymbol{y}_2(x),\cdots,\boldsymbol{y}_n(x)], \tag{5.2.16}$$

即

$$\boldsymbol{\Phi}'(x)\equiv\boldsymbol{A}(x)\boldsymbol{\Phi}(x)\quad (x\in[a,b]),$$

且$\det\boldsymbol{\Phi}(x_0)\neq 0,(x_0\in[a,b])$.

反之,设$\boldsymbol{\Phi}(x)(x\in[a,b])$满足(5.2.15),且存在$x_0\in[a,b]$,使$\det\boldsymbol{\Phi}(x_0)\neq 0$,则$\boldsymbol{\Phi}(x)$满足(5.2.16).于是$\boldsymbol{\Phi}(x)$的$n$个列向量$\boldsymbol{y}_1(x),\boldsymbol{y}_2(x),\cdots,\boldsymbol{y}_n(x)$均是微分方程组(5.2.2)的解,即$\boldsymbol{\Phi}(x)$是方程组(5.2.2)的解矩阵.又$\det\boldsymbol{\Phi}(x_0)\neq 0$,故$\boldsymbol{\Phi}(x)$是方程组(5.2.2)的基解矩阵. □

性质 5.2.4 若$\boldsymbol{\Phi}(x)(x\in[a,b])$是微分方程组(5.2.2)的基解矩阵,$\boldsymbol{C}$是非奇异$n\times n$常数矩阵,则$\boldsymbol{\Phi}(x)\boldsymbol{C}$也是方程组(5.2.2)的一个基解矩阵.

证明 令$\boldsymbol{\Psi}(x)\equiv\boldsymbol{\Phi}(x)\boldsymbol{C},x\in[a,b]$,两边对$x$求导,由条件及性质5.2.3得

$$\boldsymbol{\Psi}'(x)\equiv\boldsymbol{\Phi}'(x)\boldsymbol{C}\equiv\boldsymbol{A}(x)\boldsymbol{\Phi}(x)\boldsymbol{C}\equiv\boldsymbol{A}(x)\boldsymbol{\Psi}(x),$$

即知$\boldsymbol{\Psi}(x)$是方程组(5.2.2)的解矩阵.又由条件有

$$\det\boldsymbol{\Psi}(x)=\det\boldsymbol{\Psi}(x)\det\boldsymbol{C}\neq 0,\quad x\in[a,b],$$

故$\boldsymbol{\Psi}(x)$亦即$\boldsymbol{\Phi}(x)\boldsymbol{C}$是方程组(5.2.2)的一个基解矩阵. □

性质 5.2.5 若$\boldsymbol{\Phi}(x),\boldsymbol{\Psi}(x)(x\in[a,b])$是微分方程组(5.2.2)的两个基解矩阵,则必存在一个非奇异$n\times n$常数矩阵$\boldsymbol{C}$,使得

$$\boldsymbol{\Phi}(x)=\boldsymbol{\Psi}(x)\boldsymbol{C},\quad x\in[a,b].\tag{5.2.17}$$

证明 因$\boldsymbol{\Phi}(x)$是基解矩阵,故存在逆矩阵$\boldsymbol{\Phi}^{-1}(x)$.现在要证式(5.2.17)成立,即要证$\boldsymbol{\Phi}^{-1}(x)\boldsymbol{\Psi}(x)$为非奇异$n\times n$常数矩阵.为此,只需证明在$[a,b]$上$(\boldsymbol{\Phi}^{-1}(x)\boldsymbol{\Psi}(x))'\equiv\boldsymbol{0}$即可.现令

$$\boldsymbol{U}(x)=\boldsymbol{\Phi}^{-1}(x)\boldsymbol{\Psi}(x),\quad x\in[a,b],$$

则

$$\boldsymbol{\Psi}(x)\equiv\boldsymbol{\Phi}(x)\boldsymbol{U}(x),\quad x\in[a,b].$$

易知$\boldsymbol{U}(x)$是$n\times n$可微矩阵,且

$$\det\boldsymbol{U}(x)\neq 0,\quad x\in[a,b].$$

现对$\boldsymbol{\Psi}(x)$关于x求导,得

$$\begin{aligned}\boldsymbol{\Psi}'(x)&\equiv\boldsymbol{\Phi}'(x)\boldsymbol{U}(x)+\boldsymbol{\Phi}(x)\boldsymbol{U}'(x)\\&\equiv\boldsymbol{A}(x)\boldsymbol{\Phi}(x)\boldsymbol{U}(x)+\boldsymbol{\Phi}(x)\boldsymbol{U}'(x)\\&\equiv\boldsymbol{A}(x)\boldsymbol{\Psi}(x)+\boldsymbol{\Phi}(x)\boldsymbol{U}'(x).\end{aligned}$$

由此知上式中$\boldsymbol{\Phi}(x)\boldsymbol{U}'(x)\equiv 0$,即$\boldsymbol{U}'(x)\equiv 0,x\in[a,b]$.故$\boldsymbol{U}(x)$为$n\times n$常数矩阵,且非奇异,记为$\boldsymbol{C}$,因此有

$$\boldsymbol{\Psi}(x)=\boldsymbol{\Phi}(x)\boldsymbol{C},\quad x\in[a,b].$$ □

5.2.2 常系数线性齐次微分方程组的解法

我们已经看到,求线性齐次微分方程组

$$\frac{\mathrm{d}\boldsymbol{y}}{\mathrm{d}x}=\boldsymbol{A}(x)\boldsymbol{y}\tag{5.2.18}$$

的通解的问题，可归结为求它的一个基本解组或一个基解矩阵的问题. 但是，一般说来要找出它的基本解组是相当困难的，至今仍无通用的方法. 本节考虑微分方程组(5.2.18)的一类特殊情况：常系数线性齐次微分方程组

$$\frac{\mathrm{d}\boldsymbol{y}}{\mathrm{d}x}=\boldsymbol{A}\boldsymbol{y}, \tag{5.2.19}$$

其中 $\boldsymbol{A}$ 是 $n\times n$ 实常数矩阵，研究它的基解矩阵的求法.

1. 矩阵指数的定义和性质

我们知道，一阶常系数线性齐次微分方程

$$\frac{\mathrm{d}y}{\mathrm{d}x}=ay \quad (a\text{ 为常数})$$

的解为

$$y=\mathrm{e}^{ax}c \quad (c\text{ 为任意常数}).$$

对一阶常系数线性齐次微分方程组

$$\frac{\mathrm{d}\boldsymbol{y}}{\mathrm{d}x}=\boldsymbol{A}\boldsymbol{y} \quad (\boldsymbol{A}\text{ 为常数矩阵}).$$

我们自然猜想，其解可能为

$$\boldsymbol{y}=\mathrm{e}^{\boldsymbol{A}x}C \quad (C\text{ 为任意常数列向量}).$$

这里 $\mathrm{e}^{\boldsymbol{A}x}$ 以矩阵为指数，这是以前未曾见过的. 因此，需要引进矩阵指数的概念. 考虑矩阵 $\boldsymbol{A}$ 的幂级数

$$\sum_{k=0}^{\infty}\frac{\boldsymbol{A}^k}{k\,!}=\boldsymbol{E}+\boldsymbol{A}+\frac{\boldsymbol{A}^2}{2\,!}+\cdots+\frac{\boldsymbol{A}^k}{k\,!}+\cdots \tag{5.2.20}$$

其中 $\boldsymbol{E}$ 是 $n\times n$ 单位矩阵，$\boldsymbol{A}^k$ 是矩阵 $\boldsymbol{A}$ 的 k 次幂，约定 $\boldsymbol{A}^0=\boldsymbol{E}$，$0\,!=1$；可知这个级数对任何矩阵 $\boldsymbol{A}$ 都是绝对收敛的.

事实上，由矩阵的范数性质知，对于任何正整数 k，有

$$\left\|\frac{\boldsymbol{A}^k}{k\,!}\right\|\leqslant\frac{\|\boldsymbol{A}\|^k}{k\,!}.$$

又对任一矩阵 $\boldsymbol{A}$，$\|\boldsymbol{A}\|$ 是一个确定的实数，而数值级数

$$\sum_{k=0}^{\infty}\frac{\|\boldsymbol{A}\|^k}{k\,!}=\|\boldsymbol{E}\|+\|\boldsymbol{A}\|+\frac{\|\boldsymbol{A}\|^2}{2\,!}+\cdots+\frac{\|\boldsymbol{A}\|^k}{k\,!}+\cdots$$

是收敛的，且其和是 $n-1+\mathrm{e}^{\|\boldsymbol{A}\|}$，故级数(5.2.20)对任何矩阵 $\boldsymbol{A}$ 是绝对收敛的，因而级数(5.2.20)唯一确定了一个矩阵.

定义 5.2.4 矩阵级数(5.2.20)的和，称为矩阵指数，记为 $\mathrm{e}^{\boldsymbol{A}}$，即

$$\mathrm{e}^{\boldsymbol{A}}=\sum_{k=0}^{\infty}\frac{\boldsymbol{A}^k}{k\,!}=\boldsymbol{E}+\boldsymbol{A}+\frac{\boldsymbol{A}^2}{2\,!}+\cdots+\frac{\boldsymbol{A}^k}{k\,!}+\cdots \tag{5.2.21}$$

进一步可知，级数

$$e^{\boldsymbol{A}x}=\sum_{k=0}^{\infty}\frac{\boldsymbol{A}^k x^k}{k!} \tag{5.2.22}$$

在 x 的任何有限区间上是一致收敛的(注意到 $e^{\boldsymbol{0}}=\boldsymbol{E}$,$\boldsymbol{0}$ 为零矩阵).

事实上,对任何正整数 k,当 $|x|\leqslant h$(h 是某一正常数)时,有

$$\left\|\frac{\boldsymbol{A}^k x^k}{k!}\right\|\leqslant\frac{\|\boldsymbol{A}\|^k|x|^k}{k!}\leqslant\frac{\|\boldsymbol{A}\|^k h^k}{k!},$$

且数值级数

$$\sum_{k=0}^{\infty}\frac{(\|\boldsymbol{A}\|h)^k}{k!}$$

是收敛的,故级数(5.2.22)在 $|x|\leqslant h$ 上是一致收敛的.

矩阵指数具有如下的一些性质.

性质 5.2.6 若矩阵 $\boldsymbol{A}$,$\boldsymbol{B}$ 可交换,即 $\boldsymbol{AB}=\boldsymbol{BA}$,则 $e^{\boldsymbol{A}}e^{\boldsymbol{B}}=e^{\boldsymbol{A}+\boldsymbol{B}}$.

性质 5.2.7 对于任一矩阵 $\boldsymbol{A}$,$(e^{\boldsymbol{A}})^{-1}$存在,且$(e^{\boldsymbol{A}})^{-1}=e^{-\boldsymbol{A}}$.

证明 因 $\boldsymbol{A}$ 与 $-\boldsymbol{A}$ 是可交换的,故由性质 5.2.6 有 $e^{\boldsymbol{A}}e^{-\boldsymbol{A}}=e^{\boldsymbol{A}-\boldsymbol{A}}=e^{0}=\boldsymbol{E}$. 故

$$(e^{\boldsymbol{A}})^{-1}=e^{-\boldsymbol{A}}.$$ □

性质 5.2.8 若 $\boldsymbol{T}$ 是非奇异矩阵,则 $e^{\boldsymbol{T}^{-1}\boldsymbol{AT}}=\boldsymbol{T}^{-1}e^{\boldsymbol{A}}\boldsymbol{T}$.

证明 因对任何正整数 k,有$(\boldsymbol{T}^{-1}\boldsymbol{AT})^k=\boldsymbol{T}^{-1}\boldsymbol{A}^k\boldsymbol{T}$,故

$$\begin{aligned}e^{\boldsymbol{T}^{-1}\boldsymbol{AT}}&=\boldsymbol{E}+\sum_{k=1}^{\infty}\frac{(\boldsymbol{T}^{-1}\boldsymbol{AT})^k}{k!}=\boldsymbol{E}+\sum_{k=1}^{\infty}\frac{\boldsymbol{T}^{-1}\boldsymbol{A}^k\boldsymbol{T}}{k!}\\&=\boldsymbol{E}+\boldsymbol{T}^{-1}\left(\sum_{k=1}^{\infty}\frac{\boldsymbol{A}^k}{k!}\right)\boldsymbol{T}=\boldsymbol{T}^{-1}\left(\sum_{k=0}^{\infty}\frac{\boldsymbol{A}^k}{k!}\right)\boldsymbol{T}\\&=\boldsymbol{T}^{-1}e^{\boldsymbol{A}}\boldsymbol{T}.\end{aligned}$$ □

性质 5.2.9 对任何矩阵 $\boldsymbol{A}$,有

$$\frac{\mathrm{d}}{\mathrm{d}x}e^{\boldsymbol{A}x}=\boldsymbol{A}e^{\boldsymbol{A}x}.$$

证明 因级数(5.2.22)在 x 轴上处处收敛,又因级数

$$\sum_{k=1}^{\infty}\left(\frac{\boldsymbol{A}^k x^k}{k!}\right)'=\sum_{k=1}^{\infty}\frac{\boldsymbol{A}^k x^{k-1}}{(k-1)!}=\sum_{k=0}^{\infty}\frac{\boldsymbol{A}^{k+1}x^k}{k!}$$

在 x 的任何有限区间一致收敛,故级数(5.2.22)可逐项微分,即有

$$\frac{\mathrm{d}}{\mathrm{d}x}e^{\boldsymbol{A}x}=\sum_{k=1}^{\infty}\left(\frac{\boldsymbol{A}^k x^k}{k!}\right)'=\boldsymbol{A}\sum_{k=0}^{\infty}\frac{\boldsymbol{A}^k x^k}{k!}=\boldsymbol{A}e^{\boldsymbol{A}x}.$$ □

2. 微分方程组(5.2.19)的基解矩阵

定理 5.2.5 矩阵$\boldsymbol{\Phi}(x)=e^{\boldsymbol{A}x}$是微分方程组(5.2.19)的基解矩阵,且$\boldsymbol{\Phi}(0)=\boldsymbol{E}$.

证明 首先,当 $x=0$ 时,由定义知$\boldsymbol{\Phi}(0)=\boldsymbol{E}$. 其次,由矩阵指数性质 5.2.9,有

$$\frac{d}{dx}\boldsymbol{\Phi}(x) \equiv \frac{d}{dx}e^{Ax} \equiv \boldsymbol{A}e^{Ax} \equiv \boldsymbol{A\Phi}(x).$$

又 $\det\boldsymbol{\Phi}(0)=\det\boldsymbol{E}=1\neq 0$,故根据基解矩阵的性质 5.2.3 知,$\boldsymbol{\Phi}(x)=e^{Ax}$ 是微分方程组(5.2.19)的基解矩阵,且 $\boldsymbol{\Phi}(0)=\boldsymbol{E}$. □

若 $\boldsymbol{\Phi}(x)$ 是微分方程组(5.2.19)的基解矩阵,且 $\boldsymbol{\Phi}(0)=\boldsymbol{E}$,则称 $\boldsymbol{\Phi}(x)$ 是(5.2.19)的**标准基解矩阵**. 由定理 5.2.5 知 e^{Ax} 是(5.2.19)的标准基解矩阵. 根据定理 5.2.2′推知微分方程组(5.2.19)的通解可表示为

$$\boldsymbol{y} = e^{Ax}\boldsymbol{C}. \tag{5.2.23}$$

这里 $\boldsymbol{C}$ 为任意常数列向量.

至此,本节开始的猜想得到了证实.

例 5.2.4　若 $\phi(x)$ 是微分方程组(5.2.19)满足初始条件 $\phi(x_0)=\phi_0$ 的解,则

$$\phi(x) = e^{A(x-x_0)}\phi_0. \tag{5.2.24}$$

解　微分方程组(5.2.19)的通解为 $\boldsymbol{y}=e^{Ax}C$. 将初始条件 $\phi(x_0)=\phi_0$ 代入通解,有 $\phi_0=e^{Ax_0}C$,从而 $C=e^{-Ax_0}\phi_0$. 故微分方程组(5.2.19)满足初始条件 $\phi(x_0)=\phi_0$ 的解为 $\phi(x)=e^{A(x-x_0)}\phi_0$. □

标准基解矩阵 e^{Ax} 是一个特殊的基解矩阵,它与微分方程组(5.2.19)的其他基解矩阵 $\boldsymbol{\Psi}(x)$ 之间有何关系呢?下面的定理给出了这个关系.

定理 5.2.6　若 $\boldsymbol{\Psi}(x)$ 是微分方程组(5.2.19)的基解矩阵,则有

$$e^{Ax} = \boldsymbol{\Psi}(x)\boldsymbol{\Psi}^{-1}(0). \tag{5.2.25}$$

证明　令 $\boldsymbol{\Phi}(x)=\boldsymbol{\Psi}(x)\boldsymbol{\Psi}^{-1}(0)$,因 $\boldsymbol{\Psi}(x)$ 是基解矩阵,$\boldsymbol{\Psi}^{-1}(0)$ 是非奇异 $n\times n$ 常数矩阵,由基解矩阵的性质 5.2.4 知 $\boldsymbol{\Phi}(x)$ 是方程组(5.2.19)的基解矩阵. 又 $\boldsymbol{\Phi}(0)=\boldsymbol{\Psi}(0)\boldsymbol{\Psi}^{-1}(0)=\boldsymbol{E}$,由解的唯一性,可知 $e^{Ax}=\boldsymbol{\Phi}(x)$. □

根据公式(5.2.25),矩阵 e^{Ax} 可由方程组(5.2.19)的任何一个基解矩阵直接算出.

3. e^{Ax} 的计算

定理 5.2.5 从理论上确定了微分方程组(5.2.19)的一个基解矩阵 e^{Ax},似乎(5.2.19)的求解问题已经解决了,但因 e^{Ax} 是一个无穷的矩阵级数,究竟如何计算这个级数,找出它的具体表达形式,实际上并没有解决. 下面先就矩阵 $\boldsymbol{A}$ 为某些特殊形状时,讨论如何求得 e^{Ax} 的具体表示式,然后,应用线性代数知识,讨论计算 e^{Ax} 的一般方法.

(1) $\boldsymbol{A}$ 为某些特殊矩阵时,e^{Ax} 的计算.

例 5.2.5　试求微分方程组 $\frac{d\boldsymbol{y}}{dx}=\boldsymbol{Ay}$ 的基解矩阵 e^{Ax} 及其通解,这里

$$A=\begin{bmatrix}\lambda_1 & & & \\ & \lambda_2 & & \\ & & \ddots & \\ & & & \lambda_n\end{bmatrix}.$$

解 因

$$A^k=\begin{bmatrix}\lambda_1^k & & & \\ & \lambda_2^k & & \\ & & \ddots & \\ & & & \lambda_n^k\end{bmatrix},$$

故由式(5.2.22)可得

$$e^{Ax}=\begin{bmatrix}1 & & & \\ & 1 & & \\ & & \ddots & \\ & & & 1\end{bmatrix}+\begin{bmatrix}\lambda_1 & & & \\ & \lambda_2 & & \\ & & \ddots & \\ & & & \lambda_n\end{bmatrix}\frac{x}{1!}+\begin{bmatrix}\lambda_1^2 & & & \\ & \lambda_2^2 & & \\ & & \ddots & \\ & & & \lambda_n^2\end{bmatrix}\frac{x^2}{2!}$$

$$+\cdots+\begin{bmatrix}\lambda_1^k & & & \\ & \lambda_2^k & & \\ & & \ddots & \\ & & & \lambda_n^k\end{bmatrix}\frac{x^k}{k!}+\cdots=\begin{bmatrix}e^{\lambda_1 x} & & & \\ & e^{\lambda_2 x} & & \\ & & \ddots & \\ & & & e^{\lambda_n x}\end{bmatrix}.$$

于是,

$$y=e^{Ax}C=\begin{bmatrix}e^{\lambda_1 x} & & & \\ & e^{\lambda_2 x} & & \\ & & \ddots & \\ & & & e^{\lambda_n x}\end{bmatrix}\begin{bmatrix}c_1\\ c_2\\ \vdots\\ c_n\end{bmatrix}=\begin{bmatrix}c_1e^{\lambda_1 x}\\ c_2e^{\lambda_2 x}\\ \vdots\\ c_ne^{\lambda_n x}\end{bmatrix}$$

为微分方程组的通解. □

例 5.2.6 求微分方程组$\frac{dy}{dx}=Ay$的基解矩阵e^{Ax}及其通解,这里

$$A=\begin{bmatrix}\lambda & 1\\ 0 & \lambda\end{bmatrix}.$$

解 因

$$A=\begin{bmatrix}\lambda & 1\\ 0 & \lambda\end{bmatrix}=\begin{bmatrix}\lambda & 0\\ 0 & \lambda\end{bmatrix}+\begin{bmatrix}0 & 1\\ 0 & 0\end{bmatrix},$$

且$A_1=\begin{bmatrix}\lambda & 0\\ 0 & \lambda\end{bmatrix}$与$H=\begin{bmatrix}0 & 1\\ 0 & 0\end{bmatrix}$是可交换的,故由矩阵指数的性质 5.2.6,有

$$e^{\boldsymbol{A}x} = e^{\boldsymbol{A}_1 x} e^{\boldsymbol{H}x} = \begin{bmatrix} e^{\lambda x} & 0 \\ 0 & e^{\lambda x} \end{bmatrix} \left(\boldsymbol{E} + \boldsymbol{H}x + \boldsymbol{H}^2 \frac{x^2}{2!} + \cdots \right).$$

$$\boldsymbol{H}^2 = \begin{bmatrix} 0 & 1 \\ 0 & 0 \end{bmatrix}^2 = \begin{bmatrix} 0 & 0 \\ 0 & 0 \end{bmatrix},$$

则

$$\boldsymbol{H}^k = \begin{bmatrix} 0 & 1 \\ 0 & 0 \end{bmatrix}^k = \begin{bmatrix} 0 & 0 \\ 0 & 0 \end{bmatrix} \quad (k \geqslant 2, k \text{ 为整数}),$$

因此，$e^{\boldsymbol{H}x} = \boldsymbol{E} + \boldsymbol{H}x$ 实际上是一个有限和. 于是有

$$e^{\boldsymbol{A}x} = \begin{bmatrix} e^{\lambda x} & 0 \\ 0 & e^{\lambda x} \end{bmatrix} \left(\begin{bmatrix} 1 & 0 \\ 0 & 1 \end{bmatrix} + \begin{bmatrix} 0 & 1 \\ 0 & 0 \end{bmatrix} x \right) = e^{\lambda x} \begin{bmatrix} 1 & x \\ 0 & 1 \end{bmatrix},$$

故微分方程组的通解为

$$\boldsymbol{y} = e^{\boldsymbol{A}x} C = e^{\lambda x} \begin{bmatrix} 1 & x \\ 0 & 1 \end{bmatrix} \begin{bmatrix} c_1 \\ c_2 \end{bmatrix} = e^{\lambda x} \begin{bmatrix} c_1 + c_2 x \\ c_2 \end{bmatrix}.$$ □

类似可知，当

$$\boldsymbol{A} = \begin{bmatrix} \lambda & 1 & 0 \\ 0 & \lambda & 1 \\ 0 & 0 & \lambda \end{bmatrix} \text{时}, \quad e^{\boldsymbol{A}x} = e^{\lambda x} \begin{bmatrix} 1 & x & \frac{1}{2!} x^2 \\ 0 & 1 & x \\ 0 & 0 & 1 \end{bmatrix}.$$

(2) $\boldsymbol{A}$ 为任意矩阵时 $e^{\boldsymbol{A}x}$ 的计算

方法 1　这是普兹(Putzer)利用凯莱-哈密顿(Cayley-Hamilton)定理得到的方法. 我们先叙述代数中的有关概念和定理.

定义 5.2.5　设 $\boldsymbol{A}$ 是任意 $n \times n$ 矩阵，称 n 次多项式

$$P(\lambda) = \det(\lambda \boldsymbol{E} - \boldsymbol{A})$$

为 $\boldsymbol{A}$ **的特征多项式**，称 n 次代数方程

$$P(\lambda) \equiv \lambda^n + a_1 \lambda^{n-1} + \cdots + a_{n-1} \lambda + a_n = 0 \tag{5.2.26}$$

为 $\boldsymbol{A}$ **的特征方程**，方程(5.2.26)的根称为 $\boldsymbol{A}$ **的特征根**.

凯莱-哈密顿定理　设 $P(\lambda) \equiv \lambda^n + a_1 \lambda^{n-1} + \cdots + a_{n-1} \lambda + a_n$ 是 $\boldsymbol{A}$ 的特征多项式，则

$$P(\boldsymbol{A}) \equiv \boldsymbol{A}^n + a_1 \boldsymbol{A}^{n-1} + \cdots + a_{n-1} \boldsymbol{A} + a_n \boldsymbol{E} = \boldsymbol{0},$$

这里 $\boldsymbol{0}$ 表示 n 阶零矩阵. □

定理的证明可参看有关高等代数教程.

显然，若 $\lambda_1, \lambda_2, \cdots, \lambda_n$ 是 $\boldsymbol{A}$ 的特征根，则

$$P(\lambda) = (\lambda - \lambda_n)(\lambda - \lambda_{n-1}) \cdots (\lambda - \lambda_1),$$

从而有

$$P(\boldsymbol{A}) = (\boldsymbol{A} - \lambda_n \boldsymbol{E})(\boldsymbol{A} - \lambda_{n-1}\boldsymbol{E})\cdots(\boldsymbol{A} - \lambda_1 \boldsymbol{E}) = \boldsymbol{0}.$$

定理 5.2.7 设 $\lambda_1, \lambda_2, \cdots, \lambda_n$ 是矩阵 $\boldsymbol{A}$ 的特征根(它们不一定相异),则

$$\mathrm{e}^{\boldsymbol{A}x} = \sum_{j=0}^{n-1} r_{j+1}(x)\boldsymbol{P}_j. \tag{5.2.27}$$

这里

$$\boldsymbol{P}_0 = \boldsymbol{E}, \boldsymbol{P}_j = (\boldsymbol{A} - \lambda_j \boldsymbol{E})(\boldsymbol{A} - \lambda_{j-1}\boldsymbol{E})\cdots(\boldsymbol{A} - \lambda_1 \boldsymbol{E}) \quad (j = 1, 2, \cdots, n),$$

而函数 $r_1(x), r_2(x), \cdots, r_n(x)$ 是微分方程组

$$\begin{cases} r_1' = \lambda_1 r_1, \\ r_2' = r_1 + \lambda_2 r_2, \\ \quad\vdots \\ r_{j+1}' = r_j + \lambda_{j+1} r_{j+1}, \\ \quad\vdots \\ r_n' = r_{n-1} + \lambda_n r_n \end{cases} \tag{5.2.28}$$

满足初始条件

$$r_1(0) = 1, r_2(0) = 0, \cdots, r_n(0) = 0 \tag{5.2.29}$$

的解.

证明 记

$$\boldsymbol{\Phi}(x) = \sum_{j=0}^{n-1} r_{j+1}(x)\boldsymbol{P}_j. \tag{5.2.30}$$

首先证明 $\boldsymbol{\Phi}(x)$ 是微分方程组(5.2.19)的解矩阵.为此,需要证明

$$\boldsymbol{\Phi}'(x) \equiv \boldsymbol{A}\boldsymbol{\Phi}(x).$$

由式(5.2.30)并应用 $\boldsymbol{A} = \boldsymbol{A} - \lambda_{j+1}\boldsymbol{E} + \lambda_{j+1}\boldsymbol{E}$ 及 $\boldsymbol{P}_{j+1} = (\boldsymbol{A} - \lambda_{j+1}\boldsymbol{E})\boldsymbol{P}_j$,得

$$\begin{aligned} \boldsymbol{A}\boldsymbol{\Phi}(x) &\equiv \sum_{j=0}^{n-1} r_{j+1}(x)\boldsymbol{A}\boldsymbol{P}_j \\ &\equiv \sum_{j=0}^{n-1} r_{j+1}(x)[(\boldsymbol{A} - \lambda_{j+1}\boldsymbol{E}) + \lambda_{j+1}\boldsymbol{E}]\boldsymbol{P}_j \\ &\equiv \sum_{j=0}^{n-1} r_{j+1}(x)\boldsymbol{P}_{j+1} + \sum_{j=0}^{n-1} \lambda_{j+1} r_{j+1}(x)\boldsymbol{P}_j \\ &\equiv \left[\sum_{j=1}^{n-1} r_j(x)\boldsymbol{P}_j + r_n(x)\boldsymbol{P}_n\right] + \left[\lambda_1 r_1(x)\boldsymbol{P}_0 + \sum_{j=1}^{n-1} \lambda_{j+1} r_{j+1}(x)\boldsymbol{P}_j\right]. \end{aligned}$$

根据凯莱-哈密顿定理知

$$\boldsymbol{P}_n = (\boldsymbol{A} - \lambda_n \boldsymbol{E})(\boldsymbol{A} - \lambda_{n-1}\boldsymbol{E})\cdots(\boldsymbol{A} - \lambda_1 \boldsymbol{E}) = \boldsymbol{0}.$$

因此

$$\boldsymbol{A}\boldsymbol{\Phi}(x) \equiv \lambda_1 r_1(x)\boldsymbol{P}_0 + \sum_{j=1}^{n-1} [r_j(x) + \lambda_{j+1} r_{j+1}(x)]\boldsymbol{P}_j,$$

由于 $r_1(x), r_2(x), \cdots, r_n(x)$ 满足微分方程组(5.2.28)，于是得

$$\boldsymbol{A\Phi}(x) \equiv r_1'(x)\boldsymbol{P}_0 + \sum_{j=1}^{n-1} r_{j+1}'(x)\boldsymbol{P}_j \equiv \sum_{j=0}^{n-1} r_{j+1}'(x)\boldsymbol{P}_j \equiv \boldsymbol{\Phi}'(x),$$

即 $\boldsymbol{\Phi}(x)$ 是微分方程组(5.2.19)的解矩阵.

其次，由初始条件(5.2.29)知

$$\boldsymbol{\Phi}(0) = r_1(0)\boldsymbol{P}_0 + r_2(0)\boldsymbol{P}_1 + \cdots + r_n(0)\boldsymbol{P}_{n-1} = \boldsymbol{E}.$$

因此，得知

$$\boldsymbol{\Phi}(x) = \mathrm{e}^{\boldsymbol{A}x}. \qquad \square$$

推论 5.2.4　若 $\boldsymbol{A}$ 只有一个特征根 λ（n 重根），则

$$\mathrm{e}^{\boldsymbol{A}x} = \mathrm{e}^{\lambda x} \sum_{j=0}^{n-1} \frac{x^j}{j\,!} (\boldsymbol{A} - \lambda \boldsymbol{E})^j. \tag{5.2.31}$$

$\square$

上述定理将计算 $\mathrm{e}^{\boldsymbol{A}x}$ 的问题归结为求解微分方程组(5.2.28)满足初始条件(5.2.29)的初值问题，由于微分方程组(5.2.28)是一个特殊的一阶常系数线性微分方程组，其系数矩阵

$$\boldsymbol{B} = \begin{bmatrix} \lambda_1 & & & \\ 1 & \lambda_2 & & \\ & 1 & \ddots & \\ & & \ddots & \lambda_n \\ & & & 1 \end{bmatrix}$$

是一个下三角矩阵，它的解容易求得且可用初等函数的有限积分形式来表达. 于是由公式(5.2.27)就可直接求得微分方程组(5.2.19)的基解矩阵 $\mathrm{e}^{\boldsymbol{A}x}$.

例 5.2.7　求解微分方程组

$$\frac{\mathrm{d}\boldsymbol{y}}{\mathrm{d}x} = \boldsymbol{Ay}, \quad \boldsymbol{A} = \begin{bmatrix} 3 & 1 & -1 \\ -1 & 2 & 1 \\ 1 & 1 & 1 \end{bmatrix}.$$

解　因

$$\det(\lambda \boldsymbol{E} - \boldsymbol{A}) = \begin{vmatrix} \lambda - 3 & -1 & 1 \\ 1 & \lambda - 2 & -1 \\ -1 & -1 & \lambda - 1 \end{vmatrix} = (\lambda - 2)^3.$$

故 $\lambda = 2$ 是 $\boldsymbol{A}$ 的唯一的特征根（三重根）. 因

$$\boldsymbol{A} - 2\boldsymbol{E} = \begin{bmatrix} 1 & 1 & -1 \\ -1 & 0 & 1 \\ 1 & 1 & -1 \end{bmatrix}, \quad (\boldsymbol{A} - 2\boldsymbol{E})^2 = \begin{bmatrix} -1 & 0 & 1 \\ 0 & 0 & 0 \\ -1 & 0 & 1 \end{bmatrix}.$$

由公式(5.2.31)得

$$
e^{Ax} = e^{2x}\left\{E + x(A-2E) + \frac{x^2}{2!}(A-2E)^2\right\} = \begin{bmatrix} 1+x-\frac{x^2}{2} & x & -x+\frac{x^2}{2} \\ -x & 1 & x \\ x-\frac{x^2}{2} & x & 1-x+\frac{x^2}{2} \end{bmatrix} e^{2x}.
$$

于是微分方程组的通解为

$$
y = e^{Ax}C,\quad 其中 C = (c_1, c_2, c_3)^{T}. \qquad \square
$$

例 5.2.8 试求微分方程组

$$
\frac{dy}{dx} = Ay,\quad A = \begin{bmatrix} 3 & -1 & 1 \\ 2 & 0 & 1 \\ 1 & -1 & 2 \end{bmatrix}
$$

的基解矩阵 e^{Ax},并求其满足初始条件

$$
y(0) = y_0 = \begin{bmatrix} 1 \\ 1 \\ 0 \end{bmatrix} \tag{5.2.32}
$$

的解.

解 因

$$
\det(A-\lambda E) = \begin{vmatrix} 3-\lambda & -1 & 1 \\ 2 & -\lambda & 1 \\ 1 & -1 & 2-\lambda \end{vmatrix} = (1-\lambda)(2-\lambda)^2.
$$

故 A 的特征根为 $\lambda_1=1,\lambda_2=\lambda_3=2$.

解初始条件:

$$
\begin{cases} r_1' = r_1, \\ r_2' = r_1 + 2r_2, \\ r_3' = \qquad r_2 + 2r_3, \\ r_1(0) = 1, r_2(0) = 0, r_3(0) = 0, \end{cases}
$$

得

$$
r_1(x) = e^x,\quad r_2(x) = e^{2x} - e^x,\quad r_3(x) = (x-1)e^{2x} + e^x.
$$

又因

$$
P_1 = A - \lambda_1 E = \begin{bmatrix} 2 & -1 & 1 \\ 2 & -1 & 1 \\ 1 & -1 & 1 \end{bmatrix},
$$

$$
P_2 = (A-\lambda_2 E)(A-\lambda_1 E) = \begin{bmatrix} 1 & -1 & 1 \\ 1 & -1 & 1 \\ 0 & 0 & 0 \end{bmatrix}.
$$

则由公式(5.2.27),得

$$
\begin{aligned}
e^{\boldsymbol{A}x} &= r_1(x)\boldsymbol{E}+r_2(x)\boldsymbol{P}_1+r_3(x)\boldsymbol{P}_2 \\
&= e^{x}\boldsymbol{E}+(e^{2x}-e^{x})\boldsymbol{P}_1+[(x-1)e^{2x}+e^{x}]\boldsymbol{P}_2 \\
&= \begin{bmatrix} (1+x)e^{2x} & -xe^{2x} & xe^{2x} \\ (1+x)e^{2x}-e^{x} & -xe^{2x}+e^{x} & xe^{2x} \\ e^{2x}-e^{x} & -e^{2x}+e^{x} & e^{2x} \end{bmatrix}.
\end{aligned}
$$

再由公式(5.2.24),得微分方程组满足初始条件(5.2.32)的解为

$$
\boldsymbol{y}(x)=e^{\boldsymbol{A}x}\boldsymbol{y}_0=\begin{bmatrix} e^{2x} \\ e^{2x} \\ 0 \end{bmatrix}.
$$

□

例 5.2.9 试求微分方程组

$$
\frac{d\boldsymbol{y}}{dx}=\boldsymbol{A}\boldsymbol{y},\quad \boldsymbol{A}=\begin{bmatrix} 3 & 5 \\ -5 & 3 \end{bmatrix}
$$

的基解矩阵 $e^{\boldsymbol{A}x}$,并求其满足初始条件

$$
\boldsymbol{y}(0)=\boldsymbol{y}_0=\begin{bmatrix} 1 \\ 2 \end{bmatrix} \tag{5.2.33}
$$

的解.

解 因

$$
\det(\lambda\boldsymbol{E}-\boldsymbol{A})=\lambda^2-6\lambda+34,
$$

故 $\boldsymbol{A}$ 的特征根为 $\lambda_1=3+5i$,$\lambda_2=3-5i$.

求解初始条件:

$$
\begin{cases} r_1'=(3+5i)r_1, \\ r_2'=r_1+(3-5i)r_2, \\ r_1(0)=1,\quad r_2(0)=0. \end{cases}
$$

得

$$
r_1(x)=e^{(3+5i)x},\quad r_2(x)=\frac{i}{10}(e^{(3+5i)x}-e^{(3-5i)x}).
$$

又因

$$
\boldsymbol{P}_1=\boldsymbol{A}-\lambda_1\boldsymbol{E}=\begin{bmatrix} -5i & 5 \\ -5 & -5i \end{bmatrix},
$$

则由公式(5.2.27),得

$$
\begin{aligned}
e^{\boldsymbol{A}x} &= r_1(x)\boldsymbol{E}+r_2(x)\boldsymbol{P}_1 \\
&= e^{(3+5i)x}\begin{bmatrix} 1 & 0 \\ 0 & 1 \end{bmatrix}+\frac{i}{10}(e^{(3+5i)x}-e^{(3-5i)x})\begin{bmatrix} -5i & 5 \\ -5 & -5i \end{bmatrix}
\end{aligned}
$$

$$= e^{3x}\begin{bmatrix} \cos 5x & \sin 5x \\ -\sin 5x & \cos 5x \end{bmatrix}.$$

再由公式(5.2.24)，得微分方程组满足初始条件(5.2.33)的解为

$$\boldsymbol{y}(x) = e^{\boldsymbol{A}x}\boldsymbol{y}_0 = e^{3x}\begin{bmatrix} \cos 5x + 2\sin 5x \\ -\sin 5x + 2\cos 5x \end{bmatrix}. \qquad \square$$

【注】 显然，当 $\boldsymbol{A}$ 是实数矩阵时，则 $e^{\boldsymbol{A}x}$ 是实矩阵. 因此，在上例中虽然 $\boldsymbol{A}$ 的特征根是复根，但最后所得的基解矩阵 $e^{\boldsymbol{A}x}$ 仍为实矩阵.

***方法 2** 这是利用矩阵的约当(Jordan)标准形得到计算 $e^{\boldsymbol{A}x}$ 的方法.

根据矩阵理论可知，对任意的 $n\times n$ 矩阵 $\boldsymbol{A}$，必存在一个非奇异矩阵 $\boldsymbol{T}$，使得

$$\boldsymbol{T}^{-1}\boldsymbol{A}\boldsymbol{T} = \boldsymbol{J}, \tag{5.2.34}$$

其中 $\boldsymbol{J}$ 为约当标准形，即

$$\boldsymbol{J} = \begin{bmatrix} J_1 & & & \\ & J_2 & & \\ & & \ddots & \\ & & & J_l \end{bmatrix}. \tag{5.2.35}$$

这里

$$\boldsymbol{J}_j = \begin{bmatrix} \lambda_j & 1 & & & \\ & \lambda_j & \ddots & & \\ & & \ddots & \ddots & \\ & & & \ddots & 1 \\ & & & & \lambda_j \end{bmatrix} \quad (j = 1,2,\cdots,l)$$

是对应于矩阵 $\boldsymbol{A}$ 的初等因子 $(\lambda-\lambda_j)^{n_j}$ 的 n_j 阶约当块，$\lambda_1,\lambda_2,\cdots,\lambda_l$ 是矩阵 $\boldsymbol{A}$ 的特征根，其重数分别为 $n_1,n_2,\cdots,n_l$，且 $n_1+n_2+\cdots+n_l=n$.

定理 5.2.8 对任意矩阵 $\boldsymbol{A}$，有

$$e^{\boldsymbol{A}x} = \boldsymbol{T}e^{\boldsymbol{J}x}\boldsymbol{T}^{-1}, \tag{5.2.36}$$

$$e^{\boldsymbol{J}x} = \begin{bmatrix} e^{\boldsymbol{J}_1 x} & & & \\ & e^{\boldsymbol{J}_2 x} & & \\ & & \ddots & \\ & & & e^{\boldsymbol{J}_l x} \end{bmatrix}, \tag{5.2.37}$$

$$e^{\boldsymbol{J}_j x} = e^{\lambda_j x}\begin{bmatrix} 1 & x & \frac{x^2}{2!} & \cdots & \frac{x^{n_j-1}}{(n_j-1)!} \\ & 1 & x & \cdots & \frac{x^{n_j-2}}{(n_j-2)!} \\ & & \ddots & \ddots & \vdots \\ & & & \ddots & x \\ & & & & 1 \end{bmatrix} \quad (j = 1,2,\cdots,l). \tag{5.2.38}$$

证明　把 $\boldsymbol{J}_j$ 改写成

$$\boldsymbol{J}_j=\lambda_j\boldsymbol{E}_j+\boldsymbol{H}_j\quad(j=1,2,\cdots,l),$$

其中

$$\boldsymbol{E}_j=\begin{bmatrix}1&&&\\&1&&\\&&\ddots&\\&&&1\end{bmatrix},\quad \boldsymbol{H}_j=\begin{bmatrix}0&1&&&\\&0&1&&\\&&\ddots&\ddots&\\&&&\ddots&1\\&&&&0\end{bmatrix}$$

是 n_j 阶矩阵.

由矩阵指数性质 5.2.6,有

$$\mathrm{e}^{\boldsymbol{J}_jx}=\mathrm{e}^{(\lambda_j\boldsymbol{E}_j+\boldsymbol{H}_j)x}=\mathrm{e}^{\lambda_j\boldsymbol{E}_jx}\mathrm{e}^{\boldsymbol{H}_jx}=\mathrm{e}^{\lambda_jx}\boldsymbol{E}_j\mathrm{e}^{\boldsymbol{H}_jx}=\mathrm{e}^{\lambda_jx}\mathrm{e}^{\boldsymbol{H}_jx}.$$

因当 $k\geqslant n_j$ 时(k 为正整数),$\boldsymbol{H}_j^k$ 为零矩阵,则有

$$\mathrm{e}^{\boldsymbol{J}_jx}=\mathrm{e}^{\lambda_jx}\left(\boldsymbol{E}_j+\boldsymbol{H}_jx+\frac{1}{2!}\boldsymbol{H}_j^2x^2+\cdots+\frac{1}{(n^j-1)!}\boldsymbol{H}_j^{n_j-1}x^{n_j-1}\right)$$

$$=\mathrm{e}^{\lambda_jx}\begin{bmatrix}1&x&\dfrac{x^2}{2!}&\cdots&\dfrac{x^{n_j-1}}{(n_j-1)!}\\&1&x&\cdots&\dfrac{x^{n_j-2}}{(n_j-2)!}\\&&\ddots&\ddots&\vdots\\&&&\ddots&x\\&&&&1\end{bmatrix}\quad(j=1,2,\cdots,l).$$

由矩阵指数的定义及式(5.2.35),易得

$$\mathrm{e}^{\boldsymbol{J}x}=\begin{bmatrix}\mathrm{e}^{\boldsymbol{J}_1x}&&&\\&\mathrm{e}^{\boldsymbol{J}_2x}&&\\&&\ddots&\\&&&\mathrm{e}^{\boldsymbol{J}_lx}\end{bmatrix}.$$

再由式(5.2.34)及矩阵指数性质 5.2.8,得到

$$\mathrm{e}^{\boldsymbol{A}x}=\mathrm{e}^{\boldsymbol{TJT}^{-1}}=\boldsymbol{T}\mathrm{e}^{\boldsymbol{J}x}\boldsymbol{T}^{-1},$$

其中 $\mathrm{e}^{\boldsymbol{J}x}$ 由公式(5.2.37)和(5.2.38)来计算.　□

上述求 $\mathrm{e}^{\boldsymbol{A}x}$ 的方法在理论上比较简洁,但因寻求非奇异矩阵 $\boldsymbol{T}$ 的计算比较麻烦,故用此法计算 $\mathrm{e}^{\boldsymbol{A}x}$ 并不方便.

容易证明矩阵

$$\boldsymbol{\Psi}(x)=\boldsymbol{T}\mathrm{e}^{\boldsymbol{J}x}\tag{5.2.39}$$

也是微分方程组(5.2.19)的基解矩阵,从而方程组(5.2.19)的通解为

$$\boldsymbol{y}=\boldsymbol{T}\mathrm{e}^{\boldsymbol{J}x}\boldsymbol{C},\tag{5.2.40}$$

其中$\boldsymbol{C}=(c_1,\cdots,c_n)^{\mathrm{T}}$是任意$n$维常数列向量.从上面的式(5.2.36)或式(5.2.39)可得到式(5.2.19)的基解矩阵的具体结构,可以看出它的每一元素均可表为x的指数函数与x的幂函数的积的有限项的线性组合,于是由式(5.2.40)可得出

$$\boldsymbol{y}=\sum_{j=1}^{l}\sum_{s=1}^{n_j}c_j^{(s)}\boldsymbol{P}_j^{(s)}(x)\mathrm{e}^{\lambda_j x}.\tag{5.2.41}$$

其中λ_j是$\boldsymbol{A}$的重数为n_j的特征根($j=1,2,\cdots,l$),$n_1+n_2+\cdots+n_l=n$;$\boldsymbol{P}_j^{(s)}(x)$是$n$维函数列向量,其每一分量是$x$的次数不超过$n_j-1$次的多项式;$c_j^{(s)}$为任意常数($j=1,2,\cdots,l,s=1,2,\cdots,n_j$).

习题 5.2

1. 已知

$$\boldsymbol{y}_1(x)=\begin{bmatrix}\sin x\\ \cos x\end{bmatrix},\quad \boldsymbol{y}_2(x)=\begin{bmatrix}\cos x\\ -\sin x\end{bmatrix}$$

是微分方程组

$$\boldsymbol{y}'(x)=\begin{bmatrix}a_{11}(x) & a_{12}(x)\\ a_{21}(x) & a_{22}(x)\end{bmatrix}\boldsymbol{y}(x)$$

的基本解组,试求出$a_{11}(x),a_{12}(x),a_{21}(x),a_{22}(x)$.

2. 设$n\times n$函数矩阵$\boldsymbol{A}_1(x),\boldsymbol{A}_2(x)$在$[a,b]$上连续.证明:若微分方程组

$$\frac{\mathrm{d}\boldsymbol{y}}{\mathrm{d}x}=\boldsymbol{A}_1(x)\boldsymbol{y}\quad 及\quad \frac{\mathrm{d}\boldsymbol{y}}{\mathrm{d}x}=\boldsymbol{A}_2(x)\boldsymbol{y}$$

有相同的基本解组,则$\boldsymbol{A}_1(x)=\boldsymbol{A}_2(x)(x\in[a,b])$.

3. 设$\int_{x_0}^{+\infty}\sum_{i=1}^{n}a_{ii}(x)\mathrm{d}x=+\infty$,证明:微分方程组$\boldsymbol{y}'=\boldsymbol{A}(x)\boldsymbol{y}$至少有一解在区间$[x_0,+\infty)$上是无界的.

4. 证明:若矩阵$\boldsymbol{A},\boldsymbol{B}$可交换,即$\boldsymbol{AB}=\boldsymbol{BA}$,则$\mathrm{e}^{\boldsymbol{A}}\mathrm{e}^{\boldsymbol{B}}=\mathrm{e}^{\boldsymbol{A}+\boldsymbol{B}}$.

5. 设$\boldsymbol{\Phi}(x)$为微分方程组$\frac{\mathrm{d}\boldsymbol{y}}{\mathrm{d}x}=\boldsymbol{A}\boldsymbol{y}$($\boldsymbol{A}$为$n\times n$常数矩阵)的基解矩阵,且$\boldsymbol{\Phi}(0)=\boldsymbol{E}$,试证

$$\boldsymbol{\Phi}(x)\boldsymbol{\Phi}^{-1}(x_0)=\boldsymbol{\Phi}(x-x_0),$$

其中x_0为某一值.

6. 设$\boldsymbol{\psi}(x)$是微分方程组$\boldsymbol{y}'=\boldsymbol{A}(x)\boldsymbol{y}$满足初始条件$\boldsymbol{\psi}(x_0)=\boldsymbol{\psi}_0$的解.证明:

$$\boldsymbol{\psi}(x)=\boldsymbol{\Phi}(x)\boldsymbol{\Phi}^{-1}(x_0)\boldsymbol{\psi}_0,$$

其中$\boldsymbol{\Phi}^{-1}(x_0)$表示$\boldsymbol{\Phi}(x_0)$的逆矩阵.

7. 设$\boldsymbol{C}$是$n\times n$常数矩阵,$\boldsymbol{\Phi}(x)\boldsymbol{C}$是微分方程组$\boldsymbol{y}'=\boldsymbol{A}(x)\boldsymbol{y}$的基解矩阵. 证明:$\boldsymbol{\Phi}(x)$是它的基解矩阵.

8. 求解下列微分方程组:

(1) $\dfrac{\mathrm{d}}{\mathrm{d}x}\begin{bmatrix}y_1\\y_2\end{bmatrix}=\begin{bmatrix}\lambda & 0\\1 & \lambda\end{bmatrix}\begin{bmatrix}y_1\\y_2\end{bmatrix}$;

(2) $\dfrac{\mathrm{d}}{\mathrm{d}x}\begin{bmatrix}r_1\\r_2\\r_3\end{bmatrix}=\begin{bmatrix}\lambda_1 & 0 & 0\\1 & \lambda_2 & 0\\0 & 1 & \lambda_3\end{bmatrix}\begin{bmatrix}r_1\\r_2\\r_3\end{bmatrix}$,其中$\lambda_1\neq\lambda_2\neq\lambda_3$.

9. 求解下列微分方程组:

(1) $\dfrac{\mathrm{d}\boldsymbol{y}}{\mathrm{d}x}=\boldsymbol{A}\boldsymbol{y},\boldsymbol{A}=\begin{bmatrix}1 & 2\\4 & 3\end{bmatrix}$;　　(2) $\dfrac{\mathrm{d}\boldsymbol{y}}{\mathrm{d}x}=\boldsymbol{A}\boldsymbol{y},\boldsymbol{A}=\begin{bmatrix}0 & 1 & 1\\1 & 1 & -1\\0 & 1 & 1\end{bmatrix}$;

(3) $\dfrac{\mathrm{d}\boldsymbol{y}}{\mathrm{d}x}=\boldsymbol{A}\boldsymbol{y},\boldsymbol{A}=\begin{bmatrix}2 & -3 & 3\\4 & -5 & 3\\4 & -4 & 2\end{bmatrix}$.

10. 求解下列初值问题$\dfrac{\mathrm{d}\boldsymbol{y}}{\mathrm{d}x}=\boldsymbol{A}\boldsymbol{y},\boldsymbol{y}(0)=\boldsymbol{y}_0$:

(1) $\boldsymbol{A}=\begin{bmatrix}-2 & 1\\-1 & 2\end{bmatrix},\boldsymbol{y}_0=\begin{bmatrix}0\\1\end{bmatrix}$;　　(2) $\boldsymbol{A}=\begin{bmatrix}0 & 1\\-1 & 0\end{bmatrix},\boldsymbol{y}_0=\begin{bmatrix}2\\3\end{bmatrix}$;

(3) $\boldsymbol{A}=\begin{bmatrix}2 & 1 & 2\\-1 & 0 & -2\\0 & 0 & 1\end{bmatrix},\boldsymbol{y}_0=\begin{bmatrix}1\\1\\2\end{bmatrix}$.

11. 设$\phi_1(x),\phi_2(x),\cdots,\phi_n(x)$是微分方程组$\dfrac{\mathrm{d}\boldsymbol{y}}{\mathrm{d}x}=\boldsymbol{A}\boldsymbol{y}$分别满足下列初始条件:

$$\phi_1(0)=\boldsymbol{e}_1,\phi_2(0)=\boldsymbol{e}_2,\cdots,\phi_n(0)=\boldsymbol{e}_n$$

的解,其中$\boldsymbol{e}_1=(1,0,\cdots,0)^{\mathrm{T}},\cdots,\boldsymbol{e}_n=(0,0,\cdots,0,1)^{\mathrm{T}}$,证明:

$$\mathrm{e}^{\boldsymbol{A}x}=[\phi_1(x),\phi_2(x),\cdots,\phi_n(x)].$$

12. 设常系数线性齐次微分方程组

$$\frac{\mathrm{d}\boldsymbol{y}}{\mathrm{d}x}=\boldsymbol{A}\boldsymbol{y}.\qquad(*)$$

(1) 若$\boldsymbol{A}$的所有特征根实部均是负的,则式($*$)的任一解当$x\to+\infty$时均趋于零;

(2) 若 $\boldsymbol{A}$ 的特征根中至少有一个实部为正，则式(*)至少有一个解当 $x\to+\infty$ 时趋于无穷.

5.3 一阶线性非齐次微分方程组

考虑一阶线性非齐次微分方程组

$$\frac{\mathrm{d}\boldsymbol{y}}{\mathrm{d}x}=\boldsymbol{A}(x)\boldsymbol{y}+\boldsymbol{Q}(x). \tag{5.3.1}$$

其对应的线性齐次微分方程组为

$$\frac{\mathrm{d}\boldsymbol{y}}{\mathrm{d}x}=\boldsymbol{A}(x)\boldsymbol{y}. \tag{5.3.2}$$

若用算子 L 的记号，则微分方程组(5.3.1)及(5.3.2)可分别写成

$$L[\boldsymbol{y}]=\boldsymbol{Q}(x) \quad 及 \quad L[\boldsymbol{y}]=\boldsymbol{0}.$$

本节研究线性非齐次微分方程组(5.3.1)的一般理论和求解方法.

5.3.1 线性非齐次微分方程组的一般理论

1. 解的简单性质与结构

应用算子 L 的性质，可知微分方程组(5.3.1)的解具有如下简单性质：

(1) 若 $\tilde{\boldsymbol{y}}_1(x)$ 和 $\tilde{\boldsymbol{y}}_2(x)$ 都是微分方程组(5.3.1)的解，则 $\tilde{\boldsymbol{y}}_1(x)-\tilde{\boldsymbol{y}}_2(x)$ 是微分方程组(5.3.2)的解；

(2) 若 $\boldsymbol{y}_1(x)$ 是微分方程组(5.3.2)的解，$\tilde{\boldsymbol{y}}(x)$ 是微分方程组(5.3.1)的解，则 $\boldsymbol{y}_1(x)+\tilde{\boldsymbol{y}}(x)$ 是微分方程组(5.3.1)的解；

(3) (迭加原理) 若 $\tilde{\boldsymbol{y}}_i(x)$ 是微分方程组 $L[\boldsymbol{y}]=\boldsymbol{Q}_i(x)$ 的解 $(i=1,2,\cdots,m)$，则 $\sum\limits_{i=1}^{m}c_i\tilde{\boldsymbol{y}}_i$ 是微分方程组 $L[\boldsymbol{y}]=\sum\limits_{i=1}^{m}c_i\boldsymbol{Q}_i(x)$ 的解，其中 $c_i(i=1,2,\cdots,m)$ 为任意常数.

对微分方程组(5.3.1)的解的结构，有下面的定理.

定理 5.3.1(通解结构定理) 设 $\boldsymbol{\Phi}(x)$ 是微分方程组(5.3.2)的一个基解矩阵，$\tilde{\boldsymbol{y}}(x)$ 是微分方程组(5.3.1)的一个解，则

(1) 微分方程组(5.3.2)的通解与(5.3.1)的一个解之和

$$y=\boldsymbol{\Phi}(x)\boldsymbol{C}+\tilde{\boldsymbol{y}}(x) \tag{5.3.3}$$

是微分方程组(5.3.1)的通解，其中 $\boldsymbol{C}$ 是任意 n 维常数列向量；

(2) 微分方程组(5.3.1)的任一解均可由式(5.3.3)表出.

证明 先证(1). 由性质式(2)知式(5.3.3)是微分方程组(5.3.1)的解，它包含

n 个任意常数 $c_1, c_2, \cdots, c_n$，与定理 5.2.3 的证明一样，可以证明这 n 个任意常数是彼此独立的. 因此，式(5.3.3)是微分方程组(5.3.1)的通解.

再证(2). 设 $\boldsymbol{y}(x)$ 是微分方程组(5.3.1)的任一解，由性质(1)知 $\boldsymbol{y}(x)-\tilde{\boldsymbol{y}}(x)$ 是方程组(5.3.2)的解. 根据定理 5.2.2′，存在确定的常数列向量 $\widetilde{\boldsymbol{C}}$，使得

$$\boldsymbol{y}(x)-\tilde{\boldsymbol{y}}(x)=\boldsymbol{\Phi}(x)\widetilde{\boldsymbol{C}},$$

即

$$\boldsymbol{y}(x)=\boldsymbol{\Phi}(x)\widetilde{\boldsymbol{C}}+\tilde{\boldsymbol{y}}(x).$$ □

这个定理表明：线性非齐次微分方程组(5.3.1)的通解包括了微分方程组(5.3.1)的所有的解. 为了求微分方程组(5.3.1)的通解，只须求得其对应线性齐次微分方程组(5.3.2)的一个基解矩阵 $\boldsymbol{\Phi}(x)$ 和微分方程组(5.3.1)的一个特解 $\tilde{\boldsymbol{y}}(x)$.

2. 常数变易法

对于线性非齐次微分方程组(5.3.1)，当我们已经求得它的对应齐次线性微分方程组(5.3.2)的一个基解矩阵时，可仿照一阶线性非齐次微分方程的情形，用常数变易法求得微分方程组(5.3.1)的一个特解.

设 $\boldsymbol{\Phi}(x)$ 是微分方程组(5.3.2)的一个基解矩阵，于是微分方程组(5.3.2)的通解为

$$\boldsymbol{y}=\boldsymbol{\Phi}(x)\boldsymbol{C},$$

其中 $\boldsymbol{C}$ 是任意常数列向量，为了求得微分方程组(5.3.1)的一个特解，我们把 $\boldsymbol{C}$ 看成 x 的待定的函数列向量 $\boldsymbol{C}(x)$，并令

$$\tilde{\boldsymbol{y}}=\boldsymbol{\Phi}(x)\boldsymbol{C}(x) \tag{5.3.4}$$

是微分方程组(5.3.1)的解，于是，把式(5.3.4)式代入(5.3.1)得

$$\boldsymbol{\Phi}'(x)\boldsymbol{C}(x)+\boldsymbol{\Phi}(x)\boldsymbol{C}'(x)\equiv\boldsymbol{A}(x)\boldsymbol{\Phi}(x)\boldsymbol{C}(x)+\boldsymbol{Q}(x).$$

因 $\boldsymbol{\Phi}(x)$ 是微分方程组(5.3.2)的基解矩阵，所以

$$\boldsymbol{\Phi}'(x)\equiv\boldsymbol{A}(x)\boldsymbol{\Phi}(x).$$

故 $\boldsymbol{C}(x)$ 必须满足微分方程组

$$\boldsymbol{\Phi}(x)\boldsymbol{C}'(x)\equiv\boldsymbol{Q}(x).$$

由于 $\boldsymbol{\Phi}(x)$ 是非奇异矩阵，所以存在 $\boldsymbol{\Phi}^{-1}(x)$，使得

$$\boldsymbol{C}'(x)\equiv\boldsymbol{\Phi}^{-1}(x)\boldsymbol{Q}(x).$$

从 x_0 到 x 积分此式，并取 $\boldsymbol{C}(x_0)=\boldsymbol{0}$，便得

$$\boldsymbol{C}(x)=\int_{x_0}^{x}\boldsymbol{\Phi}^{-1}(s)\boldsymbol{Q}(s)\mathrm{d}s,\quad x_0, x\in[a,b].$$

这样，式(5.3.4)就变为

$$\tilde{\boldsymbol{y}}=\boldsymbol{\Phi}(x)\int_{x_0}^{x}\boldsymbol{\Phi}^{-1}(s)\boldsymbol{Q}(s)\mathrm{d}s. \tag{5.3.5}$$

可验证式(5.3.5)是微分方程组(5.3.1)满足初始条件 $\boldsymbol{y}(x_0)=\boldsymbol{0}$ 的特解.归纳上面的讨论,再根据定理 5.3.1,易得下面的结果.

定理 5.3.2 设 $\boldsymbol{\Phi}(x)$ 是微分方程组(5.3.2)的基解矩阵,则

(1) 微分方程组(5.3.1)的通解为

$$\boldsymbol{y}=\boldsymbol{\Phi}(x)\boldsymbol{C}+\boldsymbol{\Phi}(x)\int_{x_0}^{x}\boldsymbol{\Phi}^{-1}(s)\boldsymbol{Q}(s)\mathrm{d}s, \tag{5.3.6}$$

其中 $\boldsymbol{C}$ 是任意常数列向量;

(2) 微分方程组(5.3.1)满足初始条件 $\boldsymbol{y}(x_0)=\boldsymbol{y}_0$ 的解为

$$\boldsymbol{y}=\boldsymbol{\Phi}(x)\boldsymbol{\Phi}^{-1}(x_0)\boldsymbol{y}_0+\boldsymbol{\Phi}(x)\int_{x_0}^{x}\boldsymbol{\Phi}^{-1}(s)\boldsymbol{Q}(s)\mathrm{d}s. \tag{5.3.7}$$

公式(5.3.5)或(5.3.7)称为线性非齐次微分方程组(5.3.1)的**常数变易公式**,它们在微分方程组(5.3.1)的理论研究中有重要的应用. □

例 5.3.1 求解初值问题

$$\frac{\mathrm{d}\boldsymbol{y}}{\mathrm{d}x}=\begin{bmatrix}1 & 1\\0 & 1\end{bmatrix}\boldsymbol{y}+\begin{bmatrix}\mathrm{e}^{-x}\\0\end{bmatrix},\quad \boldsymbol{y}(0)=\begin{bmatrix}-1\\1\end{bmatrix}.$$

解 此微分方程组对应的齐次线性微分方程组为

$$\frac{\mathrm{d}\boldsymbol{y}}{\mathrm{d}x}=\begin{bmatrix}1 & 1\\0 & 1\end{bmatrix}\boldsymbol{y},\quad \boldsymbol{A}=\begin{bmatrix}1 & 1\\0 & 1\end{bmatrix}.$$

由 5.2.6 可知

$$\boldsymbol{\Phi}(x)=\mathrm{e}^{\boldsymbol{A}x}=\begin{bmatrix}\mathrm{e}^{x} & x\mathrm{e}^{x}\\0 & \mathrm{e}^{x}\end{bmatrix}=\begin{bmatrix}1 & x\\0 & 1\end{bmatrix}\mathrm{e}^{x}$$

是它的一个基解矩阵,由矩阵指数的性质 5.2.7 知

$$\boldsymbol{\Phi}^{-1}(x)=\mathrm{e}^{-\boldsymbol{A}x}=\begin{bmatrix}\mathrm{e}^{-x} & -x\mathrm{e}^{-x}\\0 & \mathrm{e}^{x}\end{bmatrix}.$$

这里 $x_0=0$,$\boldsymbol{\Phi}(0)=\boldsymbol{E}$,则由公式(5.3.7)得所求解

$$\begin{aligned}\boldsymbol{y}(x)&=\begin{bmatrix}\mathrm{e}^{x} & x\mathrm{e}^{x}\\0 & \mathrm{e}^{x}\end{bmatrix}\begin{bmatrix}1 & 0\\0 & 1\end{bmatrix}\begin{bmatrix}-1\\1\end{bmatrix}+\begin{bmatrix}\mathrm{e}^{x} & x\mathrm{e}^{x}\\0 & \mathrm{e}^{x}\end{bmatrix}\int_0^x\mathrm{e}^{-s}\begin{bmatrix}1 & -s\\0 & 1\end{bmatrix}\begin{bmatrix}\mathrm{e}^{-s}\\0\end{bmatrix}\mathrm{d}s\\
&=\begin{bmatrix}(x-1)\mathrm{e}^{x}\\\mathrm{e}^{x}\end{bmatrix}+\begin{bmatrix}\mathrm{e}^{x} & x\mathrm{e}^{x}\\0 & \mathrm{e}^{x}\end{bmatrix}\int_0^x\begin{bmatrix}\mathrm{e}^{-2s}\\0\end{bmatrix}\mathrm{d}s\\
&=\begin{bmatrix}(x-1)\mathrm{e}^{x}\\\mathrm{e}^{x}\end{bmatrix}+\begin{bmatrix}\mathrm{e}^{x} & x\mathrm{e}^{x}\\0 & \mathrm{e}^{x}\end{bmatrix}\begin{bmatrix}\frac{1}{2}(1-\mathrm{e}^{-2x})\\0\end{bmatrix}\\
&=\begin{bmatrix}(x-1)\mathrm{e}^{x}\\\mathrm{e}^{x}\end{bmatrix}+\begin{bmatrix}\frac{1}{2}(\mathrm{e}^{x}-\mathrm{e}^{-x})\\0\end{bmatrix}=\begin{bmatrix}x\mathrm{e}^{x}-\frac{1}{2}(\mathrm{e}^{x}+\mathrm{e}^{-x})\\\mathrm{e}^{x}\end{bmatrix}.\end{aligned}$$

□

根据关于 n 阶线性微分方程(5.1.7)的初始条件与一阶线性微分方程组(5.1.8)的初始条件等价性的论述，由定理 5.3.2 可得到下面的结果.

推论 5.3.1 设 $p_1(x),p_2(x),\cdots,p_n(x)$ 及 $q(x)$ 在区间 $[a,b]$ 上连续，$y_1(x)$，$y_2(x),\cdots,y_n(x)$ 是齐次线性微分方程

$$y^{(n)}+p_1(x)y^{(n-1)}+\cdots+p_{n-1}(x)y'+p_n(x)y=0 \tag{5.3.8}$$

的一个基本解组，则线性非齐次微分方程

$$y^{(n)}+p_1(x)y^{(n-1)}+\cdots+p_{n-1}(x)y'+p_n(x)y=q(x) \tag{5.3.9}$$

满足初始条件

$$y(x_0)=0,y'(x_0)=0,\cdots,y^{(n-1)}(x_0)=0,x_0\in[a,b]$$

的解由下式给出

$$\tilde{y}(x)=\sum_{j=1}^{n}y_j(x)\int_{x_0}^{x}\frac{W_j[s]}{W[s]}q(s)\mathrm{d}s. \tag{5.3.10}$$

其中 $W[s]$ 是 $y_1(x),y_2(x),\cdots,y_n(x)$ 的伏朗斯基行列式，$W_j[s]$ 是由 $W[s]$ 中的第 j 列换为 $(0,0,\cdots,0,1)^{\mathrm{T}}$ 后而得到的行列式，且微分方程(5.3.9)的通解为

$$y(x)=c_1y_1(x)+c_2y_2(x)+\cdots+c_ny_n(x)+\tilde{y}(x), \tag{5.3.11}$$

其中 $c_1,c_2,\cdots,c_n$ 是任意常数. □

公式(5.3.10)称为微分方程(5.3.9)的**常数变易公式**，可应用它去研究(5.3.9)的解的一些性质.

5.3.2 常系数线性非齐次微分方程组的解法

考虑常系数线性非齐次微分方程组

$$\frac{\mathrm{d}\boldsymbol{y}}{\mathrm{d}x}=\boldsymbol{A}\boldsymbol{y}+\boldsymbol{Q}(x), \tag{5.3.12}$$

其对应的常系数齐次线性微分方程组为

$$\frac{\mathrm{d}\boldsymbol{y}}{\mathrm{d}x}=\boldsymbol{A}\boldsymbol{y}, \tag{5.3.13}$$

这里 $\boldsymbol{A}$ 是 $n\times n$ 实常数矩阵，$\boldsymbol{Q}(x)$ 在 $[a,b]$ 上连续.

微分方程组(5.3.12)的求解问题实际上已经解决. 这是因为，矩阵 $\boldsymbol{\Phi}(x)=\mathrm{e}^{\boldsymbol{A}x}$ 是微分方程组(5.3.12)的对应的常系数齐次线性微分方程组(5.3.13)的一个基解矩阵. 因此，根据定理 5.3.2 中的公式(5.3.6)及(5.3.7)易得下面的结果.

定理 5.3.3 常系数线性非齐次微分方程组(5.3.12)的通解为

$$\boldsymbol{y}=\mathrm{e}^{\boldsymbol{A}(x-x_0)}\boldsymbol{C}+\int_{x_0}^{x}\mathrm{e}^{\boldsymbol{A}(x-s)}\boldsymbol{Q}(s)\mathrm{d}s. \tag{5.3.14}$$

其中 $\boldsymbol{C}$ 为任意常数列向量；微分方程组(5.3.12)满足初始条件 $\boldsymbol{y}(x_0)=\boldsymbol{y}_0$ 的解为

$$\boldsymbol{y} = \mathrm{e}^{\boldsymbol{A}(x-x_0)}\boldsymbol{y}_0 + \int_{x_0}^{x} \mathrm{e}^{\boldsymbol{A}(x-s)}\boldsymbol{Q}(s)\mathrm{d}s. \tag{5.3.15}$$

式(5.3.15)称为微分方程组(5.3.12)的常数变易公式. □

例 5.3.2 求解初值问题

$$\begin{cases} \dfrac{\mathrm{d}\boldsymbol{y}}{\mathrm{d}x} = \boldsymbol{A}\boldsymbol{y} + \boldsymbol{Q}(x), & (5.3.16) \\ \boldsymbol{y}(0) = \boldsymbol{y}_0. & (5.3.17) \end{cases}$$

其中

$$\boldsymbol{A} = \begin{bmatrix} 3 & 5 \\ -5 & 3 \end{bmatrix}, \quad \boldsymbol{Q}(x) = \begin{bmatrix} \mathrm{e}^{-x} \\ 0 \end{bmatrix}, \quad \boldsymbol{y}_0 = \begin{bmatrix} 0 \\ 1 \end{bmatrix}.$$

解 由 5.2.9 知

$$\mathrm{e}^{\boldsymbol{A}x} = \mathrm{e}^{3x}\begin{bmatrix} \cos 5x & \sin 5x \\ -\sin 5x & \cos 5x \end{bmatrix},$$

代入式(5.3.15),得到(这里 $x_0=0$)

$$\begin{aligned} \boldsymbol{y} &= \mathrm{e}^{3x}\begin{bmatrix} \cos 5x & \sin 5x \\ -\sin 5x & \cos 5x \end{bmatrix}\begin{bmatrix} 0 \\ 1 \end{bmatrix} + \int_0^x \mathrm{e}^{3(x-s)}\begin{bmatrix} \cos 5(x-s) & \sin 5(x-s) \\ -\sin 5(x-s) & \cos 5(x-s) \end{bmatrix}\begin{bmatrix} \mathrm{e}^{-s} \\ 0 \end{bmatrix}\mathrm{d}s \\ &= \mathrm{e}^{3x}\begin{bmatrix} \sin 5x \\ \cos 5x \end{bmatrix} + \mathrm{e}^{3x}\int_0^x \mathrm{e}^{-4s}\begin{bmatrix} \cos 5x\cos 5s + \sin 5x\sin 5s \\ -\sin 5x\cos 5s + \cos 5x\sin 5s \end{bmatrix}\mathrm{d}s. \end{aligned}$$

因

$$\begin{aligned} \int_0^x \mathrm{e}^{-4s}\cos 5s\mathrm{d}s &= \frac{\mathrm{e}^{-4s}}{16+25}(-4\cos 5s + 5\sin 5s)\Big|_0^x \\ &= \frac{\mathrm{e}^{-4x}}{41}(-4\cos 5x + 5\sin 5x) + \frac{4}{41}, \\ \int_0^x \mathrm{e}^{-4s}\sin 5s\mathrm{d}s &= \frac{\mathrm{e}^{-4s}}{16+25}(-4\sin 5s - 5\cos 5s)\Big|_0^x \\ &= \frac{\mathrm{e}^{-4x}}{41}(-4\sin 5x - 5\cos 5x) + \frac{5}{41}. \end{aligned}$$

故

$$\boldsymbol{y}(x) = \frac{1}{41}\mathrm{e}^{3x}\begin{bmatrix} 4\cos 5x + 46\sin 5x - 4\mathrm{e}^{-4x} \\ 46\cos 5x - 4\sin 5x - 5\mathrm{e}^{-4x} \end{bmatrix} \tag{5.3.18}$$

为所求初值解. □

从上例可以看出,用常数变易公式求微分方程组(5.3.12)的特解时,由于要进行积分运算,因而往往比较麻烦.我们自然想到,当微分方程组(5.3.12)的右端函数向量 $\boldsymbol{Q}(x)$ 为某些特殊形状时(像 4.3.2 节中的情况),是否可用待定系数法来求它的一个特解呢?回答是肯定的,但我们不再特别介绍这些内容,只指出一个简单的结果.

例 5.3.3　设 m 不是矩阵 $\boldsymbol{A}$ 的特征根,验证线性非齐次微分方程组

$$\boldsymbol{y}' = \boldsymbol{A}\boldsymbol{y} + \boldsymbol{\rho}\mathrm{e}^{mx}$$

有一形如

$$\tilde{\boldsymbol{y}}(x) = \tilde{\boldsymbol{\rho}}\mathrm{e}^{mx}$$

的解,其中 $\boldsymbol{\rho}$,$\tilde{\boldsymbol{\rho}}$ 是常数列向量.

解　将 $\tilde{\boldsymbol{y}}(x)=\tilde{\boldsymbol{\rho}}\mathrm{e}^{mx}$ 代入微分方程组 $\boldsymbol{y}'=\boldsymbol{A}\boldsymbol{y}+\boldsymbol{\rho}\mathrm{e}^{mx}$,有 $m\tilde{\boldsymbol{\rho}}\mathrm{e}^{mx}=\boldsymbol{A}\tilde{\boldsymbol{\rho}}\mathrm{e}^{mx}+\boldsymbol{\rho}\mathrm{e}^{mx}$,消去 e^{mx},得到 $(m\boldsymbol{E}-\boldsymbol{A})\tilde{\boldsymbol{\rho}}=\boldsymbol{\rho}$ ($\boldsymbol{E}$ 为 n 阶单位矩阵). 由于 m 不是矩阵 $\boldsymbol{A}$ 的特征根,有 $\det(m\boldsymbol{E}-\boldsymbol{A})\neq 0$,故可取 $\tilde{\boldsymbol{\rho}}=(m\boldsymbol{E}-\boldsymbol{A})^{-1}\boldsymbol{\rho}$.

现在我们应用此结果去求例 5.3.2 中的微分方程组(5.3.16)的一个特解.

这里 $\boldsymbol{Q}(x)=\begin{bmatrix}1\\0\end{bmatrix}\mathrm{e}^{-x}$,因 $m=-1$ 不是 $\boldsymbol{A}$ 的特征根,故知微分方程组(5.3.16)有一形如

$$\tilde{\boldsymbol{y}}(x) = \tilde{\boldsymbol{\rho}}\mathrm{e}^{-x},\quad \tilde{\boldsymbol{\rho}} = \begin{bmatrix}\tilde{\rho}_1\\ \tilde{\rho}_2\end{bmatrix} \tag{5.3.19}$$

的解,把式(5.3.19)代入原微分方程组(5.3.16)得

$$-\begin{bmatrix}\tilde{\rho}_1\\ \tilde{\rho}_2\end{bmatrix}\mathrm{e}^{-x} = \begin{bmatrix}3 & 5\\ -5 & 3\end{bmatrix}\begin{bmatrix}\tilde{\rho}_1\\ \tilde{\rho}_2\end{bmatrix}\mathrm{e}^{-x} + \begin{bmatrix}1\\0\end{bmatrix}\mathrm{e}^{-x}.$$

两边约去 e^{-x},得

$$\begin{cases}-\tilde{\rho}_1 = 3\tilde{\rho}_1 + 5\tilde{\rho}_2 + 1,\\ -\tilde{\rho}_2 = -5\tilde{\rho}_1 + 3\tilde{\rho}_2.\end{cases}$$

解之得 $\tilde{\rho}_1=-4/41$,$\tilde{\rho}_2=-5/41$,故得(5.3.16)的一个特解为

$$\tilde{\boldsymbol{y}}(x) = -\frac{1}{41}\begin{bmatrix}4\\5\end{bmatrix}\mathrm{e}^{-x}.$$

从而微分方程组(5.3.16)的通解为

$$\begin{aligned}\boldsymbol{y}(x) &= \mathrm{e}^{\boldsymbol{A}x}\boldsymbol{C} + \tilde{\boldsymbol{y}}(x)\\ &= \mathrm{e}^{3x}\begin{bmatrix}\cos 5x & \sin 5x\\ -\sin 5x & \cos 5x\end{bmatrix}\begin{bmatrix}c_1\\ c_2\end{bmatrix} - \frac{\mathrm{e}^{-x}}{41}\begin{bmatrix}4\\5\end{bmatrix}.\end{aligned} \tag{5.3.20}$$

把初始条件(5.3.17)代入式(5.3.20)可得 $c_1=4/41$,$c_2=46/41$,于是,所求初始条件的解为

$$\boldsymbol{y}(x) = \frac{1}{41}\mathrm{e}^{3x}\begin{bmatrix}4\cos 5x + 46\sin 5x - 4\mathrm{e}^{-4x}\\ 46\cos 5x - 4\sin 5x - 5\mathrm{e}^{-4x}\end{bmatrix}.$$

此与上面求得的(5.3.18)的表示式是一样的.　□

习题 5.3

1. 证明：初值问题

$$\boldsymbol{y}' = \boldsymbol{A}(x)\boldsymbol{y} + \boldsymbol{Q}(x), \quad \boldsymbol{y}(x_0) = \boldsymbol{y}_0$$

解的唯一性等价于对应齐次线性微分方程组的初值问题

$$\boldsymbol{y}' = \boldsymbol{A}(x)\boldsymbol{y}, \quad \boldsymbol{y}(x_0) = \boldsymbol{0}$$

零解的唯一性.

2. 证明：线性非齐次微分方程组

$$\boldsymbol{y}' = \boldsymbol{A}(x)\boldsymbol{y} + \boldsymbol{Q}(x)$$

存在且最多存在 $n+1$ 个线性无关解，其中 $\boldsymbol{A}(x)$ 及 $\boldsymbol{Q}(x)$ 在 $[a,b]$ 上连续.

3. 证明定理 5.3.2.

4. 证明定理 5.3.3.

5. 求解初值问题

$$\frac{\mathrm{d}\boldsymbol{y}}{\mathrm{d}x} = \begin{bmatrix} 2 & 1 \\ 0 & 2 \end{bmatrix}\boldsymbol{y} + \begin{bmatrix} 0 \\ \mathrm{e}^{2x} \end{bmatrix}, \quad \boldsymbol{y}(0) = \begin{bmatrix} 1 \\ -1 \end{bmatrix}.$$

6. 求解下列微分方程组 $\boldsymbol{y}'=\boldsymbol{A}\boldsymbol{y}+\boldsymbol{Q}(x)$：

(1) $\boldsymbol{A}=\begin{bmatrix} 4 & -3 \\ 2 & -1 \end{bmatrix}, \boldsymbol{Q}(x)=\begin{bmatrix} \sin x \\ -2\cos x \end{bmatrix}$;

(2) $\boldsymbol{A}=\begin{bmatrix} 2 & 3 \\ 3 & 2 \end{bmatrix}, \boldsymbol{Q}(x)=\begin{bmatrix} 5x \\ 8\mathrm{e}^{x} \end{bmatrix}$.

7. 求解下列初值问题：

$$\boldsymbol{y}' = \boldsymbol{A}\boldsymbol{y} + \boldsymbol{Q}(x), \quad \boldsymbol{y}(0) = \boldsymbol{y}_0.$$

(1) $\boldsymbol{A}=\begin{bmatrix} 1 & 2 \\ 4 & 3 \end{bmatrix}, \boldsymbol{Q}(x)=\begin{bmatrix} -\mathrm{e}^{-x} \\ 4\mathrm{e}^{-x} \end{bmatrix}, \boldsymbol{y}_0=\begin{bmatrix} -1 \\ 1 \end{bmatrix}$;

(2) $\boldsymbol{A}=\begin{bmatrix} 0 & -1 \\ 1 & 0 \end{bmatrix}, \boldsymbol{Q}(x)=\begin{bmatrix} \sin 2x \\ \cos 2x \end{bmatrix}, \boldsymbol{y}_0=\begin{bmatrix} 1 \\ 0 \end{bmatrix}$.

8. 证明：用变换 $x=\mathrm{e}^t$，可将微分方程组

$$\frac{\mathrm{d}\boldsymbol{y}}{\mathrm{d}x} = \frac{1}{x}(\boldsymbol{A}\boldsymbol{y} + \boldsymbol{Q}(x))$$

化为常系数线性微分方程组，其中 $\boldsymbol{A}$ 是常数矩阵.

9. 设 $\boldsymbol{y}_1(x), \boldsymbol{y}_2(x), \cdots, \boldsymbol{y}_{n+1}(x)$ 是线性非齐次微分方程组

$$\frac{\mathrm{d}\boldsymbol{y}}{\mathrm{d}x} = \boldsymbol{A}\boldsymbol{y} + \boldsymbol{Q}(x)$$

的 $n+1$ 个线性无关解,试证:

$$\boldsymbol{y}(x)=\alpha_1\boldsymbol{y}_1(x)+\alpha_2\boldsymbol{y}_2(x)+\cdots+\alpha_{n+1}\boldsymbol{y}_{n+1}(x)$$

也是它的解,其中 $\alpha_1,\alpha_2,\cdots,\alpha_{n+1}$ 是满足 $\alpha_1+\alpha_2+\cdots+\alpha_{n+1}=1$ 的某些常数.

5.4　应用举例

微分方程组有广泛的实际应用.本节给出微分方程组的几个应用实例.

5.4.1　捕食者与被捕食者的生态问题[1]

1. 问题背景

假设存在两个物种,前者有充足的食物与生存空间,而后者仅以前者为食物,则我们称前者为被捕食者,后者为捕食者. 例如,农作物的害虫与它们的天敌,或海洋中的非掠肉鱼与掠肉鱼都可以看成这样的两个物种.

2. 建立模型及求解

现在我们来建立捕食者与被捕食者之间的数学模型.我们用 $x(t)$ 表示在时间 t 时捕食者的总数量,用 $y(t)$ 表示在时间 t 时被捕食者的总数量.假定 $x(t)$ 与 $y(t)$ 为光滑函数,并且 $x(t)>0$, $y(t)>0$.由于被捕食者有充足的食物与生存空间,所以在不考虑捕食者的情况下,其增长率是一个常数 μ(如马尔萨斯方程所描述);但捕食者的存在势必降低它的增长率.为讨论简单起见,假设这种降低与捕食者的总数量 $x(t)$ 成正比.这样,被捕食者的增长率为

$$r_y=\mu-\delta x, \tag{5.4.1}$$

类似的讨论可以得知捕食者的增长率为

$$r_x=-\lambda+\sigma y, \tag{5.4.2}$$

其中 λ 和 σ 为正的常数.从而捕食者与被捕食者所满足的微分方程组为

$$\begin{cases}\dfrac{\mathrm{d}x}{\mathrm{d}t}=x(-\lambda+\sigma y),\\[2mm]\dfrac{\mathrm{d}y}{\mathrm{d}t}=y(\mu-\delta x).\end{cases} \tag{5.4.3}$$

将微分方程组(5.4.3)中的两个方程相除,得到只含变量 x 与 y 的方程

$$\frac{\mathrm{d}y}{\mathrm{d}x}=\frac{y(\mu-\delta x)}{x(-\lambda+\sigma y)}. \tag{5.4.4}$$

这是一个变量分离方程,可以化为

$$\left(-\frac{\lambda}{y}+\sigma\right)\mathrm{d}y=\left(\frac{\mu}{x}-\delta\right)\mathrm{d}x,$$

其通积分为

$$H(x,y) \equiv \delta x + \sigma y - \mu \ln x - \lambda \ln y = h, \tag{5.4.5}$$

其中 h 为任意常数.

为了作出曲线族(5.4.5)的图形,我们可以把它看成三维空间(x,y,z)中的曲面 $z=H(x,y)$与平面 $z=h$ 的截痕在(x,y)平面上的投影.容易验证:

(1) $\lim\limits_{x\to 0+} H(x,y)=+\infty$, $\lim\limits_{y\to 0+} H(x,y)=+\infty$, $\lim\limits_{\substack{x^2+y^2\to\infty \\ x>0,y>0}} H(x,y)=+\infty$;

(2) 函数 $H(x,y)$在 $x>0,y>0$ 时有唯一的驻点(x^*,y^*):

$$x^* = \frac{\mu}{\delta}, \quad y^* = \frac{\lambda}{\sigma}. \tag{5.4.6}$$

即(x^*,y^*)是在第一象限满足$\frac{\partial H}{\partial x}=0$, $\frac{\partial H}{\partial y}=0$ 的唯一点,并且它是 $H(x,y)$在第一象限的最小值点;

(3) $\frac{\partial^2 H}{\partial x^2}=\frac{\mu}{x^2}>0$, $\frac{\partial^2 H}{\partial y^2}=\frac{\lambda}{y^2}>0$.

因此,可以推知曲线族(5.4.5)在(x,y)平面上是一族互不相交的封闭曲线族$\{\Gamma_h\}$,它们围绕着驻点(x^*,y^*).

由方程组(5.4.3)中第一个方程可知:当 $y>y^*=\frac{\lambda}{\sigma}$时,$\frac{dx}{dt}>0$,$x(t)$是 t 的增函数;当 $y<y^*$ 时$\frac{dx}{dt}<0$,$x(t)$是 t 的减函数.

同理,由方程组(5.4.3)中第二个方程可知:当 $x>x^*=\frac{\mu}{\delta}$时,$y(t)$是 t 的减函数;当 $x<x^*$ 时 $y(t)$是 t 的增函数.

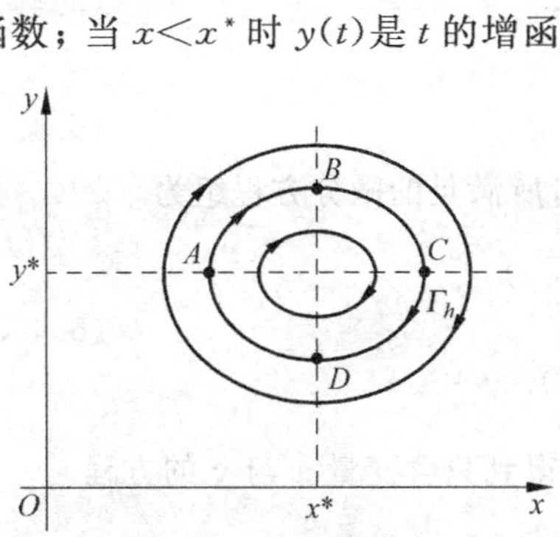

图 5.2

这样,我们可以在曲线 Γ_h 上用箭头标出 $x(t)$与 $y(t)$随 t 变化的趋势(如图 5.2).

在允许范围内对给定的一个 h 值,即对给定的初始条件 $x(0)$与 $y(0)$,$x(t)$与 $y(t)$沿闭曲线 Γ_h 作周期性的变化:随着被捕食者 $y(t)$的增减,捕食者 $x(t)$作"滞后"的增减.具体地说,假定以 Γ_h 上的点 A 为一个初始状态,则随着时间 t 的增长,在 Γ_h 上的 AB 弧段,$x(t)$与 $y(t)$增长.但捕食者的增长势必引起被捕食者的减少趋势,因此一定时间后(图 5.2 中的 B 点所对应的状态以后),被捕食者 $y(t)$开始减少.这种减少在初期还没有立即引起捕食者 $x(t)$的减少.事实上,在 BC 弧段,$x(t)$还在增长,这就是上述的滞后现象. 然而被捕食者的减少最终导致了捕食者 $x(t)$的减少,这就是 CD 弧段所反映的规律. 当 $x(t)$的减少持续到一定的程度(D 点),被捕食者 $y(t)$开始回升,然而捕食者的减少还要有一定的"滞后"期,直到状态 A. 随后将开始这种变化的新一轮循环.

当初始条件不同(即相应于不同的 h 值)时,$x(t)$与 $y(t)$在不同的闭曲线 Γ_h 上取值,因而在周期变化中增减的幅度有所不同. 然而反映这两个物种变化的平均值都分别是$[x]=x^*$,$[y]=y^*$.

事实上,设 Γ_h 的周期为 T_h,则 $x(t)$与 $y(t)$的平均值分别是

$$[x]=\frac{1}{T_h}\int_0^{T_h}x(t)\mathrm{d}t,\quad [y]=\frac{1}{T_h}\int_0^{T_h}y(t)\mathrm{d}t.$$

由方程组(5.4.3)推出

$$\frac{\mathrm{d}x}{x}=(-\lambda+\sigma y)\mathrm{d}t,\quad \frac{\mathrm{d}y}{y}=(\mu-\delta x)\mathrm{d}t.$$

再从 0 到 T_h 积分,就可推出

$$[x]=\frac{\mu}{\delta}=x^*,\quad [y]=\frac{\lambda}{\sigma}=y^*.$$

这里我们已经用到 $x(t)$与 $y(t)$的周期为 T_h,例如

$$\int_0^{T_h}\frac{\mathrm{d}x(t)}{x(t)}=\ln\frac{x(T_h)}{x(0)}=\ln 1=0.$$

现在考虑对这两个物种同时进行的一个外加的捕捉行为,则方程组(5.4.3)变为

$$\begin{cases}\dfrac{\mathrm{d}x}{\mathrm{d}t}=x[-(\lambda+\varepsilon)+\sigma y],\\[2mm] \dfrac{\mathrm{d}y}{\mathrm{d}t}=y[(\mu-\varepsilon)-\delta x].\end{cases}\tag{5.4.7}$$

当捕捉量不很大(即 $\mu-\varepsilon>0$)时,方程组(5.4.7)与(5.4.3)描述的是同样的规律. 因此,对于方程组(5.4.7),相应的 $x(t)$与 $y(t)$的平均量变为

$$x^*=\frac{\mu-\varepsilon}{\delta},\quad y^*=\frac{\lambda+\varepsilon}{\sigma}.\tag{5.4.8}$$

从式(5.4.8)可以看出,随着外加捕捉行为的增大(即 ε 增大),捕食者的平均量 x^* 减少,而被捕食者的平均量 y^* 上升. 换句话说,小量的外加捕捉行为对原来的捕食者不利.

假设我们考察的两个物种是农作物的害虫与它们的天敌. 如果施用少量的农药,其结果将造成天敌的平均量减少,而害虫的平均量上升. 这说明与其施用少量的农药,不如采用生物治虫的办法.

【注】 方程组(5.4.3)的产生还有一段历史故事：20 世纪 20 年代，意大利生物学家棣安考纳(D'Ancona)在研究爱琴海中相互制约的鱼类的数量变化时，从统计数字中发现，掠肉鱼(如鲨鱼等)的捕获量所占的比例增大了．它无法解释这个现象，便请教数学家沃特拉(Volterra)．后者用上述方法给出了令人满意的解释：第一次世界大战期间，捕鱼业受到影响；而外加捕捉行为的减少(即 ε 减少)使得捕食者 $x(t)$ 的平均量上升(如式(5.4.8))．因而在捕获物中掠肉鱼的比例增大了．由于这段历史，在生物数学中把方程组(5.4.3)称为沃特拉方程．

5.4.2 多回路的电路问题

1. 问题

考虑如图 5.3 所示的电路，在接通电路前，电路中没有电流，试求电路接通后电路中的电流 $I_1(t), I_2(t), I_3(t)$.

2. 建立模型及求解

考察节点 A，根据基尔霍夫第一定律："流经任何节点的电流的代数和等于零"，得

$$I_1 = I_2 + I_3, \tag{5.4.9}$$

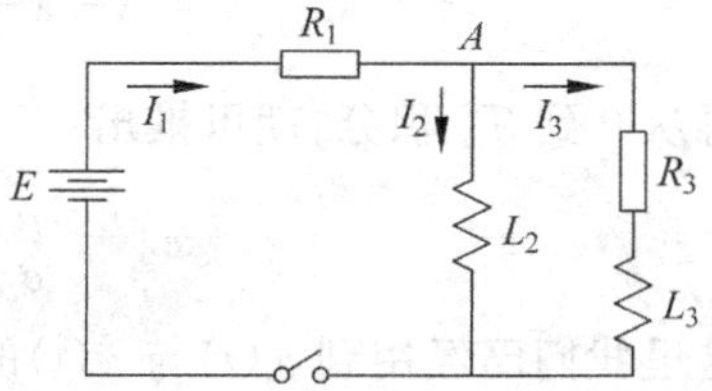

图 5.3

分别考虑图 5.3 左边及外面的回路，根据基尔霍夫第二定律，得

$$R_1 I_1 + L_2 \frac{\mathrm{d}I_2}{\mathrm{d}t} = E; \tag{5.4.10}$$

$$R_1 I_1 + R_3 I_3 + L_3 \frac{\mathrm{d}I_3}{\mathrm{d}t} = E. \tag{5.4.11}$$

在式(5.4.9)～式(5.4.11)中消去 I_1，便得 I_2, I_3 所满足的微分方程组

$$\begin{cases} \dfrac{\mathrm{d}I_2}{\mathrm{d}t} = -\dfrac{R_1}{L_2} I_1 - \dfrac{R_1}{L_2} I_3 + \dfrac{E}{L_2}, \\ \dfrac{\mathrm{d}I_3}{\mathrm{d}t} = -\dfrac{R_1}{L_3} I_2 - \dfrac{R_1 + R_3}{L_3} I_3 + \dfrac{E}{L_3}. \end{cases} \tag{5.4.12}$$

或写成

$$\begin{bmatrix} \dfrac{\mathrm{d}I_2}{\mathrm{d}t} \\ \dfrac{\mathrm{d}I_3}{\mathrm{d}t} \end{bmatrix} = \begin{bmatrix} -\dfrac{R_1}{L_2} & -\dfrac{R_1}{L_2} \\ -\dfrac{R_1}{L_3} & -\dfrac{R_1 + R_3}{L_3} \end{bmatrix} \begin{bmatrix} I_2 \\ I_3 \end{bmatrix} + \begin{bmatrix} \dfrac{E}{L_2} \\ \dfrac{E}{L_3} \end{bmatrix}. \tag{5.4.13}$$

由题意，初始条件为

$$I_2(0) = 0, \quad I_3(0) = 0. \tag{5.4.14}$$

方程组(5.4.13)是常系数非齐次线性微分方程组.

微分方程组(5.4.13)相应的齐次线性微分方程组为

$$\begin{bmatrix}\dfrac{\mathrm{d}I_2}{\mathrm{d}t}\\ \dfrac{\mathrm{d}I_3}{\mathrm{d}t}\end{bmatrix}=\begin{bmatrix}-\dfrac{R_1}{L_2} & -\dfrac{R_1}{L_2}\\ -\dfrac{R_1}{L_3} & -\dfrac{R_1+R_3}{L_3}\end{bmatrix}\begin{bmatrix}I_2\\ I_3\end{bmatrix}, \tag{5.4.15}$$

其特征方程为

$$\begin{vmatrix}-\dfrac{R_1}{L_2}-\lambda & -\dfrac{R_1}{L_2}\\ -\dfrac{R_1}{L_3} & -\dfrac{R_1+R_3}{L_3}-\lambda\end{vmatrix}=0. \tag{5.4.16}$$

可知方程(5.4.16)有两个不相等的负实根,记为$-\alpha_1$和$-\alpha_2$($\alpha_1>0,\alpha_2>0$),由此可求得方程组(5.4.15)的通解为

$$\begin{bmatrix}I_2\\ I_3\end{bmatrix}=c_1\begin{bmatrix}R_1\\ \alpha_1 I_2-R_1\end{bmatrix}\mathrm{e}^{-\alpha_1 t}+c_2\begin{bmatrix}R_1\\ \alpha_2 L_2-R_1\end{bmatrix}\mathrm{e}^{-\alpha_2 t}.$$

易见,微分方程组(5.4.13)具有形如

$$\begin{bmatrix}I_2\\ I_3\end{bmatrix}=\begin{bmatrix}\alpha_2\\ \alpha_3\end{bmatrix}$$

的特解,把它代入方程组(5.4.13),可求得它的一个特解为

$$\begin{bmatrix}I_2\\ I_3\end{bmatrix}=\frac{E}{R_1}\begin{bmatrix}1\\ 0\end{bmatrix}.$$

于是,微分方程组(5.4.13)的通解为

$$\begin{bmatrix}I_2\\ I_3\end{bmatrix}=c_1\begin{bmatrix}R_1\\ \alpha_1 I_2-R_1\end{bmatrix}\mathrm{e}^{-\alpha_1 t}+c_2\begin{bmatrix}R_1\\ \alpha_2 L_2-R_1\end{bmatrix}\mathrm{e}^{-\alpha_2 t}+\frac{E}{R_1}\begin{bmatrix}1\\ 0\end{bmatrix}. \tag{5.4.17}$$

把初始条件(5.4.14)代入式(5.4.17),可得

$$c_1=-\frac{E(\alpha_2 L_2-R_1)}{R_1^2 L_2(\alpha_2-\alpha_1)},\quad c_2=\frac{E(\alpha_1 L_2-R_1)}{R_1^2 L_2(\alpha_2-\alpha_1)}.$$

由此,再考虑到$I_1=I_2+I_3$,便得到了所求的$I_1(t)$,$I_2(t)$,$I_3(t)$分别为

$$I_1(t)=-\frac{E\alpha_1(\alpha_2 L_2-R_1)}{R_1^2(\alpha_2-\alpha_1)}\mathrm{e}^{-\alpha_1 t}+\frac{E\alpha_2(\alpha_1 L_2-R_1)}{R_1^2(\alpha_2-\alpha_1)}\mathrm{e}^{-\alpha_2 t}+\frac{E}{R_1};$$

$$I_2(t)=-\frac{E(\alpha_2 L_2-R_1)}{R_1 L_2(\alpha_2-\alpha_1)}\mathrm{e}^{-\alpha_1 t}+\frac{E(\alpha_1 L_2-R_1)}{R_1 L_2(\alpha_2-\alpha_1)}\mathrm{e}^{-\alpha_2 t}+\frac{E}{R_1};$$

$$I_3(t)=-\frac{E(\alpha_2 L_2-R_1)(\alpha_1 L_2-R_1)}{R_1^2 L_2(\alpha_2-\alpha_1)}\mathrm{e}^{-\alpha_1 t}+\frac{E(\alpha_1 L_2-R_1)(\alpha_2 L_2-R_1)}{R_1^2 L_2(\alpha_2-\alpha_1)}\mathrm{e}^{-\alpha_2 t}.$$

习题 5.4

1. 设有两种生物群体，为了争夺同样的食物来源而竞争，它们在时刻 t 的个数分别为 $x(t)$，$y(t)$，已知 $x(t)$，$y(t)$所满足的微分方程组为

$$\begin{cases} \dfrac{\mathrm{d}x}{\mathrm{d}t} = -2x + 4y, \\ \dfrac{\mathrm{d}y}{\mathrm{d}t} = x - 2y, \end{cases}$$

且当 $t=0$ 时，$x=1000$，$y=2000$. 试求出 $x(t)$，$y(t)$.

2. 考虑如图 5.4 所示的电路，若开始时电流为零，试求电流 $I_1(t)$，$I_2(t)$.

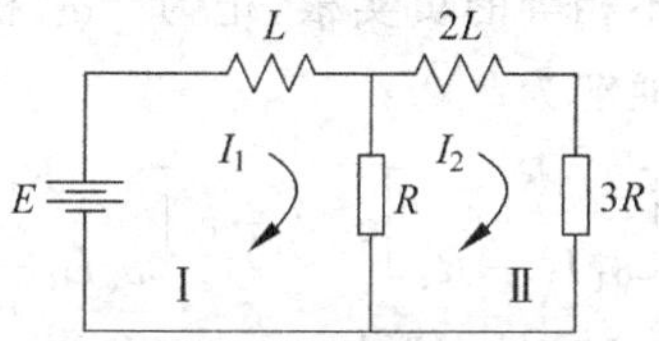

图 5.4

3. 飞机在空中沿水平方向飞行，初速度为 v_0. 一枚重为 mg 的炸弹从飞机上抛下，设空气阻力为常数 R，试求炸弹的运动规律.

第6章 定性理论与稳定性理论初步

法国数学家**庞卡莱**(Poincare)在1881—1886年间连续发表的以“微分方程所定义的积分曲线”为题的四篇重要论文和俄国数学家**李雅普诺夫**(Lyapunov)在1882—1892年完成的博士论文“运动稳定性的一般问题”和若干附加文献，为常微分方程定性理论和稳定性理论奠定了基础. 这种理论的特点是在不求出常微分方程的解的前提下，根据常微分方程的特点推断解的性质(如周期性、稳定性等). 作为研究非线性微分方程的一个有效的手段，这种定性方法在一百多年来得到蓬勃的发展，不仅广泛应用于现代社会的各个领域，而且逐渐渗透到了其他数学分支中.

本章简要介绍定性理论和稳定性理论的初步知识，包括定常系统、解的稳定性、奇点和极限环等一些基本概念和基本方法.

6.1 定常系统

6.1.1 动力系统、相空间与轨线

考虑微分方程组

$$\frac{\mathrm{d}\boldsymbol{x}}{\mathrm{d}t}=\boldsymbol{F}(t,\boldsymbol{x}), \tag{6.1.1}$$

其中

$$\boldsymbol{x}=\begin{pmatrix}x_1\\x_2\\\vdots\\x_n\end{pmatrix},\quad \boldsymbol{F}(t,\boldsymbol{x})=\begin{pmatrix}f_1(t,x_1,\cdots,x_n)\\f_2(t,x_1,\cdots,x_n)\\\vdots\\f_n(t,x_1,\cdots,x_n)\end{pmatrix}.$$

$t\in\mathbb{R}$,$\boldsymbol{x}\in D\subset\mathbb{R}^n$,$(t,\boldsymbol{x})\in\mathbb{R}\times D=G\subset\mathbb{R}^{n+1}$,$G$ 为$\mathbb{R}^{n+1}$中的区域.

设$\boldsymbol{F}(t,\boldsymbol{x})$在区域$G$内连续且满足解的唯一性条件.于是对任一点$(t_0,\boldsymbol{x}_0)\in G$,方程组(6.1.1)存在唯一的满足初始条件

$$\boldsymbol{x}(t_0)=\boldsymbol{x}_0 \tag{6.1.2}$$

的解

$$\boldsymbol{x}=\boldsymbol{x}(t,t_0,\boldsymbol{x}_0). \tag{6.1.3}$$

对于一阶方程组(6.1.1),可以类似于一阶方程给出它的几何解释.即方程组(6.1.1)在空间$\mathbb{R}^{n+1}$的区域G内确定了一个方向场,而解(6.1.3)是G内一条过点$(t_0,\boldsymbol{x}_0)$的曲线,称为方程组(6.1.1)的积分曲线.

当方程组(6.1.1)被视作描述质点的运动方程时,t可视作时间,$\boldsymbol{x}$是t时刻质点在n维空间$\mathbb{R}^n$中的坐标,$\frac{\mathrm{d}x_i}{\mathrm{d}t}$即$f_i(t,x_1,\cdots,x_n)(i=1,2,\cdots,n)$表示质点在点$x$处的速度的第$i$个分量,于是方程组(6.1.1)在任何时刻$t$,在$\mathbb{R}^n$中的区域$D$内确定了一个向量场.因此,称方程组(6.1.1)为一个动力系统(简称系统);称x取值的空间$\mathbb{R}^n$为相空间($n=2$时,称为相平面),相空间中点称为**相点**;称(t,x)取值的空间$\mathbb{R}\times\mathbb{R}^n$为**扩张相空间**;称解(6.1.3)为系统(6.1.1)的一个运动;积分曲线(6.1.3)在相空间中所确定的一条曲线(此时视t为参数),称为方程组(6.1.1)的**轨线**.

可以看出,表达式$\boldsymbol{x}=\boldsymbol{x}(t,t_0,\boldsymbol{x}_0)$作为积分曲线,它给出了质点的位置随时间变化的运动规律;作为轨线(t为参数),它给出了动点运动时所经过的路线.显然,轨线是扩张相空间中的积分曲线在相空间中的投影.但需注意,在积分曲线上一般不考虑方向,而在轨线上则一定要考虑方向.随着时间t的变化,动点在轨线上沿一定方向运动,对应于t增加的方向称为正向,并用箭头在轨线上标出;反之为负向.

若式(6.1.1)右端确实依赖于t,则在相空间中,即使给定一点$\boldsymbol{x}$,方程组(6.1.1)在点$\boldsymbol{x}$所确定的速度向量$\boldsymbol{F}(t,\boldsymbol{x})$的大小和方向也将随$t$而变化,此时称(6.1.1)为非定常系统或非自治系统.

若式(6.1.1)右端不含t,即考虑

$$\frac{\mathrm{d}\boldsymbol{x}}{\mathrm{d}t}=\boldsymbol{F}(\boldsymbol{x}), \tag{6.1.4}$$

其中$\boldsymbol{F}(\boldsymbol{x})$在空间$\mathbb{R}^n$中的某区域$D$内连续且满足解的唯一性条件.显然(6.1.4)在相空间中任一点$\boldsymbol{x}$处所确定的向量$\boldsymbol{F}(\boldsymbol{x})$的大小和方向不随时间$t$变化而变化,我们称式(6.1.4)为定常系统或自治系统.

例 6.1.1 考虑定常系统

$$\begin{cases} \dfrac{\mathrm{d}x_1}{\mathrm{d}t} = -x_2, \\ \dfrac{\mathrm{d}x_2}{\mathrm{d}t} = x_1. \end{cases} \tag{6.1.5}$$

易知它的通解为

$$\begin{cases} x_1 = A\cos(t+\alpha), \\ x_2 = A\sin(t+\alpha), \end{cases} \quad (A \text{ 和 } \alpha \text{ 为任意常数}). \tag{6.1.6}$$

方程组(6.1.5)满足初始条件 $x_1(0)=1, x_2(0)=0$ 的解为

$$\begin{cases} x_1 = \cos t, \\ x_2 = \sin t, \end{cases} \quad (-\infty < t < +\infty). \tag{6.1.7}$$

它在扩张相空间(t, x_1, x_2)中表示一条过点(0,1,0)的积分曲线(螺旋线)，如图 6.1(a)所示. 它在相平面(x_1, x_2)中表示一条过点(1,0)的轨线(单位圆周)，即 $x_1^2+x_2^2=1$(由(6.1.7)消去参数 t 而得). 当 t 增加时，轨线的方向可由方程组(6.1.5)确定，如图 6.1(b)所示.

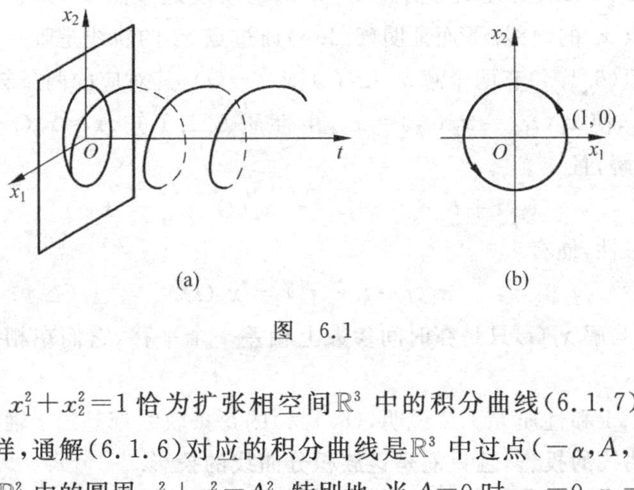

图　6.1

显然轨线 $x_1^2+x_2^2=1$ 恰为扩张相空间$\mathbb{R}^3$ 中的积分曲线(6.1.7)在相平面$\mathbb{R}^2$上的投影. 同样，通解(6.1.6)对应的积分曲线是$\mathbb{R}^3$ 中过点$(-\alpha, A, 0)$的螺旋线，相应的轨线是$\mathbb{R}^2$ 中的圆周 $x_1^2+x_2^2=A^2$. 特别地，当 $A=0$ 时，$x_1=0, x_2=0$ 是(6.1.5)的解，相应的积分曲线是$\mathbb{R}^3$ 中过点(0,0,0)的一条直线(即 t 轴)，相应的轨线为$\mathbb{R}^2$中的原点 $O(0,0)$. 当 $A=1$ 时，对任意常数 α，易知解 $x_1=\cos(t+\alpha), x_2=\sin(t+\alpha)$，所对应的积分曲线可以由解 $x_1=\cos t, x_2=\sin t$ 对应的积分曲线沿 t 轴平移距离 $|\alpha|$ 而得到，且它们相应的轨线为同一圆周 $x_1^2+x_2^2=1$. 由于 α 的任意性，可知轨线 $x_1^2+x_2^2=1$ 对应着无穷多条积分曲线. □

定常系统(6.1.4)具有非定常系统(6.1.1)所没有的若干重要性质，现一一列举如下.

性质 6.1.1(积分曲线的平移不变性)　若 $\boldsymbol{x}=\boldsymbol{x}(t)$是定常系统(6.1.4)的一个解,则对任意常数 s,$\boldsymbol{x}=\boldsymbol{x}(t+s)$也是(6.1.4)的解.

证明　由假设有

$$\frac{\mathrm{d}\boldsymbol{x}(t+s)}{\mathrm{d}t} \equiv \frac{\mathrm{d}\boldsymbol{x}(t+s)}{\mathrm{d}(t+s)} \equiv \boldsymbol{F}(\boldsymbol{x}(t+s)),$$

故 $\boldsymbol{x}=\boldsymbol{x}(t+s)$为系统(6.1.4)的解. □

此性质表明,定常系统(6.1.4)的积分曲线沿 t 轴平移后,仍为式(6.1.4)的积分曲线,从而它们在相空间中的投影是重合的,即它们所对应的轨线是同一点集.

性质 6.1.2(轨线的唯一性)　过相空间中的每一点 x_0,定常系统(6.1.4)有且仅有一条轨线.

证明　由假设知,初值问题

$$\begin{cases}\dfrac{\mathrm{d}\boldsymbol{x}}{\mathrm{d}t} = \boldsymbol{F}(\boldsymbol{x}),\\ \boldsymbol{x}(0) = \boldsymbol{x}_0.\end{cases}$$

存在唯一解 $\boldsymbol{x}=\boldsymbol{x}(t)$,而且积分曲线 $\boldsymbol{x}=\boldsymbol{x}(t)$的轨线通过点 $\boldsymbol{x}_0$,即在相空间中至少有一条通过点 $\boldsymbol{x}_0$ 的轨线.下面证明(6.1.4)通过点 $\boldsymbol{x}_0$ 的轨线是唯一的.

若方程组(6.1.4)有两个解 $\boldsymbol{x}=\boldsymbol{x}_1(t)$,$\boldsymbol{x}=\boldsymbol{x}_2(t)$,其对应的两条轨线均过点 $\boldsymbol{x}_0$,即存在 $t_1\neq t_2$,使 $\boldsymbol{x}_1(t_1)=\boldsymbol{x}_2(t_2)=x_0$,由性质 6.1.1 知,$\boldsymbol{x}=\boldsymbol{x}_1(t+t_1-t_2)$也是式(6.1.4)的解,且

$$\boldsymbol{x}_1(t+t_1-t_2)\big|_{t=t_2} = \boldsymbol{x}_2(t)\big|_{t=t_2} = \boldsymbol{x}_0.$$

根据解的唯一性,便有

$$\boldsymbol{x}_1(t+t_1-t_2) = \boldsymbol{x}_2(t).$$

因此解 $\boldsymbol{x}_2(t)$与解 $\boldsymbol{x}_1(t)$只是在时间参数上相差一个平移,它们在相空间中描出同一条轨线. □

性质 6.1.1 和性质 6.1.2 说明,(6.1.4)的每条轨线都是沿 t 轴可经平移重合的一族积分曲线的投影,且只能是这族积分曲线的投影.

由性质 6.1.1 知,系统(6.1.4)的解 $\boldsymbol{x}=\boldsymbol{x}(t,0,\boldsymbol{x}_0)$的一个平移 $\boldsymbol{x}=\boldsymbol{x}(t-t_0,0,\boldsymbol{x}_0)$也是式(6.1.4)的解,且易看出它与解 $\boldsymbol{x}=\boldsymbol{x}(t,t_0,\boldsymbol{x}_0)$满足相同的初始条件 $\boldsymbol{x}(t_0)=\boldsymbol{x}_0$,故由解的唯一性知

$$\boldsymbol{x}(t,t_0,\boldsymbol{x}_0) \equiv \boldsymbol{x}(t-t_0,0,\boldsymbol{x}_0).$$

因此,在系统(6.1.4)的所有解中,只须研究那些满足初始条件 $\boldsymbol{x}(0)=\boldsymbol{x}_0$ 的解 $\boldsymbol{x}=\boldsymbol{x}(t,0,\boldsymbol{x}_0)$.为简单起见,我们把 $\boldsymbol{x}=\boldsymbol{x}(t,0,\boldsymbol{x}_0)$记为 $\boldsymbol{x}=\boldsymbol{x}(t,\boldsymbol{x}_0)$.

性质 6.1.3(群的性质)　对任意的 t_1 和 t_2,系统(6.1.4)的解 $\boldsymbol{x}(t,\boldsymbol{x}_0)$满足关系式

$$\boldsymbol{x}(t_2,\boldsymbol{x}(t_1,\boldsymbol{x}_0)) = \boldsymbol{x}(t_2+t_1,\boldsymbol{x}_0).$$

证明 记 $\boldsymbol{x}_1=\boldsymbol{x}(t_1,\boldsymbol{x}_0)$，因 $\boldsymbol{x}(t,\boldsymbol{x}_0)$ 是(6.1.4)的解，由性质 6.1.1 知 $\boldsymbol{x}(t+t_1,\boldsymbol{x}_0)$ 亦然，又因

$$\boldsymbol{x}(t,\boldsymbol{x}_1)\big|_{t=0} = \boldsymbol{x}(t+t_1,\boldsymbol{x}_0)_{t=0} = \boldsymbol{x}_1,$$

根据解的唯一性，便有

$$\boldsymbol{x}(t,\boldsymbol{x}(t_1,\boldsymbol{x}_0)) \equiv \boldsymbol{x}(t+t_1,\boldsymbol{x}_0).$$

特别地，令 $t=t_2$，得

$$\boldsymbol{x}(t_2,\boldsymbol{x}(t_1,\boldsymbol{x}_0)) \equiv \boldsymbol{x}(t_2+t_1,\boldsymbol{x}_0).$$ □

性质 6.1.3 表明，系统(6.1.4)从 $\boldsymbol{x}_0$ 出发的运动沿轨线经过时间 t_1 到达 $\boldsymbol{x}_1=\boldsymbol{x}(t_1,\boldsymbol{x}_0)$，再经过时间 t_2 到达 $\boldsymbol{x}_2=\boldsymbol{x}(t_2,\boldsymbol{x}(t_1,\boldsymbol{x}_0))$，那么从 $\boldsymbol{x}_0$ 出发的运动沿轨线经过时间 t_1+t_2 也到达 $\boldsymbol{x}_2$.

系统(6.1.4)的这一性质称为对时间的**可加性**或**群性质**.

【注】 对于非定常系统(6.1.1)，上面的性质 6.1.1～6.1.3 不再成立. 但我们可以视它为高一维空间上的定常系统. 事实上，令

$$\boldsymbol{y} = \begin{pmatrix} \boldsymbol{x} \\ t \end{pmatrix}, \quad \boldsymbol{w}(\boldsymbol{y}) = \begin{pmatrix} \boldsymbol{F}(t,\boldsymbol{x}) \\ 1 \end{pmatrix},$$

则系统(6.1.1)等价于 $n+1$ 维相空间中的定常系统

$$\frac{\mathrm{d}\boldsymbol{y}}{\mathrm{d}t} = \boldsymbol{w}(\boldsymbol{y}).$$

当然，随着维数的增加，讨论它的难度也越大.

6.1.2 定常系统轨线的类型

常微分方程一般定性理论的基本任务是：用尽可能简单的方法去确定系统(6.1.4)的所有轨线的拓扑结构图(称为系统(6.1.4)的相图). 因此，我们首先引入下述概念.

定义 6.1.1 若 $\boldsymbol{x}_0\in D\subset\mathbb{R}^n$，使 $\boldsymbol{F}(\boldsymbol{x}_0)=\boldsymbol{0}$，则称 $\boldsymbol{x}_0$ 为系统(6.1.4)的一个奇点；反之，则称为常点.

显然，若 $\boldsymbol{x}_0$ 是系统(6.1.4)的一个奇点，则 $\boldsymbol{x}(t,\boldsymbol{x}_0)=\boldsymbol{x}_0\,(t\in\mathbb{R})$ 便是系统(6.1.4)的一个解，也即此解为(6.1.4)的一个平衡解(又称为**平衡点**或**定常解**).

解 $\boldsymbol{x}(t,\boldsymbol{x}_0)=\boldsymbol{x}_0\,(t\in\mathbb{R})$ 所对应的积分曲线为扩张相空间中一条平行于 t 轴的直线，其对应的轨线是相空间中的一点 $\boldsymbol{x}_0$，它是一种特殊的轨线.

由定常系统(6.1.4)的轨线唯一性知，任何异于奇点的轨线都不可能在有限时间内到达奇点，只有当 $t\to\infty$ 时，才可能趋于奇点.

定义 6.1.2 设 $\boldsymbol{x}(t,\boldsymbol{x}_0)$ 为系统(6.1.4)的解，若存在常数 $T>0$，使对一切 t 有

$\boldsymbol{x}(t+T,\boldsymbol{x}_0)=\boldsymbol{x}(t,\boldsymbol{x}_0)$，且当 $0<t_1<t_2<T$ 时，有 $\boldsymbol{x}(t_1,\boldsymbol{x}_0)\neq\boldsymbol{x}(t_2,\boldsymbol{x}_0)$，则称解 $\boldsymbol{x}(t,\boldsymbol{x}_0)$ 为系统(6.1.4)的一个周期解，称 T 为它的最小周期，而此解 $\boldsymbol{x}(t,\boldsymbol{x}_0)$ 所对应的轨线是一条闭曲线，称它为闭轨.

显然，闭轨上的任何点均非奇点，且要注意，周期解在扩张相空间中所对应的积分曲线不是闭曲线，而是一条螺距为最小周期的螺旋线.

可以证明(参见文献[8])，定常系统(6.1.4)的轨线只有三类：奇点；闭轨；不自相交的轨线(开轨). 所谓不自相交的轨线 $\boldsymbol{x}(t,\boldsymbol{x}_0)$($t$ 为参数)，是指当 $t_1\neq t_2$ 时，$\boldsymbol{x}(t_1,\boldsymbol{x}_0)\neq\boldsymbol{x}(t_2,\boldsymbol{x}_0)$. 因这三类轨线在任一拓扑变换(即一对一的连续变换)下仍分别变为同类轨线，所以为方便起见，对式(6.1.4)常作一些拓扑变换，以讨论轨线族的拓扑性质.

例 6.1.2 单摆的运动分析

由第 4 章已知无阻尼单摆的运动方程为

$$\frac{\mathrm{d}^2\theta}{\mathrm{d}t^2}+\frac{g}{l}\sin\theta=0, \tag{6.1.8}$$

令 $\frac{\mathrm{d}\theta}{\mathrm{d}t}=\omega$($\omega$ 为角速度)，得相应的定常系统为

$$\begin{cases}\dfrac{\mathrm{d}\theta}{\mathrm{d}t}=\omega,\\[2mm] \dfrac{\mathrm{d}\omega}{\mathrm{d}t}=-\dfrac{g}{l}\sin\theta.\end{cases} \tag{6.1.9}$$

虽然从理论上讲，方程(6.1.8)或方程组(6.1.9)总是可积的，但其解的表达式却包含不能用初等函数来表示的积分. 因此，我们可从研究系统(6.1.9)的轨线族的性质，来了解单摆的运动规律.

为求得方程组(6.1.9)在(θ,ω)相平面上的轨线的表达式，将式(6.1.9)中两式相除(设两式右端不同时为零)，得方程

$$\frac{\mathrm{d}\omega}{\mathrm{d}\theta}=-\frac{g}{l}\frac{\sin\theta}{\omega},$$

显见，此方程的积分曲线就是系统(6.1.9)的轨线. 分离变量，积分之得

$$\int_{\omega_0}^{\omega}\omega\mathrm{d}\omega+\frac{g}{l}\int_{\theta_0}^{\theta}\sin\theta\mathrm{d}\theta=0,$$

即得

$$\frac{1}{2}\omega^2+\frac{g}{l}(1-\cos\theta)=\frac{1}{2}\omega_0^2+\frac{g}{l}(1-\cos\theta_0),$$

其中 θ_0,ω_0 为单摆的初始角度及初始角速度.

记

$$E=\frac{1}{2}\omega_0^2+\frac{g}{l}(1-\cos\theta_0),$$

即有

$$\frac{1}{2}\omega^2+\frac{g}{l}(1-\cos\theta)=E. \tag{6.1.10}$$

上式左端恰是动能与势能之和，E 表示总能量，故关系式(6.1.10)表明运动的能量守恒.(6.1.10)就是方程组(6.1.9)的轨线方程，相应的曲线，通常也称为**能量曲线**.式(6.1.10)可表示为

$$\omega=\pm\sqrt{2\left(E-\frac{g}{l}(1-\cos\theta)\right)}. \tag{6.1.11}$$

为在(θ,ω)平面上画出轨线族(6.1.10)或式(6.1.11)的相图，可先在(θ,v)平面上画出势能曲线

$$v=\frac{g}{l}(1-\cos\theta), \tag{6.1.12}$$

然后根据 E 的不同取值，由式(6.1.11)就可画出相应的轨线.如图 6.2 所示.

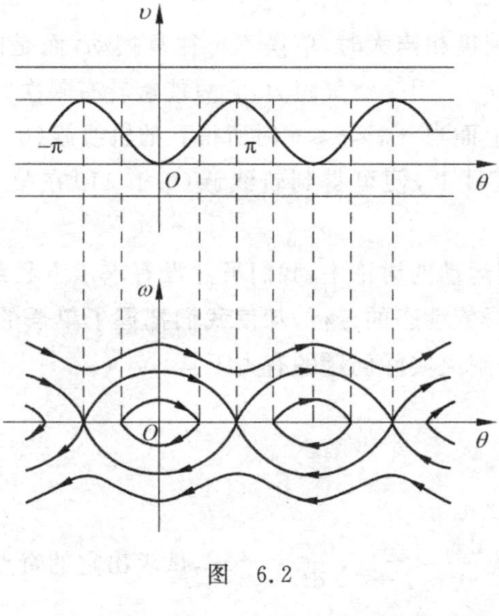

图　6.2

由于式(6.1.11)、式(6.1.12)的右端是以 2π 为周期的函数，所以我们只在 $-\pi\leqslant\theta\leqslant\pi$ 上讨论即可.由式(6.1.12)易知 $v(\theta)$的最小值为 0，最大值为$\frac{2g}{l}$.

下面讨论轨线族(6.1.11)的各种情形：

① 当 $E=E_1<0$ 时，显然式(6.1.11)无实的轨迹.

② 当 $E=E_2$，$E_2=0$ 时，由式(6.1.11)知，相应的轨线为奇点(0,0).这表明当初始角与初始角速度均为零时，单摆处于最低点的平衡位置.

③ 当 $E=E_3, 0<E_3<\dfrac{2g}{l}$时，由式(6.1.11)知，相应的轨线为一条闭轨. 这表明当初始角度与初始角速度不太大时，单摆作周期摆动.

④ 当 $E=E_4, E_4=\dfrac{2g}{l}$时，由式(6.1.11)知，相应的轨线有两种类型：一种类型为奇点$(-\pi,0)$及$(\pi,0)$，这表明单摆处于最高点的平衡位置. 另一种类型为两条不自相交的轨线，且当$t\to\pm\infty$时，此两条轨线无限接近奇点$(-\pi,0)$及$(\pi,0)$，这表明单摆趋于最高平衡位置. 这两条轨线与此两奇点一起构成一条闭曲线，我们称它为**奇异闭轨线**.

以上讨论说明，在$E_4=\dfrac{2g}{l}$情况下，相应的轨线是一条奇异闭轨线，表明单摆或者处于最高点的平衡位置，或者趋于最高点.

⑤ 当 $E=E_5, E_5>\dfrac{2g}{l}$时，由式(6.1.11)知，相应的轨线为两条不自相交的轨线. 这表明当初始角速度相当大时，单摆不再往复摆动，而是向一个方向绕着支点作无数次的旋转(实际上，因受空气阻力，它只能旋转有限次，然后变为摆动).

利用周期性，把上面当$-\pi\leqslant\theta\leqslant\pi$时所得到的轨线族(6.1.11)的图形，沿$\theta$轴左右平移到相应的区域上，便可得到轨线族(6.1.11)在整个相平面(θ,ω)上的图形. □

在上面关于单摆运动的讨论中，我们虽然没有求出方程组(6.1.9)的解来，但通过对(6.1.9)的轨线族性态的分析，却使我们把握了单摆的运动规律. 这说明定性理论的方法确实是解决实际问题的有力工具.

习题 6.1

1. 考虑定常系统$\dfrac{dx_1}{dt}=-x_2, \dfrac{dx_2}{dt}=-x_1$，试求出它的奇点和轨线族的方程，并画出它们的图形.

2. 对于非定常系统$\dfrac{dx_1}{dt}=x_1, \dfrac{dx_2}{dt}=x_2+t$，试检验性质 6.1.1，6.1.2，6.1.3 是否成立.

3. 考虑定常系统

$$\frac{dx_1}{dt}=x_2+x_1(1-x_1^2-x_2^2),\quad \frac{dx_2}{dt}=-x_1+x_2(1-x_1^2-x_2^2).$$

试求出它的奇点、闭轨和轨线族的方程，并画出它们的图形.

6.2 平面定常系统的奇点

考虑平面定常系统

$$\begin{cases}\dfrac{\mathrm{d}x_1}{\mathrm{d}t}=f_1(x_1,x_2),\\[2mm]\dfrac{\mathrm{d}x_2}{\mathrm{d}t}=f_2(x_1,x_2).\end{cases}\tag{6.2.1}$$

设 $f_1(x_1,x_2),f_2(x_1,x_2)$在区域 $D\subset\mathbb{R}^2$ 内连续,且满足解的唯一性条件.

为了确定系统(6.2.1)的相图,奇点及闭轨将起重要作用.本节重点讨论奇点附近轨线的分布性状,并据此对奇点进行分类.

在系统(6.2.1)的常点和奇点附近,轨线的分布有着完全不同的特征.可以证明(参看[5]或[6]),系统(6.2.1)在常点附近的轨线族拓扑同胚于一个平行直线段族,即存在一个一对一的连续变换,把式(6.2.1)的轨线族变成平行直线段族.因此,从局部范围来看,常点附近轨线的拓扑结构比较简单;而在奇点附近轨线的分布情况就复杂多了.

下面从最简单的线性系统开始,研究其奇点附近轨线的分布状况.

6.2.1 线性系统的奇点

考虑常系数线性系统

$$\begin{cases}\dfrac{\mathrm{d}x_1}{\mathrm{d}t}=a_{11}x_1+a_{12}x_2,\\[2mm]\dfrac{\mathrm{d}x_2}{\mathrm{d}t}=a_{21}x_1+a_{22}x_2.\end{cases}\tag{6.2.2}$$

其中 $a_{11},a_{12},a_{21},a_{22}$为实常数.系统(6.2.2)的系数矩阵为

$$\boldsymbol{A}=\begin{pmatrix}a_{11}&a_{12}\\a_{21}&a_{22}\end{pmatrix},$$

$\boldsymbol{A}$ 的特征方程是

$$\begin{vmatrix}a_{11}-\lambda&a_{12}\\a_{21}&a_{22}-\lambda\end{vmatrix}=\lambda^2+p\lambda+q=0,\tag{6.2.3}$$

其中 $p=-(a_{11}+a_{22}),q=a_{11}a_{22}-a_{12}a_{21}$.特征根为

$$\lambda_{1,2}=\frac{-p\pm\sqrt{p^2-4q}}{2}.$$

当 $\det\boldsymbol{A}=q\neq0$ 时,原点 $O(0,0)$为方程组(6.2.2)的唯一奇点,称它为方程组(6.2.2)的**初等奇点**.我们只讨论这种奇点.研究这个问题的途径是:首先,根据

高等代数的知识,对于特征根的不同情况,总可以找到相应的非奇异线性变换

$$\begin{cases} y_1 = k_{11}x_1 + k_{12}x_2, \\ y_2 = k_{21}x_1 + k_{22}x_2, \end{cases} \tag{6.2.4}$$

把方程组(6.2.2)化为

$$\begin{cases} \dfrac{\mathrm{d}y_1}{\mathrm{d}t} = b_{11}y_1 + b_{12}y_2, \\ \dfrac{\mathrm{d}y_2}{\mathrm{d}t} = b_{21}y_1 + b_{22}y_2. \end{cases} \tag{6.2.5}$$

其对应的系数矩阵为约当标准型的下列形式之一:

$$\begin{bmatrix} \lambda_1 & 0 \\ 0 & \lambda_2 \end{bmatrix}, \begin{pmatrix} \lambda & 0 \\ 0 & \lambda \end{pmatrix}, \begin{pmatrix} \lambda & 0 \\ 1 & \lambda \end{pmatrix}, \begin{pmatrix} \alpha & \beta \\ -\beta & \alpha \end{pmatrix}.$$

而这种形式的方程组易于求解.这样就可以在(y_1,y_2)平面上确定系统(6.2.5)的轨线分布.然后,根据非奇异线性变换(6.2.4),不改变系统(6.2.2)的奇点的位置和轨线的性态,并结合变换(6.2.4)就可以在(x_1,x_2)平面上确定原系统(6.2.2)的轨线分布.

现按特征根的不同情形分别进行讨论.

1. $q<0$,λ_1,λ_2 是异号实根

当 $a_{21}\neq 0$ 或 $a_{12}\neq 0$ 时,可分别作变换

$$\begin{cases} y_1 = -a_{21}x_1 + (a_{11}-\lambda_1)x_2, \\ y_2 = -a_{21}x_1 + (a_{11}-\lambda_2)x_2, \end{cases} \tag{6.2.6}$$

或

$$\begin{cases} y_1 = (a_{22}-\lambda_1)x_1 - a_{12}x_2, \\ y_2 = (a_{22}-\lambda_2)x_1 - a_{12}x_2, \end{cases} \tag{6.2.7}$$

把方程组(6.2.2)变为

$$\begin{cases} \dfrac{\mathrm{d}y_1}{\mathrm{d}t} = \lambda_1 y_1, \\ \dfrac{\mathrm{d}y_2}{\mathrm{d}t} = \lambda_2 y_2, \end{cases} \tag{6.2.8}$$

易求出方程组(6.2.8)的通解为

$$y_1 = c_1\mathrm{e}^{\lambda_1 t}, \quad y_2 = c_2\mathrm{e}^{\lambda_2 t}, \tag{6.2.9}$$

其中 c_1,c_2 为任意常数.若视 t 为参数,式(6.2.9)亦为式(6.2.8)的轨线族的参数方程.

当 $c_1=c_2=0$ 时,轨线为奇点 $O(0,0)$;当 $c_1\neq 0$,$c_2=0$ 时,轨线为 y_1 轴的开正

半轴($c_1>0$)和开负半轴($c_1<0$)；当 $c_1=0, c_2\neq 0$ 时，轨线为 y_2 轴的开正半轴($c_2>0$)和开负半轴($c_2<0$)；当 $c_1\neq 0, c_2\neq 0$ 时，消去参数 t，得轨线族方程

$$y_2=c\mid y_1\mid^{\lambda_2/\lambda_1},\quad (c\neq 0).\tag{6.2.10}$$

因 $\lambda_1/\lambda_2<0$，轨线族(6.2.10)为双曲线型曲线族.

若 $\lambda_2<0<\lambda_1$，由式(6.2.9)易看出，当 $t\to+\infty$ 时，$y_1(t)\to\infty$，$y_2(t)\to 0$. 故沿正(负)半 y_1 轴的轨线远离奇点 $O(0,0)$，沿正(负)半 y_2 轴的轨线趋于奇点 $O(0,0)$，其余的轨线均远离奇点 $O(0,0)$，且以坐标轴为渐近线，其相图如图 6.3(a). 结合变换(6.2.6)或(6.2.7)可在(x_1,x_2)平面上画出原系统(6.2.2)的相图，如图 6.3(b)所示.

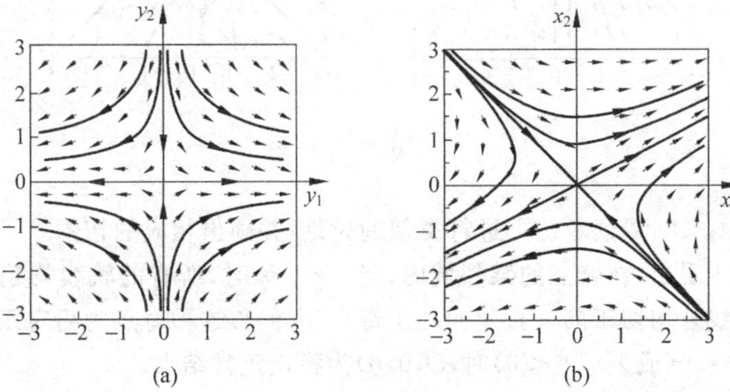

图 6.3

若 $\lambda_1<0<\lambda_2$，读者可同上进行类似的讨论，并画出相应的相图.

由图 6.3 看出，在奇点的某邻域内，当 $t\to+\infty$ 时，恰有两条轨线沿着相反的方向趋于奇点，又恰有另外两条轨线沿着另一相反的方向远离奇点；一切其他轨线当 t 增加或减少时都将离开此邻域. 我们称这种奇点为**鞍点**. 因此，当 λ_1,λ_2 是异号实根时，$O(0,0)$为鞍点.

2. $q>0, p>0, p^2-4q>0, \lambda_1, \lambda_2$ 为相异负实根

此时仍作变换(6.2.6)或(6.2.7)，把方程组(6.2.2)化为方程组(6.2.8). 其通解为式(6.2.9)，故其轨线族为奇点 $O(0,0)$，四条半坐标轴及曲线族

$$y_2=c\mid y_1\mid^{\lambda_2/\lambda_1}.\tag{6.2.11}$$

由于这里 $\lambda_2/\lambda_1>0$，故轨线族(6.2.11)是抛物线型曲线族.

若 $\lambda_2<\lambda_1<0$，由式(6.2.9)知，当 $t\to+\infty$ 时，$y_1(t)\to 0$，$y_2(t)\to 0$，且当 $c_1\neq 0$ 时，沿轨线(6.2.9)的切线的斜率

$$\frac{dy_2}{dy_1}=\frac{c_2\lambda_2 e^{\lambda_2 t}}{c_1\lambda_1 e^{\lambda_1 t}}=\frac{c_2\lambda_2}{c_1\lambda_1}e^{(\lambda_2-\lambda_1)t}\to 0\quad (t\to+\infty).$$

这说明当 $t\to+\infty$ 时，所有轨线均趋于奇点 O，且除正、负半 y_2 轴外均与 y_1 轴相切

于奇点 $O(0,0)$. 其相图如图 6.4(a). 在 (x_1, x_2) 平面上，原系统(6.2.2)的相图，如图 6.4(b)所示.

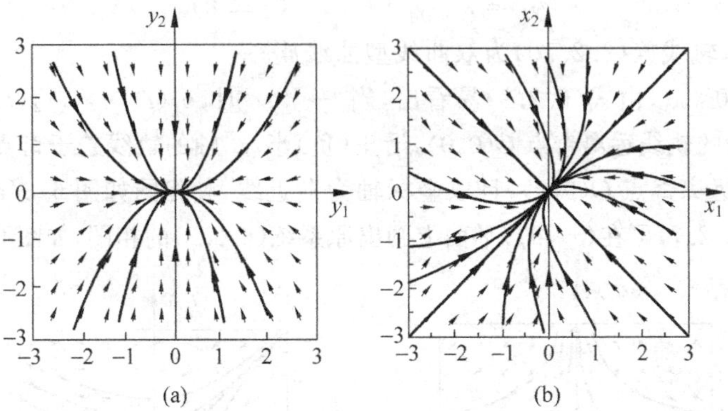

图 6.4

若 $\lambda_1<\lambda_2<0$，请读者仿上进行类似的讨论，并画出相应的相图.

从图 6.4 看出，在奇点的某邻域内，当 $t\to+\infty$ 时，所有的轨线均趋于奇点，且除了两条轨线外均切于同一直线而趋于奇点. 我们称这种奇点为**稳定正常结点**. 因此，当 $\lambda_2<\lambda_1<0$(或 $\lambda_1<\lambda_2<0$)时，$O(0,0)$ 为稳定正常结点.

3. $q>0, p<0, p^2-4q>0, \lambda_1, \lambda_2$ 为相异正实根

可与情形 2 类似地进行讨论，只需将 $t\to+\infty$ 改为 $t\to-\infty$. 即轨线的分布与图 6.4 相同，只是轨线的走向相反. 我们称这种奇点为**不稳定正常结点**. 因此，当 $0<\lambda_1<\lambda_2$(或 $0<\lambda_2<\lambda_1$)时，$O(0,0)$ 为不稳定正常结点.

4. $q>0, p>0, p^2-4q=0, \lambda_1, \lambda_2$ 为负重根

分两种情形讨论：

(1) $a_{12}=a_{21}=0$，这时 $\lambda_1=\lambda_2=a_{11}=a_{22}<0$，方程组(6.2.2)变为

$$\begin{cases}\dfrac{\mathrm{d}x_1}{\mathrm{d}t}=\lambda_1 x_1, \\ \dfrac{\mathrm{d}x_2}{\mathrm{d}t}=\lambda_2 x_2.\end{cases}$$

其通解为

$$x_1=c_1\mathrm{e}^{\lambda_1 t}, \quad x_2=c_2\mathrm{e}^{\lambda_2 t}. \tag{6.2.12}$$

故其轨线族为奇点 $O(0,0)$，开正负半 x_2 轴，端点在原点的开半射线族

$$x_2=cx_1 \quad (x_1\neq 0).$$

由式(6.2.12)知，当 $t\to+\infty$ 时，$x_1(t)\to 0, x_2(t)\to 0$，即每条轨线均趋于奇点. 其相图见图 6.5.

从图 6.5 看出，在奇点的某邻域内，当 $t\to+\infty$ 时，所有的轨线均沿各自确定的方向趋于奇点. 我们称这种奇点为**稳定临界结点**，因此，当 $\lambda_1=\lambda_2<0$ 且 $a_{12}=a_{21}=0$ 时，$O(0,0)$ 为稳定临界结点.

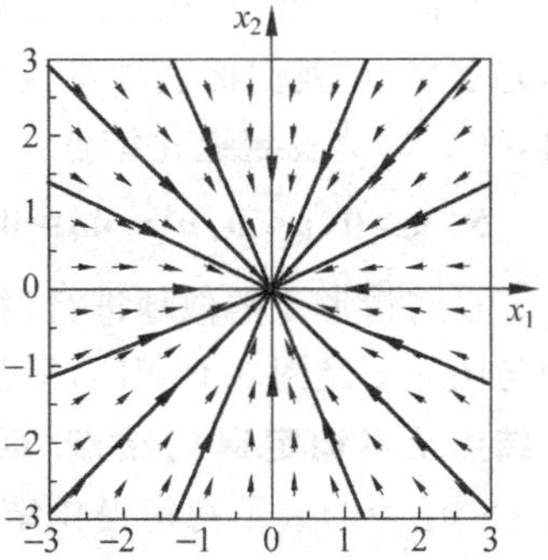

图　6.5

(2) $a_{12}^2+a_{21}^2\neq 0$.

当 $a_{21}\neq 0$ 或 $a_{12}\neq 0$ 时，分别作变换

$$y_1=a_{21}x_1+(\lambda_1-a_{11})x_2,\ y_2=x_2,$$

或

$$y_1=(\lambda_1-a_{22})x_1+a_{12}x_2,\ y_2=x_2,$$

可将方程(6.2.2)化为

$$\begin{cases}\dfrac{\mathrm{d}y_1}{\mathrm{d}t}=\lambda_1 y_1,\\[2mm]\dfrac{\mathrm{d}y_2}{\mathrm{d}t}=y_1+\lambda_2 y_2.\end{cases}\tag{6.2.13}$$

可求得其通解为

$$y_1=c_1\mathrm{e}^{\lambda_1 t},\quad y_2=(c_1t+c_2)\mathrm{e}^{\lambda_2 t}.\tag{6.2.14}$$

其轨线族为奇点 $O(0,0)$，开正负半 x_2 轴，曲线族

$$y_2=y_1\left(\frac{1}{\lambda_1}\ln|\ y_1\ |+c\right).\tag{6.2.15}$$

由式(6.2.14)知，当 $t\to+\infty$ 时，$y_1(t)\to 0$，$y_2(t)\to 0$，且当 $c_1\neq 0$ 时，

$$\frac{\mathrm{d}y_2}{\mathrm{d}y_1}=\frac{[c_1+\lambda_1(c_1t+c_2)]\mathrm{e}^{\lambda_1 t}}{\lambda_1 c_1\mathrm{e}^{\lambda_1 t}}=\frac{1}{\lambda_1}+\frac{c_2}{c_1}+t\to+\infty,\quad (t\to+\infty).$$

这说明当 $t\to+\infty$ 时，所有轨线均趋于奇点 O，并与 y_2 轴相切于原点 O，其相图如图 6.6(a)所示，而在 (x_1,x_2) 平面上，原系统(6.2.2)的相图，见图 6.6(b).

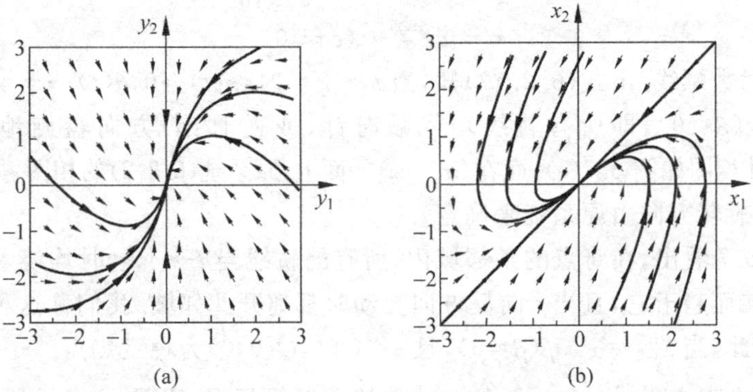

图　6.6

从图6.6看出，在奇点的某邻域内，所有的轨线，当$t\to+\infty$时均切于同一直线而趋于奇点. 我们称这种奇点为**稳定退化结点**，因此，当$\lambda_1=\lambda_2<0$且$a_{12}^2+a_{21}^2\neq0$时，$O(0,0)$为稳定退化结点.

5. $q>0,p<0,p^2-4q=0,\lambda_1,\lambda_2$ 为正重根

可与情形4类似地进行讨论，只需将$t\to+\infty$改为$t\to-\infty$. 其轨线的分布，分别与图6.5及图6.6相同，只是轨线的走向相反. 我们分别称这种奇点为**不稳定临界结点**及**不稳定退化结点**. 因此，当$\lambda_1=\lambda_2>0$时，$O(0,0)$为不稳定临界结点$(a_{12}=a_{21}=0)$或不稳定退化结点$(a_{12}^2+a_{21}^2\neq0)$.

6. $q>0,p>0,p^2-4q<0,\lambda_{1,2}=\alpha\pm i\beta$ 为共轭复根，实部 $\alpha=-p/2<0$

因$a_{12}^2+a_{21}^2\neq0$，则当$a_{21}\neq0$或$a_{12}\neq0$时，分别作变换

$$y_1=-a_{21}x_1+(a_{11}-\alpha)x_2,\quad y_2=\beta x_2,$$

或

$$y_1=(a_{22}-\alpha)x_1-a_{12}x_2,\quad y_2=\beta x_2,$$

可将方程组(6.2.2)化为

$$\begin{cases}\dfrac{dy_1}{dt}=\alpha y_1+\beta y_2,\\ \dfrac{dy_2}{dt}=-\beta y_1+\alpha y_2.\end{cases}\tag{6.2.16}$$

再作变换：$y_1=r\cos\theta,y_2=r\sin\theta$，则方程组(6.2.16)化为

$$\frac{dr}{dt}=\alpha r,\quad \frac{d\theta}{dt}=-\beta.$$

其通解为

$$r=c_1e^{\alpha t},\quad \theta=-\beta t+c_2.\tag{6.2.17}$$

故其轨线为奇点$O(0,0)$及曲线族

$$r=ce^{-\frac{\alpha}{\beta}\theta}\quad(c\neq0).$$

它为一族对数螺线. 由式(6.2.17)知，当$t\to+\infty$时，$r(t)\to0,\theta(t)\to-\infty(\beta>0)$或$\theta(t)\to+\infty(\beta<0)$，即所有轨线均依顺时针(或逆时针)方向盘旋地趋于奇点$O(0,0)$，其相图如图6.7(a). 而在(x_1,x_2)平面上，原系统(6.2.2)的相图，如图6.7(b)(其轨线的旋转方向由原系统来确定).

从图6.7看出，在奇点的某邻域内，所有的轨线当$t\to+\infty$时均绕着该点作无数次的旋转而趋于它，且当t向反方向变动时都离开此邻域. 我们称这种奇点为**稳定焦点**. 因此，当$\lambda_{1,2}=\alpha\pm i\beta(\beta\neq0)$，且$\alpha<0$时，$O(0,0)$为稳定焦点.

7. $q>0,p<0,p^2-4q<0,\lambda_{1,2}=\alpha\pm i\beta$ 为共轭复根，实部 $\alpha=-p/2>0$

可与情形6类似地进行讨论，只需将$t\to+\infty$改为$t\to-\infty$. 其轨线的分布，与

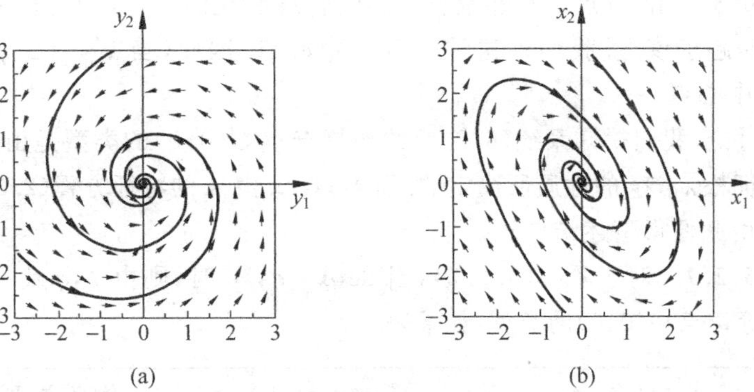

图　6.7

图 6.7 相同，只是轨线的走向相反. 我们称这种奇点为**不稳定焦点**. 因此，当 $\lambda_{1,2}=\alpha\pm i\beta(\beta\neq0)$，且 $\alpha>0$ 时，$O(0,0)$ 为不稳定焦点.

8. $q>0, p=0, \lambda_{1,2}=\pm i\beta(\beta\neq0)$ 为共轭纯虚根

与情形 6 一样，可将方程组(6.2.2)化为

$$\frac{dr}{dt}=0,\quad \frac{d\theta}{dt}=-\beta,$$

其通解为

$$r=c_1,\quad \theta=-\beta t+c_2. \tag{6.2.18}$$

故其轨线为奇点 $O(0,0)$，以原点为中心的一族圆

$$y_1^2+y_2^2=c_1^2\quad(c_1\neq0).$$

由式(6.2.18)知，若 $\beta>0$，轨线的方向是顺时针的；若 $\beta<0$，轨线的方向是逆时针的. 其相图如图 6.8(a). 而在 (x_1,x_2) 平面上，原系统(6.2.2)的相图，如图 6.8(b).

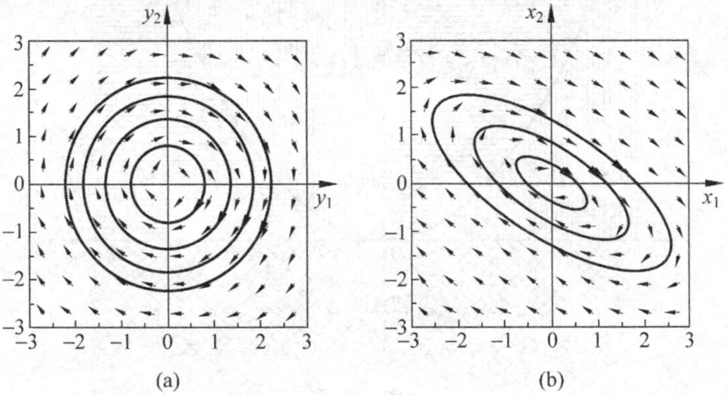

图　6.8

从图 6.8 看出，奇点的某邻域被一族闭轨线所充满，且这些闭轨一个套一个，逐渐缩小而趋于该点. 我们称这种奇点为**中心点**. 因此，当 $\lambda_{1,2}=\pm i\beta(\beta\neq 0)$ 时，$O(0,0)$ 为中心点.

综上讨论，我们得知系统(6.2.2)的初等奇点 $O(0,0)$ 的类型是由它的系数矩阵 $\boldsymbol{A}$ 的特征根 λ_1,λ_2 的性质所决定的. 而 λ_1,λ_2 又由 $\boldsymbol{A}$ 的特征方程(2.3)的系数 p，q 所确定. 由此便得下述结果.

定理 6.2.1 对于系统(6.2.2)，当 $\det\boldsymbol{A}=q\neq 0$ 时，则由 p,q 及 p^2-4q 的符号判定初等奇点 $O(0,0)$ 的类型，如下表.

q	p	p^2-4q	奇点类型
<0			鞍点
>0	>0	>0	稳定正常结点
		$=0$	稳定临界结点或稳定退化结点
		<0	稳定焦点
	$=0$		中心点
	<0	>0	不稳定正常结点
		$=0$	不稳定临界结点或不稳定退化结点
		<0	不稳定焦点

上述奇点的分类，可在参数(p,q)平面上绘出如下的图形(如图 6.9). □

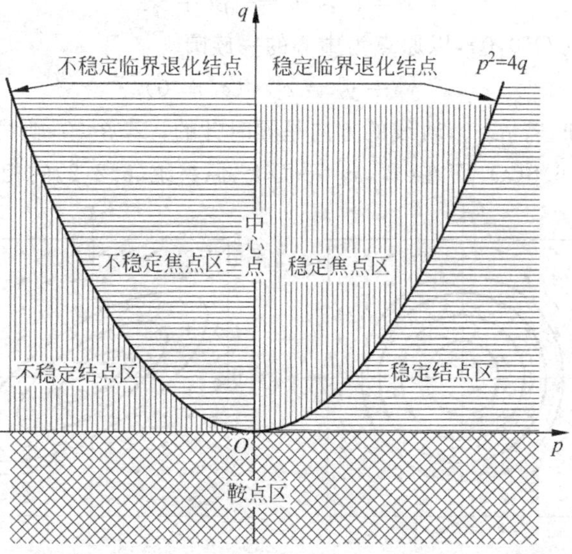

图 6.9

从图 6.9 可看出，(p,q)平面被正 q 轴、p 轴及抛物线 $p^2=4q$ 分为五个区域，在不同的区域及分界线上对应着不同类型的奇点. 当系统(6.2.2)的系数所对应的(p,q)属于五个区域之一时，对系数作微小的变动，不会改变奇点的性质；但当(6.2.2)的系数所对应的(p,q)属于区域的边界时，无论对系数作多么微小的变动，都可能使奇点的性质发生改变.

例 6.2.1 试判定方程组

$$\frac{\mathrm{d}x_1}{\mathrm{d}t}=x_1+2x_2,\quad \frac{\mathrm{d}x_2}{\mathrm{d}t}=x_1 \tag{6.2.19}$$

的奇点的类型，并画出相图.

解 因 $a_{11}=1, a_{12}=2, a_{21}=1, a_{22}=0$，故 $q=a_{11}a_{22}-a_{12}a_{21}=-2<0$，所以 $O(0,0)$是鞍点. 为了画出系统(6.2.19)在(x_1,x_2)平面上的相图，需要找出 y_1 轴(即 $y_2=0$)和 y_2 轴(即 $y_1=0$)在(x_1,x_2)平面上所对应的直线方程. 因这里 $a_{12}=2\neq 0$，故由变换(6.2.7)知相应的直线方程分别为

$$x_1+x_2=0 \quad 及 \quad x_1-2x_2=0.$$

又从式(6.2.19)的第二个方程得知，当 $x_1>0$ 时，$\frac{\mathrm{d}x_2}{\mathrm{d}t}>0$；当 $x_1<0$ 时，$\frac{\mathrm{d}x_2}{\mathrm{d}t}<0$；则由鞍点的结构和向量场的连续性可确定轨线的走向，如图 6.10. □

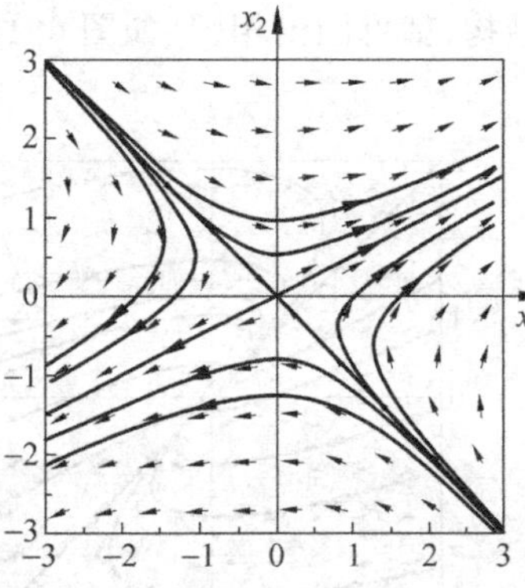

图 6.10

根据线性变换

$$y_1=k_{11}x_1+k_{12}x_2,\quad y_2=k_{21}x_1+k_{22}x_2$$

可知，直线 $y_1=0$ 和 $y_2=0$ 在(x_1,x_2)平面上所对应的直线的方程分别为

$$k_{11}x_1+k_{12}x_2=0 \quad 和 \quad k_{21}x_1+k_{22}x_2=0. \tag{6.2.20}$$

由于这两条直线均过原点，不妨设 $x_2=kx_1$，于是由方程组(6.2.2)得知

$$a_{12}k^2+(a_{11}-a_{22})k-a_{21}=0. \tag{6.2.21}$$

当$(a_{11}-a_{22})^2+4a_{12}a_{21}\geqslant 0$ 时，它有实根 k_1 和 k_2，从而得到所要找的直线方程(6.2.20). 我们称这样的直线为方程组(6.2.2)的**不变直线**.

【注】 若设 $x_1=kx_2$，则 k 所满足的方程为

$$a_{21}k^2+(a_{22}-a_{11})k-a_{12}=0. \tag{6.2.22}$$

例 6.2.2 试判定方程组

$$\frac{\mathrm{d}x_1}{\mathrm{d}t}=-3x_1-2x_2,\quad \frac{\mathrm{d}x_2}{\mathrm{d}t}=x_1 \tag{6.2.23}$$

的奇点类型,并画出相图.

解 因 $q=a_{11}a_{22}-a_{12}a_{21}=2>0,p=-(a_{11}+a_{22})=3>0,p^2-4q=1>0$,故 $O(0,0)$ 是稳定正常结点.方程(6.2.21)为

$$2k^2+3k+1=0.$$

易知 $k_1=-1/2,k_2=-1$,即不变直线为

$$x_2=-x_1/2 \quad 及 \quad x_2=-x_1.$$

由于式(6.2.23)所确定的向量场在点(0,1)处的向量为(−2,0),且轨线互不相交,于是,从点(0,1)出发的轨线在 $t\to+\infty$ 时只能与直线 $x_2=-x_1$ 相切地趋于奇点 $O(0,0)$,从而根据稳定正常结点的结构,就可画出相图(如图6.11). □

例 6.2.3 试判定方程组

$$\frac{\mathrm{d}x_1}{\mathrm{d}t}=x_1-x_2,\quad \frac{\mathrm{d}x_2}{\mathrm{d}t}=2x_1+x_2$$

的奇点的类型,并画出相图.

解 因 $q=3>0,p=-2<0,p^2-4q<0$,故 $O(0,0)$ 是不稳定焦点.由于向量场在点(1,0)处的向量为(1,2),故知轨线按逆时针方向旋转,从而根据不稳定焦点的结构,就可画出相图(如图6.12). □

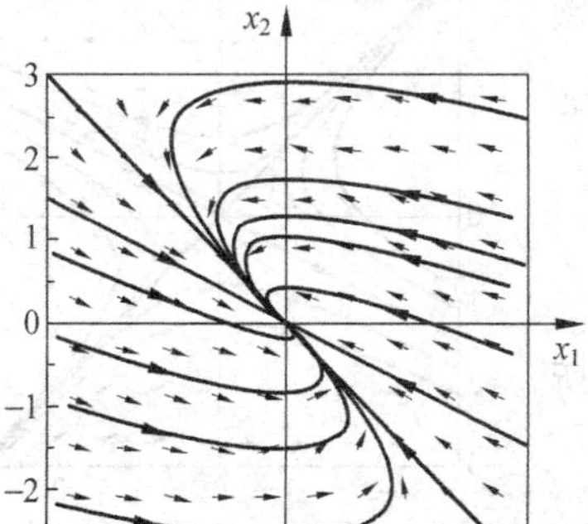

图 6.11

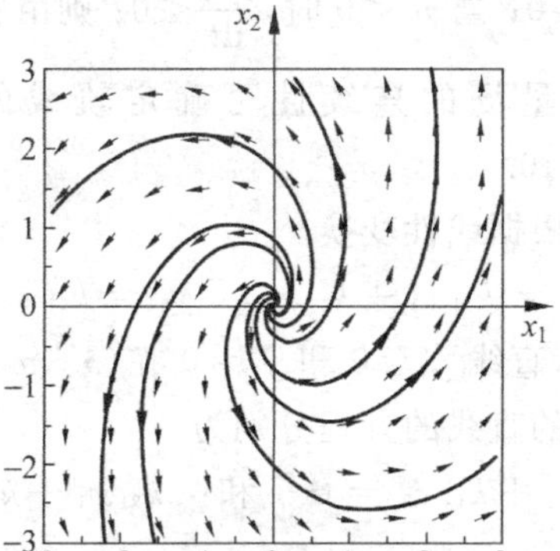

图 6.12

6.2.2 非线性系统的奇点

现在讨论一般的平面定常系统(6.2.1),不妨设原点 $O(0,0)$ 是式(6.2.1)的孤立奇点,即 $f_1(0,0)=0,f_2(0,0)=0$,并设 $f_1(x_1,x_2),f_2(x_1,x_2)$ 在奇点 $O(0,0)$ 附近连续可微,那么式(6.2.1)变形为

$$\begin{cases}\dfrac{\mathrm{d}x_1}{\mathrm{d}t}=a_{11}x_1+a_{12}x_2+\psi_1(x_1,x_2),\\[2mm] \dfrac{\mathrm{d}x_2}{\mathrm{d}t}=a_{21}x_1+a_{22}x_2+\psi_2(x_1,x_2),\end{cases}\tag{6.2.24}$$

其中

$$a_{11}=\frac{\partial f_1(0,0)}{\partial x_1},\quad a_{12}=\frac{\partial f_1(0,0)}{\partial x_2},\quad a_{21}=\frac{\partial f_2(0,0)}{\partial x_1},\quad a_{22}=\frac{\partial f_2(0,0)}{\partial x_2}.$$

我们把式(6.2.24)右端的线性部分所构成的系统

$$\begin{cases}\dfrac{\mathrm{d}x_1}{\mathrm{d}t}=a_{11}x_1+a_{12}x_2,\\[2mm] \dfrac{\mathrm{d}x_2}{\mathrm{d}t}=a_{21}x_1+a_{22}x_2.\end{cases}\tag{6.2.25}$$

称为系统(6.2.24)的线性近似系统.

那么,当系统(6.2.24)中的非线性项 $\psi_1(x_1,x_2)$,$\psi_2(x_1,x_2)$满足什么条件时,才能使式(6.2.24)与式(6.2.25)在 $O(0,0)$附近的轨线的分布情况相同呢?为此我们介绍下述结论(证明可参见[7]).

定理 6.2.2(裴戎(Perron)定理)　设系统(6.2.24)中的 ψ_1,ψ_2 满足:

(1) 在 $O(0,0)$的邻域内关于 x_1,x_2 连续可微;

(2) 存在常数 $\varepsilon>0$,使得 $\psi_1,\psi_2=o(r^{1+\varepsilon})\left(当\ r=\sqrt{x_1^2+x_2^2}\to 0\right)$,即

$$\lim_{r\to 0}\frac{\psi_1(x_1,x_2)}{\left(\sqrt{x_1^2+x_2^2}\right)^{1+\varepsilon}}=0,\quad \lim_{r\to 0}\frac{\psi_2(x_1,x_2)}{\left(\sqrt{x_1^2+x_2^2}\right)^{1+\varepsilon}}=0;$$

(3) $q=a_{11}a_{22}-a_{12}a_{21}<0$ 或 $q>0$ 且 $p=-(a_{11}+a_{22})\neq 0$.

则系统(6.2.24)与其线性近似系统(6.2.25)在 $O(0,0)$附近的轨线的分布情况相同,且稳定性也相同. □

定理的结论说明:当 $O(0,0)$是系统(6.2.25)的鞍点、焦点或结点,且满足上述三条件时,系统(6.2.24)的奇点类型不变,只有中心点是例外,这里不再讨论.

例 6.2.4　讨论范德坡(van der pol)方程

$$\frac{\mathrm{d}^2x}{\mathrm{d}t^2}+\mu(x^2-1)\frac{\mathrm{d}x}{\mathrm{d}t}+x=0\quad(\mu>0)$$

的奇点类型.

解　令 $x_1=x,x_2=\dfrac{\mathrm{d}x_1}{\mathrm{d}t}=\dfrac{\mathrm{d}x}{\mathrm{d}t}$,得其等价方程组

$$\begin{cases}\dfrac{\mathrm{d}x_1}{\mathrm{d}t}=x_2,\\[2mm] \dfrac{\mathrm{d}x_2}{\mathrm{d}t}=-x_1+\mu x_2-\mu x_1^2x_2.\end{cases}\tag{6.2.26}$$

显然 $O(0,0)$是式(6.2.26)的唯一奇点,且非线性项 $\psi_1(x_1,x_2)=0$,$\psi_2(x_1,x_2)=-\mu x_1^2x_2$ 满足定理 6.2.2 中的三条件.因此可得知:当 $\mu^2>4$ 时,$O(0,0)$

为式(6.2.26)的不稳定正常结点；当 $\mu^2=4$ 时，$O(0,0)$ 为式(6.2.26)的不稳定退化结点(因 $a_{12}^2+a_{21}^2\neq 0$)；当 $\mu^2<4$ 时，$O(0,0)$ 为式(6.2.26)的不稳定焦点. 当 $\mu=1$ 时，如图 6.13 所示. □

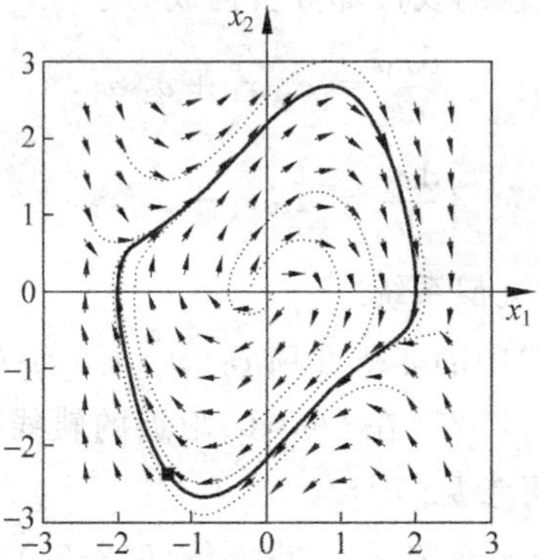

图 6.13

习题 6.2

1. 试判定下列方程组的奇点类型，并画出相图：

(1) $\dfrac{dx_1}{dt}=-4x_1+x_2, \dfrac{dx_2}{dt}=-3x_1$； (2) $\dfrac{dx_1}{dt}=2x_1+x_2, \dfrac{dx_2}{dt}=3x_1-2x_2$；

(3) $\dfrac{dx_1}{dt}=3x_1, \dfrac{dx_2}{dt}=x_1+3x_2$； (4) $\dfrac{dx_1}{dt}=x_1-3x_2, \dfrac{dx_2}{dt}=3x_1-4x_2$.

2. 试求下列方程组的奇点，并判定奇点的类型：

(1) $\dfrac{dx_1}{dt}=-x_1-x_2+1, \dfrac{dx_2}{dt}=x_1-x_2-5$；

(2) $\dfrac{dx_1}{dt}=2x_1-7x_2+19, \dfrac{dx_2}{dt}=x_1-2x_2+5$.

3. 试讨论方程组

$$\frac{dx_1}{dt}=ax_1+bx_2, \quad \frac{dx_2}{dt}=cx_2$$

的奇点类型，其中 a,b,c 为实常数且 $ac\neq 0$.

4. 确定下列非线性方程组的奇点 $O(0,0)$ 的类型：

(1) $\dfrac{dx_1}{dt}=x_2, \dfrac{dx_2}{dt}=-ax_2+b\sin x_1\ (b>0)$；

(2) $\dfrac{dx_1}{dt}=-x_2-x_2^3, \dfrac{dx_2}{dt}=x_1+x_1^3$.

6.3　解的稳定性

6.3.1　李雅普诺夫(Liapunov)稳定性的概念

在第 3 章中,我们讨论了微分方程的解对初值的连续依赖性,即在一定条件下,相对于初值的微小变化,相应的定义在有限闭区间上的解也只发生微少的变化.但在实际应用中往往需要研究解定义在无限区间$[t_0,+\infty)$时,它对初值是否具有连续依赖性的问题.这就是本节要讨论的李雅普诺夫意义下解的稳定性问题.

例如,考虑方程

$$\frac{\mathrm{d}\boldsymbol{x}}{\mathrm{d}t}=\boldsymbol{x}$$

满足 $\boldsymbol{x}(0)=\boldsymbol{0}$ 的解 $\boldsymbol{x}=\boldsymbol{0}$,当初值由 $\boldsymbol{0}$ 变为 $\boldsymbol{x}_0\,(\boldsymbol{x}_0\neq\boldsymbol{0})$时,相应地,方程满足 $\boldsymbol{x}(0)=\boldsymbol{x}_0$ 的解为 $\boldsymbol{x}(t)=\boldsymbol{x}_0\mathrm{e}^t$,且对任意给定的 $T>0$ 和 $\varepsilon>0$,当$|\boldsymbol{x}_0|<\varepsilon\mathrm{e}^{-T}$时,对一切 $t\in[0,T]$,$|\boldsymbol{x}_0\mathrm{e}^t|<\varepsilon$,所以解 $\boldsymbol{x}(t)$关于 t 在$[0,T]$上一致收敛于解 $\boldsymbol{x}=\boldsymbol{0}$,但若在$[0,+\infty)$上考虑,则无论$|\boldsymbol{x}_0|$多么小,均有 $\lim\limits_{t\to+\infty}|\boldsymbol{x}(t)|=+\infty$.因此,不能保证对一切 $t\geqslant t_0$,解 $\boldsymbol{x}(t)$与 $\boldsymbol{x}=\boldsymbol{0}$ 可任意接近.

考虑微分方程组

$$\frac{\mathrm{d}\boldsymbol{x}}{\mathrm{d}t}=\boldsymbol{F}(t,\boldsymbol{x}),\tag{6.3.1}$$

这里 $t\in\mathbb{R}=(-\infty,+\infty)$,$\boldsymbol{x}\in D\subset\mathbb{R}^n$,$D$ 为$\mathbb{R}^n$ 中的一个区域.设 $\boldsymbol{F}(t,\boldsymbol{x})$在区域 $G=\mathbb{R}\times D$内连续,且关于 $\boldsymbol{x}$ 满足李普希兹条件.

下面给出方程组(6.3.1)的解 $\boldsymbol{x}=\boldsymbol{\varphi}(t)\,(t\in[t_0,+\infty))$在**李雅普诺夫**意义下的稳定性的概念.

定义 6.3.1　若对任意的 $\varepsilon>0$,存在 $\delta>0$,使对任一满足

$$\|\boldsymbol{x}_0-\boldsymbol{\varphi}(t_0)\|<\delta\tag{6.3.2}$$

的 $\boldsymbol{x}_0$,方程组(6.3.1)以$(t_0,\boldsymbol{x}_0)$为初值的解 $\boldsymbol{x}=\boldsymbol{x}(t,t_0,\boldsymbol{x}_0)$在区间$[t_0,+\infty)$上有定义,且对一切 $t\geqslant t_0$ 有

$$\|\boldsymbol{x}(t,t_0,\boldsymbol{x}_0)-\boldsymbol{\varphi}(t)\|<\varepsilon,\tag{6.3.3}$$

则称式(6.3.1)的解 $\boldsymbol{x}=\boldsymbol{\varphi}(t)$是(在李雅普诺夫意义下)**稳定的**.否则,称式(6.3.1)的解 $\boldsymbol{x}=\boldsymbol{\varphi}(t)$是**不稳定的**.

假设 $\boldsymbol{x}=\boldsymbol{\varphi}(t)$是稳定的,而且存在 $\delta_1\,(0<\delta_1<\delta)$,使得只要

$$\|\boldsymbol{x}_0-\boldsymbol{\varphi}(t_0)\|<\delta_1,\tag{6.3.4}$$

就有

$$\lim_{t\to+\infty}(\boldsymbol{x}(t,t_0,\boldsymbol{x}_0)-\boldsymbol{\varphi}(t))=0, \tag{6.3.5}$$

则称式(6.3.1)的解 $\boldsymbol{x}=\boldsymbol{\varphi}(t)$是(在李雅普诺夫意义下)**渐近稳定的**.

为了讨论简便,通常将(6.3.1)的解 $\boldsymbol{x}=\boldsymbol{\varphi}(t)$的稳定性的研究转化为零解的稳定性研究.为此,令 $\boldsymbol{y}=\boldsymbol{x}-\boldsymbol{\varphi}(t)$,则(6.3.1)就转化为

$$\frac{\mathrm{d}\boldsymbol{y}}{\mathrm{d}t}=\boldsymbol{F}(t,\boldsymbol{y}+\boldsymbol{\varphi}(t)). \tag{6.3.6}$$

此时,方程组(6.3.1)的解 $\boldsymbol{x}=\boldsymbol{\varphi}(t)$就对应于方程组(6.3.6)中的零解 $\boldsymbol{y}=\boldsymbol{0}$.

以后,我们不妨假设式(6.3.1)有零解 $\boldsymbol{x}=\boldsymbol{0}$(即假设 $\boldsymbol{F}(t,\boldsymbol{0})\equiv\boldsymbol{0}$).这时只要把上面(6.3.2)、(6.3.3)、(6.3.4)和(6.3.5)各式中的$\boldsymbol{\varphi}(t_0)$,$\boldsymbol{\varphi}(t)$换成零,便可得到式(6.3.1)的零解 $\boldsymbol{x}=\boldsymbol{0}$ 的稳定性的相应定义.

例 6.3.1 讨论方程

$$\frac{\mathrm{d}x}{\mathrm{d}t}=ax \quad (a\text{ 为常数})$$

的零解 $x=0$ 的稳定性.

解 方程满足初始条件 $x(t_0)=x_0$ 的解为

$$x(t)=x_0\mathrm{e}^{a(t-t_0)}.$$

下面按 a 的不同情况分别进行讨论.

(1) 若 $a<0$,那么对任意的 $\varepsilon>0$,选取 $\delta=\varepsilon$,则当$|x_0|<\delta$时,对一切 $t\geqslant t_0$,有

$$|x(t)|=|x_0\mathrm{e}^{a(t-t_0)}|<\varepsilon\mathrm{e}^{a(t-t_0)}<\varepsilon,$$

故零解 $x=0$ 是稳定的.又因

$$\lim_{t\to+\infty}|x(t)|=\lim_{t\to+\infty}|x_0|\mathrm{e}^{a(t-t_0)}=0,$$

所以零解 $x=0$ 是渐近稳定的.

(2) 若 $a=0$,此时解 $x(t)=x_0\,(x_0\neq0)$,对任意的 $\varepsilon>0$,取 $\delta=\varepsilon$,则当$|x_0|<\delta$时,对一切 $t\geqslant t_0$,有$|x(t)|=|x_0|<\varepsilon$.故零解 $x=0$ 是稳定的.但因

$$\lim_{t\to+\infty}|x(t)|=\lim_{t\to+\infty}|x_0|=|x_0|\neq0,$$

所以零解 $x=0$ 不是渐近稳定的.

(3) 若 $a>0$,因不管$|x_0|$取得多么小,均有

$$\lim_{t\to+\infty}|x(t)|=\lim_{t\to+\infty}|x_0|\mathrm{e}^{a(t-t_0)}=+\infty,$$

故可知零解 $x=0$ 是不稳定的. □

下面我们讨论非线性定常系统

$$\frac{\mathrm{d}\boldsymbol{x}}{\mathrm{d}t}=\boldsymbol{f}(\boldsymbol{x}), \tag{6.3.7}$$

其中 $\boldsymbol{f}(\boldsymbol{0})=\boldsymbol{0}$,即系统(6.3.7)有零解 $\boldsymbol{x}=\boldsymbol{0}$.下面介绍根据系统(6.3.8)的特征直接来判别(6.3.7)的零解的稳定形态的两种方法:线性近似法和李雅普诺夫直接法.

6.3.2　按线性近似法判别稳定性

设 $\boldsymbol{f}(\boldsymbol{x})$在坐标原点 O 的某邻域$G\subset\mathbb{R}^n$ 内具有二阶连续偏导数，则 $\boldsymbol{f}(\boldsymbol{x})$可展开成 $\boldsymbol{f}(\boldsymbol{x})=\boldsymbol{A}\boldsymbol{x}+\boldsymbol{g}(\boldsymbol{x})$，于是系统(6.3.7)可写成为

$$\frac{\mathrm{d}\boldsymbol{x}}{\mathrm{d}t}=\boldsymbol{A}\boldsymbol{x}+\boldsymbol{g}(\boldsymbol{x}),\tag{6.3.8}$$

其中

$$\boldsymbol{A}=(a_{ij})_{n\times n},\quad \boldsymbol{g}(\boldsymbol{x})=[g_i(x_1,\cdots,x_n)]_{n\times 1},$$

$$a_{ij}=\left.\frac{\partial f_i}{\partial x_j}\right|_{x=0}\quad(i,j=1,2,\cdots,n),$$

且 $\boldsymbol{g}(\boldsymbol{x})$满足

$$\lim_{\|\boldsymbol{x}\|\to 0}\frac{\|\boldsymbol{g}(\boldsymbol{x})\|}{\|\boldsymbol{x}\|}=0.\tag{6.3.9}$$

我们称线性系统

$$\frac{\mathrm{d}\boldsymbol{x}}{\mathrm{d}t}=\boldsymbol{A}\boldsymbol{x}\tag{6.3.10}$$

为系统(6.3.8)的线性近似系统.

首先讨论常系数线性系统(6.3.10)的零解的稳定性的判别. 根据第 5 章有关常系数线性齐次方程组的通解结构定理可得下述结论(参见[1]).

定理 6.3.1　(1) 若矩阵 $\boldsymbol{A}$ 的特征根的实部都是负的，则系统(6.3.10)的零解是渐近稳定的；

(2) 若矩阵 $\boldsymbol{A}$ 的特征根的实部都是非正的，且那些实部为零的特征根所对应的约当块都是一阶的，则式(6.3.10)的零解是稳定的；

(3) 若矩阵 $\boldsymbol{A}$ 的特征根中至少有一个的实部为正，或为零且它对应的约当块是高于一阶的，则式(6.3.10)的零解是不稳定的. □

其次，讨论非线性定常系统(6.3.8)，人们自然会问，能否用它的线性近似系统(6.3.10)的零解的稳定性来研究它的零解的稳定性呢？对此，我们给出李雅普诺夫的下述结果(证明可参见[1]，这里从略).

定理 6.3.2　设 $\boldsymbol{g}(\boldsymbol{x})$满足条件(6.3.9)，则当矩阵 $\boldsymbol{A}$ 的特征根的实部都为负时，系统(6.3.8)的零解是渐近稳定的；当矩阵 $\boldsymbol{A}$ 的特征根中至少有一个的实部为正时，式(6.3.8)的零解是不稳定的. □

该定理说明当 $\boldsymbol{A}$ 的特征根的实部都为负或至少有一个的实部为正时，非线性系统(6.3.8)的零解的稳定性可由其一次近似系统(6.3.10)来决定. 至于矩阵 $\boldsymbol{A}$ 的特征根中没有实部为正，但有实部为零的情形(称为临界情形)，式(6.3.8)的零解的稳定性却不能仅由它的线性近似系统来决定，还依赖于它的高阶项 $\boldsymbol{g}(\boldsymbol{x})$. 对

于不同的 $\boldsymbol{g}(\boldsymbol{x})$，稳定、渐近稳定、不稳定三种情形都可能出现(见后面的例 6.3.7)．如何确定临界情形的稳定性问题，至今仍是稳定性理论的一个重要课题．

例 6.3.2 讨论有阻尼的单摆运动方程

$$\frac{\mathrm{d}^2\theta}{\mathrm{d}t^2}+b\frac{\mathrm{d}\theta}{\mathrm{d}t}+\frac{g}{l}\sin\theta=0\quad(b>0)$$

的零解 $\theta=0$ 的稳定性．

解 令 $\frac{\mathrm{d}\theta}{\mathrm{d}t}=\omega$，则得其等价方程组为

$$\begin{cases}\dfrac{\mathrm{d}\theta}{\mathrm{d}t}=\omega,\\ \dfrac{\mathrm{d}\omega}{\mathrm{d}t}=-\dfrac{g}{l}\theta-b\omega-\dfrac{g}{l}(\sin\theta-\theta).\end{cases}$$

它的线性近似方程组为

$$\begin{cases}\dfrac{\mathrm{d}\theta}{\mathrm{d}t}=\omega,\\ \dfrac{\mathrm{d}\omega}{\mathrm{d}t}=-\dfrac{g}{l}\theta-b\omega.\end{cases}\tag{6.3.11}$$

其中

$$g_1(\theta,\omega)=0,g_2(\theta,\omega)=-\frac{g}{l}(\sin\theta-\theta)=-\frac{g}{l}\left(-\frac{\theta^3}{3!}+\frac{\theta^5}{5!}-\cdots\right)$$

满足条件(6.3.9)．

显然方程组(6.3.11)的系数矩阵的特征方程为 $\lambda^2+b\lambda+\frac{g}{l}=0$，其根

$$\lambda_{1,2}=\frac{1}{2}\left(-b\pm\sqrt{b^2-4\frac{g}{l}}\right)$$

的实部均为负的，故由定理 6.3.2 知原方程组的零解是渐近稳定的． □

例 6.3.3 讨论非线性系统

$$\begin{cases}\dfrac{\mathrm{d}x}{\mathrm{d}t}=-x-y+z+xyz,\\ \dfrac{\mathrm{d}y}{\mathrm{d}t}=x-2y+2z+z^3,\\ \dfrac{\mathrm{d}z}{\mathrm{d}t}=x+2y+z+xz\end{cases}$$

的零解的稳定性．

解 显然此系统中的非线性项满足条件(6.3.9)，其线性近似系统为

$$\begin{cases}\dfrac{\mathrm{d}x}{\mathrm{d}t}=-x-y+z,\\ \dfrac{\mathrm{d}y}{\mathrm{d}t}=x-2y+2z,\\ \dfrac{\mathrm{d}z}{\mathrm{d}t}=x+2y+z.\end{cases}$$

它的系数矩阵的特征方程为

$$\lambda^3 + 2\lambda^2 - 5\lambda - 9 = 0.$$

令 $\varphi(\lambda)=\lambda^3+2\lambda^2-5\lambda-9$，因 $\varphi(0)=-9<0$，$\varphi(3)=21>0$，则由 $\varphi(\lambda)$ 的连续性知 $\varphi(\lambda)=0$ 必有正根，于是由定理 6.3.2 知原系统的零解是不稳定的. □

从定理 6.3.2 看出，在某种情况下，系统(6.3.8)的零解的稳定性问题，可归结为系统(6.3.10)的实系数矩阵 $\boldsymbol{A}$ 的特征方程

$$\lambda^n + a_1\lambda^{n-1} + \cdots + a_{n-1}\lambda + a_n = 0 \tag{6.3.12}$$

的根的性质研究. 因此找出直接判定方程(6.3.12)的根的实部是否均为负的方法十分重要. **路斯**(Routh)和**霍尔维茨**(Hurwitz)解决了这个问题，给出了如下的定理.

定理 6.3.3　实系数的 n 次代数方程(6.3.12)的根都是负数的充要条件是下列霍尔维茨行列式

$$D_1 = a_1, D_2 = \begin{vmatrix} a_1 & a_0 \\ a_3 & a_2 \end{vmatrix}, D_3 = \begin{vmatrix} a_1 & a_0 & 0 \\ a_3 & a_2 & a_1 \\ a_5 & a_4 & a_3 \end{vmatrix}, \cdots,$$

$$D_n = \begin{vmatrix} a_1 & a_0 & 0 & 0 & \cdots & 0 \\ a_3 & a_2 & a_1 & a_0 & \cdots & 0 \\ \cdots & \cdots & \cdots & \cdots & \cdots & \cdots \\ a_{2n-1} & a_{2n-2} & a_{2n-3} & a_{2n-4} & \cdots & a_n \end{vmatrix} = a_n D_{n-1} \tag{6.3.13}$$

均大于零. 其中 $a_0=1$，$a_i=0$(当 $i>n$ 时).

证明参看文献[5]，这里从略. 条件(6.3.13)称为**路斯-霍尔维茨条件**. 易知当 $n=2$，$n=3$ 时的路斯-霍尔维茨条件分别为

$$a_1 > 0, a_2 > 0;\ a_1 > 0, a_3 > 0, a_1a_2 > a_3.$$ □

例 6.3.4　讨论非线性系统

$$\begin{cases} \dfrac{\mathrm{d}x}{\mathrm{d}t} = -2x + y - z + x^2\mathrm{e}^x, \\ \dfrac{\mathrm{d}y}{\mathrm{d}t} = x - y + x^2y + z^2, \\ \dfrac{\mathrm{d}z}{\mathrm{d}t} = x + y - z - \mathrm{e}^x y^2 \end{cases}$$

的零解的稳定性.

解　显然此系统中的非线性项满足条件(6.3.9)，其线性近似系统的系数矩阵的特征方程为

$$\lambda^3 + 4\lambda^2 + 5\lambda + 3 = 0$$

因 $a_1=4>0, a_3=3>0$ 且 $a_1a_2=20>a_3$，根据定理 6.3.3 知，特征方程的根的实部均为负，于是由定理 6.3.2 知原系统的零解是渐近稳定的. □

6.3.3 李雅普诺夫直接法

李雅普诺夫在研究稳定性问题中创立了判别稳定性的直接法. 此法不需要去求方程组的解，而是借助于一个具有特殊性质的函数 $V(x_1,\cdots,x_n)$(通称为**李雅普诺夫函数或 V 函数**)，利用方程组本身来直接判别解的稳定性. 这个方法在许多实际问题中得到了广泛的应用，已发展成为解决运动稳定性的基本方法. 为简单起见，我们只考虑非线性定常系统

$$\frac{\mathrm{d}\boldsymbol{x}}{\mathrm{d}t}=\boldsymbol{f}(\boldsymbol{x}), \tag{6.3.14}$$

其中 $\boldsymbol{f}(\boldsymbol{x})$ 在包含坐标原点 O 的某区域 $G\subset\mathbb{R}^n$ 内具有连续的一阶偏导数，且 $\boldsymbol{f}(\boldsymbol{0})=\boldsymbol{0}$. 我们首先介绍一些有关的概念.

设函数 $V(\boldsymbol{x})=V(x_1,\cdots,x_n)$ 在原点 O 的某一邻域内具有连续的一阶偏导数，且 $V(\boldsymbol{0})=0$.

定义 6.3.2 如果存在 $h>0$，当 $\|\boldsymbol{x}\|\leqslant h$ 时，$V(\boldsymbol{x})\geqslant 0(\leqslant 0)$，则称 $V(\boldsymbol{x})$ 是常正(常负)函数. 常正和常负函数统称为**常号函数**.

定义 6.3.3 如果存在 $h>0$，当 $0<\|\boldsymbol{x}\|\leqslant h$ 时，$V(\boldsymbol{x})>0(<0)$，则称 $V(\boldsymbol{x})$ 是定正(定负)函数. 定正和定负函数统称为**定号函数**.

定义 6.3.4 如果无论 $h>0$ 多么小，当 $\|\boldsymbol{x}\|<h$ 时，$V(\boldsymbol{x})$ 既可取到正值，也可取到负值，则称 $V(\boldsymbol{x})$ 是**变号函数**.

例如，在二维空间 $\mathbb{R}^2$ 中：

$V(x_1,x_2)=(x_1+x_2)^2$ 是常正函数；

$V(x_1,x_2)=2x_1^2+x_2^2$ 是定正函数；

$V(x_1,x_2)=x_1^2-x_2^4$ 是变号函数.

若在三维空间 $\mathbb{R}^3$ 上考察，$V(x_1,x_2,x_3)=2x_1^2+x_2^2$ 是常正函数，而不是定正函数. 定号函数有明显的几何意义. 为简单起见，我们考虑 $n=2$ 时的定正函数 $V(x_1,x_2)$.

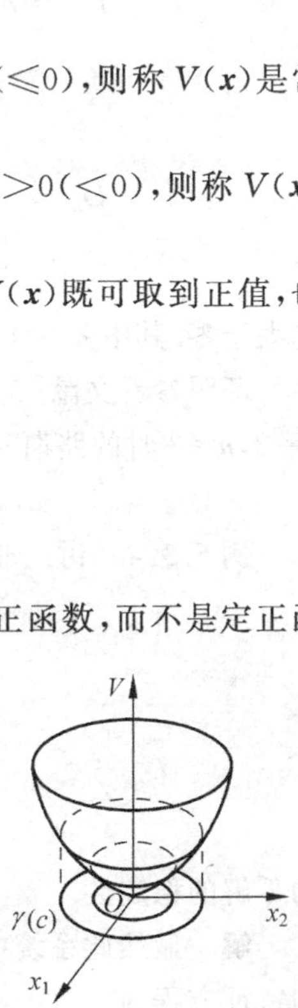

图 6.14

在三维空间 (x_1,x_2,V) 中，$V=V(x_1,x_2)$ 是一个位于坐标平面 $V=0$ 上方的曲面，它与平面 $V=0$ 只在原点 $O(0,0)$ 处接触(如图 6.14). 我们用水平面 $V=c(c>0$，且足够小)去切割曲面 $V=V(x_1,x_2)$，其截线 $V(x_1,x_2)=c$ 在平面 (x_1,x_2) 上的投影是一条环绕坐标原点的闭曲线 $\gamma(c)$，当 $c_1\neq c_2$ 时，$\gamma(c_1)$ 与 $\gamma(c_2)$ 彼此不相交，且当 $c\to 0$

时，$\gamma(c)$收缩到点(0,0)(如图 6.14).

在应用 V 函数讨论系统(6.3.14)的零解的稳定性时，还要考虑它关于系统(6.3.14)对于 t 的全导数.这个导数是基于下列假定作出的：设 $\boldsymbol{x}=\boldsymbol{x}(t)$是系统(6.3.14)的任一轨线，若点 $\boldsymbol{x}$ 沿着此轨线移动，则 $V(\boldsymbol{x})$可看作是 t 的函数 $V(\boldsymbol{x}(t))$，它的变化率为

$$\frac{\mathrm{d}V(\boldsymbol{x}(t))}{\mathrm{d}t}=\sum_{i=1}^{n}\frac{\partial V(\boldsymbol{x}(t))}{\partial x_i}\frac{\mathrm{d}x_i(t)}{\mathrm{d}t}=\sum_{i=1}^{n}\frac{\partial V(\boldsymbol{x}(t))}{\partial x_i}f_i(\boldsymbol{x}(t)).$$

我们把函数

$$\sum_{i=1}^{n}\frac{\partial V\boldsymbol{x}}{\partial x_i}f_i(\boldsymbol{x}) \tag{6.3.15}$$

称为函数 $V(\boldsymbol{x})$关于系统(6.3.14)对于 t 的**全导数**，并记为$\left.\frac{\mathrm{d}V}{\mathrm{d}t}\right|_{(6.3.14)}$.

函数(6.3.15)在原点 O 的某一邻域内连续，且当 $\boldsymbol{x}=\boldsymbol{0}$ 时其值为零.因此也可以讨论它的符号性质，并给以几何解释.结合定正函数 $V(x_1,x_2)$的几何意义，当$\left.\frac{\mathrm{d}V}{\mathrm{d}t}\right|_{(6.3.14)}<0$ 时，则沿着系统(6.3.14)在原点附近的轨线 Γ，当 t 增大时，函数 $V(x_1,x_2)$的值严格地减小，亦即 Γ 由外向内穿入闭曲线族 $\gamma(c)$ $(c>0)$，而趋向原点(0,0)(如图 6.15)；而当$\left.\frac{\mathrm{d}V}{\mathrm{d}t}\right|_{(6.3.14)}>0$ 时，则沿着轨线 Γ，当 t 增大时，函数 $V(x_1,x_2)$的值严格地增大，亦即 Γ 由内向外穿出闭曲线族 $\gamma(c)$，而远离原点.

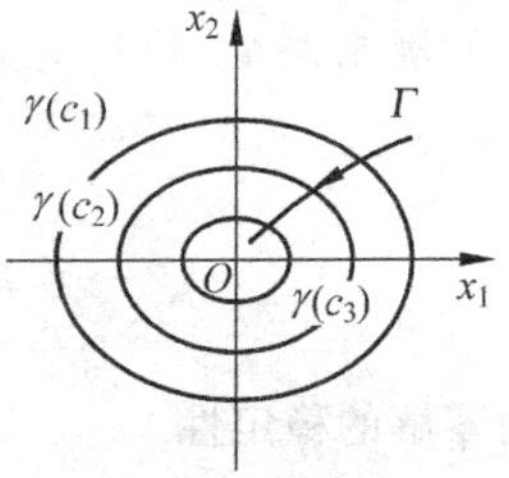

$(c_1>c_2>c_3)$

图　6.15

李雅普诺夫以函数 $V(x)$和$\left.\frac{\mathrm{d}V}{\mathrm{d}t}\right|_{(6.3.14)}$的几何解释为基础，建立了关于系统(6.3.14)的零解的稳定性判别准则.这里只叙述相关结果，其严格的分析证明可参看文献[9]或文献[14].

定理 6.3.4(稳定性定理)　若对系统(6.3.14)，存在一个定号函数 $V(\boldsymbol{x})$，使得$\left.\frac{\mathrm{d}V}{\mathrm{d}t}\right|_{(6.3.14)}$是常号函数，且其正负号与 $V(\boldsymbol{x})$相反或恒等于零，则系统(6.3.14)的零解是稳定的. □

定理 6.3.5(渐近稳定性定理)　若对系统(6.3.14)，存在一个定正(负)函数 $V(\boldsymbol{x})$，使得$\left.\frac{\mathrm{d}V}{\mathrm{d}t}\right|_{(6.3.14)}$是定负(正)函数，则系统(6.3.14)的零解是渐近稳定的. □

定理 6.3.6(不稳定性定理)　若对系统(6.3.14)，存在一个函数 $V(\boldsymbol{x})$，$V(\boldsymbol{0})=0$，

使得$\left.\frac{\mathrm{d}V}{\mathrm{d}t}\right|_{(6.3.14)}$是定正(负)函数,且在原点的任一邻域内至少有一点 $\boldsymbol{x}_0$,使 $V(\boldsymbol{x}_0)>0$ (<0),则系统(6.3.14)的零解是不稳定的. □

例 6.3.5 讨论系统

$$\begin{cases}\dfrac{\mathrm{d}x_1}{\mathrm{d}t}=x_2-x_1(x_1^2+x_2^2),\\[2mm] \dfrac{\mathrm{d}x_2}{\mathrm{d}t}=-x_1-x_2(x_1^2+x_2^2)\end{cases}\tag{6.3.16}$$

的零解的稳定性.

解 取定正函数 $V(x_1,x_2)=x_1^2+x_2^2$. 因

$$\begin{aligned}\left.\frac{\mathrm{d}V}{\mathrm{d}t}\right|_{(6.3.16)}&=2x_1[x_2-x_1(x_1^2+x_2^2)]+2x_2[-x_1-x_2(x_1^2+x_2^2)]\\&=-2(x_1^2+x_2^2)^2\end{aligned}$$

是定负函数,故由定理 6.3.5 知系统(6.3.16)的零解是渐近稳定的. □

例 6.3.6 讨论无阻尼的单摆系统

$$\begin{cases}\dfrac{\mathrm{d}\theta}{\mathrm{d}t}=\omega,\\[2mm] \dfrac{\mathrm{d}\omega}{\mathrm{d}t}=-\dfrac{g}{l}\sin\theta\end{cases}\tag{6.3.17}$$

的零解的稳定性.

解 取定正函数

$$V(\theta,\omega)=\frac{1}{2}\omega^2+\frac{g}{l}(1-\cos\theta),$$

因

$$\left.\frac{\mathrm{d}V}{\mathrm{d}t}\right|_{(6.3.17)}=\omega\left(-\frac{g}{l}\sin\theta\right)+\frac{g}{l}\sin\theta\cdot\omega\equiv 0,$$

故由定理 6.3.4 知系统(6.3.17)的零解是稳定的.

从物理意义上讲,这里李雅普诺夫函数 $V(\theta,\omega)$ 恰是单摆系统的总能量,在单摆的运动过程中系统的总能量不变,从而单摆的平衡位置是稳定的. □

例 6.3.7 讨论系统

$$\begin{cases}\dfrac{\mathrm{d}x_1}{\mathrm{d}t}=x_2+ax_1^3,\\[2mm] \dfrac{\mathrm{d}x_2}{\mathrm{d}t}=-x_1+ax_2^3\end{cases}\tag{6.3.18}$$

的零解的稳定性,其中 a 为常数.

解 取定正函数 $V(x_1,x_2)=\frac{1}{2}(x_1^2+x_2^2)$. 因

$$\left.\frac{\mathrm{d}V}{\mathrm{d}t}\right|_{(6.3.18)}=x_1(x_2+ax_1^3)+x_2(-x_1+ax_2^3)=a(x_1^4+x_2^4),$$

则当 $a<0$ 时，$\left.\frac{\mathrm{d}V}{\mathrm{d}t}\right|_{(6.3.18)}$ 是定负函数，从而式(6.3.18)的零解是渐近稳定的；当 $a=0$ 时，$\left.\frac{\mathrm{d}V}{\mathrm{d}t}\right|_{(6.3.18)}\equiv 0$，因而式(6.3.18)的零解是稳定的；当 $a>0$ 时，$\left.\frac{\mathrm{d}V}{\mathrm{d}t}\right|_{(6.3.18)}$ 是定正函数，因而式(6.3.18)的零解是不稳定的. □

例 6.3.8 讨论系统

$$\begin{cases}\dfrac{\mathrm{d}x_1}{\mathrm{d}t}=-x^5-y^3,\\[2mm] \dfrac{\mathrm{d}x_2}{\mathrm{d}t}=-3x^3+y^3\end{cases}\tag{6.3.19}$$

的零解的稳定性.

解 试取 $V(x,y)=ax^4+by^4$（a,b 待定）. 因

$$\begin{aligned}\left.\frac{\mathrm{d}V}{\mathrm{d}t}\right|_{(6.3.19)}&=4ax^3(-x^5-y^3)+4by^3(-3x^3+y^3)\\&=-4ax^8-4(a+3b)x^3y^3+4by^6,\end{aligned}$$

现令 $a+3b=0$，取 $a=3,b=-1$，得 $V(x,y)=3x^4-y^4$，它是变号函数；$\left.\frac{\mathrm{d}V}{\mathrm{d}t}\right|_{(6.2.19)}=-12x^8-4y^6$ 是定负函数. 故由定理 6.3.6 知系统(6.3.20)的零解是不稳定的. □

从以上各例可以看到，运用李雅普诺夫直接法判别解的稳定性比较简明，但对给定的系统，如何去构造李雅普诺夫函数却是一个十分困难而有趣的问题，它至今仍是一个吸引人们研究的课题.

习题 6.3

1. 讨论系统 $\begin{cases}\dfrac{\mathrm{d}x_1}{\mathrm{d}t}=ax_1+x_2,\\[2mm] \dfrac{\mathrm{d}x_2}{\mathrm{d}t}=-x_1+ax_2\end{cases}$ 零解的稳定性，其中 a 为常数.

2. 讨论下列系统的零解的稳定性：

(1) $\begin{cases}\dfrac{\mathrm{d}x}{\mathrm{d}t}=x(1-x-y),\\[2mm] \dfrac{\mathrm{d}y}{\mathrm{d}t}=\dfrac{1}{4}y(2-3x-y);\end{cases}$　　(2) $\begin{cases}\dfrac{\mathrm{d}x}{\mathrm{d}t}=x+3y+3\sin y,\\[2mm] \dfrac{\mathrm{d}y}{\mathrm{d}t}=-3y-xe^x;\end{cases}$

(3) $\begin{cases} \dfrac{\mathrm{d}x}{\mathrm{d}t}=y-3z-x(y-2z)^2, \\ \dfrac{\mathrm{d}y}{\mathrm{d}t}=-2x+3y-y(x+z), \\ \dfrac{\mathrm{d}z}{\mathrm{d}t}=2x-y-z. \end{cases}$

3. 判断下列函数的符号性:

(1) $V(x_1,x_2)=-x_2^2$;　　(2) $V(x_1,x_2)=x_1^2-2x_1x_2^2$;

(3) $V(x_1,x_2)=x_1^2-2x_1x_2^2+x_1^4+x_2^4$;　　(4) $V(x_1,x_2)=x_1\cos x_1+x_2\sin x_2$.

4. 试用李雅普诺夫直接法,确定下列系统零解的稳定性:

(1) $\begin{cases} \dfrac{\mathrm{d}x_1}{\mathrm{d}t}=-x_1x_2^2, \\ \dfrac{\mathrm{d}x_2}{\mathrm{d}t}=-x_2x_1^2; \end{cases}$　　(2) $\begin{cases} \dfrac{\mathrm{d}x_1}{\mathrm{d}t}=-x_1+x_1x_2^2, \\ \dfrac{\mathrm{d}x_2}{\mathrm{d}t}=-2x_1^2x_2-x_2^3; \end{cases}$

(3) $\begin{cases} \dfrac{\mathrm{d}x_1}{\mathrm{d}t}=-x_2+x_1(x_1^2+x_2^2), \\ \dfrac{\mathrm{d}x_2}{\mathrm{d}t}=x_1+x_2(x_1^2+x_2^2); \end{cases}$　　(4) $\begin{cases} \dfrac{\mathrm{d}x_1}{\mathrm{d}t}=-x_1+x_1x_2^2, \\ \dfrac{\mathrm{d}x_2}{\mathrm{d}t}=-2x_1^2x_2. \end{cases}$

5. 给定系统

$$\begin{cases} \dfrac{\mathrm{d}x}{\mathrm{d}t} = y - xf(x,y), \\ \dfrac{\mathrm{d}y}{\mathrm{d}t} =-x - yf(x,y), \end{cases}$$

其中 $f(x,y)$在点$(0,0)$的附近有连续的一阶偏导数.试证:在原点的邻域内,若 $f(x,y)>0$,则零解是渐近稳定的;若 $f(x,y)<0$,则零解是不稳定的.

6.4 极限环

考虑平面非线性定常系统

$$\begin{cases} \dfrac{\mathrm{d}x_1}{\mathrm{d}t} = f_1(x_1,x_2), \\ \dfrac{\mathrm{d}x_2}{\mathrm{d}t} = f_2(x_1,x_2). \end{cases} \tag{6.4.1}$$

设 f_1,f_2 在区域 $D\subset\mathbb{R}^2$ 内连续,且满足解的唯一性条件.前面我们只讨论了系统(6.4.1)在奇点附近轨线的分布情况,为了研究式(6.4.1)的轨线的全局性态,还须确定式(6.4.1)是否有闭轨.我们知道对平面线性系统,若它的奇点是中心时,其附近的每一轨线均是闭轨；在其余情况下，系统没有闭轨. 然而对非线性系统(6.4.1)却可能有一种孤立的闭轨，这种特殊的闭轨(称为极限环)在理论和应用上均有重大的意义.

6.4.1　极限环的概念

先讨论两个具体的例子.

例 6.4.1　考察系统

$$\begin{cases}\dfrac{\mathrm{d}x_1}{\mathrm{d}t}=-x_2-x_1(x_1^2+x_2^2-1),\\ \dfrac{\mathrm{d}x_2}{\mathrm{d}t}=x_1-x_2(x_1^2+x_2^2-1)\end{cases}\tag{6.4.2}$$

的轨线分布.

解　为求解式(6.4.2)，作极坐标变换

$$x_1=r\cos\theta,\quad x_2=r\sin\theta.$$

因此有 $r^2=x_1^2+x_2^2$，$\theta=\arctan\dfrac{x_2}{x_1}$，微分之，则得

$$r\frac{\mathrm{d}r}{\mathrm{d}t}=x_1\frac{\mathrm{d}x_1}{\mathrm{d}t}+x_2\frac{\mathrm{d}x_2}{\mathrm{d}t},\quad r^2\frac{\mathrm{d}\theta}{\mathrm{d}t}=x_1\frac{\mathrm{d}x_2}{\mathrm{d}t}-x_2\frac{\mathrm{d}x_1}{\mathrm{d}t}.$$

而由式(6.4.2)有

$$x_1\frac{\mathrm{d}x_1}{\mathrm{d}t}+x_2\frac{\mathrm{d}x_2}{\mathrm{d}t}=-r^2(r^2-1),\quad x_1\frac{\mathrm{d}x_2}{\mathrm{d}t}-x_2\frac{\mathrm{d}x_1}{\mathrm{d}t}=r^2.$$

于是系统(6.4.2)就化为

$$\frac{\mathrm{d}r}{\mathrm{d}t}=-r(r^2-1),\quad \frac{\mathrm{d}\theta}{\mathrm{d}t}=1.\tag{6.4.3}$$

易见 $r=0$，即 $x_1=0, x_2=0$ 是式(6.4.2)的一个解，其对应的轨线为奇点 $O(0,0)$，且可知它是式(6.4.2)的不稳定焦点. 当 $r\neq 0$ 时，解式(6.4.3)，得

$$r=\frac{1}{\sqrt{1-A\mathrm{e}^{-2t}}},\quad \theta=t+\theta_0.\tag{6.4.4}$$

其中

$$A=\frac{r_0^2-1}{r_0^2},\quad r(0)=r_0(r_0\neq 0),\quad \theta(0)=\theta_0.$$

当 $r_0=1$ 时，$A=0$，由式(6.4.4)得 $r=1$，$\theta=t+\theta_0$，它在相平面(x_1,x_2)上的图形是一条闭轨 Γ: $x_1^2+x_2^2=1$，轨线的方向是逆时针的.

当 $0<r_0<1$ 或 $r_0>1$ 时，由式(6.4.4)知其对应的轨线为一族螺线，且有

$$\lim_{t\to+\infty}r(t)=1,\quad \lim_{t\to+\infty}\theta(t)=+\infty.$$

这说明系统(6.4.2)存在唯一的闭轨Γ,而在Γ内部及外部的所有其他轨线,当$t\to+\infty$时均按逆时针方向盘旋逼近于Γ,如图6.16所示. □

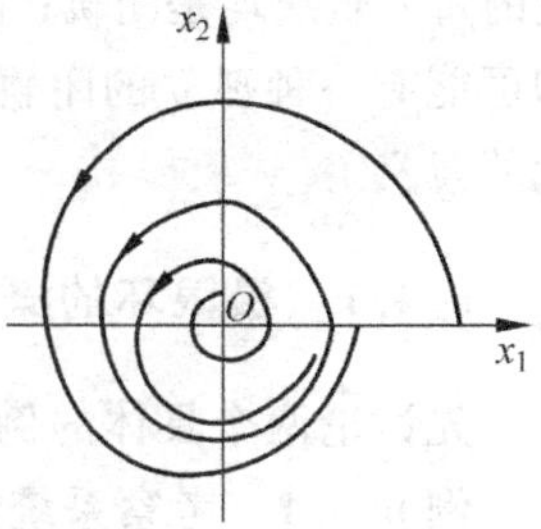

图 6.16

例6.4.2 考察系统

$$\begin{cases}\dfrac{\mathrm{d}x_1}{\mathrm{d}t}=-x_2-x_1(x_1^2+x_2^2-1)^2,\\ \dfrac{\mathrm{d}x_2}{\mathrm{d}t}=x_1-x_2(x_1^2+x_2^2-1)^2\end{cases}\tag{6.4.5}$$

的轨线分布.

解 令$x_1=r\cos\theta,x_2=r\sin\theta$,则(6.4.5)化为

$$\frac{\mathrm{d}r}{\mathrm{d}t}=-r(r^2-1)^2,\quad \frac{\mathrm{d}\theta}{\mathrm{d}t}=1.\tag{6.4.6}$$

易见$r=0$,即点$O(0,0)$是系统(6.4.5)的唯一奇点,且可判断它是式(6.4.5)的稳定焦点;$r=1$,即Γ: $x_1^2+x_2^2=1$是式(6.4.5)的唯一闭轨,轨线的方向是逆时针的.又当$0<r<1$或$r>1$时,均有

$$\frac{\mathrm{d}r}{\mathrm{d}t}<0,\quad \frac{\mathrm{d}\theta}{\mathrm{d}t}=1>0.$$

故可知在闭轨Γ内部的轨线,当t增加时按逆时针方向盘旋远离Γ(即当t减少时按顺时针方向盘旋逼近Γ);而在Γ外部的轨线,当t增加时按逆时针方向盘旋逼近Γ,如图6.17. □

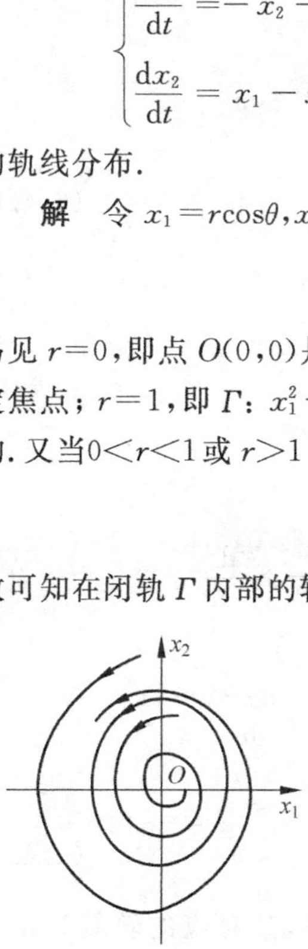

图 6.17

一般来说,如果在系统(6.4.1)的闭轨Γ的某一邻域内,除Γ外的其他轨线全是非闭轨,即Γ为孤立闭轨,则可以证明,Γ有一外侧邻域,使得在该邻域内出发的一切轨线当$t\to+\infty$(或$t\to-\infty$)时均盘旋逼近于Γ;同样,Γ有一个类似的内侧邻域.由此便可自然地引出下面的概念.

定义6.4.1 系统(6.4.1)的孤立闭轨Γ称为式(6.4.1)的**极限环**.如果极限环Γ内外两侧附近的轨线当$t\to+\infty(-\infty)$时盘旋逼近于Γ,则称Γ为稳定(不稳定)的;如果极限环Γ的一侧附近的轨线当$t\to+\infty$时盘旋逼近于Γ,而在Γ的另一侧附近的轨线当$t\to-\infty$时盘旋逼近于Γ,则称Γ为半稳定的.

由此定义知系统(6.4.2)及式(6.4.5)的闭轨Γ: $x_1^2+x_2^2=1$均是极限环,且对系统(6.4.2)来说Γ是稳定的,对系统(6.4.5)来说Γ是半稳定的.

从例6.4.1、例6.4.2可以看出极限环在确定系统(6.4.1)的轨线族的全局分布中所起的重要作用.不仅如此,极限环在工程技术中也有着重要的作用.如果某系统存在稳定的极限环,就意味着这个系统存在稳定的周期振荡.这在非线性振动、无线电技术及生态学等领域中有着重大的实际意义.

6.4.2 极限环存在性的判别

对于系统(6.4.1),往往不能通过求解来确定它是否有闭轨.怎样从系统(6.4.1)本身的特性来直接判别它是否有闭轨呢?我们先介绍一个判别存在闭轨的基本定理,即**庞卡莱-班狄克生**(Poincaré-Bendixson)环域定理(见文献[5]).

定理 6.4.1(环域定理) 对系统(6.4.1),若在区域 D 内存在由两条简单闭曲线 Γ_1,Γ_2 所围成的环域 G(Γ_1 在 Γ_2 的内部),且满足条件:

(1) G 内不含式(6.4.1)的奇点;

(2) 经过 Γ_1 和 Γ_2 上各点的轨线,当 t 增加时均进入(或均离开)G 的内部;

则系统(6.4.1)在 G 内至少存在一条闭轨,它含 Γ_1 于其内部.如图 6.17. □

根据这个定理,只要能构造出符合定理要求的环域 G,就可肯定在 G 内必存在闭轨.如果这闭轨是孤立的,则它就是极限环,并可大致确定其位置.

例如,对例 6.4.1 中的系统(6.4.2),可取环域 G 的内边界 Γ_1 为 $r=\dfrac{1}{2}$,外边界 Γ_2 为 $r=\dfrac{3}{2}$.则由式(6.4.3)有

$$\left.\frac{\mathrm{d}r}{\mathrm{d}t}\right|_{r=\frac{1}{2}}=-\frac{1}{2}\left(\frac{1}{4}-1\right)>0,\quad \left.\frac{\mathrm{d}r}{\mathrm{d}t}\right|_{r=\frac{3}{2}}=-\frac{3}{2}\left(\frac{9}{4}-1\right)<0.$$

这说明经过 Γ_1,Γ_2 上各点的轨线,当 t 增加时均进入 G 的内部,且知 G 内无奇点.故由环域定理知,系统(6.4.2)在 G 内至少存在一条闭轨.

需要指出,构造满足定理 6.4.1 要求的环域 G 尚无一般方法可循,因此实际应用起来是相当困难的,要有高度的技巧.

例如,对范德坡(van der pol)方程

$$\frac{\mathrm{d}^2x}{\mathrm{d}t^2}+\mu(x^2-1)\frac{\mathrm{d}x}{\mathrm{d}t}+x=0\quad(\mu>0),\tag{6.4.7}$$

或其等价方程组$\left(令\ x_1=x,x_2=\dfrac{\mathrm{d}x}{\mathrm{d}t}+\mu\left(\dfrac{x_1^3}{3}-x_1\right)\right)$

$$\frac{\mathrm{d}x_1}{\mathrm{d}t}=x_2-\mu\left(\frac{x_1^3}{3}-x_1\right),\quad \frac{\mathrm{d}x_2}{\mathrm{d}t}=-x_1,\tag{6.4.8}$$

我们可以采用构造环域 G 的方法,证明系统(6.4.8)至少存在一个闭轨(参考文献[5]).还可设法证明系统(6.4.8)的闭轨是唯一的,从而可知范德坡方程存在一个稳定的极限环(参考文献[5]或文献[13]).

【注】 非线性方程(6.4.7)是 1926 年荷兰工程师范德坡在研究电子三极管等幅振荡时首先得到的.而且由此发现范德坡方程唯一的稳定的振荡过程,就是庞卡

莱所研究过的极限环，这就把纯粹数学与无线电技术密切联系起来了，从而给常微分方程定性理论的研究以极大的推动；反过来理论研究的发展又为非线性振荡过程提供了有力的数学工具.

定理 6.4.1 给出了系统(6.4.1)在具有某种特殊性质的环域内存在闭轨的一个判别法. 下面给出系统(6.4.1)在具有另外某种特殊性质的区域内不存在闭轨的一个判别法. 这就是如下的**班狄克生**[①]定理(参见文献[5])

定理 6.4.2(班狄克生定理) 设系统(6.4.1)中的函数 $f_1(x_1,x_2)$，$f_2(x_1,x_2)$ 在单连通区域 $G\subset D$ 内满足条件：

(1) 连续可微；

(2) $\dfrac{\partial f_1}{\partial x_1}+\dfrac{\partial f_2}{\partial x_2}$不变号，且在 G 的任何子域内不恒为零.

则系统(6.4.1)不存在整个位于 G 内的闭轨，因而没有极限环.

证明 用反证法. 设式(6.4.1)在 G 内有闭轨

$$\Gamma\colon x_1 = x_1(t),\quad x_2 = x_2(t),\quad 0\leqslant t\leqslant T,$$

其中 T 为周期. 记 Γ 所围成的区域为 G'，因 G 是单连通的，则闭域$\overline{G'}\subset G$. 又由条件(1)知 f_1，f_2 在 G'上连续可微，于是由格林公式，得

$$\iint\limits_{\overline{G'}}\left(\frac{\partial f_1}{\partial x_1}+\frac{\partial f_2}{\partial x_2}\right)\mathrm{d}x_1\,\mathrm{d}x_2 = \oint_{\Gamma} f_1\,\mathrm{d}x_2 - f_2\,\mathrm{d}x_1, \tag{6.4.9}$$

由条件(2)知式(6.4.9)左端$\neq 0$，而式(6.4.9)右端沿闭轨 Γ 的积分为

$$\int_0^T\left(f_1\frac{\mathrm{d}x_2}{\mathrm{d}t} - f_2\frac{\mathrm{d}x_1}{\mathrm{d}t}\right)\mathrm{d}t = \int_0^T (f_1 f_2 - f_2 f_1)\,\mathrm{d}t = 0,$$

产生矛盾. 故系统(6.4.1)不存在整个位于 G 内的闭轨. □

例 6.4.3 考察具有阻尼的单摆运动方程

$$\frac{\mathrm{d}^2\theta}{\mathrm{d}t^2} + b\frac{\mathrm{d}\theta}{\mathrm{d}t} + \frac{g}{l}\sin\theta = 0\quad (b > 0)$$

或其等价方程组

$$\frac{\mathrm{d}\theta}{\mathrm{d}t} = \omega,\quad \frac{d\omega}{dt} = -\frac{g}{l}\sin\theta - b\omega \tag{6.4.10}$$

是否有闭轨.

解 因 $f_1(\theta,\omega)=\omega$，$f_2(\theta,\omega)=-\dfrac{g}{l}\sin\theta-b\omega$ 在(θ,ω)平面上连续可微，且

$$\frac{\partial f_1}{\partial\theta}+\frac{\partial f_2}{\partial\omega} = -b < 0,$$

① 班狄克生(Bendixson，1861—1935)是瑞典数学家，他在 1901 年发表一篇重要论文，补充了庞卡莱早年的一些结果.

故由定理 6.4.2 知方程组(6.4.10)在(θ,ω)平面上不存在闭轨. □

一般来说,若系统(6.4.1)存在极限环,还需判别它的个数及相对位置,这些问题是常微分方程定性理论中很关键且困难的问题,可参阅文献[1～17]了解相关研究结果,其中含有我国数学工作者的许多重要结果.例如,对二次微分系统

$$\begin{cases}\dfrac{\mathrm{d}x}{\mathrm{d}t}=P_2(x,y),\\[2mm]\dfrac{\mathrm{d}y}{\mathrm{d}t}=Q_2(x,y),\end{cases}\tag{6.4.11}$$

其中 $P_2(x,y)$,$Q_2(x,y)$是 x,y 的二次多项式.我国学者于 1979 年给出了这类系统存在四个极限环的例子,从而否定了系统(6.4.11)极限环不能多于三个的传统猜测.但式(6.4.11)的极限环是否最多只能有四个呢？此问题至今还未得到解决.

习题 6.4

1. 确定下列系统的极限环及其稳定性(其中(r,θ)为极坐标):

(1) $\dfrac{\mathrm{d}x_1}{\mathrm{d}t}=x_2+x_1(x_1^2+x_2^2-1),\dfrac{\mathrm{d}x_2}{\mathrm{d}t}=-x_1+x_2(x_1^2+x_2^2-1)$;

(2) $\begin{cases}\dfrac{\mathrm{d}x_1}{\mathrm{d}t}=-x_2-x_1\left(\sqrt{x_1^2+x_2^2}-1\right)\left(\sqrt{x_1^2+x_2^2}-2\right),\\[2mm]\dfrac{\mathrm{d}x_2}{\mathrm{d}t}=x_1-x_2\left(\sqrt{x_1^2+x_2^2}-1\right)\left(\sqrt{x_1^2+x_2^2}-2\right);\end{cases}$

(3) $\dfrac{\mathrm{d}r}{\mathrm{d}t}=r(4-r^2),\dfrac{\mathrm{d}\theta}{\mathrm{d}t}=1$;

(4) $\dfrac{\mathrm{d}r}{\mathrm{d}t}=r(1-r)^2,\dfrac{\mathrm{d}\theta}{\mathrm{d}t}=-1$.

2. 证明下列系统不存在极限环:

(1) $\dfrac{\mathrm{d}x_1}{\mathrm{d}t}=x_1^3+x_2,\dfrac{\mathrm{d}x_2}{\mathrm{d}t}=x_1+x_2+x_2^3$;

(2) $\dfrac{\mathrm{d}x_1}{\mathrm{d}t}=x_1+x_2+\dfrac{1}{3}x_1^3-x_1x_2^2,\dfrac{\mathrm{d}x_2}{\mathrm{d}t}=-x_1+x_2+x_1^2x_2+\dfrac{2}{3}x_2^3$.

第7章

差分方程

差分方程在生产实践和理论中有许多重要应用.譬如,在求微分方程数值解的过程中,常常需要将微分方程转化为差分方程.物理学、化学、生物学及经济学领域中的许多问题,相关变量的值是离散变化的,其变化规律可以用差分方程进行描述.本章主要介绍差分方程的一些基本概念和几类差分方程的解法.

7.1 基本概念

为了给出差分方程的概念,下面先介绍几个例子.

例 7.1.1 贷款问题

设初始贷款额为 p_0,月利率为 r,每月必须偿还的固定金额为 T.问需要多长时间还清贷款?

用 p_n 表示第 n 次还款后剩下的欠款.则第 $n+1$ 次还款后剩下的欠款 p_{n+1} 等于 p_n 加上其一个月的利率 rp_n 再减去 T.因此,

$$p_{n+1}=(1+r)p_n-T. \tag{7.1.1}$$

为了求出还清贷款的时间,需要求出 p_n 的表达式.由递推关系式(7.1.1)可得

$$p_1=(1+r)p_0-T,$$

$$p_2=(1+r)p_1-T=(1+r)^2p_0-(1+r)T-T,$$

$$\vdots$$

$$p_n=(1+r)^np_0-T[(1+r)^{(n-1)}+(1+r)^{(n-2)}+\cdots+(1+r)+1].$$

由最后一个式子可得

$$p_n=\left(p_0-\frac{T}{r}\right)(1+r)^n+\frac{T}{r}.$$

令 $p_n=0$,解出 n 得到

$$n=\frac{\ln T-\ln(T-rp_0)}{\ln(1+r)}.$$

根据 n 的值可以确定还款所需要的时间.

例 7.1.2 单个物种的逻辑斯蒂增长模型(Logistic growth model)

物种数量的变化可以用差分方程进行描述. 设 Δt 是一个给定的时间区间长(比如每月或每年),n 是非负整数,$t_n=(\Delta t)n$. 用 y_n 表示在 t_n 时刻某物种的总数.

首先,假设物种数量比较少,其增长率是一个常数 $\alpha>0$. 这时,有

$$\frac{y_{n+1}-y_n}{y_n}=\alpha,$$

即

$$y_{n+1}=(1+\alpha)y_n.$$

数列$\{y_n\}$是一个等比数列,易知 $y_n=(1+\alpha)^n y_0$. 这表明在初期物种是按指数率增长的.

随着物种数量的增加,由于受到食物和生存空间等因素的限制,物种内部会出现竞争和摩擦. 这势必导致物种增长率的下降. 设增长率下降的程度与 t_n 时刻某物种的总数 y_n 成正比. 这样,可以得到

$$\frac{y_{n+1}-y_n}{y_n}=\alpha-\beta y_n,$$

这里 β 是一个正常数. 由此可得

$$y_{n+1}=(1+\alpha)y_n-\beta y_n^2.$$

令 $\lambda=\frac{\beta}{1+\alpha}$,$x_n=\lambda y_n$,则

$$x_{n+1}=cx_n(1-x_n), \tag{7.1.2}$$

其中 $c=1+\alpha$. 通常称方程(7.1.2)为逻辑斯蒂增长模型. □

例 7.1.3 微分方程数值解

考虑初始条件

$$\frac{\mathrm{d}y}{\mathrm{d}x}=f(x,y),\quad y(x_0)=y_0,$$

$$x_0\leqslant x\leqslant x_0+b. \tag{7.1.3}$$

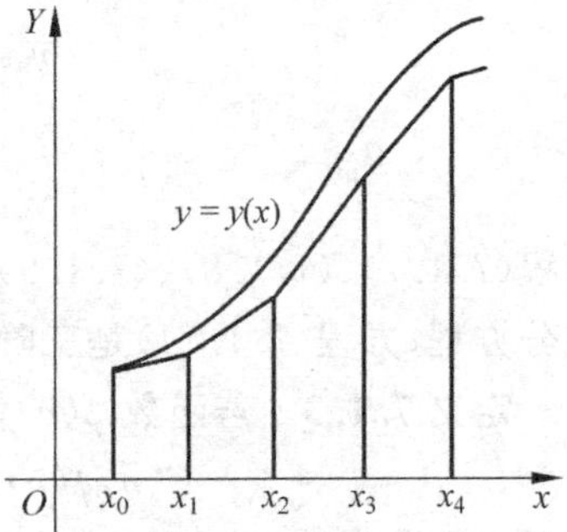

图 7.1

如图 7.1,把区间$[x_0,x_0+b]$分成 N 等份,每个子区间的长都等于$\frac{b}{N}$,称为步长,记为$h=\frac{b}{N}$. 将其中的分点记为 $x_0,x_1,\cdots,x_N$,这里 $x_i=x_0+ih$. 当 h 很小时,可以用$(y(x+h)-y(x))/h$ 近似代替

$y'(x)$. 把前者代入方程(7.1.3)中的左边,得到

$$y(x+h)=y(x)+hf(x,y(x)).$$

令 $x=x_0+nh$,则有

$$y[x_0+(n+1)h]=y(x_0+nh)+hf[x_0+nh,y(x_0+nh)],$$

这里 $n=0,1,2,\cdots,N-1$. 记 $y_n=y(x_0+nh)$,可得

$$y_{n+1}=y_n+hf(x_0+nh,y_n). \tag{7.1.4}$$

当 h 充分小时,可以通过方程(7.1.4)求出初始条件(7.1.3)的解在分点 x_i 处的近似值. 这种方法通常称为欧拉(Euler)算法.

在上面的三个例子中,变量都是离散的,所得到的方程(7.1.1)、(7.1.2)和方程(7.1.4)描述了未知数列相邻几项之间的关系,像这样的方程称为差分方程. 一般地,可以如下定义差分方程.

定义 7.1.1 设 k 是给定的正整数,$\{y_n\}$是未知数列,称方程

$$F(n,y_n,y_{n+1},\cdots,y_{n+k})=0 \tag{7.1.5}$$

为**差分方程**,其中 F 是一个已知的函数. 以后,若不特别声明,n 是任意非负整数.

若能从方程(7.1.5)中解出 y_{n+k},则可得到差分方程的显式表达式

$$y_{n+k}=f(n,y_n,y_{n+1},\cdots,y_{n+k-1}). \tag{7.1.6}$$

在差分方程(7.1.5)或方程(7.1.6)中,所出现的 y_i(i 是某非负整数)的最大下标与最小下标的差称为差分方程的**阶**.

定义 7.1.2 若差分方程(7.1.5)可以写成如下形式:

$$y_{n+k}+a_1(n)y_{n+k-1}+a_2(n)y_{n+k-2}+\cdots+a_{k-1}(n)y_{n+1}+a_k(n)y_n=R_n,$$

则称此方程为**线性差分方程**;否则,称为非线性差分方程,这里 $a_i(n)$,$i=1,2,\cdots,k$ 及 R_n 是给定的关于 n 的函数.

例如 在下面的方程中,

$$y_{n+1}=y_{n-1}, \tag{7.1.7}$$

$$y_{n+2}-4y_{n+1}+4y_n=0, \tag{7.1.8}$$

$$y_{n+1}-3y_n+y_{n-1}=e^{-k}, \tag{7.1.9}$$

$$y_{n+1}=y_n^2, \tag{7.1.10}$$

$$y_{n+3}=\cos y_n. \tag{7.1.11}$$

方程(7.1.7)、(7.1.8)、(7.1.9)是二阶线性差分方程,方程(7.1.10)是一阶非线性差分方程,方程(7.1.11)是三阶非线性差分方程.

定义 7.1.3 若函数 $\phi(n)$使得等式

$$F(n,\phi(n),\phi(n+1),\cdots,\phi(n+k))=0$$

对任意非负整数 n 恒成立,则称函数 $\phi(n)$是方程(7.1.5)的一个**解**. 为方便起见,我们常把 $\phi(n)$写成 ϕ_n 的形式.

容易知道，$y_n=2^n$ 是方程 $y_{n+1}-2y_n=0$ 的解；$y_n=\sqrt{n+c}$是方程 $y_{n+1}^2-y_n^2=1$ 的解，其中 $c\geqslant 0$ 是任意常数.

例 7.1.4　设 c_1,c_2 是两个任意常数，验证函数

$$y_n=(c_1+c_2n)2^n$$

是差分方程(7.1.8)的解.

解　由于

$$y_{n+1}=[c_1+c_2(n+1)]2^{n+1}=[2c_1+2c_2(n+1)]2^n,$$

$$y_{n+2}=[c_1+c_2(n+2)]2^{n+2}=[4c_1+4c_2(n+2)]2^n,$$

故

$$\begin{aligned}&y_{n+2}-4y_{n+1}+4y_n\\&=[4c_1+4c_2(n+2)]2^n-4[2c_1+2c_2(n+1)]2^n+4(c_1+c_2n)2^n\\&=[(4c_1-8c_1+4c_1)+(4c_2n-8c_2n+4c_2n)+(8-8)]2^n=0.\end{aligned}$$

因此，函数 $y_n=(c_1+c_2n)2^n$ 是方程(7.1.8)的解. □

从上面的例子可以看出差分方程解的表达式中可以含有一个或多个任意常数，而且所包含的任意常数的个数恰好与差分方程的阶数相同，称这样的解为通解.

定义 7.1.4　若 k 阶差分方程的解 $\phi(n)=\phi(n,c_1,c_2,\cdots,c_k)$ 含有 k 个独立的任意常数 $c_1,c_2,\cdots,c_k$，则称它为方程(7.1.5)的**通解**. 这里说 k 个常数 $c_1,c_2,\cdots,c_k$ 是独立的，指的是函数 $\phi(n),\phi(n+1),\cdots,\phi(n+k-1)$ 关于 $c_1,c_2,\cdots,c_k$ 的雅可比(Jacobi)行列式

$$\begin{vmatrix}\dfrac{\partial\phi(n)}{\partial c_1} & \dfrac{\partial\phi(n)}{\partial c_2} & \cdots & \dfrac{\partial\phi(n)}{\partial c_k}\\ \dfrac{\partial\phi(n+1)}{\partial c_1} & \dfrac{\partial\phi(n+1)}{\partial c_2} & \cdots & \dfrac{\partial\phi(n+1)}{\partial c_k}\\ \vdots & \vdots & \vdots & \vdots\\ \dfrac{\partial\phi(n+k-1)}{\partial c_1} & \dfrac{\partial\phi(n+k-1)}{\partial c_2} & \cdots & \dfrac{\partial\phi(n+k-1)}{\partial c_k}\end{vmatrix}\neq 0.$$

在例 7.1.4 中，由于

$$\begin{vmatrix}\dfrac{\partial y_n}{\partial c_1} & \dfrac{\partial y_n}{\partial c_2}\\ \dfrac{\partial y_{n+1}}{\partial c_1} & \dfrac{\partial y_{n+1}}{\partial c_2}\end{vmatrix}=\begin{vmatrix}2^n & n2^n\\ 2^{n+1} & (n+1)2^{n+1}\end{vmatrix}=2^{2n+1}\neq 0,$$

故 $y_n=(c_1+c_2n)2^n$ 还是差分方程(7.1.8)的通解.

在实际应用中，常常要求差分方程满足初始条件的解. 对于方程(7.1.5)，其初始条件是指未知函数 y_n 在 $n=0,1,2,\cdots,k-1$ 处的值

$$y_0,y_1,\cdots,y_{k-1}\tag{7.1.12}$$

为给定值.在求出方程(7.1.5)的通解之后,可以根据初始条件(7.1.12)确定 $c_i(i=1,2,\cdots,k)$的值,从而得到所要求的解.

在不能求出差分方程通解的情况下,可以直接从方程本身的特点去研究方程满足初始条件解的性质.一个自然的问题是:方程满足初始条件的解是否存在?若解存在,是否具有唯一性?对于这个问题,有下面的定理.

定理 7.1.1 设方程(7.1.6)是一个 k 阶差分方程,f 是一个给定函数.则对任意初值(7.1.12),方程(7.1.6)有且仅有唯一解.

证明 设初始条件(7.1.12)给定,在方程(7.1.6)中令 $n=0$,则 y_k 的值可由方程(7.1.6)的右端函数 f 唯一确定.然后,再令 $n=1$,则同样可以确定 y_{k+1}.逐次进行下去,则对任意 $n\geqslant k$,y_n 都可以唯一确定下来. □

习题 7.1

1. 指出下列差分方程的阶数,并回答是否线性的:

(1) $y_{n+1}-2y_n=1$; (2) $y_{n+1}=y_n+\frac{1}{100}y_n^2$;

(3) $y_{n+3}-\sin y_n=\mathrm{e}^{-n}$; (4) $y_{n+1}+5y_n-6y_{n-1}=n^2$;

(5) $y_{n+4}-y_n=n2^n$; (6) $y_{n+2}+(3n-1)y_{n+1}-\frac{n}{n+1}y_n=\cos 2n$.

2. 验证下列函数为相应差分方程的解或通解:

(1) $y_n=\sqrt{n}$,$y_{n+1}^2-y_n^2=1$;

(2) $y_n=\cos\left(\frac{n\pi}{4}\right)$,$y_{n+4}+y_n=0$;

(3) $y_n=c_1 2^n+c_2 5^n$,$y_{n+2}-7y_{n+1}+10y_n=0$;

(4) $y_n=c_1\cos(n\phi)+c_2\sin(n\phi)$,$y_{n+1}-(2\cos\phi)y_n+y_{n-1}=0$,$(\cos\phi\neq 0)$.

3. 设 $J_n=\int_0^{\frac{\pi}{2}}\sin^n t\,\mathrm{d}t$(其中 n 是正整数),证明:J_n 满足差分方程

$$J_n-\frac{n-1}{n}J_{n-2}=0.$$

4. 设 S_n 为 n 年末存款总额,r 为年利率,试建立 S_n 所满足的差分方程.若初始存款为 S_0,求 n 年末的本利和.

7.2 一阶差分方程

本节介绍一阶线性差分方程的解法和用几何方法研究一阶非线性差分方程解的性质.

7.2.1　一阶线性差分方程

一阶线性差分方程的一般形式为

$$y_{n+1}-p_ny_n=q_n, \tag{7.2.1}$$

其中 p_n,q_n 是给定的函数. 若 $q_n\equiv 0$，则得到**一阶线性齐次差分方程**

$$y_{n+1}-p_ny_n=0. \tag{7.2.2}$$

若 $q_n\neq 0$，称方程(7.2.1)为**一阶线性非齐次差分方程**.

下面先求(7.2.2)的通解. 若 y_0 给定，则有

$$\begin{aligned}y_1&=p_0y_0,\\ y_2&=p_1y_1,\\ &\vdots\\ y_{n-1}&=p_{n-2}y_{n-2},\\ y_n&=p_{n-1}y_{n-1}.\end{aligned}$$

将上面的等式左右两边分别相乘，化简可得

$$y_n=y_0p_0p_1\cdots p_{n-2}p_{n-1}=y_0\prod_{i=0}^{n-1}p_i. \tag{7.2.3}$$

由于 y_0 可以取任意常数，故式(7.2.3)是方程(7.2.2)的通解. 特别地，若 $p_n=p$（常数），则数列$\{y_n\}$是一个等比数列. 显然，$y_n=y_0p^n$.

下面求线性非齐次方程(7.2.1)的通解. 令

$$z_0=y_0,\quad z_n=\frac{y_n}{\prod\limits_{i=0}^{n-1}p_i},\quad c_n=\frac{q_n}{\prod\limits_{i=0}^{n}p_i}.$$

方程(7.2.1) 两边同时除以 $\prod\limits_{i=0}^{n}p_i$，可得

$$z_{n+1}-z_n=c_n. \tag{7.2.4}$$

由式(7.2.4)可得

$$\begin{aligned}z_1-z_0&=c_0,\\ z_2-z_1&=c_1,\\ &\vdots\\ z_{n-1}-z_{n-2}&=c_{n-2},\\ z_n-z_{n-1}&=c_{n-1}.\end{aligned}$$

因此，

$$z_n=z_0+\sum_{i=0}^{n-1}c_i.$$

于是，方程(7.2.1)的通解可以表示为

$$y_n = \prod_{i=0}^{n-1} p_i \left[c + \sum_{i=0}^{n-1} \frac{q_i}{\prod_{j=0}^{i} p_j} \right] = c \prod_{i=0}^{n-1} p_i + \left(\prod_{i=0}^{n-1} p_i \right) \left(\sum_{i=0}^{n-1} \frac{q_i}{\prod_{j=0}^{i} p_j} \right), \quad (7.2.5)$$

这里 $c = z_0 (= y_0)$ 是一个任意常数.

由通解的表达式(7.2.5)可知：线性非齐次方程(7.2.1)的通解等于其所对应的线性齐次方程的通解与线性非齐次方程的一个特解之和.

特别地，方程

$$y_{n+1} - a y_n = q_n, \quad (\alpha \text{ 是非零常数}),$$

的通解可表示为

$$y_n = c a^n + \sum_{i=0}^{n-1} a^{n-i-1} q_i, \quad (7.2.6)$$

这里 c 是任意常数.

例 7.2.1 求解方程

$$y_{n+1} - \alpha y_n = \beta,$$

这里 α, β 是两个常数.

解 令 $p_n = \alpha, q_n = \beta$，则当 $\alpha \neq 1$ 时，

$$\sum_{i=0}^{n-1} \frac{q_i}{\prod_{j=0}^{i} p_j} = \sum_{i=0}^{n-1} \frac{\beta}{\alpha^{i+1}} = \beta \sum_{i=1}^{n} \alpha^{-i} = \frac{\beta(1 - \alpha^{-n})}{\alpha - 1}.$$

因此，通解为

$$y_n = c' \alpha^n + \beta \alpha^n \frac{(1 - \alpha^{-n})}{\alpha - 1} = \left[c' + \frac{\beta}{\alpha - 1} \right] \alpha^n - \frac{\beta}{\alpha - 1}$$

$$= c \alpha^n - \frac{\beta}{\alpha - 1},$$

这里 $c = c' + \dfrac{\beta}{\alpha - 1}$ 是任意常数. 当 $\alpha = 1$ 时，有

$$y_{n+1} - y_n = \beta.$$

这时，

$$\prod_{j=0}^{i} p_j = 1, \quad \sum_{i=0}^{n-1} \frac{q_i}{\prod_{j=0}^{i} p_j} = n\beta.$$

故通解为

$$y_n = c + n\beta,$$

其中 c 是任意常数. □

例 7.2.2 求解方程

$$(n+1)y_{n+1}-ny_n=n,\quad n=1,2,\cdots.$$

解 将方程变形为

$$y_{n+1}-\frac{n}{n+1}y_n=\frac{n}{n+1}.$$

令 $p_n=\frac{n}{n+1}$，$q_n=\frac{n}{n+1}$，利用公式(7.2.5)可以求出方程的通解. 下面用另外一种方法求该方程的通解.

作变换，令 $z_n=ny_n$，则

$$z_{n+1}-z_n=n.$$

由此方程可得

$$z_n=z_1+\sum_{i=1}^{n-1}i=z_1+\frac{n(n-1)}{2}.$$

故

$$y_n=\frac{c}{n}+\frac{n-1}{2},$$

其中 $c=z_1(=y_1)$ 是任意常数. □

例 7.2.3 求方程满足初始条件的解，

$$y_{n+1}-3y_n=2^n,\quad y_0=1.$$

解 由式(7.2.6)可知方程的通解为

$$\begin{aligned}y_n&=c_1 3^n+\sum_{i=0}^{n-1}3^{n-i-1}2^i=c_1 3^n+3^{n-1}\sum_{i=0}^{n-1}\left(\frac{2}{3}\right)^i\\&=c_1 3^n+(3^n-2^n)=c3^n-2^n,\quad (c=c_1+1).\end{aligned}$$

由初始条件 $y_0=1$ 可求出 $c=2$. 因此，方程满足初始条件的解为

$$y_n=2\cdot 3^n-2^n.$$ □

7.2.2 一阶非线性差分方程

设 I 是一个区间，$f: I\to I$，$w=f(y)$ 是非线性连续映射. 对于非线性差分方程

$$y_{n+1}=f(y_n),\tag{7.2.7}$$

通常不能先求出它的解，然后再来研究解的性质. 这时，我们可以不通过求方程的解而采用几何的方法研究解的性质.

设初值 $y_0\in I$，由方程(7.2.7)可以唯一确定一个序列

$$y_0,\quad y_1=f(y_0),\quad y_2=f(y_1),\quad \cdots,\quad y_n=f(y_{n-1}),\cdots.$$

这一过程可以通过作图的方式实现，其步骤如下：

(1) 在直角坐标系 yOw 中，作直线 $w=y$.

(2) 对任意的初值 y_0，在水平轴（y 轴）上过点 y_0 作一条垂直于 y 轴的直线，设这条直线与曲线 $w=f(y)$ 的交点为 P，则 P 点的纵坐标就是 $y_1=f(y_0)$. 为了确定 y_1 在 y 轴上的位置，过 P 点作平行于 y 轴的直线，设它与直线 $w=y$ 的交点为 R，则 R 点的坐标为 (y_1, y_1). 于是点 R 在 y 轴上的投影就是点 y_1.

(3) 重复(2)中的步骤可以在 y 轴上确定 $y_2, y_3, \cdots$ 的位置. 如图 7.2.

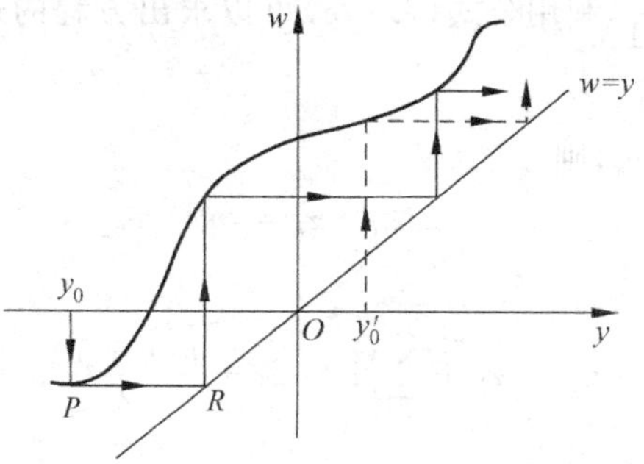

图　7.2

若存在 $y\in I, n\in\mathbb{N}$ 满足

$$f^n(y)=y,\quad 但是\quad f^k(y)\neq y, 1\leqslant k\leqslant n-1,$$

则称 y 是 f 的一个 n-周期点.

当 $n=1$ 时，有 $f(y)=y$，这时也称 y 是 f 的不动点. 显然，f 的不动点就是函数 $w=f(y)$ 的图像与直线 $w=y$ 交点的横坐标.

差分方程(7.2.7)解的性质与其周期点的存在性及周期点的个数有密切的关系. 李天岩(Li Tianyan)和约克(York)应用简单的微积分知识证明了一个令人惊奇的结论：若 f 有 3-周期点，则对任意正整数 n，f 有 n-周期点，且方程(7.2.7)具有混沌性质. 关于混沌的定义和结论的证明，有兴趣的读者可以查阅文献[18].

习题 7.2

1. 求解下列差分方程：

(1) $y_{n+1}-y_n=n$；　(2) $y_{n+1}-ny_n=1$；

(3) $y_{n+1}-e^{2n}y_n=0$；　(4) $(n+1)y_{n+1}-ny_n=0$；

(5) $(n+1)y_{n+1}-ny_n=n^2$；　(6) $y_{n+1}-y_n=e^n$.

2. 在平面上有 n 条两两互不平行的直线，且至多两条直线交于同一点. 试求这 n 条直线把平面分成了几部分？

3. 设某商品在 n 时期的供给量 S_n 与需求量 D_n 都是这一时期该商品的价格

P_n 的线性函数,已知 $S_n=-2+P_n$,$D_n=4-5P_n$,且 n 时期的价格由 $n-1$ 时期的价格 P_{n-1} 与供给量及需求量之差 $S_{n-1}-D_{n-1}$ 按下述关系

$$P_n = P_{n-1} - \lambda(S_{n-1} - D_{n-1})$$

所确定(其中 λ 为常数).求商品的价格随时间的变化规律.

7.3　高阶线性差分方程的一般理论

本节主要讨论线性差分方程

$$y_{n+k} + a_1(n)y_{n+k-1} + \cdots + a_k(n)y_n = R_n, \tag{7.3.1}$$

这里 $a_i(n)$,$i=1,2,\cdots,k$ 及 R_n 是给定的实值函数且对任意 $n\geqslant 0$,$a_k(n)\neq 0$.

若 $R_n\equiv 0$,则方程(7.3.1)变为

$$y_{n+k} + a_1(n)y_{n+k-1} + \cdots + a_k(n)y_n = 0, \tag{7.3.2}$$

称此方程为 k **阶线性齐次差分方程**;否则,称为 k **阶线性非齐次差分方程**.

7.3.1　解的简单性质

根据差分方程解的定义,容易验证下面的性质成立.

性质 7.3.1　设 c 是一个任意常数,y_n 是方程(7.3.2)的一个解,则 cy_n 也是方程(7.3.2)的解.

性质 7.3.2(迭加原理)　设 c_1,c_2 是任意常数,$y_1(n)$,$y_2(n)$ 是方程(7.3.2)的解,则

$$y(n) = c_1y_1(n) + c_2y_2(n)$$

也是方程(7.3.2)的解.

性质 7.3.3　设 Y_n 是方程(7.3.1)的解,$\bar{y}_n$ 是方程(7.3.2)的解,则

$$y_n = Y_n + \bar{y}_n$$

是方程(7.3.1)的解.

7.3.2　通解的结构

为了进一步研究解的性质,我们引进线性相关和线性无关的概念.

定义 7.3.1　设

$$y_1(n), y_2(n), \cdots, y_k(n) \tag{7.3.3}$$

是定义在集合 $S=\{n: n\in\mathbb{N}, n\geqslant n_0\}$($n_0$ 是一个非负整数)上的 k 个函数,若存在 k 个不全为零的常数 $c_1,c_2,\cdots,c_k$,使得

$$c_1y_1(n) + c_2y_2(n) + \cdots + c_ky_k(n) = 0, \quad \forall n \in S,$$

则称这 k 个函数在 S 上**线性相关**;否则,称为**线性无关**.

例 7.3.1 证明：函数 $y_1(n)=3^n, y_2(n)=n3^n, y_3(n)=n^2 3^n (n\geqslant 0)$ 是线性无关的.

证明 设存在常数 c_1, c_2, c_3 使得对任意 $n\geqslant 0$，有

$$c_1 3^n + c_2 n 3^n + c_3 n^2 3^n = 0.$$

等式两边同除以 3^n，得到

$$c_1 + c_2 n + c_3 n^2 = 0.$$

由于一元二次方程至多有两个实根，故 $c_1=c_2=c_3=0$. 这说明函数 $y_1(n), y_2(n)$ 和 $y_3(n)$ 是线性无关的. □

一般来说，直接用定义判断一组函数是否线性相关并不是一件容易的事. 在第 4 章中，我们曾引进了伏朗斯基行列式来研究函数组是否线性相关. 这里，我们引进一个类似的行列式.

定义 7.3.2 设函数组(7.3.3)在集合 S 上有定义，称行列式

$$C(n) = \begin{vmatrix} y_1(n) & y_2(n) & \cdots & y_k(n) \\ y_1(n+1) & y_2(n+1) & \cdots & y_k(n+1) \\ \cdots & \cdots & \vdots & \cdots \\ y_1(n+k-1) & y_2(n+k-1) & \cdots & y_k(n+k-1) \end{vmatrix}$$

为此函数组的卡梭拉提(Casoraty)行列式.

卡梭拉提行列式在判断函数组是否线性相关方面有重要作用.

定理 7.3.1 设函数组(7.3.3)在集合 S 上线性相关，则它们的卡梭拉提行列式 $C(n)\equiv 0, n\in S$.

证明 因为 k 个函数是线性相关的，故存在不全为零的常数 $c_1, c_2, \cdots, c_k$，使得

$$c_1 y_1(n) + c_2 y_2(n) + \cdots + c_k y_k(n) = 0, \quad \forall n \in S.$$

因此，

$$\begin{cases} c_1 y_1(n) + c_2 y_2(n) + \cdots + c_k y_k(n) = 0, \\ c_1 y_1(n+1) + c_2 y_2(n+1) + \cdots + c_k y_k(n+1) = 0, \\ \vdots \\ c_1 y_1(n+k-1) + c_2 y_2(n+k-1) + \cdots + c_k y_k(n+k-1) = 0. \end{cases} \tag{7.3.4}$$

若存在 $\bar{n}\in S$ 使得卡梭拉提行列式 $C(\bar{n})\neq 0$，则由线性方程组(7.3.4)可知

$$c_1 = c_2 = \cdots = c_k = 0.$$

这与 $c_i, i=1,2,\cdots,k$ 不全为零相矛盾. 故对任意的 $n\in S$，有 $C(n)\equiv 0$. □

可以举出反例说明这个定理的逆命题并不成立. 但是，如果函数组(7.3.3)是(7.3.2)的解组，我们有下面的定理.

定理 7.3.2 设函数组(7.3.3)是方程(7.3.2)的解组，则函数组(7.3.3)线性相关的充要条件是它们的卡梭拉提行列式 $C(n)\equiv 0 (n\geqslant 0)$.

证明 必要性由定理7.3.1可得.

充分性的证明如下.

任取整数$n_0 \geqslant 0$,由条件可知$C(n_0)=0$.故以$c_1,c_2,\cdots,c_k$作为未知数的线性齐次方程组

$$\begin{cases} c_1 y_1(n_0)+c_2 y_2(n_0)+\cdots+c_k y_k(n_0)=0, \\ c_1 y_1(n_0+1)+c_2 y_2(n_0+1)+\cdots+c_k y_k(n_0+1)=0, \\ \quad\vdots \\ c_1 y_1(n_0+k-1)+c_2 y_2(n_0+k-1)+\cdots+c_k y_k(n_0+k-1)=0 \end{cases}$$

存在非零解$\bar{c}_1,\bar{c}_2,\cdots,\bar{c}_k$.令

$$y(n)=\bar{c}_1 y_1(n)+\bar{c}_2 y_2(n)+\cdots+\bar{c}_k y_k(n).$$

则由性质7.3.1和性质7.3.2可知$y(n)$是差分方程(7.3.2)的解,并且满足

$$y(n_0)=y(n_0+1)=\cdots=y(n_0+k-1)=0. \tag{7.3.5}$$

由式(7.3.5)和方程(7.3.2)可推得

$$y(n)=0, \quad n \geqslant n_0. \tag{7.3.6}$$

若$n_0 \geqslant 1$,由于$y(n)$是方程(7.3.2)的解,故有

$$\begin{aligned} y(n_0+k-1)+a_1(n_0-1)y(n_0+k-2)+\cdots+a_{k-1}(n_0-1)y(n_0) \\ +a_k(n_0-1)y(n_0-1)=0. \end{aligned}$$

因为$a_k(n) \neq 0$,所以

$$y(n_0-1)=0. \tag{7.3.7}$$

类似可得

$$y(0)=y(1)=\cdots=y(n_0-2)=0. \tag{7.3.8}$$

由式(7.3.6)、(7.3.7)和式(7.3.8)可知

$$y(n)=\bar{c}_1 y_1(n)+\bar{c}_2 y_2(n)+\cdots+\bar{c}_k y_k(n)=0.$$

因此,解组(7.3.3)线性相关. □

注意到在定理7.3.2的充分性证明中,只用到了$C(n_0)=0$就推出了解组(7.3.3)的线性相关性.从而可得出如下推论.

推论7.3.1 方程(7.3.2)的解组(7.3.3)线性无关的充要条件是存在非负整数n_0,使得它们的卡梭拉提行列式$C(n_0) \neq 0$.

推论7.3.2 方程(7.3.2)的解组(7.3.3)的卡梭拉提行列式$C(n)$或者恒等于零,或者恒不为零.

定理7.3.2可以用来证明方程(7.3.2)一定存在线性无关解.

定理7.3.3 k阶方程(7.3.2)一定存在k个线性无关的解.

证明 根据定理7.1.1可知方程(7.3.2)存在满足下面初始条件

$$
\begin{gathered}
y_1(0)=1,\quad y_1(1)=0,\quad \cdots,\quad y_1(k-1)=0,\\
y_2(0)=0,\quad y_2(1)=1,\quad \cdots,\quad y_2(k-1)=0,\\
\vdots\\
y_k(0)=0,\quad y_k(1)=0,\quad \cdots,\quad y_k(k-1)=1
\end{gathered}
$$

的 k 个解 $y_1(n),y_2(n),\cdots,y_k(n)$，它们的卡梭拉提行列式 $C(n)$ 满足 $C(0)=1$. 由定理 7.3.2 可知这 k 个解是线性无关的. □

定义 7.3.3 称 k 阶方程(7.3.2)的 k 个线性无关解所组成的一个解组为它的一个**基本解组**.

例 7.3.2 验证函数 $y_1(n)=3^n$，$y_2(n)=(-2)^n$ 和 $y_3(n)=n(-2)^n$ 是三阶差分方程

$$
y_{n+3}+y_{n+2}-8y_{n+1}-12y_n=0 \tag{7.3.9}
$$

的一个基本解组.

解

(1) 先验证 $y_1(n)=3^n$ 是方程的一个解. 把 $y_1(n)=3^n$ 代入方程(7.3.9)得到

$$
3^{n+3}+3^{n+2}-8\times 3^{n+1}-12\times 3^n=3^n(27+9-24-12)=0.
$$

因此，$y_1(n)=3^n$ 是(7.3.9)的解. 同样可以验证 $y_2(n)$ 和 $y_3(n)$ 也是方程的解.

(2) 函数 $y_1(n)=3^n$，$y_2(n)=(-2)^n$ 和 $y_3(n)=n(-2)^n$ 的卡梭拉提行列式为

$$
C(n)=\begin{vmatrix} 3^n & (-2)^n & n(-2)^n \\ 3^{n+1} & (-2)^{n+1} & (n+1)(-2)^{n+1} \\ 3^{n+2} & (-2)^{n+2} & (n+2)(-2)^{n+2} \end{vmatrix}.
$$

令 $n=0$，则有

$$
C(0)=\begin{vmatrix} 1 & 1 & 0 \\ 3 & -2 & -2 \\ 9 & 4 & 8 \end{vmatrix}=-50\neq 0.
$$

故解 $y_1(n)=3^n$，$y_2(n)=(-2)^n$ 和 $y_3(n)=n(-2)^n$ 是线性无关的，进而是一个基本解组. □

定理 7.3.4(通解结构定理) 设函数 $y_1(n),y_2(n),\cdots,y_k(n)$ 是方程(7.3.2)的一个基本解组，则

(1) $y(n)=c_1y_1(n)+c_2y_2(n)+\cdots+c_ky_k(n)$ 是方程(7.3.2)的通解，其中 $c_i(i=1,2,\cdots,k)$ 是任意常数；

(2) 方程(7.3.2)的任意解都可以表示成这 k 个解的线性组合.

证明 结论(1)可以根据定义直接证明. 下面证明结论(2).

设 $y(n)$ 是方程(7.3.2)的任一解. 由于 $y_1(n),y_2(n),\cdots,y_k(n)$ 是方程(7.3.2)的一个基本解组，故它们的卡梭拉提行列式 $C(n)\neq 0$，$n\geqslant 0$. 特别地，$C(0)\neq 0$. 因

此，以$\bar{c}_1,\bar{c}_2,\cdots,\bar{c}_k$作为未知数的线性方程组

$$\begin{cases}\bar{c}_1y_1(0)+\bar{c}_2y_2(0)+\cdots+\bar{c}_ky_k(0)=y(0),\\ \bar{c}_1y_1(1)+\bar{c}_2y_2(1)+\cdots+\bar{c}_ky_k(1)=y(1),\\ \qquad\vdots\\ \bar{c}_1y_1(k-1)+\bar{c}_2y_2(k-1)+\cdots+\bar{c}_ky_k(k-1)=y(k-1)\end{cases}\tag{7.3.10}$$

存在 k 个解 $c_1,c_2,\cdots,c_k$. 令

$$\bar{y}(n)=c_1y_1(n)+c_2y_2(n)+\cdots+c_ky_k(n),$$

则$\bar{y}(n)$是方程(7.3.2)的解且满足初始条件

$$\bar{y}(0)=y(0),\quad \bar{y}(1)=y(1),\quad \cdots,\quad \bar{y}(k-1)=y(k-1).$$

于是，函数$\bar{y}(n)$和 $y(n)$都是方程(7.3.2)的解且满足相同的初始条件. 根据定理 7.1.1 可知对任意 $n\geqslant 0$，

$$y(n)=\bar{y}(n)=c_1y_1(n)+c_2y_2(n)+\cdots+c_ky_k(n).$$ □

由定理 7.3.4 和性质 7.3.3 可得到线性非齐次方程(7.3.1)的通解结构定理.

定理 7.3.5　设函数 $y_1(n),y_2(n),\cdots,y_k(n)$是方程(7.3.2)的一个基本解组，$Y(n)$是方程(7.3.1)的一个解. 则

(1) $y(n)=c_1y_1(n)+c_2y_2(n)+\cdots+c_ky_k(n)+Y(n)$是方程(7.3.1)的通解，其中$c_i(i=1,2,\cdots,k)$是任意常数；

(2) 方程(7.3.1)的任意解都可以表示成上述形式.

定理 7.3.5 的证明过程请读者自己给出.

7.3.3　阿贝尔(Abel)定理

设函数 $y_1(n),y_2(n),\cdots,y_k(n)$是方程(7.3.2)的解，则它们的卡梭拉提行列式 $C(n)$具有下面的性质.

定理 7.3.6(阿贝尔定理)　设函数 $y_1(n),y_2(n),\cdots,y_k(n)$是方程(7.3.2)的解，则当 $n\geqslant n_0$ 时，有

$$C(n)=(-1)^{k(n-n_0)}\left(\prod_{i=n_0}^{n-1}a_k(i)\right)C(n_0).$$

证明　由卡梭拉提行列式的定义可知

$$C(n+1)=\begin{vmatrix}y_1(n+1) & y_2(n+1) & \cdots & y_k(n+1)\\ y_1(n+2) & y_2(n+2) & \cdots & y_k(n+2)\\ \vdots & \vdots & \vdots & \vdots\\ y_1(n+k) & y_2(n+k) & \cdots & y_k(n+k)\end{vmatrix}.$$

因为 $y_i(n),i=1,2,\cdots,k$ 是方程(7.3.2)的解，所以，

$$y_i(n+k)=-a_1(n)y_i(n+k-1)-a_2(n)y_i(n+k-2)-\cdots-a_k(n)y_i(n).\tag{7.3.11}$$

将式(7.3.11)代入上述行列式的最后一行，应用行列式的性质可得

$$C(n+1)=-a_k(n)\begin{vmatrix} y_1(n+1) & y_2(n+1) & \cdots & y_k(n+1) \\ y_1(n+2) & y_2(n+2) & \cdots & y_k(n+2) \\ \vdots & \vdots & \vdots & \vdots \\ y_1(n+k-1) & y_2(n+k-1) & \cdots & y_k(n+k-1) \\ y_1(n) & y_2(n) & \cdots & y_k(n) \end{vmatrix}.$$

通过逐次交换两行的位置，将行列式最后一行调换到第一行，可得

$$C(n+1)=(-1)^k a_k(n)C(n).$$

由此递推关系可以推出，

$$C(n)=(-1)^{k(n-n_0)}\left(\prod_{i=n_0}^{n-1}a_k(i)\right)C(n_0).$$

由于 $a_k(n)\neq 0$，根据阿贝尔定理可以推出方程(7.3.2)的解组 $y_1(n),y_2(n),\cdots,y_k(n)$ 的卡梭拉提行列式 $C(n)$ 或者恒等于零，或者恒不为零. □

习题 7.3

1. 求出下列函数组的卡梭拉提行列式之值，并判断它们是否线性相关：

(1) $5^n,3\cdot 5^n,\mathrm{e}^n$； (2) $5^n,n5^n,n^2 5^n$； (3) $(-2)^n,2^n,3$；

(4) $0,3^n,(-7)^n$； (5) $2^n,(-3)^n,(-3)^{n+3}$.

2. 求出下列差分方程的卡梭拉提行列式 $C(n)$ 之值：

(1) $x_{n+3}-10x_{n+2}+31x_{n+1}+30x_n=0$，其中 $C(0)=6$；

(2) $x_{n+3}-3x_{n+2}+4x_{n+1}-12x_n=0$，其中 $C(0)=26$.

3. 判断下列函数组是否为相应差分方程的基本解组. 若是基本解组，写出通解的表达式：

(1) $1,n,n^2,x_{n+3}-3x_{n+2}+3x_{n+1}-x_n=0$；

(2) $\cos\left(\dfrac{n\pi}{2}\right),\sin\left(\dfrac{n\pi}{2}\right),y_{n+2}+y_n=0$；

(3) $2^n,n\cdot 2^n,n^2\cdot 2^n,x_{n+4}-16x_n=0$.

4. 考虑二阶差分方程

$$x_{n+2}+a_1(n)x_{n+1}+a_2(n)x_n=0.$$

设 $x_1(n),x_2(n)$ 是该方程的两个解，$C(n)$ 是 $x_1(n),x_2(n)$ 所对应的卡梭拉提行列式. 证明：

$$x_2(n)=x_1(n)\left[\sum_{i=0}^{n-1}\frac{C(i)}{x_1(i)x_1(i+1)}+\frac{x_2(0)}{x_1(0)}\right].$$

5. 考虑二阶差分方程

$$x_{n+2}-\frac{n+3}{n+2}x_{n+1}+\frac{2}{n+2}x_n=0.$$

(1) 证明 $x_1(n)=\frac{2^n}{n!}$是方程的一个解.

(2) 应用第 4 题的结论求方程的另一个解.

6. 证明：$x(n)=n+1$ 是差分方程 $x_{n+2}-x_{n+1}-\frac{1}{n+1}x_n=0$ 的一个解,并求出方程的通解.

7.4　二阶常系数线性差分方程的解法

本节主要讨论二阶常系数线性差分方程

$$y_{n+2}+py_{n+1}+qy_n=R_n \tag{7.4.1}$$

的解法,这里 p,q 是常数,且 $q\neq 0$. 所得到的结论可以推广到任意 k 阶常系数线性差分方程(参考文献[19,20]).

当 $R_n\equiv 0$ 时,方程(7.4.1)为线性齐次差分方程

$$y_{n+2}+py_{n+1}+qy_n=0. \tag{7.4.2}$$

下面,先研究方程(7.4.2)的解法.

7.4.1　$R_n\equiv 0$ 的情形

从通解的结构定理可知若能求出方程(7.4.2)的两个线性无关解 $y_1(n),y_2(n)$,则方程(7.4.2)的通解可以表示为

$$y(n)=c_1y_1(n)+c_2y_2(n),$$

这里 c_1,c_2 是任意常数.

下面求方程(7.4.2)的指数函数解. 设函数 $y(n)=\lambda^n$ 是方程(7.4.2)的解,其中 λ 是待定常数. 将此函数代入方程(7.4.2),化简可得

$$\lambda^2+p\lambda+q=0. \tag{7.4.3}$$

方程(7.4.3)称为方程(7.4.2)的**特征方程**,特征方程的根称为(7.4.2)的**特征根**.

容易证明：函数 $y(n)=\lambda^n$ 是方程(7.4.2)的解当且仅当 λ 为方程(7.4.2)的特征根.

下面,根据特征根的不同情况求方程(7.4.2)的通解. 由于在方程(7.4.2)中 $q\neq 0$,故 $\lambda=0$ 不是特征根.

(1) 特征方程(7.4.3)有两个不相等的实根 λ_1, λ_2. 这时,函数 $y_1(n)=\lambda_1^n$, $y_2(n)=\lambda_2^n$ 是方程(7.4.2)的两个线性无关解. 因此,方程(7.4.2)的通解为

$$y(n) = c_1\lambda_1^n + c_2\lambda_2^n,$$

其中 c_1, c_2 是任意常数.

(2) 特征方程(7.4.3)有两个相等的实根 $\lambda_1=\lambda_2=\lambda=-\dfrac{p}{2}$. 这时, $p^2=4q$. 显然, $y_1(n)=\lambda^n$ 是方程(7.4.2)的一个解. 为了求出另一个与 $y_1(n)$ 线性无关的解,引进变换 $y(n)=z(n)y_1(n)=z(n)\lambda^n$. 在此变换下,方程(7.4.2)变为

$$z(n+2) - 2z(n+1) + z(n) = 0. \tag{7.4.4}$$

因此,

$$z(n+2) - z(n+1) = z(n+1) - z(n).$$

由此可以推出

$$z(n) - z(n-1) = z(1) - z(0).$$

容易得到

$$z(n) = (1-n)z(0) + nz(1). \tag{7.4.5}$$

在式(7.4.5)中令 $z(0)=0, z(1)=1$,可知函数 $z(n)=n$ 是方程(7.4.4)的一个解.

至此,我们求出了方程(7.4.2)的另一个与 $y_1(n)=\lambda^n$ 线性无关的解 $y_2(n)=n\lambda^n$. 这样,方程(7.4.2)的通解可表示为

$$y(n) = c_1\lambda^n + c_2 n\lambda^n,$$

这里 c_1, c_2 是任意常数.

(3) 特征方程(7.4.3)有一对共轭复根 $\lambda_1=r(\cos\theta+\mathrm{i}\sin\theta)$, $\lambda_2=r(\cos\theta-\mathrm{i}\sin\theta)$ $(\sin\theta\neq 0)$. 这时,复值函数

$$\bar{y}_1(n) = r^n(\cos n\theta + \mathrm{i}\sin n\theta), \quad \bar{y}_2(n) = r^n(\cos n\theta - \mathrm{i}\sin n\theta)$$

是方程(7.4.2)的解. 根据迭加原理,实值函数

$$y_1(n) = r^n\cos n\theta, \quad y_2(n) = r^n\sin n\theta$$

也是方程(7.4.2)的解. 由此可得方程(7.4.2)的通解可表示为

$$y(n) = r^n(c_1\cos n\theta + c_2\sin n\theta),$$

其中 c_1, c_2 是任意常数.

综上所述,求二阶常系数线性齐次差分方程(7.4.2)通解的步骤如下:

第一步 写出方程(7.4.2)的特征方程 $\lambda^2+p\lambda+q=0$.

第二步 求出特征方程的两个根 λ_1, λ_2.

第三步 根据特征根的不同情形写出方程(7.4.2)的通解.

例 7.4.1 求方程 $y_{n+2}+2y_{n+1}-15y_n=0$ 的通解.

解 特征方程为

$$\lambda^2+2\lambda-15=(\lambda-3)(\lambda+5)=0,$$

特征根为 $\lambda_1=3,\lambda_2=-5$. 故给定方程的通解为

$$y_n=c_1 3^n+c_2(-5)^n,$$

其中 c_1,c_2 是任意常数. □

例 7.4.2　求方程 $y_{n+2}-6y_{n+1}+9y_n=0$ 的通解.

解　特征方程为

$$\lambda^2-6\lambda+9=(\lambda-3)^2=0,$$

特征根为 $\lambda_1=\lambda_2=3$. 故给定方程的通解为

$$y_n=(c_1+c_2 n)3^n,$$

其中 c_1,c_2 是任意常数. □

例 7.4.3　求方程 $y_{n+2}-2y_{n+1}+2y_n=0$ 的通解.

解　特征方程为

$$\lambda^2-2\lambda+2=0,$$

特征根为 $\lambda_1=1+\mathrm{i},\lambda_2=1-\mathrm{i}$,其极坐标形式为

$$\lambda_1=\sqrt{2}\left(\cos\frac{\pi}{4}+\mathrm{i}\sin\frac{\pi}{4}\right),\quad \lambda_2=\sqrt{2}\left(\cos\frac{\pi}{4}-\mathrm{i}\sin\frac{\pi}{4}\right).$$

故给定方程的通解为

$$y_n=2^{\frac{n}{2}}\left[c_1\cos\frac{n\pi}{4}+c_2\sin\frac{n\pi}{4}\right],$$

其中 c_1,c_2 是任意常数. □

例 7.4.4　斐波那契(Fibonacci)序列

假设有一对成年的兔子,它们每月生下一对幼兔,而每对幼兔在一个月后变为成年兔,问一年后总共有多少对兔子?

解　设第 n 个月末兔子的总数为 $F(n)$对,成年兔和幼兔的数量分别为 $a(n)$, $b(n)$对. 则有

$$F(n)=a(n)+b(n),$$

且

$$a(n+1)=a(n)+b(n),\quad b(n+1)=a(n).$$

于是,

$$F(n+2)=a(n+2)+b(n+2)=a(n+1)+b(n+1)+a(n+1).$$

因此,

$$F(n+2)=F(n+1)+F(n). \tag{7.4.6}$$

方程(7.4.6)称为**斐波那契差分方程**. 由方程(7.4.6)和初始条件

$$F(0)=1,\quad F(1)=2 \tag{7.4.7}$$

可以求出 $F(12)=377$(对).

二阶差分方程(7.4.6)满足初始条件 $F(0)=0$,$F(1)=1$ 的解称为**斐波那契序列**.下面给出这一序列的表达式.

方程(7.4.6)的特征方程是

$$\lambda^2-\lambda-1=0.$$

特征根为

$$\lambda_1=\frac{1+\sqrt{5}}{2},\quad \lambda_2=\frac{1-\sqrt{5}}{2}.$$

方程(7.4.6)的通解为

$$F(n)=c_1\left(\frac{1+\sqrt{5}}{2}\right)^n+c_2\left(\frac{1-\sqrt{5}}{2}\right)^n,\quad n\geqslant 0.$$

应用初始条件 $F(0)=0$,$F(1)=1$ 可求出

$$c_1=\frac{1}{\sqrt{5}},\quad c_2=-\frac{1}{\sqrt{5}}.$$

因此,

$$F(n)=\frac{1}{\sqrt{5}}\left[\left(\frac{1+\sqrt{5}}{2}\right)^n-\left(\frac{1-\sqrt{5}}{2}\right)^n\right],\quad n\geqslant 0.$$

斐波那契序列具有非常有兴趣的性质.譬如,容易知道 $\lim\limits_{n\to\infty}\dfrac{F(n)}{F(n+1)}=\dfrac{\sqrt{5}-1}{2}\approx 0.618$.通常称这个数为黄金分割数.现在,有一种名为 The Fibonacci Quarterly (斐波那契季刊)的期刊专门发表与这一序列相关的论文. □

7.4.2 $R_n\neq 0$ 的情形

根据定理 7.3.5,线性非齐次方程(7.4.1)的通解等于线性齐次方程(7.4.2)的通解与方程(7.4.1)的一个特解之和.前面已经介绍了如何求线性齐次方程(7.4.2)的通解,下面讨论如何求线性非齐次方程(7.4.1)的一个特解.我们主要介绍在三种情形下如何用**待定系数法**求方程(7.4.1)的一个特解.

类型Ⅰ

$R_n=b_0n^k+b_1n^{k-1}+\cdots+b_k$,其中 $b_i(i=0,1,\cdots,k)$ 为常数且 $b_0\neq 0$.

由于 R_n 为关于 n 的 k 次多项式,可以猜想这时线性非齐次方程(7.4.1)应有多项式形式的解.设

$$\tilde{y}(n)=c_0n^l+c_1n^{l-1}+\cdots+c_l \tag{7.4.8}$$

是方程(7.4.1)的解,这里 $c_i(i=0,1,\cdots,l)$ 是待定常数且 $c_0\neq 0$.将式(7.4.8)代入方程(7.4.1),有

$$(1+p+q)c_0n^l+[(1+p+q)c_1+(2+p)lc_0]n^{l-1}+\cdots$$
$$=b_0n^k+b_1n^{k-1}+\cdots+b_k. \tag{7.4.9}$$

下面分情况讨论.

(1) 若 $\lambda=1$ 不是特征根,即 $1+p+q\neq 0$. 比较等式两边最高次项的次数可知 $l=k$. 因此,方程(7.4.1)有如下形式的特解,

$$\tilde{y}(n)=c_0n^k+c_1n^{k-1}+\cdots+c_k.$$

比较等式(7.4.9)左右两边 n 的同次幂系数,可以得到代数方程组

$$\begin{cases}(1+p+q)c_0=b_0,\\ (2+p)kc_0+(1+p+q)c_1=b_1,\\ \left(2+\dfrac{p}{2}\right)(k-1)kc_0+(2+p)(k-1)c_1+(1+p+q)c_2=b_2,\\ \qquad\vdots\\ 2^kc_0+\cdots+(1+p+q)c_k=b_k.\end{cases}$$

由于 $1+p+q\neq 0$,解此方程组便可以求出 $c_i(i=0,1,\cdots,k)$,从而得到方程(7.4.1)的一个特解.

(2) 若 $\lambda=1$ 是单根,即 $1+p+q=0$,但是 $2+p\neq 0$. 比较等式(7.4.9)左右两边最高次项的次数可知 $l=k+1$. 进一步比较等式(7.4.9)左右两边 n 的同次幂系数,可以得到一个关于未知数 $c_0,c_1,\cdots,c_k$ 的代数方程组. 注意到这个方程组中不含有 c_{k+1}. 由于 $2+p\neq 0$,解方程组可以求出 $c_i(i=0,1,\cdots,k)$. 此时,对任意的常数 c_{k+1},等式(7.4.9)都成立. 为简单起见,令 $c_{k+1}=0$. 因此,方程(7.4.1)有如下形式的特解,

$$\tilde{y}(n)=n(c_0n^k+c_1n^{k-1}+\cdots+c_k).$$

(3) 若 $\lambda=1$ 是二重根,即 $1+p+q=0,2+p=0$. 比较等式两边最高次项的次数可知 $l=k+2$. 同理可知方程(7.4.1)有如下形式的特解,

$$\tilde{y}(n)=n^2(c_0n^k+c_1n^{k-1}+\cdots+c_k).$$

例 7.4.5　求方程 $y_{n+2}-5y_{n+1}+6y_n=4n+2$ 的通解.

解　线性齐次方程

$$y_{n+2}-5y_{n+1}+6y_n=0 \tag{7.4.10}$$

的特征方程为

$$\lambda^2-5\lambda+6=0.$$

特征根为 $\lambda_1=2,\lambda_2=3$. 方程(7.4.10)的通解为

$$y_n=c_12^n+c_23^n,$$

其中 c_1,c_2 为任意常数. 由于 $\lambda=1$ 不是特征根,故原方程具有如下形式的特解,

$$\tilde{y}_n=an+b, \tag{7.4.11}$$

这里 a,b 是待定常数. 把式(7.4.11)代入原方程可得

$$a(n+2)+b-5[a(n+1)+b]+6(an+b)=4n+2.$$

比较同次幂的系数,得

$$2a=4,\quad -3a+2b=2.$$

因此,$a=2,b=4$. 于是,

$$\tilde{y}_n=2n+4.$$

故原方程的通解为

$$y_n=c_1 2^n+c_2 3^n+2n+4,$$

这里 c_1,c_2 为任意常数. □

例 7.4.6 求方程 $y_{n+2}+2y_{n+1}-3y_n=4n+5$ 的通解.

解 线性齐次方程

$$y_{n+2}+2y_{n+1}-3y_n=0 \tag{7.4.12}$$

的特征方程为

$$\lambda^2+2\lambda-3=0.$$

特征根为 $\lambda_1=1,\lambda_2=-3$. 方程(7.4.12)的通解为

$$y_n=c_1+c_2(-3)^n,$$

其中 c_1,c_2 为任意常数. 由于 $\lambda=1$ 是特征根,故原方程具有如下形式的特解,

$$\tilde{y}_n=n(an+b), \tag{7.4.13}$$

这里 a,b 是待定常数. 把式(7.4.13)代入原方程得

$$a(n+2)^2+b(n+2)+2a(n+1)^2+2b(n+1)-3an^2-3bn=4n+5.$$

比较同次幂的系数,得

$$8a=4,\quad 6a+4b=5.$$

解方程组得 $a=\frac{1}{2},b=\frac{1}{2}$. 于是,

$$\tilde{y}(n)=\frac{1}{2}(n^2+n).$$

故原方程的通解为

$$y_n=c_1+c_2(-3)^n+\frac{1}{2}(n^2+n).$$ □

类型Ⅱ

$R_n=\mu^n(b_0n^k+b_1n^{k-1}+\cdots+b_k)$,其中 μ 和 $b_i(i=0,1,\cdots,k)$ 均为常数且 $\mu\neq0,1$, $b_0\neq0$.

此时,方程(7.4.1)为

$$y_{n+2}+py_{n+1}+qy_n=\mu^n(b_0n^k+b_1n^{k-1}+\cdots+b_k). \tag{7.4.14}$$

下面引入变换把方程(7.4.14)化为类型Ⅰ的形式. 令 $y_n=\mu^n z_n$,则有

$$\mu^2 z_{n+2} + p\mu\, z_{n+1} + q\, z_n = b_0 n^k + b_1 n^{k-1} + \cdots + b_k. \tag{7.4.15}$$

对方程(7.4.15)应用前面的结论,再结合变换 $y_n=\mu^n z_n$,可以得出下面的结论:

(1) 若 $\lambda=\mu$ 不是方程(7.4.2)的特征根,方程(7.4.1)具有如下形式的特解,

$$\tilde{y}(n) = \mu^n(c_0 n^k + c_1 n^{k-1} + \cdots + c_k);$$

(2) 若 $\lambda=\mu$ 是方程(7.4.2)的单根,方程(7.4.1)具有如下形式的特解,

$$\tilde{y}(n) = n\mu^n(c_0 n^k + c_1 n^{k-1} + \cdots + c_k);$$

(3) 若 $\lambda=\mu$ 是方程(7.4.2)的二重根,方程(7.4.1)具有如下形式的特解,

$$\tilde{y}(n) = n^2\mu^n(c_0 n^k + c_1 n^{k-1} + \cdots + c_k).$$

例 7.4.7 求方程 $y_{n+2}+3y_{n+1}-10y_n=2^n(7n-2)$ 的通解.

解 线性齐次方程

$$y_{n+2} + 3y_{n+1} - 10y_n = 0 \tag{7.4.16}$$

的特征方程为

$$\lambda^2 + 3\lambda - 10 = 0.$$

特征根为 $\lambda_1=2,\lambda_2=-5$. 方程(7.4.16)的通解为

$$y_n = c_1 2^n + c_2(-5)^n.$$

由于 $\mu=2$ 是特征根,故原方程有如下形式的特解

$$\tilde{y}_n = n2^n(an + b). \tag{7.4.17}$$

将式(7.4.17)代入原方程,得到

$$4(n+2)[a(n+2)+b] + 6(n+1)[a(n+1)+b] - 10n(an+b) = 7n - 2.$$

比较同次幂的次数,可得

$$28a = 7,\quad 22a + 14b = -2.$$

解方程组,$a=\dfrac{1}{4}$,$b=-\dfrac{15}{28}$. 于是,

$$\tilde{y}_n = n2^n\left(\frac{n}{4} - \frac{15}{28}\right).$$

因此,原方程的通解为

$$y_n = c_1 2^n + c_2(-5)^n + n2^n\left(\frac{n}{4} - \frac{15}{28}\right),$$

其中 c_1,c_2 为任意常数. □

类型Ⅲ

$R_n=\alpha^n[A(n)\cos n\beta+B(n)\sin n\beta]$,其中 $A(n)$,$B(n)$ 都是关于 n 的实系数多项式,$A(n)$ 的次数为 k,$B(n)$ 的次数小于或等于 k,α,β 为实常数.

首先,利用欧拉公式 $e^{ix}=\cos x+i\sin x$ 将类型Ⅲ化为类型Ⅱ. 由于

$$e^{i\beta} = \cos\beta + i\sin\beta,\quad e^{-i\beta} = \cos\beta - i\sin\beta,$$

故

$$e^{in\beta}=\cos n\beta+i\sin n\beta,\quad e^{-in\beta}=\cos n\beta-i\sin n\beta.$$

进而,

$$\cos n\beta=\frac{e^{in\beta}+e^{-in\beta}}{2},\quad \sin n\beta=\frac{e^{in\beta}-e^{-in\beta}}{2i}.$$

于是,

$$\begin{aligned}R_n&=\alpha^n[A(n)\cos n\beta+B(n)\sin n\beta]\\&=\frac{1}{2}\alpha^n[(A(n)+iB(n))e^{-in\beta}+(A(n)-iB(n))e^{in\beta}]\\&=[\alpha(\cos\beta-i\sin\beta)]^n C(n)+[\alpha(\cos\beta+i\sin\beta)]^n\overline{C}(n),\end{aligned}$$

其中

$$C(n)=\frac{1}{2}[A(n)+iB(n)],\quad \overline{C}(n)=\frac{1}{2}[A(n)-iB(n)]$$

是次数为 k 的共轭多项式.

下面分别考虑方程

$$y_{n+2}+py_{n+1}+qy_n=[\alpha(\cos\beta-i\sin\beta)]^n C(n)\tag{7.4.18}$$

与

$$y_{n+2}+py_{n+1}+qy_n=[\alpha(\cos\beta+i\sin\beta)]^n\overline{C}(n).\tag{7.4.19}$$

根据类型Ⅱ中的结论,方程(7.4.18)具有如下形式的特解

$$\tilde{y}_1(n)=n^m[\alpha(\cos\beta-i\sin\beta)]^n D(n),$$

其中 $D(n)$是一个待定的 k 次多项式,m 按 $\alpha(\cos\beta-i\sin\beta)$不是方程(7.4.2)的特征根或是单根的情形取 $m=0$ 或 $m=1$. 又因为函数$[\alpha(\cos\beta-i\sin\beta)]^n C(n)$与$[\alpha(\cos\beta+i\sin\beta)]^n\overline{C}(n)$是共轭的,故方程(7.4.19)具有如下形式的特解,

$$\tilde{y}_2(n)=n^m[\alpha(\cos\beta+i\sin\beta)]^n\overline{D}(n),$$

其中 $\overline{D}(n)$是 $D(n)$的共轭多项式.

于是,方程(7.4.1)具有如下形式的特解

$$\begin{aligned}\tilde{y}(n)=\tilde{y}_1(n)+\tilde{y}_2(n)&=n^m\alpha^n[(D(n)+\overline{D}(n))\cos n\beta-i(D(n)-\overline{D}(n))\sin n\beta]\\&=n^m\alpha^n[P(n)\cos n\beta+Q(n)\sin n\beta],\end{aligned}$$

这里 $P(n)=2\mathrm{Re}(D(n))$,$Q(n)=2\mathrm{Im}(D(n))$都是次数为 k 的待定多项式,m 按 $\alpha(\cos\beta+i\sin\beta)$不是特征根或是单根的情形取 $m=0$ 或 $m=1$.

例 7.4.8 求方程 $y_{n+2}-3y_{n+1}+2y_n=2\sin\frac{n\pi}{2}$的通解.

解 线性齐次方程

$$y_{n+2}-3y_{n+1}+2y_n=0\tag{7.4.20}$$

的特征方程为

$$\lambda^2 - 3\lambda + 2 = 0.$$

特征根为 $\lambda_1 = 1, \lambda_2 = 2$. 方程(7.4.20)的通解为

$$y_n = c_1 + c_2 2^n,$$

这里 c_1, c_2 为任意常数. 由于 i 不是特征根,故原方程有如下形式的特解

$$\tilde{y}(n) = a\cos\frac{n\pi}{2} + b\sin\frac{n\pi}{2}.$$

代入方程,可得

$$(3a + b - 2)\sin\frac{n\pi}{2} + (a - 3b)\cos\frac{n\pi}{2} = 0.$$

由此可知

$$3a + b - 2 = 0, \quad a - 3b = 0.$$

解之,$a = \dfrac{3}{5}, b = \dfrac{1}{5}$. 因此,

$$\tilde{y}(n) = \frac{3}{5}\cos\frac{n\pi}{2} + \frac{1}{5}\sin\frac{n\pi}{2}.$$

于是,原方程的通解为

$$y_n = c_1 + c_2 2^n + \frac{3}{5}\cos\frac{n\pi}{2} + \frac{1}{5}\sin\frac{n\pi}{2}.$$ □

差分方程在实践中有广泛的应用,下面给出在经济学领域的一个应用.

例 7.4.9 设 Y_n, C_n 和 I_n 分别为 n 时期国民收入、消费及投资,G 为政府支出(各期相同). 萨缪尔森(Samuelson[①]). 建立了如下的经济模型:

$$\begin{cases} Y_n = C_n + I_n + G, \\ C_n = \alpha Y_{n-1} & (0 < \alpha < 1), \\ I_n = \beta(C_n - C_{n-1}) & (\beta > 0), \end{cases}$$

其中 α 称为边际消费倾向常数,β 称为加速常数. 试求 Y_n 与 n 的函数关系.

解 将后两个等式代入第一式,得到

$$Y_n = \alpha Y_{n-1} + \beta(\alpha Y_{n-1} - \alpha Y_{n-2}) + G,$$

即

$$Y_n - \alpha(1 + \beta)\ y_{n-1} + \alpha\beta Y_{n-2} = G. \tag{7.4.21}$$

这是一个常系数线性非齐次差分方程,其对应的线性齐次方程为

$$Y_n - \alpha(1 + \beta)\ y_{n-1} + \alpha\beta Y_{n-2} = 0. \tag{7.4.22}$$

---

① Samuelson(1915 年出生)是美国经济学家,曾获 1970 年诺贝尔经济学奖. 他发展了数理经济和动态经济理论,将经济学提高到新的水平.

特征方程为

$$\lambda^2-\alpha(1+\beta)\lambda+\alpha\beta=0, \qquad (7.4.23)$$

其判别式为

$$\Delta=\alpha^2(1+\beta)^2-4\alpha\beta.$$

下面根据判别式的取值情况求出方程(7.4.22)的通解.

(1) 若 $\Delta>0$,则方程(7.4.23)有两个不相同的根

$$\lambda_1=\frac{\alpha(1+\beta)+\sqrt{\Delta}}{2},\quad \lambda_2=\frac{\alpha(1+\beta)-\sqrt{\Delta}}{2}.$$

方程(7.4.22)的通解为

$$Y_n=c_1\lambda_1^n+c_2\lambda_2^n,$$

其中 c_1,c_2 为任意常数.

(2) 若 $\Delta=0$,则方程(7.4.23)有两个相同的根

$$\lambda_1=\lambda_2=\frac{\alpha(1+\beta)}{2}.$$

方程(7.4.22)的通解为

$$Y_n=(c_1+c_2n)\lambda_1^n.$$

(3) 若 $\Delta<0$,则方程(7.4.23)有两个共轭虚根

$$\lambda_1=\frac{\alpha(1+\beta)+\mathrm{i}\sqrt{-\Delta}}{2},\quad \lambda_2=\frac{\alpha(1+\beta)-\mathrm{i}\sqrt{-\Delta}}{2}.$$

此时,方程(7.4.22)的通解为

$$Y_n=(\alpha\beta)^{n/2}(c_1\cos n\theta+c_2\sin n\theta),\quad 其中\quad \theta=\arctan\frac{\sqrt{-\Delta}}{\alpha(1+\beta)}.$$

接下来,求方程(7.4.21)的特解.由于 1 不是特征根,故方程有形式解 $\widetilde{Y}_n=A$,其中 A 待定为常数.把 $\overline{Y}_n$ 代入方程(7.4.21)可得

$$A=\frac{G}{1-\alpha}.$$

因此,方程(7.4.21)有特解 $\widetilde{Y}_n=G/(1-\alpha)$.于是方程(7.4.21)的通解为

$$Y_n=\begin{cases} c_1\lambda_1^n+c_2\lambda_2^n+\dfrac{G}{1-\alpha} & (若\ \Delta>0),\\ (c_1+c_2n)\lambda_1^n+\dfrac{G}{1-\alpha} & (若\ \Delta=0),\\ (\alpha\beta)^{n/2}(c_1\cos n\theta+c_2\sin n\theta)+\dfrac{G}{1-\alpha} & (若\ \Delta<0).\end{cases}$$

这表明随着 α,β 的取值不同,国民收入随时间的变化将呈现出各种不同的规律. □

习题 7.4

1. 求下列线性差分方程的通解或满足初始条件的解：

(1) $y_{n+2}-5y_{n+1}+6y_n=0$；　　(2) $y_{n+2}+3y_{n+1}+9y_n=0$；

(3) $y_{n+2}+\frac{1}{9}y_n=0$；　　(4) $y_{n+2}-5y_{n+1}+4y_n=n^2+3n+1$；

(5) $y_{n+2}-y_n=n\cos\left(\frac{n\pi}{2}\right)$；　　(6) $y_{n+2}+8y_{n+1}+7y_n=n2^n$；

(7) $y_{n+2}+y_{n+1}-2y_n=6, y_0=0, y_1=0$；

(8) $y_{n+2}-y_{n+1}-6y_n=3^n(1+2n), y_0=0, y_1=1$.

2. 考虑差分方程

$$y_{n+2}+p_1y_{n+1}+p_2y_n=g(n).$$

这里 p_1,p_2 是实常数，且 $p_1^2<4p_2, 0<p_2<1$. 证明：若 $y_1(n), y_2(n)$ 是方程的两个解，则 $y_1(n)-y_2(n)\to 0, n\to\infty$.

3. 求差分方程

$$y_{n+2}+\lambda^2 y_n=\sum_{m=1}^{m=N}a_m\sin(mn\pi)$$

的通解，这里 $\lambda>0$，且 $\lambda\neq m\pi, m=1,2,\cdots,N$.

4. 求差分方程

$$y_{n+2}+y_n=\begin{cases}1, & 0\leqslant n\leqslant 2,\\ -1, & n>2\end{cases}$$

满足初始条件 $y_0=0, y_1=1$ 的解.

附录A

常微分方程发展概要

常微分方程理论研究已经有300多年的历史，它是近代数学中的重要分支；同时，由于它与实际问题有着密切的联系，因此它又是近代数学中富有生命力的分支之一.

许多有关微分方程的教材都会提到发现海王星的故事.海王星的发现是人类智慧的结晶，也是微分方程巨大作用的体现.1781年发现天王星后，人们注意到它所在的位置总是和万有引力定律计算出来的结果不符.于是，有人怀疑万有引力定律的正确性.但也有人认为，这可能是受另外一颗尚未发现的行星吸引所致.当时虽有不少人相信后一种假设，但缺乏去寻找这颗未知行星的办法和勇气.英国剑桥大学23岁的学生亚当斯(Adams)承担了这项任务.他利用引力定律和对天王星的观测资料建立起微分方程，来求解和推算这颗未知行星的轨道.1843年10月21日他把计算结果寄给格林威治天文台台长艾利(Airy)，但艾利对此置之不理.后来法国青年勒威耶(Leverrier)也开始从事这项研究.1846年9月18日，他把计算结果告诉了柏林天文台助理员卡勒.23日晚，卡勒果然在勒威耶预言的位置上发现了海王星.

对于数学，特别是数学的应用，微分方程所具有的重大意义主要在于：很多物理与技术问题可以化归为微分方程的求解问题[25].常微分方程的发展大致可以分为四个重要阶段.

1. 以求通解为主要研究内容的经典阶段

常微分方程是由人类生产实践的需要而产生的.其雏形的出现甚至比微积分的发明还早.纳皮尔(Napier)发明对数、伽利略(Galilei)研究自由落体运动、笛卡儿在光学问题中由切线性质定出镜面的形状等，实际上都需要建立和求解微分方程.牛顿和莱布尼茨在建立微分与积分运算时就指出了它们的互逆性，实际上是解决了最简单的微分方程$\frac{\mathrm{d}y}{\mathrm{d}x}=f(x)$的求解问题.此外，牛顿、莱布尼茨也都用无穷级数和待定系数法解出了某些初等微分方程. 最早用分离变量法求解微分方程的是莱布尼茨. 他用这种方法解决了形如 $y\dfrac{\mathrm{d}x}{\mathrm{d}y}=f(x)g(y)$ 的方程，因为只要把它写成 $\dfrac{\mathrm{d}x}{f(x)}=g(y)\dfrac{\mathrm{d}y}{y}$，就能在两边进行积分. 但莱布尼茨并没有建立一般的方法. 1691 年他把自己在这方面的工作写信告诉了荷兰科学家惠更斯. 同年他又解出了一阶齐次方程 $\dfrac{\mathrm{d}y}{\mathrm{d}x}=f\left(\dfrac{y}{x}\right)$. 他令 $y=ux$，代入方程就可以使变量分离.

1693 年，惠更斯在《教师学报》中明确提到了微分方程，而莱布尼茨同年则在同一家杂志的另一篇文章中，给出了线性方程

$$\frac{\mathrm{d}y}{\mathrm{d}x}=p(x)y+q(x)$$

的通解表达式

$$y(x)=\mathrm{e}^{\int p(x)\mathrm{d}x}\left(\int q(x)\mathrm{e}^{-\int p(x)\mathrm{d}x}\mathrm{d}x+C\right),$$

其中 C 是任意常数.

1740 年，欧拉用自变量代换 $x=\mathrm{e}^t$，把欧拉方程

$$a_0x^ny^{(n)}+a_1x^{n-1}y^{(n-1)}+\cdots+a_{n-1}xy'+a_ny=0$$

化为常系数线性微分方程而求得其通解，其中 a_i，$i=1,2,\cdots,n$ 是常数.

通解与特解的概念是 1743 年欧拉定义的，同时欧拉还给出恰当方程的解法和常系数线性齐次方程的特征根解法.

1694 年，瑞士数学家约翰・伯努利在《教师学报》上对分离变量法与齐次方程的求解做了更加完整的说明. 他的哥哥雅科布・伯努利发表了关于等时问题的解答，虽然莱布尼茨已经给出了这个问题的一个分析解.

教材中所见到的伯努利方程 $\dfrac{\mathrm{d}y}{\mathrm{d}x}=p(x)y^n+q(x)y$，最初就是雅科布・伯努利于 1695 年提出的. 1696 年莱布尼茨证明：利用变量替换 $z=y^{1-n}$，可以将方程化为关于未知函数 z 的线性方程. 同年，雅科布・伯努利实际上用分离变量法解决了这一方程，约翰・伯努利给出了另一种解法，还提出了常系数微分方程的解法.

17 世纪到 18 世纪是常微分方程发展的经典理论阶段，以求通解为主要研究内容. 在这一阶段，还出现了许多精彩的成果.

1694 年，莱布尼茨发现了方程解族的包络，1718 年泰勒提出奇解的概念，克莱洛(Clairaut)和欧拉对奇解进行了全面研究，给出从微分方程本身求得奇解的方法. 参加奇解研究的数学家还有拉哥朗日、凯莱和达布等人.

2. 以定解问题的适定性理论为研究内容的适定性理论阶段

1685 年，数学家莱布尼茨向数学界推出求解方程$\frac{\mathrm{d}y}{\mathrm{d}x}=x^2+y^2$（黎卡提方程的特例）的通解的挑战性问题，且直言自己研究多年未果. 这个方程虽形式简单，但经过几代数学家的研究仍不得其解.

1841 年法国数学家刘维尔证明了黎卡提方程（由意大利数学家黎卡提 1724 年提出）

$$\frac{\mathrm{d}y}{\mathrm{d}x}=p(x)y^2q(x)y+r(x)$$

的解，一般不能通过初等函数的积分来表达. 这说明：不是什么方程的通解都可以用积分手段求出的. 从此人们由求通解的热潮转向研究常微分方程定解问题的适定性理论，此阶段为常微分方程发展的适定性理论阶段.

一个常微分方程初值问题（即柯西问题）$\frac{\mathrm{d}y}{\mathrm{d}x}=f(x,y)$，$y(x_0)=y_0$ 是否有解？如果有，有几个？这是微分方程中一个基本的问题，数学家把它归纳成基本定理，称为微分方程解的存在唯一性定理. 因为如果没有解，而我们要去求解，那是没有意义的；如果有解而又不是唯一的，那又不好确定. 因此，存在唯一性定理对于微分方程的求解是十分重要的.

19 世纪 20 年代，柯西建立了该问题解的存在唯一性定理. 1873 年，德国数学家李普希兹提出著名的“李普希兹条件”，对柯西的存在唯一性定理作了改进. 在适定性的研究中，与柯西、李普希兹同一时期的，还有皮亚诺和毕卡，他们先后于 1875 年和 1876 年给出常微分方程的逐次逼近法，皮亚诺在仅仅要求 $f(x,y)$ 在点 (x_0,y_0) 邻域内连续的条件下证明了柯西问题解的存在性.

后来这方面的理论有了很大发展，这些基本理论包括：解的存在及唯一性，解的延拓，解的整体存在性，解对初值和参数的连续依赖性、可微性，奇解等. 这些问题是微分方程的一般基础理论问题.

3. 以解析理论为研究内容的解析理论阶段

19 世纪为常微分方程发展的解析理论阶段，这一阶段的主要成果是微分方程的解析理论，运用幂级数和广义幂级数解法，求出一些重要的二阶线性方程的级数解，并得到极其重要的一些特殊函数.

1816 年贝塞尔（Bessel）研究行星运动时，开始系统地研究贝塞尔方程

$$x^2y''+xy'+(x^2-a^2)y=0,\quad 常数\ a\geqslant 0.$$

这个方程的特殊情形早在 1703 年雅科布·伯努利给莱布尼茨的信中就已提到. 后来丹尼尔·伯努利、欧拉、傅里叶、泊松也都讨论过这一方程. 贝塞尔得到了此方程

的两个基本解

$$J_a(x)=\sum_{n=0}^{\infty}\frac{(-1)^n}{n!\Gamma(1+a+n)}\left(\frac{x}{2}\right)^{a+2n},\quad J_{-a}(x)=\sum_{n=0}^{\infty}\frac{(-1)^n}{n!\Gamma(1-a+n)}\left(\frac{x}{2}\right)^{-a+2n}.$$

称 $J_a(x)$,$J_{-a}(x)$分别为第一类贝塞尔函数、第二类贝塞尔函数. 人们将初等函数之外的函数称为特殊函数. 贝塞尔函数就是特别重要的特殊函数之一. 贝塞尔求得贝塞尔方程的级数解. 1818 年,贝塞尔证明了 $J_a(x)$有无穷个零点.

后来有众多数学家和天文学家得出贝塞尔函数的数以百计的关系式和表达式. 1944 年,剑桥大学出版了 G. N. Watson 的巨著《贝塞尔函数教程》,这是贝塞尔函数研究成果的集成. 由此可见,贝塞尔为微分方程解析理论作出了巨大贡献.

在解析理论中另一个重要的内容是勒让德方程的级数解和勒让德多项式方面的成果. 1784 年勒让德出版的代表作《行星外形的研究》中研究了勒让德方程

$$(1-x^2)y''-2xy'+n(n+1)y=0,\quad n\text{为非负整数},$$

给出了幂级数解的形式.

与此同时,厄米特研究了方程 $y''-2xy'+\lambda y=0, x\in(-\infty,+\infty)$,得到了其幂级数解. 当 λ 是非负偶数即为著名的厄米特多项式.

切比雪夫研究方程$(1-x^2)y''-xy'+p^2y=0$,p 是常数,得出$|x|\leqslant 1$ 时的两个线性无关解(基本解),且证明当 p 是非负整数时此方程有一个解为 n 次多项式,此多项式即为著名的切比雪夫多项式.

4. 以定性与稳定性理论为研究内容的定性理论阶段

早在 19 世纪,庞卡莱开创了微分方程定性理论研究,李雅普诺夫则开创了微分方程运动稳定性理论的研究. 到了 20 世纪是微分方程的定性理论阶段. 自从 1841 年刘维尔证明黎卡提方程$\frac{\mathrm{d}y}{\mathrm{d}x}=p(x)y^2q(x)y+r(x)$不存在初等函数积分表示的解之后,研究方程的方法有了明显变化,数学家们开始从方程本身(不求解)直接讨论解的性质.

法国数学家们研究的三体问题就不能用已知函数解出,从而运动的稳定性问题就不可能通过考察解的性态而得到. 庞卡莱终于找到了从方程本身找出答案的诀窍. 从 1881 年到 1886 年,他在《Jour. de Math》杂志上用同一标题《关于由微分方程确定的曲线的报告》发表了 4 篇论文,他说:"要解答的问题是动点是否描出一条闭曲线? 它是否永远逗留在平面某一部分内部? 换句话说,并且用天文学的话来说,我们要问轨道是稳定的还是不稳定的?"从 1881 年起,庞卡莱独创出常微分方程的定性理论. 此后,为了寻求只通过考察微分方程本身就可以回答关于稳定性等问题的方法,他从非线性方程出发,发现微分方程的奇点起关键作用,并把奇点分为四类(焦点、鞍点、结点、中心),讨论了解在各种奇点附近的性状,同时还发现了一些与描述满足微分方程的解曲线有关的重要的闭曲线如无接触环、极限环等，同时，庞卡莱关于常微分方程定性理论的一系列课题，成为动力系统理论的开端. 美国数学家伯克霍夫(Birkhoff)以三体问题为背景，扩展了动力系统的研究.

从1900年起，挪威数学家班迪克生开始从事由庞卡莱开创的微分方程轨线的拓扑性质的研究工作，1901年发表著名论文《由微分方程定义的曲线》.

1900年，著名数学家希尔伯特(Hilbert)在国际数学家大会上提出了23个数学问题，其中第16问题的后半部分是涉及微分方程的，他提出：右端为x,y的n次多项式$P_n(x,y),Q_n(x,y)$的平面系统

$$\frac{\mathrm{d}x}{\mathrm{d}t}=P_n(x,y),\quad \frac{\mathrm{d}y}{\mathrm{d}t}=Q_n(x,y) \tag{$*$}$$

最多有几个极限环，它们的位置分布如何？许多数学家围绕这一问题开展研究，从而深入地推动了平面定性理论及一些相关学科分支的研究. 狄拉克(Dirac)于1923年发表长达140页的论文，证明每一确定的平面系统(*)，其极限环个数有限，称为有限性定理. 但后人发现其证明存在缺陷，直至20世纪80年代末期才被严格地加以证明，这个工作分别由苏联的依廖申科和法国的埃加勒、马蒂内等独立地完成. 其核心部分是证明平面系统(*)不可能有无限多个极限环聚集在一个分界线环附近.

为解决希尔伯特第16问题，人们依不同的n来分别研究平面系统(*).

$n=1$时，(*)为线性系统，显然不存在极限环.

$n=2$时，称(*)为二次系统，从20世纪50年代起，以叶彦谦和秦元勋为代表的中国数学家对其极限环的基本性质作了系统研究. 至20世纪末在国际上围绕其极限环与全局结构等已有大量成果. 1952年鲍廷证明了二次系统在一个奇点外围邻近最多有三个极限环；20世纪70年代末，史松龄以及陈兰荪、王明淑等给出了具有不少于四个极限环的二次系统(其一个奇点外至少有三个，另一奇点外至少有一个). 至今尚未证明二次系统最多只能有四个极限环.

对$n=3$时(即三次系统)也有不少研究成果，已经获得了如下的实例：在一个奇点外围邻近聚集有8个极限环；也存在三次系统其相互嵌套着的极限环至少有11个.

对$n\geqslant 4$的系统研究甚少.

总之，要彻底解决希尔伯特第16问题还有相当大的难度.

常微分方程定性理论中另一个重要领域是1892年由俄国数学家李雅普诺夫创立的运动稳定性理论. 1892年李雅普诺夫的博士论文《关于运动稳定性的一般问题》给出了判定运动稳定性的普遍的数学方法与理论基础. 关于李雅普诺夫意义下的稳定性和伯克霍夫意义下的极限集的表现形式是多姿多彩的.

1937年苏联数学家庞特里亚金(Pontryagin)提出结构稳定性概念,并严格证明了其充要条件,使动力系统的研究向大范围转化.

20世纪五六十年代美国数学家莱夫谢茨(Lefschetz)和拉萨尔(Lassalle)进一步发展了稳定性理论.现在稳定性理论和方法已经发展到泛函微分方程和偏微分方程等更广泛的系统中去.目前,稳定性的概念已被推广和应用到自然科学和工程技术的许多领域之中,并形成了非常丰富的理论[26].

还有许多其他方面的发展,这里不再一一介绍.感兴趣的读者可以参考文献[22~26].

现在,常微分方程在很多学科领域内有着重要的应用,自动控制、各种电子学装置的设计、弹道的计算、飞机和导弹飞行的稳定性的研究、化学反应过程稳定性的研究等.这些问题都可以化为求常微分方程的解,或者化为研究解的性质的问题.应该说,应用常微分方程理论已经取得了很大的成就,但是,它的现有理论也还远远不能满足需要,还有待于进一步的发展,使这门学科的理论更加完善.

总之,微分方程是一门十分有用又十分有魅力的学科,自1693年微分方程概念的提出到动力系统的长足发展,常微分方程经历漫长而又迅速的发展,极大丰富了数学家园的内容.拓扑学、函数论、泛函分析等学科的发展,为常微分方程理论和应用的研究提供了新的工具.定性理论发展到现代微分动力系统理论,对一些奇异的非线性现象的深入研究作出了贡献.常微分方程的理论与方法还为泛函微分方程和最优控制理论等的产生与发展提供了基础,从而大大拓宽了方程的类型和它的研究领域.在这一时期的理论向高维数、抽象化方向发展,包括欧氏空间常微分方程向抽象空间常微分方程发展,由微分方程所定义的动力系统向抽象动力系统发展,实域定性理论向复域定性理论发展等.由于计算机科学的发展,微分方程数值解、解析理论以及它们在信息科学、机械学、电子学、生物、经济等许多领域的广泛应用,使常微分方程的理论和应用的研究提高到一个更高的水平.随着社会技术的发展和需求,常微分方程会有更大的发展[26].

附录B

答案与提示

习题 1.1

1. $s''(t)+\frac{k}{m}s'(t)+g=0, s(0)=s_0, s'(0)=v_0$,其中 k 为比例常数,g 为重力加速度.

2. $u'(t)+k(u-20), u(0)=u_0$,其中 k 为比例常数.

3. $y=x+2xy'$.

4. $\varphi'(t)=\varphi(t)\varphi'(0), \varphi(0)=1$.

习题 1.2

1. (1) 一阶,线性;(2) 一阶,非线性;(3) 二阶,线性;(4) 一阶,非线性;(5) 二阶,非线性;(6) 一阶,非线性.

2～3. 略

4. (1) $y=x^2+c$;(2) $y=x^2+3$;(3) $y=x^2+4$.

5. (1) $xy'-y-x^2=0$;(2) $y''-2y'+y=0$.

习题 2.1

1. (1) $(1+x^2)(1+y^2)=cx^2$;

   (2) $e^y=e^x+c$;

   (3) $\ln|y|=\ln|x|+\frac{1}{x}+c$,或 $y=0$;

   (4) $\ln|xy|=y-x+c$,或 $y=0$,或 $x=0$;

   (5) $(1-y)\cos^2 x=c(1+y)$,或$y=-1$;

   (6) $3e^{-y^2}=2e^{-3x}+c$.

2. (1) $y=1$;(2) $y=\frac{1}{1+\ln|x+1|}$;(3) $2\sin 3y=3\cos 2x+3$;

(4) $\ln|x|-\ln|y|-\frac{1}{x}+\frac{1}{y}=-2$.

3. $f(x)=x^k$，其中 $k=f'(1)$.

4. $xy=2$.

5. $y=\frac{1}{3}x^{\frac{3}{2}}-x^{\frac{1}{2}}$.

6. $m(t)=m_0\mathrm{e}^{-kt}$，$k=\frac{\ln 2}{1600}$.

7. $v=\sqrt{\frac{mg}{k}}\frac{\mathrm{e}^{2\sqrt{\frac{gk}{m}}t}-1}{\mathrm{e}^{2\sqrt{\frac{gk}{m}}t}+1}$，其中 g 为重力加速度.

习题 2.2

1. (1) $y=cx^2-x$；(2) $1+\ln\frac{y}{x}=cy$；(3) $y^2=x^2+cx$，或 $x=0$；

   (4) $\arcsin\frac{y}{x}=\ln|x|+c$，或 $y=\pm x$；(5) $\sin\frac{y}{x}=cx$.

2. (1) $x^2-2xy+y^2+10x+4y=c$；

   (2) $y-x+3=c(x+y+1)^3$ 或 $x+y+1=0$；

   (3) $(y-x-1)^2=c(y-2x)^3$，或 $y=2x$；

   (4) $y=1+c\mathrm{e}^{-2\arctan\frac{y-1}{2(x-2)}}$.

3. (1) $(x^2-y^2-1)^5=c(x^2+y^2-3)$；(2) $(y^3-3x)^7(y^3+2x)^3=cx^5$.

4. $x^2=4y^2-2y^2\ln|y|$.

5. $y^2=2cx+c^2$.

习题 2.3

1. (1) $y=c\mathrm{e}^x-(x+1)$；(2) $y=x^2+cx^2\mathrm{e}^{\frac{1}{x}}$；

   (3) $y=cx^2+x^4$；(4) $y=\mathrm{e}^x(\ln|x|+c)$；

   (5) $y=c\tan x-\sin x$；(6) $x=y(\frac{1}{2}y^2+c)$，或 $y=0$；

   (7) $\sin y=(1+x)(c+\mathrm{e}^x)$；(8) $\mathrm{e}^y=c\mathrm{e}^{-\mathrm{e}^x}+1$.

2. (1) $y^{-4}=-x+c\mathrm{e}^{-4x}+\frac{1}{4}$，或 $y=0$；(2) $(x^{-2}+y^2-1)\mathrm{e}^{y^2}=c$；

   (3) $y=\sin x+\frac{1}{x+c}$，或 $y=\sin x$；(4) $y=\frac{1}{cx-x\ln|x|}-\frac{1}{x}$，或 $y=-\frac{1}{x}$.

3. $y=-x\ln|x|+cx$.

4. $y=-\frac{1}{2}\mathrm{e}^x-\frac{1}{2}(\sin x+\cos x)$.

5. 略.

6. 将方程的通解表示成定积分的形式,再用洛必达法则求极限.

7. 方程的通解为 $y=ce^{-kx}+e^{-kx}\int_0^x f(t)e^{kt}dt$. 当 $c=\frac{1}{e^{k\omega}-1}\int_0^\omega f(t)e^{kt}dt$ 时,对应的解为以 ω 为周期的周期解.

8. $v=2\text{m/s}$.

习题 2.4

1. (1) 是,$x^3+3xy-3y^2=c$; (2) 是,$xe^{-y}-y^2=c$;

(3) 是,$x^2+\frac{2}{3}(x^2-y)^{\frac{3}{2}}=c$; (4) 不是;

(5) 是,$\ln|y|+\frac{xy}{y-x}=c$; (6) 是,$x-\frac{1}{2}y^2\cos 2x=c$.

2. (1) $\frac{x}{y}-\frac{1}{2}y^2=c$; (2) $\frac{x^4}{4}+\frac{x^3}{3}+\frac{x^2y^2}{2}=c$; (3) $\ln|x|-\frac{y^4}{4x^4}=c$,或 $x=0$;

(4) $x^3y^2+(x^2-2x+2)e^x=c$; (5) $e^{-x}(1+xy)=c$;

(6) $e^x\sin y+\frac{1}{4}(\sin 2y-2y\cos 2y)=c$.

3. 略.

4. 令 $F(x)=\int_a^x f(s)ds$,则 $F'(x)=f(x)$. 将积分不等式转化为微分不等式 $F'(x)-kF(x)\leqslant c$. 不等式两边同乘以 e^{-kx}.

5~7. 略.

习题 2.5

1. (1) $y=cx+\sqrt{1+c^2}$,或 $y=\sqrt{1-x^2}$;

(2) 令 $y'=p, x=-\frac{2}{3}p+\frac{c}{p^2}, y=-\frac{p^2}{3}+\frac{2c}{p}$;

(3) $y=cx^2+\frac{1}{c}$,或 $y=\pm 2x$; (4) $y=ce^{x\pm\sin x}$.

2. (1) 令 $y'=p, x=\frac{1+p}{p^3}, y=\frac{2}{p}+\frac{3}{2p^2}+c$,其中 p 是参数;

(2) 令 $y'=\tan t, x=-a(2t+\sin 2t)+c, y=a(1+\cos 2t)$,或 $y=2a$;

(3) 令 $y'=p, x=\ln p+\frac{1}{p}, y=p-\ln p+c$; (4) $y(1-y)^{\frac{1}{2}}\pm x=c$.

3. $x=\frac{1}{(p-1)^2}, y=\frac{p}{(p-1)^2}+\frac{p}{p-1}$ 或 $y=(1\pm\sqrt{x})^2$.

习题 2.6

1. (1) $x^2+y^2=cy$；(2) $y^2=x^2+c$；(3) $x^2+2y^2=c$；(4) $2x^2+3y^2=c$.

2. 极限速度为 $v=(g-2)\mathrm{m/s}$.

3. 略.

4. 得病人数 $x(t)$ 满足的方程为 $\frac{\mathrm{d}x}{\mathrm{d}t}=kx(p-x)$，$k>0$ 为比例系数. 求解得 $x(t)=\frac{cp}{c+\mathrm{e}^{-kpt}}$，$\lim\limits_{t\to+\infty}x(t)=p$.

5. 价格函数 $P(t)$ 满足 $\frac{\mathrm{d}P}{\mathrm{d}t}=k(Q-S)=k(\frac{a}{P^2}-bP)$，$P(0)=P_0$. 求解得 $P(t)=\left[\frac{a}{b}+\frac{bP_0{}^3-a}{b}\mathrm{e}^{-3bkt}\right]^{\frac{1}{3}}$，$\lim\limits_{t\to+\infty}P(t)=\left(\frac{a}{b}\right)^{\frac{1}{3}}$.

习题 3.1

略.

习题 3.2

1. (1) 不满足；(2) 满足.

2. (1) (x,y)平面；(2) 区域 $G=\{(x,y):x\neq0\}$；
(3) (x,y)平面；(4) 区域 $G=\{(x,y):y\neq x\}$.

3. $y_0(x)=0, y_n(x)=\sum\limits_{k=1}^{n}\frac{x^k}{k!}, n=1,2,3,\cdots$；$y=\mathrm{e}^x-1$.

4. $|x+1|\leqslant\frac{1}{4}$；$y_2(x)=-\frac{x^7}{63}-\frac{x^4}{18}+\frac{x^3}{3}-\frac{x}{9}+\frac{11}{42}$；$|y_2(x)-y(x)|\leqslant\frac{1}{24}$.

5. 略.

习题 3.3

1. $y=\frac{1-\mathrm{e}^x}{1+\mathrm{e}^x}$，$-\infty<x<+\infty$，当 $x\to+\infty$ 时，$y\to-1$，当 $x\to-\infty$ 时，$y\to1$；
$y=\frac{1+\mathrm{e}^x}{1-\mathrm{e}^x}$，$0<x<+\infty$，当 $x\to+\infty$ 时，$y\to-1$，当 $x\to0+0$ 时，$y\to-\infty$.

2. 提示：参考例 3.3.3.

3. 提示：应用定理 3.3.2.

习题 3.4

1. (1) $y=y_0\mathrm{e}^{3(x-x_0)}+\frac{1}{2}\mathrm{e}^{3x-2x_0}-\frac{1}{2}\mathrm{e}^x$；(2) $y=-\ln(x_0^3+\mathrm{e}^{-y_0}-x^3)$.

2. 证明：方程 $\frac{\mathrm{d}y}{\mathrm{d}x}=1+y^2$ 的右端函数 $f(x,y)=1+y^2$ 在整个 xOy 平面上连

续且满足局部李氏条件，方程满足 $y(0)=0$ 的初始条件存在唯一饱和解 $y=\tan x$，它的最大存在区间为 $\left(-\frac{\pi}{2},\frac{\pi}{2}\right)$，因当 $n\to\infty$ 时，$\frac{1}{n}\to 0$，$\frac{1}{n^2}\to 0$，故由推论 3.4.1 知存在 N 使当 $n>N$ 时，在闭区间 $\left[-\frac{\pi}{2}+\varepsilon,\frac{\pi}{2}-\varepsilon\right]$ 上 $\varphi_n(x)$ 存在，且 $|\varphi_n(x)-\tan x|<\varepsilon$.

习题 3.5

1. 提示：利用公式(3.5.14)和(3.5.15).

2～3. 略.

习题 3.6

1. (1) $y=\pm a$. (2) 无奇解. (3) $y=\sqrt{1-x^2}$.

(4) 提示：原方程可变形为 $y=xy'+(y'+y'^2)$，这是克莱洛方程，仿上题可求得其奇解为 $y=-\frac{(x+1)^2}{4}$.

(5) 提示：首先易求得原方程只有一条 p-曲线 $y=0$，易知它是解；然后用参数法求通解，设 $y'=\frac{t}{3y-1}$，可求得参数形式的通解为 $\begin{cases} x=\frac{t}{2}\left(\frac{t^2}{4}-1\right)+c, \\ y=\frac{t^2}{4} \end{cases}$ 消去 c 得通解 $(x-c)^2=y(y-1)^2$. 过 $y=0$ 上任一点 $(x_0,0)$，有解曲线 $(x-x_0)^2=y(y-1)^2$ 与它在该点相切. 故 $y=0$ 是方程的奇解.

(6) $27x^2+16y^3=0$.

2. (1) $2y'^2-2xy'-2y+x^2=0$，$y=\frac{x^2}{4}$；

(2) $y'^2+2x^3y'-4x^2y=0$，$y=-\frac{x^4}{4}$；

(3) $(x^2-2xy+y^2-4)y'^2-8y'+x^2-2xy+y^2-4=0$；$y=x\pm 2\sqrt{2}$；

(4) $y^2y'^2-4yy'+y^2-4x=0$；$y=\pm 2\sqrt{x+1}$.

3. 略.

习题 4.1

1. $ml\frac{\mathrm{d}^2\theta}{\mathrm{d}t^2}=-mg-k\left(l\frac{\mathrm{d}\theta}{\mathrm{d}t}\right)^2$，$\theta(0)=\theta_0$，$\theta'(0)=\omega_0$.

2. (1) $y=\frac{c_1}{6}x^3\pm\frac{1}{2}\sqrt{1+c_1^2}\,x^2+c_2x+c_3$； (2) $y=c_1\mathrm{e}^{-\frac{x^2}{2}}\pm x+c_2$；

(3) $\frac{y}{y+c_1}=c_2\mathrm{e}^{c_1x}$； (4) $y=\frac{c_2}{x+c_1}$，$y=c$；

(5) $x^2y^2=\frac{x^6}{6}+c_1x^2+c_2$；　　(6) $y^2-2xy-x^2=2\sin x+c_1x+c_2$.

3. (1) $y=\frac{1}{4}e^{2x}+\frac{1}{2}x-\frac{1}{4}$；　(2) $y=2-\sqrt{1-x^2}$.

4. $y=1-x$.

5. $my''=mg-ky'^2, y(0)=0, y'(0)=0$. $y=-\frac{m}{k}\ln\left(\mathrm{ch}\sqrt{\frac{kg}{m}}t\right)$.

6. 略.

习题 4.2

1. (1) 线性无关；(2) 线性相关；(3) 线性无关；(4) 线性相关.

2～5. 略.

6. (1) $y=c_1e^{2x}+c_2e^{3x}$；　(2) $y=e^{-x}(c_1\cos 3x+c_2\sin 3x)$；

(3) $|a|>1, y=c_1e^{(-a+\sqrt{a^2-1})x}+c_2e^{(-a-\sqrt{a^2-1})x}$,

$|a|=1, y=(c_1+c_2x)e^{-ax}$,

$|a|<1, y=e^{-ax}(c_1\cos\sqrt{1-a^2}x+c_2\sin\sqrt{1-a^2}x)$；

(4) $y=c_1+c_2x+c_3x^2+c_4e^{2x}+c_5e^{-2x}$；

(5) $y=(c_1+c_2x)\cos\sqrt{2}x+(c_3+c_4x)\sin\sqrt{2}x$.

7. (1) $y=e^{-2x}$；(2) $y=e^{x-\pi}(2\cos x+\sin x)$.

8. $y=\frac{1}{3}(4e^{-x}-e^{-4x})$.

9. $k=n^2\pi^2 (n=\pm1,\pm2,\cdots)$.

10. 略.

11. (1) $y=x[c_1\cos(\ln|x|)+c_2\sin(\ln|x|)]$；　(2) $y=\frac{1}{1+x}(c_1+c_2\ln|1+x|)$；

(3) $y=\frac{1}{x}(c_1e^x+c_2e^{-x})$；　(4) $y=e^{x^2}(c_1\cos x+c_2\sin x)$.

12. (1) $y=x(c_1+c_2e^{-\frac{1}{x}})$；　(2) $y=(c_1+c_2x)\cot x+c_2$.

13. 略.

14. $y=c_1x+c_2e^x$.

15. $y=c_1x+c_2x\int\frac{1}{x^2}e^{\int xf(x)dx}dx$.

习题 4.3

1. (1) 正则奇点；(2) 正则奇点；(3) 非正则奇点；(4) 常点.

2. (1) $y=a_0\left(1+\frac{x^2}{2}+\frac{x^4}{2\cdot4}+\cdots\right)+a_1\left(x+\frac{x^3}{3}+\frac{x^5}{3\cdot5}+\cdots\right)$；

(2) $y=a_0\left[1+\frac{\lambda}{2!}x^2+\frac{\lambda(4-\lambda)}{4!}x^4+\cdots\right]$

$+a_1\left[x+\frac{(2-\lambda)}{3!}x^3+\frac{(2-\lambda)(6-\lambda)}{5!}x^5+\cdots\right]$;

(3) $y=1+\frac{x^3}{2\cdot 3}+\frac{x^6}{2\cdot 3\cdot 5\cdot 6}+\cdots+\frac{x^{3n}}{2\cdot 3\cdot 5\cdot 6\cdot\cdots\cdot(3n-1)\cdot 3n}+\cdots$.

3. (1) $\rho=0, y_1=1+\sum_{n=1}^{\infty}\frac{(-1)^n}{2^n n!3\cdot 7\cdot\cdots\cdot(4n-7)}$,

$\rho=\frac{1}{2}, y_2=x^{\frac{1}{2}}\left[1+\sum_{n=1}^{\infty}\frac{(-1)^n}{2^n n!5\cdot 9\cdot\cdots\cdot(4n+1)}\right]$;

(2) $y_1=J_{\frac{1}{3}}(x), y_2=J_{-\frac{1}{3}}(x)$.

4. $y=a_0\left[1-\lambda x+\frac{\lambda(\lambda-1)}{(2!)^2}x^2+\cdots+(-1)^n\frac{\lambda(\lambda-1)\cdots(\lambda-n+1)}{(n!)^2}x^n+\cdots\right]$;

当$\lambda=n$(n为正整数)时,

$y=a_0\left[1-\lambda x+\frac{\lambda(\lambda-1)}{(2!)^2}x^2+\cdots+(-1)^n\frac{\lambda(\lambda-1)\cdots(\lambda-n+1)}{(n!)^2}x^n\right]$.

习题 4.4

1. $y=c_1e^x+c_2e^{-x}+\frac{1}{2}e^{-x}\ln(e^x+1)-\frac{1}{2}e^x\ln(e^{-x}+1)-\frac{1}{2}$.

2. $y=c_1x+c_2x^2+x^2\ln|x|$.

3. $y=2e^x-2e^{-x^3}+e^{x^2}$.

4～5. 略.

6. $y=c_1e^{x^2+x}+c_2e^{-2x}-e^{x^2}$.

7. 略.

8. (1) $y=e^x(c_1\cos 2x+c_2\sin 2x)+5x^2+4x+2$;

(2) $y=c_1e^x+c_2e^{-x}+\frac{1}{2}xe^x$;

(3) $y=c_1\cos x+c_2\sin x-\frac{1}{2}x\cos x+\frac{1}{8}\cos 3x$;

(4) $y=e^x(c_1+c_2x)e^{2x}+e^x+\frac{1}{2}x^2e^{2x}+\frac{1}{4}$;

(5) $y=c_1x^2+c_2x^3+\frac{1}{2}x$;

(6) $y=x(c_1\cos\ln x+c_2\sin\ln x)+x\ln x$;

(7) $y=e^x(c_1\cos x+c_2\sin x)+\frac{1}{4}xe^x(\cos x+x\sin x)$.

9. (1) C; (2) C.

10. (1) $\tilde{y}=x^2(B_0x^3+B_1x^2+B_2x+B_3)$;

(2) $\tilde{y}=e^{-x}[(A_0x^2+A_1x+A_2x)\cos x+(B_0x^2+B_1x+B_2x)\sin x]$;

(3) $\tilde{y}=xe^x[(A_0x+A_1)\cos\sqrt{3}x+(B_0x+B_1)\sin\sqrt{3}x]$;

(4) $\tilde{y}=x(A_0x+A_1)e^x+B_0x^2+B_1x+B_2$;

(5) $\tilde{y}=x^2(A_0x^2+A_1x+A_2)e^x+B_0x+B_1$.

11. 略.

12. $f(x)=2\cos x+\sin x+x^2-2$. 通积分 $-2y\sin x+y\cos x+\frac{1}{2}x^2y^2+2xy=C$.

13. $y=c_1e^{3x}+c_2e^{-2x}+Axe^{-2x}$.

习题 4.5

1. $y''+\frac{g}{a}y=0, y(0)=A, y'(0)=0$; $y=A\cos\sqrt{\frac{g}{a}}t$.

2. $q=2\cdot10^{-3}e^{-200t}-0.5\cdot10^{-5}\cdot e^{-800t}$(C).

3. $\frac{d^2S}{dt^2}+\frac{bg}{P}\frac{dS}{dt}=\frac{g}{P}(F-a), S(0)=0, S'(0)=0$;

$$S=\frac{F-a}{b}t+\frac{P(F-a)}{b^2g}(e^{-\frac{bg}{P}t}-1).$$

习题 5.1

1. (1) 线性; (2) 非线性; (3) 线性.

2. (1) $\boldsymbol{y}'=\begin{bmatrix}0 & 1\\ -7x & -2\end{bmatrix}\boldsymbol{y}+\begin{bmatrix}0\\ e^{-x}\end{bmatrix}, \boldsymbol{y}(1)=\begin{bmatrix}7\\ -2\end{bmatrix}$;

(2) $\boldsymbol{y}'=\begin{bmatrix}0 & 1 & 0 & 0\\ 0 & 0 & 1 & 0\\ 0 & 0 & 0 & 1\\ -1 & 0 & 0 & 0\end{bmatrix}\boldsymbol{y}+\begin{bmatrix}0\\ 0\\ 0\\ xe^x\end{bmatrix}, \boldsymbol{y}(0)=\begin{bmatrix}1\\ -1\\ 2\\ 0\end{bmatrix}$.

3. 略.

4. 设炮弹在空中的运行位于同一平面上,取此平面为(x,y)平面,炮弹的发射位置为原点,水平方向为 Ox 轴的方向,如图 5.1. 微分方程组为

$$\begin{cases} m\frac{d^2x}{dt^2}=-k\frac{dx}{dt}, \\ m\frac{d^2y}{dt^2}=-k\frac{dy}{dt}-mg, \\ x(0)=0, x'(0)=v_0\cos\theta_0, \\ y(0)=0, y'(0)=v_0\sin\theta_0; \end{cases} \quad 解为\begin{cases} x=\frac{mv_0}{k}(1-e^{-\frac{k}{m}t})\cos\theta_0, \\ y=\frac{m}{k}\left(v_0\sin\theta_0+\frac{mg}{k}\right)(1-e^{-\frac{k}{m}t})-\frac{mg}{k}t. \end{cases}$$

5. (1) $\begin{cases} y_1=1/(c_1x+c_2)^2, \\ y_2=-1/2c_1(c_1x+c_2); \end{cases}$ (2) $\begin{cases} (z-x)/(y-z)=c_1, \\ (y-x)^2(x+y+z)=c_2; \end{cases}$

(3) $\begin{cases} x^2+y^2+z^2=c_1, \\ 4x+2y+3z=c_2; \end{cases}$ (4) $\begin{cases} x^2-y^2=c_1, \\ y^2-z^2=c_2; \end{cases}$

(5) $\begin{cases} x=c_1(-4+\sqrt{15})\mathrm{e}^{(-1+\sqrt{15})t}+c_2(-4-\sqrt{15})\mathrm{e}^{(-1-\sqrt{15})t}+\dfrac{1}{6}\mathrm{e}^{2t}+\dfrac{2}{11}\mathrm{e}^t, \\ y=c_1\mathrm{e}^{(-1+\sqrt{15})t}+c_2\mathrm{e}^{(-1-\sqrt{15})t}-\dfrac{7}{6}\mathrm{e}^{2t}-\dfrac{1}{11}\mathrm{e}^t; \end{cases}$

(6) $\begin{cases} x=c_1\cos t+c_2\sin t-t\cos t+\sin t\cdot\ln|\sin t|, \\ y=-c_1\sin t+c_2\cos t+t\sin t+\cos t\cdot\ln|\sin t|-1; \end{cases}$

(7) $\begin{cases} x=c_1\mathrm{e}^t+c_2\mathrm{e}^{-t}+\sin t, \\ y=-c_1\mathrm{e}^t+c_2\mathrm{e}^{-t}-\dfrac{7}{6}\mathrm{e}^{2t}-\dfrac{1}{11}\mathrm{e}^t; \end{cases}$

(8) $\begin{cases} y_1=(c_1+\dfrac{1}{3}c_2+c_2x)\mathrm{e}^{-2x}-\dfrac{5}{4}x+1, \\ y_2=(c_1+c_2x)\mathrm{e}^{-2x}-\dfrac{3}{4}(x-1). \end{cases}$

6. 略.

习题 5.2

1. $a_{11}(x)=0, a_{12}(x)=1, a_{21}(x)=-1, a_{22}(x)=0$.

2～7. 略.

8. (1) $\begin{cases} y_1=c_1\mathrm{e}^{\lambda x}, \\ y_2=(c_1x+c_2)\mathrm{e}^{\lambda x}; \end{cases}$

(2) $\begin{cases} r_1=c_1\mathrm{e}^{\lambda_1 x}, \\ r_2=c_2\mathrm{e}^{\lambda_2 x}+\dfrac{c_1}{\lambda_1-\lambda_2}\mathrm{e}^{\lambda_1 x}, \\ r_3=c_3\mathrm{e}^{\lambda_3 x}+\dfrac{c_2}{\lambda_2-\lambda_3}\mathrm{e}^{\lambda_2 x}+\dfrac{c_1}{(\lambda_1-\lambda_2)(\lambda_1-\lambda_3)}\mathrm{e}^{\lambda_1 x}. \end{cases}$

9. (1) $\boldsymbol{y}=\dfrac{1}{3}\begin{bmatrix} \mathrm{e}^{5x}+2\mathrm{e}^{-x} & \mathrm{e}^{5x}-\mathrm{e}^{-x} \\ 2\mathrm{e}^{5x}-2\mathrm{e}^{-x} & 2\mathrm{e}^{5x}+\mathrm{e}^{-x} \end{bmatrix}\begin{bmatrix} c_1 \\ c_2 \end{bmatrix}$;

(2) $\boldsymbol{y}=\begin{bmatrix} x\mathrm{e}^x-\mathrm{e}^x+2 & x\mathrm{e}^x & -x\mathrm{e}^x+2\mathrm{e}^x-2 \\ \mathrm{e}^x-1 & \mathrm{e}^x & 1-\mathrm{e}^x \\ x\mathrm{e}^x-\mathrm{e}^x+1 & x\mathrm{e}^x & -x\mathrm{e}^x+2\mathrm{e}^x-1 \end{bmatrix}\begin{bmatrix} c_1 \\ c_2 \\ c_3 \end{bmatrix}$;

(3) $\boldsymbol{y}=\begin{bmatrix} e^{2x} & e^{-x}-e^{2x} & -e^{x}+e^{2x} \\ e^{2x}-e^{-2x} & e^{-x}+e^{-2x}-e^{2x} & -e^{-x}+e^{2x} \\ e^{2x}-e^{-2x} & e^{-2x}-e^{2x} & e^{2x} \end{bmatrix}\begin{bmatrix} c_1 \\ c_2 \\ c_3 \end{bmatrix}$.

10. (1) $\boldsymbol{y}=\dfrac{1}{2\sqrt{3}}\begin{bmatrix} e^{\sqrt{3}x}-e^{-\sqrt{3}x} \\ (2+\sqrt{3})e^{\sqrt{3}x}+(\sqrt{3}-2)e^{-\sqrt{3}x} \end{bmatrix}$;

(2) $\boldsymbol{y}=\begin{bmatrix} 2\cos x+3\sin x \\ -2\sin x+3\cos x \end{bmatrix}$; (3) $\boldsymbol{y}=\begin{bmatrix} e^{x}+6xe^{x} \\ e^{x}-6xe^{x} \\ 2e^{x} \end{bmatrix}$.

11～12. 略.

习题 5.3

1～4. 略.

5. $\boldsymbol{y}=\begin{bmatrix} 1-x+\dfrac{x^2}{2} \\ x-1 \end{bmatrix}e^{2x}$.

6. (1) $\boldsymbol{y}=\begin{bmatrix} (3c_1-3c_2+3)e^{2x}+(-2c_1+3c_2+4)e^{x} \\ (2c_1-2c_2+2)e^{2x}+(-2c_1+3c_2+4)e^{x} \end{bmatrix}+\begin{bmatrix} \cos x-2\sin x \\ 2\cos x-2\sin x \end{bmatrix}$;

(2) $\boldsymbol{y}=\dfrac{1}{2}\begin{bmatrix} \left(c_1+c_2+\dfrac{11}{5}\right)e^{5x}+(c_1-c_2+9)e^{-x} \\ \left(c_1+c_2+\dfrac{11}{5}\right)e^{5x}+(-c_1+c_2-9)e^{-x} \end{bmatrix}+\begin{bmatrix} 4x-\dfrac{26}{5}-6e^{x} \\ -6x+\dfrac{24}{5}+2e^{x} \end{bmatrix}$.

7. (1) $\boldsymbol{y}=\dfrac{1}{6}\begin{bmatrix} e^{5x}-12xe^{-x}-7e^{-x} \\ 2e^{5x}+12xe^{-x}+4e^{-x} \end{bmatrix}$;

(2) $\boldsymbol{y}=\dfrac{1}{3}\begin{bmatrix} 4\cos x-\cos x\cos 3x-\sin x\sin 3x \\ 4\sin x-\sin x\cos 3x+\cos x\sin 3x \end{bmatrix}$.

8～9. 略.

习题 5.4

1. $\begin{cases} x=2500-1500e^{-4t}, \\ y=1250+750e^{-4t}. \end{cases}$

2. $\begin{cases} L\dfrac{dI_1}{dt}+R(I_1-I_2)=E, \\ 2L\dfrac{dI_2}{dt}+3RI_2+R(I_2-I_1)=0, \\ I_1(0)=0, I_2(0)=0; \end{cases}$

$$\begin{cases} I_1=-\dfrac{(2+\sqrt{3})EL}{3R}\mathrm{e}^{-\frac{(3-\sqrt{3})}{2L}Rt}-\dfrac{(2-\sqrt{3})EL}{3R}\mathrm{e}^{-\frac{(3+\sqrt{3})}{2L}Rt}+\dfrac{4EL}{3R}, \\ I_2=-\dfrac{(1+\sqrt{3})EL}{6R}\mathrm{e}^{-\frac{(3-\sqrt{3})}{2L}Rt}-\dfrac{(1-\sqrt{3})EL}{6R}\mathrm{e}^{-\frac{(3+\sqrt{3})}{2L}Rt}+\dfrac{EL}{3R}. \end{cases}$$

3. 设 R_x, R_y 分别为阻力 R 在 x, y 轴方向的分量，则

$$\begin{cases} m\dfrac{\mathrm{d}^2x}{\mathrm{d}t^2}=-R_x, \\ m\dfrac{\mathrm{d}^2y}{\mathrm{d}t^2}=mg-R_y, \\ x(0)=0, y(0)=0, x'(0)=v_0, y'(0)=0. \end{cases}$$

求解得

$$\begin{cases} x=-\dfrac{R_x}{2m}t^2+v_0t, \\ y=\dfrac{1}{2}\left(g-\dfrac{R_y}{m}\right)t^2. \end{cases}$$

习题 6.1

1. 奇点(0,0)，轨线族方程 $x_1^2-x_2^2=c$.

2. 略.

3. 提示：作极坐标变换 $x_1=r\cos\theta, x_2=r\sin\theta$，则原系统化为

$$\frac{\mathrm{d}r}{\mathrm{d}t}=r(1-r^2),\quad \frac{\mathrm{d}\theta}{\mathrm{d}t}=-1, \tag{1}$$

且可得

$$\frac{\mathrm{d}r}{\mathrm{d}\theta}=r(r^2-1). \tag{2}$$

当 $r(1-r^2)=0$ 时，得 $r=0, r=1$，易知它们皆为式(2)的解.

当 $r(1-r^2)\neq 0$ 时，求得式(2)的通解为 $r=\dfrac{1}{\sqrt{1+c\mathrm{e}^{2\theta}}}$，于是过极坐标面内点 (θ_0, r_0) 的轨线为

$$r=\frac{r_0}{\sqrt{r_0^2+(1-r_0^2)\mathrm{e}^{2(\theta-\theta_0)}}}. \tag{3}$$

其中，当 $0<r_0<1$ 时，$-\infty<\theta<+\infty$；当 $r_0>1$ 时，$-\infty<\theta<-\dfrac{1}{2}\ln\dfrac{r_0^2-1}{r_0^2}+\theta_0$.

所以系统的奇点为坐标原点(0,0)(对应 $r=0$)；系统唯一的一条闭轨 $x_1^2+x_2^2=1$ (对应 $r=1$)；系统的其他轨线由式(3)给出，且满足

当 $0<r_0<1$ 时，$\lim\limits_{\theta\to-\infty}r=1$，$\lim\limits_{\theta\to+\infty}r=0$；

当 $r_0>1$ 时, $\lim\limits_{\theta\to-\infty} r=1$, $\lim\limits_{\theta\to\theta^*} r=0$,其中 $\theta^*=-\dfrac{1}{2}\ln\dfrac{r_0^2-1}{r_0^2}+\theta_0$.

习题 6.2

1. (1) (0,0)是稳定正常结点; (2) (0,0)是鞍点;

(3) (0,0)是不稳定退化结点; (4) (0,0)是稳定焦点.

2. (1) (3,−2)是稳定焦点; (2) (1,3)是中心点.

3. 当 $ac<0$ 时,(0,0)是鞍点;当 a 和 c 同负且 $a\neq c$ 时,(0,0)是稳定正常结点;当 $a=c<0$ 且 $b\neq 0$ 时,(0,0)是稳定退化结点;当 $a=c<0$ 且 $b=0$ 时,(0,0)是稳定临界结点;当 a 和 c 同正且 $a\neq c$ 时,(0,0)是不稳定正常结点;当 $a=c>0$ 且 $b\neq 0$ 时,(0,0)是不稳定退化结点;当 $a=c>0$ 且 $b=0$ 时,(0,0)是不稳定临界结点.

4. (1) (0,0)是原非线性系统的鞍点; (2) (0,0)是原非线性系统的中心点.

习题 6.3

1. 当 $a>0$ 时,零解不稳定;当 $a=0$ 时,零解稳定,但不是渐进稳定的;当 $a<0$ 时,零解渐进稳定.

2. (1) 不稳定;(2) 渐进稳定;(3) 渐进稳定.

3. (1) 常负;(2) 变号;(3) 定正;(4) 变号.

4. 提示:(取 $V(x_1,x_2)=x_1^2+x_2^2$). (1) 稳定;(2) 渐进稳定;(3) 不稳定;(4) 稳定.

5. 略.

习题 6.4

1. 解:(1) 作极坐标变换 $x_1=r\cos\theta$, $x_2=r\sin\theta$,则原系统化为

$$\frac{\mathrm{d}r}{\mathrm{d}t}=r(r^2-1),\quad \frac{\mathrm{d}\theta}{\mathrm{d}t}=-1.$$

当 $r=0$ 时,得 $x_1=x_2=0$,易验证知(0,0)是原非线性定常系统的稳定焦点.

显然 $r=1$, $\theta=-t+c$ 是解,于是原非线性定常系统有闭轨 Γ: $x_1^2+x_2^2=1$. 当 $0<r<1$ 时, $\dfrac{\mathrm{d}r}{\mathrm{d}t}<0$;当 $r>1$ 时, $\dfrac{\mathrm{d}r}{\mathrm{d}t}>0$. 所以 Γ: $x_1^2+x_2^2=1$ 是原系统唯一的极限环,且是不稳定极限环.

(2) 作极坐标变换 $x_1=r\cos\theta$, $x_2=r\sin\theta$,则原系统化为

$$\frac{\mathrm{d}r}{\mathrm{d}t}=-r(r-1)(r-2),\quad \frac{\mathrm{d}\theta}{\mathrm{d}t}=1.$$

当 $r=0$ 时,得 $x_1=x_2=0$,易验证知(0,0)是原非线性定常系统的鞍点.

显然，$\begin{cases}r=1,\\ \theta=t+c\end{cases}$是解，于是原非线性定常系统有闭轨 Γ_1：$x_1^2+x_2^2=1$. 当 $0<r<1$ 时，$\dfrac{\mathrm{d}r}{\mathrm{d}t}<0$；当 $1<r<2$ 时，$\dfrac{\mathrm{d}r}{\mathrm{d}t}>0$. 所以 Γ_1：$x_1^2+x_2^2=1$ 是原系统的不稳定极限环；

同理，$\begin{cases}r=2,\\ \theta=t+c\end{cases}$是解，于是原非线性定常系统有闭轨 Γ_2：$x_1^2+x_2^2=4$. 当 $1<r<2$ 时，$\dfrac{\mathrm{d}r}{\mathrm{d}t}>0$；当 $r>2$ 时，$\dfrac{\mathrm{d}r}{\mathrm{d}t}<0$. 所以 Γ_2：$x_1^2+x_2^2=4$ 是原系统的稳定极限环.

(3) Γ：$x_1^2+x_2^2=4$ 是原系统唯一的极限环，且是稳定极限环.

(4) Γ：$x_1^2+x_2^2=1$ 是原系统唯一的极限环，且是半稳定极限环.

2. 略.

习题 7.1

1. (1) 一阶，线性；(2) 一阶，非线性；(3) 三阶，非线性；(4) 二阶，线性；(5) 四阶，线性；(6) 二阶，线性.

2～3. 略.

4. $S_n=(1+r)S_{n-1}$，$S_n=(1+r)^nS_0$.

习题 7.2

1. (1) $y_n=c+\dfrac{(n-1)n}{2}$；

(2) $y_n=c(n-1)!+(n-1)!\left[1+\dfrac{1}{2!}+\cdots+\dfrac{1}{(n-1)!}\right]$；(3) $y_n=c\mathrm{e}^{(n-1)n}$；

(4) $y_n=\dfrac{c}{n}$；(5) $y_n=\dfrac{c}{n}+\dfrac{(n-1)(2n-1)}{6}$；(6) $y_n=c+\dfrac{\mathrm{e}^n-1}{\mathrm{e}-1}$.

2. $1+\dfrac{n(n+1)}{2}$.

3. $P_n=1+(P_0-1)(1-6\lambda)^n$.

习题 7.3

1. (1) 0，线性相关；(2) $2\times5^{3(n+1)}$，线性无关；(3) $(-1)^{n+1}\times36\times4^n$，线性无关；(4) 0，线性相关；(5) 0，线性相关.

2. (1) $C(n)=(-1)^n\times6\times30^n$；(2) $C(n)=26\times12^n$.

3. (1) 是基本解组，通解为 $x_n=c_1+c_2n+c_3n^2$；(2) 是基本解组，通解为 $x_n=c_1\cos\dfrac{n\pi}{2}+c_2\sin\dfrac{n\pi}{2}$；(3) 不是基本解组.

4. 应用 $C(i)=x_1(i)x_2(i+1)-x_1(i+1)x_2(i)$.

5～6. 略

习题 7.4

1. (1) $y_n = c_1 2^n + c_2 3^n$;

(2) $y_n = 3^n\left(c_1\cos\dfrac{2n\pi}{3} + c_2\sin\dfrac{2n\pi}{3}\right)$;

(3) $y_n = \dfrac{1}{3^n}\left(c_1\cos\dfrac{n\pi}{2} + c_2\sin\dfrac{n\pi}{2}\right)$;

(4) $y_n = c_1 + c_2 4^n - \dfrac{1}{9}n\left(n^2 + 4n + \dfrac{8}{3}\right)$;

(5) $y_n = c_1 + c_2(-1)^n - \dfrac{1}{2}(n-1)\cos\dfrac{n\pi}{2}$;

(6) $y_n = c_1(-1)^n + c_2(-7)^n + 2^n\left(\dfrac{n}{27} - \dfrac{8}{243}\right)$;

(7) $y_n = -\dfrac{2}{3} + \dfrac{2}{3}(-2)^n + 2n$;

(8) $y_n = \dfrac{26}{125}[3^n - (-2)^n] + n3^n\left(\dfrac{1}{15}n - \dfrac{2}{25}\right)$.

2. 略.

3. $y_n = c_1\lambda^n + c_2(-\lambda)^n + \sum\limits_{m=1}^{N}\dfrac{a_m}{1+\lambda^2}\sin mn\pi$.

4. $y_n = \dfrac{1}{2}\cos\dfrac{n\pi}{2} - \dfrac{1}{2}\sin\dfrac{n\pi}{2} - \dfrac{1}{2}, n \geqslant 3$.

参考文献

[1] 丁同仁、李承治.常微分方程教程.北京：高等教育出版社，1991

[2] Waston G N. A Treatise on the Theory of Bessel Functions，2nd. Cambridge：Cambridge University Press，1994：111-123

[3] M.布朗(Braun).微分方程及其应用(张鸿林译).北京：人民教育出版社，1979

[4] Michael J. Stutzer. Chaotic dynamics and bifurcation in a nacro model，Journal of Economic And Control，2(1980)，353-376

[5] 张芷芬、丁同仁、黄文灶、董镇喜.微分方程定性理论.北京：科学出版社，1985

[6] 丁同仁.常微分方程基础.上海：上海科学技术出版社，1980

[7] 秦元勋.微分方程所定义的积分曲线.北京：科学出版社，1959

[8] 叶彦谦.极限环论.上海：上海科学技术出版社，1964

[9] 秦元勋、王慕秋、王联.运动稳定性理论与应用.北京：科学出版社，1981

[10] 许淞庆.常微分方程稳定性理论.上海：上海科学技术出版社，1962

[11] Jordan D W，Smith P. Nonlinear ordinary differential equations. Oxford：Oxford University Press，1977

[12] 张锦炎.常微分方程几何理论与分支问题(修订版).北京：北京大学出版社，1987

[13] 尤秉礼.常微分方程补充教程.北京：人民教育出版社，1981

[14] 蔡燧林，盛骤.常微分方程组与稳定性理论.北京：高等教育出版社，1986

[15] 马知恩，周义仓.常微分方程定性与稳定性方法.北京：科学出版社，2001

[16] Dennis G. Zill.微分方程基本教程(第7版).北京：世界图书出版公司北京分公司，2004

[17] 都长清，焦宝聪，焦炳照.常微分方程(修订版).北京：首都师范大学出版社，2001

[18] Li T，Yorke J A. Period three implies chaos，Amer. Math. Monthly，82(1975)，985-992

[19] Ronald E. Mickens. Difference equations. New York：Van Nostrand Reinhold Company Inc.，1987

[20] Saber N. Elaydi. An introduction to difference equations. New York：Springer-Verlag，1999

[21] James C. Robinson. Ordinary differential equations. Cambridge：Cambridge University Press，2004

[22] 李文林.数学史教程[M].北京：高等教育出版社，2002

[23] M.克莱因.古今数学思想[M].上海：上海科学技术出版社，1979

[24] 王树禾.数学思想史[M].北京：国防工业出版社，2003

[25] 张良勇，董晓芳.常微分方程的起源与发展，高等函授学报(自然科学版)，2006.3：34～36

[26] 《数学辞海》编辑委员会，数学辞海(第三卷)[M].山西教育出版社，东南大学出版社，中国科学技术出版社，2002